国家出版基金资助项目

国家出版基金项目
NATIONAL PUBLICATION FOUNDATION

ACADEMICIAN SMIRNOV LECTURE NOTES IN MATHEMATICS(VOLUME V(2))

Smirnov院士数学讲义

（第五卷·第二分册）

（俄罗斯） В.И.Смирнов 著　《Smirnov 院士数学讲义》翻译组 译

哈爾濱工業大學出版社
HARBIN INSTITUTE OF TECHNOLOGY PRESS

黑版贸审字 08－2016－040 号

内容简介

本书共分两章：度量空间与赋范空间，希尔伯特空间．理论部分叙述扼要，应用部分叙述详尽，可供数学系高年级学生，高等学校数学教师以及其他需要泛函分析知识的科学技术人员参考．

图书在版编目(CIP)数据

Smirnov 院士数学讲义．第五卷．第二册/(俄罗斯)B. И. 斯米尔诺夫著；《Smirnov 院士数学讲义》翻译组译．—哈尔滨：哈尔滨工业大学出版社，2019．1

ISBN 978－7－5603－7833－6

Ⅰ．①S…　Ⅱ．①B…　②S…　Ⅲ．①高等数学－高等学校－教学参考资料　Ⅳ．①O13

中国版本图书馆 CIP 数据核字(2018)第 268581 号

书名：Курс высшей математики

作者：B. И. Смирнов

B. И. Смирнов《Курс высшей математики》

策划编辑　刘培杰　张永芹
责任编辑　刘立娟
封面设计　孙茵艾
出版发行　哈尔滨工业大学出版社
社　　址　哈尔滨市南岗区复华四道街 10 号　邮编 150006
传　　真　0451－86414749
网　　址　http://hitpress.hit.edu.cn
印　　刷　黑龙江艺德印刷有限责任公司
开　　本　787mm×1092mm　1/16　印张 20.75　字数 415 千字
版　　次　2019 年 1 月第 1 版　2019 年 1 月第 1 次印刷
书　　号　ISBN 978－7－5603－7833－6
定　　价　218.00 元

目录

第四章 度量空间与赋范空间

84. 度量空间

在这一章开始我们先叙述抽象空间的理论，然后再介绍这些理论对各种具体空间(其中主要是函数空间，即某一类型函数的集合)的应用. 同一个抽象空间可以有多种不同的具体实现，因此研究抽象空间的理论是适宜的.

任一抽象空间都是满足若干公理的非空集合. 集合中元的性质是不加规定的，任一抽象空间的理论只是确定该空间的那些公理的推论. 为使叙述连贯起见，我们先专门介绍抽象空间的理论，而把这种理论在抽象空间做各种具体实现时的应用放在最末. 首先我们来介绍度量空间的理论.

集合 X(它的元我们用字母 x,y,z 等表示)叫作度量空间，是指其中任一对元 x 与 y 有一个非负数 $\rho(x,y)$(x 与 y 间的距离)与之对应，并且满足以下条件：

1. $\rho(x,y)\geqslant 0$，当且仅当 $x=y$(即 x 与 y 是同一个元)时等号成立；

2. 对称公理

$$\rho(y,x)=\rho(x,y) \tag{1}$$

3. 三角形公理

$$\rho(x,z)\leqslant\rho(x,y)+\rho(y,z) \tag{2}$$

对于任意元 $x,y,z\in X$，以上条件都必须成立. 若 y_1，y_2，…，y_m 是 X 中的元，则重复应用(2)可得

$$\rho(y_1,y_m)\leqslant\rho(y_1,y_2)+\rho(y_2,y_3)+\cdots+\rho(y_{m-1},y_m) \tag{2'}$$

设 $x_n(n=1,2,\cdots)$ 是元的某一无穷序列，并且存在元 x_0，使 $n\to\infty$ 时 $\rho(x_0, x_n)\to 0$. 因此，x_0 叫作序列 x_n 的极限，并写作 $x_n\Rightarrow x_0$ 或 $\lim x_n=x_0$. 不难看出，序列不能有多于一个的极限. 事实上，假设 $x_n\Rightarrow x_0$ 与 $x_n\Rightarrow y_0$，我们需证明 $x_0=y_0$. 依(2) 有

$$\rho(x_0,y_0)\leqslant\rho(x_0,x_n)+\rho(x_n,y_0)$$

当 n 无限增大时，不等式右端趋于 0，取极限则得 $\rho(x_0,y_0)\leqslant 0$. 但 $\rho(x_0,y_0)\geqslant 0$，由这两个不等式可得 $\rho(x_0,y_0)=0$，即 $x_0=y_0$. 显然，若 $x_n\Rightarrow x_0$，则它的任一无穷子序列 $x_{n_k}\Rightarrow x_0$.

现在证明 $\rho(x,y)$ 是 x 与 y 的连续函数，即若 $x_n\Rightarrow x_0$ 及 $y_n\Rightarrow y_0$，则 $\rho(x_n, y_n)\to\rho(x_0,y_0)$.

由(2′) 可得

$$\rho(x_n,y_n)\leqslant\rho(x_n,x_0)+\rho(x_0,y_0)+\rho(y_0,y_n)$$
$$\rho(x_0,y_0)\leqslant\rho(x_0,x_n)+\rho(x_n,y_n)+\rho(y_n,y_0)$$

由此

$$\rho(x_n,y_n)-\rho(x_0,y_0)\leqslant\rho(x_n,x_0)+\rho(y_0,y_n)$$
$$\rho(x_0,y_0)-\rho(x_n,y_n)\leqslant\rho(x_0,x_n)+\rho(y_n,y_0)$$

即

$$|\rho(x_0,y_0)-\rho(x_n,y_n)|\leqslant\rho(x_0,x_n)+\rho(y_n,y_0)$$

当 $n\to\infty$ 时右端趋于零，由此推得 $\rho(x_n,y_n)\to\rho(x_0,y_0)$.

若序列 x_n 有极限($x_n\Rightarrow x_0$)，则对任一给定的 $\varepsilon>0$，存在 N，使当 $m,n\geqslant N$ 时

$$\rho(x_m,x_n)\leqslant\varepsilon \tag{3}$$

这可由不等式 $\rho(x_m,x_n)\leqslant\rho(x_m,x_0)+\rho(x_0,x_n)$ 立即推得，因其右端当 m, $n\to\infty$ 时趋于零. 但是，根据所采用的公理，由(3) 不能推得序列 x_n 有极限(柯西极限存在判别法的充分性在此不成立). 若引入补充条件，使得由(3) 可推出序列 x_n 有极限，则这样的度量空间叫作完备的.

设 U 是度量空间中元的某个集合. 若存在元 x_0 与正数 A，使对于 U 中任一元 x 有 $\rho(x_0,x)\leqslant A$，则称 U 是有界的. 设 x_1 是任一异于 x_0 的固定元，我们有

$$\rho(x_1,x)\leqslant\rho(x_1,x_0)+\rho(x_0,x)$$

于是对 U 中的元 x 得 $\rho(x_1,x)\leqslant\rho(x_1,x_0)+A$，而这个不等式的右端是一个正数. 因此，集合 U 的有界性定义与元 x_0 的选择无关. 不难证明，若序列 x_n 有极限，则元 x_n 的集合是有界的.

元 x_0 叫作 X 中元的集合 U 的极限元，如果存在 U 中的序列 x_n 使 $x_n\Rightarrow x_0$. 若集合 U 包含其所有极限元，这个集合 U 叫作闭的. 若 U 非闭，我们把它的所有极限元添加进去所得的新集合是闭集[31]，并记为 $\overline{U}$. 由 U 变到 $\overline{U}$ 的过程叫作

集合 U 的封闭. 若 U 为闭集,则 $\bar{U}=U$. 若 U 是空集(不含任何元),则 $\bar{U}$ 应看作空集. 满足条件 $\rho(x_0,x)<R$(这里 x_0 是固定元,R 是正数) 的元的集合叫作以 x_0 为中心、R 为半径的开球,而当 $\rho(x_0,x)\leqslant R$ 时叫作闭球.

利用 $\rho(x_0,x)$ 是 x 的连续函数这一事实,不难证明上面所定义的闭球是一个闭集.

我们指出,X 中的每个非空集合 U,如果对于 U 中的元来说,$\rho(x,y)$ 的定义仍和在 X 中的一样,那么 U 也是度量空间. 空间 X 中的元的个数可以是有穷的.

设有两个度量空间 X 与 X',并设它们的元之间可以建立这样的一一对应关系,使 $\rho(x,y)=\rho(x',y')$(这里 x 与 x' 及 y 与 y' 是 X 和 X' 的任意两对对应元). 这时我们称 X 与 X' 是等距的. 从抽象理论观点来看,等距的空间是没有区别的.

85. 度量空间的完备化

X 中元的序列 x_n 叫作基本的(或自己收敛的),是指它满足条件(3). 若 X 不是完备空间,则它的基本序列不全有极限. 下面要证明,这时可给空间添进新的元(有时称作"理想元"),使得在相应推广的距离概念之下,所得空间是完备的.

先证明一个辅助定理:

辅助定理 若 x_n 与 y_n 是两个基本序列,则数列 $\rho(x_n,y_n)$ 有极限.

由(2′)得

$$\rho(x_n,y_n)\leqslant\rho(x_n,x_m)+\rho(x_m,y_m)+\rho(y_m,y_n)$$

因此

$$\rho(x_n,y_n)-\rho(x_m,y_m)\leqslant\rho(x_n,x_m)+\rho(y_m,y_n)$$

交换下标 m 与 n 并利用(1),可得

$$\rho(x_m,y_m)-\rho(x_n,y_n)\leqslant\rho(x_n,x_m)+\rho(y_m,y_n)$$

由这两个不等式推出

$$|\rho(x_n,y_n)-\rho(x_m,y_m)|\leqslant\rho(x_n,x_m)+\rho(y_m,y_n)$$

当 m 和 n 无限增大时,上式右端趋于零,因此数列 $\rho(x_n,y_n)$ 满足极限存在的柯西判定法,这就是所要证明的.

我们将所有基本序列分类:把满足 $\rho(x_n,x'_n)\to 0$ 的基本序列 x_n 与 x'_n 列入同一类. 若 x'_n 与 x''_n 都和 x_n 属于同一类,则 x'_n 与 x''_n 属于同一类,因从 $\rho(x_n,x'_n)\to 0$ 与 $\rho(x_n,x''_n)\to 0$ 以及(2) 可知 $\rho(x'_n,x''_n)\to 0$. 对于不同类中的序列 x_n 与 y_n,$\rho(x_n,y_n)$ 的极限是异于零的正数. 由(2) 还可推出,若序列 x_n 在 X 中有极限 x_0,则同一类中的任一其他序列 x'_n 也收敛并有同一极限 x_0. 由距离的连续性可知,出现在不同类中的序列不可能有同一极限. 这样,所述的基本

序列类就分为两种.先谈第一种的类.设 x_0 是 X 中的某一元,那么存在一个以 x_0 为极限的基本序列的类.例如,所有的元都是 x_0 的序列 x_n 就属于这个类.对于任一 x_0,都存在这种序列类.第二种的类是由在 X 中没有极限的基本序列所组成的.若 X 是完备的,则第二种序列类不存在.设 X 不是完备空间.现在我们构造一个新的度量空间 $\widetilde{X}$,它的元是上述 X 的基本序列的类.在 $\widetilde{X}$ 中还应引入距离并检验它是否具有度量空间中距离的三个性质.设 $\tilde{x}$ 与 $\tilde{y}$ 是 $\widetilde{X}$ 中的两个元.我们从这两个元的相应序列类中各任取序列 x_n 及 y_n,并用以下公式定义 $\rho(\tilde{x},\tilde{y})$,即

$$\rho(\tilde{x},\tilde{y})=\lim_{n\to\infty}\rho(x_n,y_n) \tag{4}$$

现证明非负数 $\rho(\tilde{x},\tilde{y})$ 与在 $\tilde{x}$ 及 $\tilde{y}$ 的相应类中如何选择序列 x_n 和 y_n 无关.设 x'_n 与 y'_n 是分别属于两类的任意序列,并且 $\rho'(\tilde{x},\tilde{y})=\lim\limits_{n\to\infty}\rho(x'_n,y'_n)$.需证 $\rho'(\tilde{x},\tilde{y})=\rho(\tilde{x},\tilde{y})$.由(2′)知

$$\rho(x_n,y_n)\leqslant\rho(x_n,x'_n)+\rho(x'_n,y'_n)+\rho(y'_n,y_n)$$

注意 $\rho(x_n,x'_n)\to 0$ 与 $\rho(y'_n,y_n)\to 0$,并在上面的不等式中取极限,即得 $\rho(\tilde{x},\tilde{y})\leqslant\rho'(\tilde{x},\tilde{y})$.同理可得 $\rho'(\tilde{x},\tilde{y})\leqslant\rho(\tilde{x},\tilde{y})$,因此 $\rho'(\tilde{x},\tilde{y})=\rho(\tilde{x},\tilde{y})$.于是,式(4)所定义的距离 $\rho(\tilde{x},\tilde{y})$ 是唯一确定的.现在来证明它具有距离的三个基本性质.$\rho(\tilde{x},\tilde{y})\geqslant 0$ 是显然的.

1) 设 $\rho(\tilde{x},\tilde{y})=0$,即 $\rho(x_n,y_n)\to 0$.由此推出序列 x_n 与 y_n 属于同一类,即 $\tilde{x}=\tilde{y}$.

2) $\rho(\tilde{x},\tilde{y})=\rho(\tilde{y},\tilde{x})$,由 $\rho(x_n,y_n)=\rho(y_n,x_n)$ 即得.

3) 在与 $\tilde{x},\tilde{y},\tilde{z}$ 相应的类中各取序列 x_n,y_n,z_n,可得

$$\rho(\tilde{x},\tilde{z})=\lim_{n\to\infty}\rho(x_n,z_n)\leqslant\lim_{n\to\infty}[\rho(x_n,y_n)+\rho(y_n,z_n)]=$$
$$\rho(\tilde{x},\tilde{y})+\rho(\tilde{y},\tilde{z})$$

设 $\tilde{x}$ 是 $\widetilde{X}$ 中相应于第一种序列类的元,且 x_0 是这个序列类中序列的极限.我们可把 $\widetilde{X}$ 中这样的 $\tilde{x}$ 和 X 中的元 x_0 看作等同的.$\widetilde{X}$ 中所有与第二种序列类相应的元 $\tilde{x}$ 在 X 中找不到等同元.若 $\tilde{x}$ 与 $\tilde{y}$ 是和第一种序列类相应的元,而 x_0 与 y_0 是和它们等同的 X 中的元,则在(4)中对于任一 n 可令 $x_n=x_0$ 与 $y_n=y_0$,因此

$$\rho(\tilde{x},\tilde{y})=\lim_{n\to\infty}\rho(x_0,y_0)=\rho(x_0,y_0)$$

即对 X 中的元这个新定义的距离与原来的距离相同.若元 $\tilde{x}$ 是 $\widetilde{X}$ 中与第一种序列类相应的元(x_0 是 X 中的等同元),而 $\tilde{y}$ 是 $\widetilde{X}$ 中与第二种序列类相应的元,则式(4)给出

$$\rho(\tilde{x},\tilde{y})=\lim_{n\to\infty}\rho(x_0,y_n)$$

还要证明,若 x_n 是定义元 $\tilde{x}$ 的类中的序列,则当 $n\to\infty$ 时 $\rho(\tilde{x},x_n)\to 0$.

依定义，$\rho(\tilde{x},x_n)=\lim\limits_{m\to\infty}\rho(x_m,x_n)$. 由于 x_n 是基本序列，故(3)成立，因此当 $n\geqslant N$ 时 $\rho(\tilde{x},x_n)\leqslant\varepsilon$，即当 $n\to\infty$ 时 $\rho(\tilde{x},x_n)\to 0$.

现证 X 在 $\tilde{X}$ 中稠密，即若 $\tilde{x}$ 是 $\tilde{X}$ 中的任一元，ε 是任给的正数，则有 X 中的元 x 使 $\rho(\tilde{x},x)\leqslant\varepsilon$. 若 $\tilde{x}$ 与第一种序列类相应，而 x_0 是它在 X 中的等同元，则对任一 $\varepsilon>0$，取 $x=x_0$ 即满足要求，因为 $\rho(\tilde{x},x_0)=\rho(x_0,x_0)=0$. 设 $\tilde{x}$ 与第二种序列类相应，x_n 是这一序列类中的基本序列. 我们固定这样的 m，使当 $n\geqslant m$ 时 $\rho(x_n,x_m)\leqslant\varepsilon$，并证明可取 $x=x_m$. 事实上，$\rho(\tilde{x},x_m)=\lim\limits_{n\to\infty}\rho(x_n,x_m)$，由于当 $n\geqslant m$ 时 $\rho(x_n,x_m)\leqslant\varepsilon$，故得 $\rho(\tilde{x},x_m)\leqslant\varepsilon$.

现再证明 $\tilde{X}$ 是完备空间. 设 $\tilde{x}_n$ 是 $\tilde{X}$ 中的基本序列，即当 $n,m\geqslant N$ 时 $\rho(\tilde{x}_n,\tilde{x}_m)\leqslant\varepsilon$. 应证明在 $\tilde{X}$ 中存在元 $\tilde{x}$ 使当 $n\to\infty$ 时 $\rho(\tilde{x},\tilde{x}_n)\to 0$. 由前面的证明可知，对任意的 n，在 X 中存在元 x_n 使 $\rho(\tilde{x}_n,x_n)\leqslant\dfrac{1}{n}$. 不难看出，$X$ 中元 x_n 的序列是基本序列，因为

$$\rho(x_n,x_m)\leqslant\rho(x_n,\tilde{x}_n)+\rho(\tilde{x}_n,\tilde{x}_m)+\rho(\tilde{x}_m,x_m)\leqslant \frac{1}{n}+\frac{1}{m}+\rho(\tilde{x}_n,\tilde{x}_m)$$

序列 x_n 属于某个 —— 定义 $\tilde{X}$ 中某一元 $\tilde{x}$ 的 —— 序列类. 我们证明 $\rho(\tilde{x},\tilde{x}_n)\to 0$. 这可由不等式

$$\rho(\tilde{x},\tilde{x}_n)\leqslant\rho(\tilde{x},x_n)+\rho(x_n,\tilde{x}_n)\leqslant\rho(\tilde{x},x_n)+\frac{1}{n}$$

及 $\rho(\tilde{x},x_n)\to 0$(已于上面得证)推出. $\tilde{X}$ 的完备性得证.

定理 1 X 在其中稠密的 X 的完备化空间，除等距的不计外是唯一的.

设 Y 是 X 在其中稠密的完备度量空间. 我们需要证明 Y 与 $\tilde{X}$ 等距. 于此自然假定，属于 X 的 Y 中两个元间的距离与在 X 中的距离相同. 设 y 是 Y 中某一元. 因 X 在 Y 中稠密，故存在 X 中元的序列 x_n 使其在 Y 中满足 $\rho(y,x_n)\to 0$，因此 x_n 是 Y 中的也是 X 中的基本序列. 这个序列与 $\tilde{X}$ 中的一个确定元 $\tilde{x}$ 对应. 易见 $\tilde{x}$ 与 x_n 的选择无关，只要 $\rho(y,x_n)\to 0$ 即可. 我们使 $\tilde{x}$ 与所述 Y 中的元 y 对应. 现设我们有 $\tilde{X}$ 中的一个元 $\tilde{x}'$. 取 X 中定义 $\tilde{x}'$ 的任一序列 x'_n，它是完备空间 Y 的基本序列，因此决定 Y 中的一个元 y'. 易知 y' 与序列 x'_n 的选择无关，只要它是确定 $\tilde{x}'$ 的序列即可. 我们使 y' 与 $\tilde{x}'$ 对应，这样就不难看出，我们建立了 Y 与 $\tilde{X}$ 的元之间的一一对应. 尚需证明的是 $\rho(\tilde{x},\tilde{x}')=\rho(y,y')$.

这由在 $\tilde{X}$ 中 $\rho(\tilde{x},\tilde{x}')$ 的定义以及在 Y 中距离的连续性推出

$$\rho(\tilde{x},\tilde{x}')=\lim_{n\to\infty}\rho(x_n,x'_n)=\rho(y,y')$$

我们之所以要详细地叙述度量空间的完备化问题，是由于在度量空间理论的应用上这种方法具有重大的作用，并由此我们可限于讨论完备空间. 下面介

绍三个简单的例子.

1) 设 X 是由所有实有理数 $x, y, z, \cdots$ 所组成的空间,并且距离由公式 $\rho(x, y)=|x-y|$ 定义. 显然,$\rho(x,y)$ 满足度量空间定义中距离的三个条件. 取实有理数的一个基本序列 x_n. 根据柯西判定法,它应有实数极限,不过若极限是一个无理数,则序列 x_n 在 X 中就无极限,因此 X 并不完备. X 的完备化是引入所有无理数,所以所有实数构成的空间 $\widetilde{X}$ 是完备的.

2) 考察由所有在有穷区间$[a,b]$上连续的实函数 $x(t), y(t), z(t), \cdots$ 所组成的空间 C,并用下式定义距离 $\rho(x,y)$[14],即

$$\rho(x,y)=\max_{a\leqslant t\leqslant b}|x(t)-y(t)|$$

不难验证 $\rho(x,y)$ 的这种定义是容许的. 这时的收敛 $\rho(x,x_n)\to 0$ 即是在区间 $a\leqslant t\leqslant b$ 上的一致收敛 $x_n(t)\to x(t)$,且若 $n,m\to\infty$ 时 $|x_n(t)-x_m(t)|\to 0$,则存在连续函数 $x(t)$ 使 $x_n(t)$ 一致收敛于 $x(t)$[Ⅰ;144],即 C 是完备的.

3) 现研究由上例中函数所组成的空间 F,但距离改由下式定义

$$\rho(x,y)=\left[\int_a^b |x(t)-y(t)|^2\,\mathrm{d}t\right]^{\frac{1}{2}} \tag{5}$$

这个距离也是容许的. 在 F 中取基本序列 $x_n(t)$,当 $n,m\to\infty$ 时

$$\int_a^b |x_n(t)-x_m(t)|^2\,\mathrm{d}t\to 0$$

依式(5)所定义距离的意义,序列 $x_n(t)$ 有极限[56],不过极限函数可能是 L_2 中的任一函数,因为连续函数在 L_2 中是处处稠密的[60]. 若极限函数与连续函数不相抵,则这个基本序列在 F 中无极限,即空间 F 不完备. 把 L_2 中与连续函数不相抵的函数添入 F 后,可得出 F 的完备化空间,从而把 F 变成 L_2.

除单变数函数外,我们还可以讨论在 n 维空间的有界闭集上连续的 n 个变数的函数 $x(t_1,t_2,\cdots,t_n)$ 的集合.

我们还要指出,把具体的度量空间完备化时,重要的是要明确在完备化之后,新的元具体指些什么? 在上一例中,它们就是 L_2 中的与连续函数不相抵的函数. 又如前面所知,可以在任一可测集上考察 L_2. 我们这里之所以限于考察有界闭集这一情况,是因为我们从连续函数的空间 F 出发的.

现介绍一个对完备度量空间成立的定理. 以后,X 中以 x 为中心、r 为半径的开球用 $S(x,r)$ 表示,闭球用 $\overline{S}(x,r)$ 表示.

定理 2 设在完备度量空间 X 中有一个闭球序列 $\overline{S}(x_n,r_n)(n=1,2,\cdots)$,每一球都含于它的前一球内,且当 $n\to\infty$ 时半径 $r_n\to 0$. 那么存在唯一的点属于所有的 $\overline{S}(x_n,r_n)$.

依条件,$\overline{S}(x_{n+p},r_{n+p})\subsetneqq\overline{S}(x_n,r_n)(p>0)$,因此对任一 $p>0$ 有 $\rho(x_{n+p},x_n)\leqslant 2r_n$,即序列 x_n 是基本序列,又因 X 完备,故 x_n 有极限,记之为 x_0. 取任一

固定的球 $\overline{S}(x_n,r_n)$，我们证明 $x_0\in\overline{S}(x_n,r_n)$.

事实上，根据定理的条件，以 x_0 为极限的序列 $x_n,x_{n+1},\cdots$ 中，每个元均属于 $\overline{S}(x_n,r_n)$，又因 $\overline{S}(x_n,r_n)$ 是闭集，故 $x_0\in\overline{S}(x_n,r_n)$.

现假定元 x'_0 也含于所有的 $\overline{S}(x_n,r_n)$ 中，我们证明 $x'_0=x_0$. 因 x_0 与 x'_0 都属于所有的 $\overline{S}(x_n,r_n)$，故

$$\rho(x_0,x'_0)\leqslant\rho(x_0,x_n)+\rho(x_n,x'_0)\leqslant 2r_n$$

取极限得 $\rho(x_0,x'_0)\leqslant 0$，即 $\rho(x_0,x'_0)=0$，因此 x'_0 就是 x_0. 定理得证.

再指出，完备度量空间 X 中的任一闭集 U 也是完备度量空间（于此，显然假定 x 与 y 在 U 中的距离 $\rho(x,y)$ 等于在 X 中的距离）. 所述命题由以下事实立即推得：U 中每个基本序列 x_n 在 X 中有极限，因 U 是闭集，故这个极限亦在 U 中.

86. 算子与泛函，压缩映象原理

设 X 与 X' 是两个度量空间. 由 X 中的元 x 到 X' 中的一个确定元 x' 间的对应关系 $x'=Ax$ 叫作由 X 到 X' 中的算子. 算子可能不是在整个 X 上定义的. X 中对算子 A 有定义的元的集合叫作算子 A 的定义域，并记作 $D(A)$. 值 Ax 的集合用 $R(A)$ 表示，它是 X' 的元的某个集合. 若 $R(A)$ 是整个 X'，则方程

$$x'=Ax \tag{6}$$

对于 X' 中的每个 x'，至少有一个解. 现假定 A 确立 D 与 R 间的一个一一对应，即对 $D(A)$ 中的不同 x，由(6)得出 $R(A)$ 中的不同 x'. 这时，方程(6)对于 $R(A)$ 中的任一 x' 有 $D(A)$ 中的唯一解.

算子的一个很重要的特例是泛函. 所谓泛函，就是当 X' 是实数空间时的算子，而空间的距离用[85]中的定义 $\rho(x',y')=|x'-y'|$. 有时取 X' 为在同样距离定义下的复数空间.

我们介绍一个当 X' 与 X 重合时，判定方程 $x-Ax=0$ 有唯一解的定理.

定理(压缩映象原理) 若算子 A 把完备度量空间 X 映射到自身中，且 $D(A)=X$，并对 X 中的任意两个元 x 与 y 有

$$\rho(Ax,Ay)\leqslant\alpha\rho(x,y) \tag{7}$$

其中 α 是满足 $0<\alpha<1$ 的数，则方程 $x=Ax$ 有且只有一个解. 这个解可由任意选出的初始元 x_1 出发所组成的序列

$$x_2=Ax_1,x_3=Ax_2,x_4=Ax_3,\cdots \tag{8}$$

取极限得到.

在所考察的情形中，$D(A)=X$，$R(A)\subsetneqq X$. 我们有

$$\rho(x_n,x_{n+1})=\rho(Ax_{n-1},Ax_n)\leqslant\alpha\rho(x_{n-1},x_n)$$

把这样的估值继续应用到 $\rho(x_{n-1},x_n)$ 等上面，可得

$$\rho(x_n,x_{n+1})\leqslant\alpha^{n-1}\rho(x_1,x_2)\quad(n=1,2,\cdots)$$

由此推出，当 $m > n$ 时

$$\rho(x_n, x_m) \leqslant \rho(x_n, x_{n+1}) + \rho(x_{n+1}, x_{n+2}) + \cdots + \rho(x_{m-1}, x_m) \leqslant$$
$$\alpha^{n-1}(1+\alpha+\cdots+\alpha^{m-n-1})\rho(x_1, x_2) \leqslant \frac{\alpha^{n-1}}{1-\alpha}\rho(x_1, x_2)$$

注意 $\rho(x_n, x_n) = 0$ 与 $\rho(x_n, x_m) = \rho(x_m, x_n)$，可知当 n 与 $m \to \infty$ 时 $\rho(x_n, x_m) \to 0$. 由于 X 是完备的，故序列 x_n 有极限，用 x_0 记之（$x_n \Rightarrow x_0$）. 现证 $Ax_n \Rightarrow Ax_0$：因 $\rho(x_n, x_0) \to 0$，故

$$\rho(Ax_n, Ax_0) \leqslant \alpha\rho(x_n, x_0) \to 0$$

在等式 $x_n = Ax_{n-1}$ 两端取极限得到 $x_0 = Ax_0$. 还要证明方程 $x = Ax$ 的解是唯一的. 设 x' 也是这个方程的解：$x' = Ax'$. 需证 $x' = x_0$. 因

$$\rho(x_0, x') = \rho(Ax_0, Ax') \leqslant \alpha\rho(x_0, x')$$

即 $(1-\alpha)\rho(x_0, x') = 0$，于是 $\rho(x_0, x') = 0$，所以 x' 与 x_0 相同. 定理证毕.

注　设 U 是 X 中的某闭集. 若 $D(A) = U$，$R(A) \subsetneqq U$ 且条件(7) 成立（$0 < \alpha < 1$），则定理也成立，并且 $x_0 \in U$，而满足方程 $x' = Ax'$ 的 x' 与 x_0 相同. 这里假定 $x' \in U$，因为 A 是在 U 上定义的.

87. 例

在谈压缩映象原理的应用之前，先引入几个完备度量空间的例子.

1. 所有 n 个实数的有序组所构成的空间 R_n. R_n 中元 $x(a_1, a_2, \cdots, a_n)$ 与 $y(b_1, b_2, \cdots, b_n)$ 的距离定义如下

$$\rho(x, y) = \left[\sum_{k=1}^{n}(a_k - b_k)^2\right]^{\frac{1}{2}} \tag{9}$$

还可定义由 n 个复数的有序组所构成的复空间 R_n. 这时距离(9) 中的 $(a_k - b_k)^2$ 应换为 $|a_k - b_k|^2$. 这一点对于以后的序列空间或函数空间的例子也是一样的.

2. 所有总体有界的无穷数列 $x(a_1, a_2, \cdots)$ 组成的空间 m，即对 m 中的每一元 x，存在正数 m_x，使对于一切 i 均有 $|a_i| \leqslant m_x$.

$\rho(x, y)$ 的定义如下

$$\rho(x, y) = \sup_k |a_k - b_k| \tag{10}$$

m 中的收敛是按坐标的收敛，并且对坐标的序号是一致的.

3. 所有无穷数列组成的空间 s，其中

$$\rho(x, y) = \sum_{k=1}^{\infty} \frac{|a_k - b_k|}{2^k(1 + |a_k - b_k|)} \tag{11}$$

$\rho(x, y)$ 的这个定义满足距离的三个条件，这可由下面讨论类似的函数空

间 S 所用的方法来验证①.

与 R_n 一样,s 中的收敛也是按坐标的收敛②.

4. 满足条件

$$\sum_{k=1}^{\infty} | a_k |^p < +\infty \tag{12}$$

的无穷复数序列 $x(a_1, a_2, \cdots)$ 组成的空间 $l_p(p \geqslant 1)$,并且

$$\rho(x, y) = \left[\sum_{k=1}^{\infty} | a_k - b_k |^p\right]^{\frac{1}{p}} \tag{13}$$

三角形公理当 $p=1$ 时显然成立,当 $p>1$ 时可由闵可夫斯基关于和的不等式[62] 推出.

5. 定义在 n 维空间 R_n 中某有界闭集 $\mathscr{E}$ 上的连续函数 $\varphi(x)$ 组成的空间 C,并且

$$\rho(\varphi, \psi) = \max_{x \in \mathscr{E}} | \varphi(x) - \psi(x) | \tag{14}$$

6. 定义在 R_n 中某可测(按勒贝格)集 $\mathscr{E}$ 上的函数 $\varphi(x)$ 组成的空间 M. 相抵的函数看作等同的,且 M 中的函数均为有界(或与有界函数相抵).

距离定义如下

$$\rho(\varphi, \psi) = \inf_{m(\mathscr{E}_0)=0} \sup_{\mathscr{E}-\mathscr{E}_0} | \varphi(x) - \psi(x) | \tag{15}$$

这个定义的意义是:从 $\mathscr{E}$ 中除去某个测度为零的集合 $\mathscr{E}_0$ 后,在余集 $\mathscr{E}-\mathscr{E}_0$ 上取 $| \varphi(x) - \psi(x) |$ 的上确界,再取所有可能的这种 $\mathscr{E}_0$,并对所得这一切非负上确界 $\sup\limits_{\mathscr{E}-\mathscr{E}_0} | \varphi(x) - \psi(x) |$ 的集合取下确界. 有时把(15) 写作

$$\rho(\varphi, \psi) = \text{vrai max} | \varphi(x) - \psi(x) | \tag{16}$$

若 $\mathscr{E}$ 是有界闭集,则 C 是 M 的一部分且 C 上的 $\rho(\varphi, \psi)$ 与 M 上的相同,即 C 与 M 的一部分等距.

7. 定义在 R_n 中具有有穷测度的可测集 $\mathscr{E}$ 上的函数 $\varphi(x)$ 组成的空间 S,并且

$$\rho(\varphi, \psi) = \int \frac{| \varphi(x) - \psi(x) |}{1 + | \varphi(x) - \psi(x) |} \mathrm{d}x \tag{17}$$

这里以及下面所涉及的测度与勒贝格积分都是对 R_n 而言的.

8. 空间 $L_p(\mathscr{E})(p \geqslant 1)$,它由定义在可测集 $\mathscr{E}$ 上并满足

$$\int_{\mathscr{E}} | \varphi(x) |^p \mathrm{d}x < +\infty$$

① 可参考刘斯铁尔尼克与索伯列夫合著的《泛函数分析概要》,杨从仁译,科学出版社出版. —— 译者注

② 对坐标的序号来说,这个收敛一般是不一致的. —— 译者注

的函数 $\varphi(x)$ 所组成,并且

$$\rho(\varphi,\psi)=\left[\int_{\mathscr{E}}|\varphi(x)-\psi(x)|^{p}\mathrm{d}x\right]^{\frac{1}{p}} \tag{18}$$

$\rho(\varphi,\psi)$ 满足度量空间的公理[62].

9. 空间 $V[a,b]$,它由在闭区间 $a\leqslant x\leqslant b$ 上囿变的、在区间的内点右连续而当 $x=a$ 时取零值的函数 $\varphi(x)$ 所组成,并且

$$\rho(\varphi,\psi)=\overset{b}{\underset{a}{V}}|\varphi(x)-\psi(x)| \tag{19}$$

若放弃条件 $\varphi(a)=0$,则 $\rho(\varphi,\psi)$ 定义如下

$$\rho(\varphi,\psi)=|\varphi(a)-\psi(a)|+\overset{b}{\underset{a}{V}}|\varphi(x)-\psi(x)| \tag{20}$$

这时空间被扩大了,且原来空间与扩大后空间中的一部分等距.

所有上述的空间都是完备的.

关于 L_p 与 l_p 的完备性已证明过,其余空间的完备性证明不难,我们不引进这些证明.

我们较详细地来讨论空间 S. 注意 $\omega(t)=\frac{t}{1+t}=1-\frac{1}{1+t}$ 是当 $t\geqslant 0$ 时的增函数,且

$$\frac{|t+\tau|}{1+|t+\tau|}\leqslant\frac{|t|+|\tau|}{1+|t|+|\tau|}\leqslant\frac{|t|}{1+|t|}+\frac{|\tau|}{1+|\tau|}$$

由此推出三角形公理对 S 成立. 现在证明 S 中的收敛等效于依测度收敛.

设 $\varphi_n(x)$ 在 $\mathscr{E}$ 上依测度收敛于 $\varphi(x)$. 我们证明 $\rho(\varphi,\varphi_n)\to 0$. 引入集合 $\mathscr{E}_n(\delta)=\mathscr{E}[|\varphi(x)-\varphi_n(x)|\geqslant\delta]$. 依条件,对于任意固定的 $\delta>0$,当 $n\to\infty$ 时,$m[\mathscr{E}_n(\delta)]\to 0$. 我们有

$$\rho(\varphi,\varphi_n)=\int_{\mathscr{E}}\frac{|\varphi(x)-\varphi_n(x)|}{1+|\varphi(x)-\varphi_n(x)|}\mathrm{d}x\leqslant$$

$$\int_{\mathscr{E}_n(\delta)}1\mathrm{d}x+\int_{\mathscr{E}-\mathscr{E}_n(\delta)}\frac{|\varphi(x)-\varphi_n(x)|}{1+|\varphi(x)-\varphi_n(x)|}\mathrm{d}x$$

由此,并注意 $\omega(t)$ 是增函数以及在集合 $\mathscr{E}-\mathscr{E}_n(\delta)$ 上 $|\varphi(x)-\varphi_n(x)|<\delta$,即得

$$\rho(\varphi,\varphi_n)\leqslant m[\mathscr{E}_n(\delta)]+\frac{\delta}{1+\delta}m(\mathscr{E})$$

设已给正数 ε,可确定一个 $\delta>0$,使 $\frac{\delta}{1+\delta}m(\mathscr{E})\leqslant\frac{\varepsilon}{2}$. 此外存在 N,使当 $n\geqslant N$ 时 $m[\mathscr{E}_n(\delta)]\leqslant\frac{\varepsilon}{2}$,因此当 $n\geqslant N$ 时 $\rho(\varphi,\varphi_n)\leqslant\varepsilon$,即 $\rho(\varphi,\varphi_n)\to 0$. 现设 $\rho(\varphi,\varphi_n)\to 0$,我们证明 $\varphi_n(x)$ 在 $\mathscr{E}$ 上依测度收敛于 $\varphi(x)$. 根据上面所述的 $\omega(t)$

的性质,若 $x \in \mathscr{E}_n(\delta)$,则

$$|\varphi(x)-\varphi_n(x)|:[1+|\varphi(x)-\varphi_n(x)|] \geqslant \delta:(1+\delta)$$

这样就有

$$\rho(\varphi,\varphi_n) \geqslant \int_{\mathscr{E}_n(\delta)} \frac{\delta}{1+\delta} \mathrm{d}x = \frac{\delta}{1+\delta} m[\mathscr{E}_n(\delta)]$$

其中 $\delta > 0$ 看作是固定的. 由条件 $\rho(\varphi,\varphi_n) \to 0$ 以及上一个不等式,推出 $m[\mathscr{E}_n(\delta)] \to 0$,此即所要证明的.

利用[44]的定理与上文所证,可以断定,若在 S 中 $\rho(\varphi,\varphi_n) \to 0$,则存在子序列 $\varphi_{n_k}(x)$ 在 $\mathscr{E}$ 上殆遍收敛于 $\varphi(x)$. S 的完备性可如 L_2 那样得证.

作函数空间 L_p,M 及 S 时,我们也可采用勒贝格－斯蒂尔切斯测度与积分.

88. 压缩映象原理的应用举例

1. 考察含 n 个未知数的 n 个方程的方程组

$$\xi_i = \lambda \sum_{k=1}^{n} a_{ik}\xi_k + b_i \quad (i=1,2,\cdots,n) \tag{21}$$

这里的 λ 是数值参数. 我们把方程组的右端看作是对整个 R_n 中的元 $x(\xi_1,\xi_2,\cdots,\xi_n)$ 定义的由 R_n 到 R_n 的算子 Ax. 由柯西不等式得

$$\rho(Ax,Ay) \leqslant |\lambda| \left[\sum_{i,k=1}^{n} |a_{ik}|^2\right]^{\frac{1}{2}} \rho(x,y)$$

因此,若

$$|\lambda| < \left[\sum_{i,k=1}^{n} |a_{ik}|^2\right]^{-\frac{1}{2}}$$

则在 R_n 中可应用压缩映象原理.

2. 考察无穷方程组

$$\xi_i = \lambda \sum_{k=1}^{\infty} a_{ik}\xi_k + b_i \quad (i=1,2,\cdots) \tag{22}$$

并且我们把序列 $(b_1,b_2,\cdots)$ 看作是空间 m 的元. 若

$$\sup_i \sum_{k=1}^{\infty} |a_{ik}| = c$$

是一个有限的正数,则(22)的右端是在整个 m 上定义的由 m 到 m 的算子 A,因此,只要 $|\lambda| c < 1$,压缩映象原理是适用的. 若 $(b_1,b_2,\cdots)$ 是 l_2 的元且

$$\sum_{i,k=1}^{\infty} |a_{ik}|^2 = d < +\infty$$

则(22)的右端是在整个 l_2 上定义的从 l_2 到 l_2 的算子 A,且若 $|\lambda| d < 1$,则压缩映象原理是适用的. 我们注意,在所述的这些空间中解的唯一性是成立的,但

可能有不属于这些空间的解[①].

3. 考察积分方程(一维情形)

$$\varphi(x)=\lambda\int_a^b K(x,t)\varphi(t)\mathrm{d}t+f(x) \tag{23}$$

其中$[a,b]$是有穷区间,而$K(x,t)$在正方形$Q[a\leqslant x\leqslant b,a\leqslant t\leqslant b]$上连续. 若$f(x)$在$[a,b]$上连续,则(23)的右端是在整个$C$上定义的$C[a,b]$到$C[a,b]$中的算子,因此对方程(23)可应用压缩映象原理,只要

$$|\lambda|\max_{a\leqslant x\leqslant b}\int_a^b |K(x,t)|\mathrm{d}t<1$$

若在Q上$K(x,t)\in L_2$,在$[a,b]$上$f(x)\in L_2$(在所述情况上区间可以是无穷的),则方程右端是一个在整个$L_2[a,b]$上有定义的从$L_2[a,b]$到$L_2[a,b]$中的算子. 如果

$$|\lambda|\left[\int_a^b\int_a^b |K(x,t)|^2\mathrm{d}x\mathrm{d}t\right]^{\frac{1}{2}}<1$$

即可对方程(23)应用压缩映象原理.

以上所述对多维积分方程也正确.

4. 考察非线性积分方程

$$\varphi(x)=\lambda\int_a^b K[x,t,\varphi(t)]\mathrm{d}t \tag{24}$$

其中$[a,b]$是有穷区间,当$a\leqslant x\leqslant b,a\leqslant t\leqslant b$与$|z|<C$时,$K(x,t,z)$是$x,t,z$的连续函数,这里$C$是给定的正数. 对于任一在区间$a\leqslant t\leqslant b$上连续且满足条件$|\varphi(t)|\leqslant C$的函数$\varphi(t)$,$K[x,t,\varphi(t)]$对于上述正方形$Q$内的$(x,t)$是连续的. 设当$(x,t)\in Q$与$|z|\leqslant C$时$|K(x,t,z)|\leqslant d$. 若$|\lambda|d(b-a)\leqslant C$,则(24)的右端是$C[a,b]$上的一个算子$A\varphi$,其定义域$D(A)$也是球$\rho(0,\varphi)\leqslant C$,这里的0是在$[a,b]$上等于零的连续函数,且$R(A)$也属于这个球. 注意不等式$\rho(0,\varphi)\leqslant C$也可写作$|\varphi(x)|\leqslant C$. 此外,我们假定核$K(x,t,z)$关于变数$z$满足李普希兹条件,即当$(x,t)\in Q$,而$|z_1|,|z_2|\leqslant C$时

$$|K(x,t,z_1)-K(x,t,z_2)|\leqslant N|z_1-z_2|$$

这时

$$\rho(A\varphi,A\psi)\leqslant|\lambda|N(b-a)\rho(\varphi,\psi)$$

因此,在满足

$$|\lambda|d(b-a)\leqslant C\text{ 与 }|\lambda|N(b-a)<1$$

---

① 例如见那汤松的《实变函数论》第十八章 §4 中的一个例子. —— 译者注

的条件下,方程(24)在上述球中可应用压缩映象原理.这个方程在所述球中有唯一的解,它可以由这个球中任取一个初始近似值 $\varphi_1(x)$,然后用逐次逼近法得出.这个方法给出的逐次近似解在区间$[a,b]$上一致收敛于解.

5.设 D 是一个在三维空间中被李雅普诺夫曲面 S 所包围的域.讨论下面的椭圆型方程的边值问题

$$\Delta u-\lambda f(x,y,z,u)=0\quad(\text{在 } D \text{ 内})\tag{25}$$

$$u|_S=0\tag{26}$$

其中 Δ 是拉普拉斯算子.我们假定,在空间(x,y,z,u)内由 $|u|\leqslant C$ 及(x,y,z)在闭域 D 上变动而得的四维闭域上,$f(x,y,z,u)$连续,在这个闭域内部有关于它的各个变数的连续导数,并且这些导数直至边界都是连续的.其次,假定当$(x,y,z)\in D$ 与 $|u|\leqslant C$ 时 $|f(x,y,z,u)|\leqslant d$,并且在所述条件($|u_1|$,$|u_2|\leqslant C$)下

$$|f(x,y,z,u_1)-f(x,y,z,u_2)|\leqslant N|u_1-u_2|$$

设 $G(x,y,z;\xi,\eta,\zeta)$ 是关于域 D 在边界条件(26)之下的拉普拉斯算子的格林函数[Ⅳ;220].我们从 D 中取两个点 $P(x,y,z)$ 与 $Q(\xi,\eta,\zeta)$.求问题(25)与(26)的解等效于求积分方程

$$u(P)=\lambda\int_D G(P;Q)f[Q;u(Q)]\mathrm{d}\tau_Q\tag{27}$$

在 $\overline{D}$ 上的连续函数 $u(Q)$ 组成的空间 $C(D)$ 中的解[Ⅳ;224].我们知道,在 D 上 $G(P;Q)\geqslant 0$[Ⅳ;221],并且存在有穷的

$$\max_{P\in\overline{D}}\int_D G(P;Q)\mathrm{d}\tau_Q=G_0$$

若 $|\lambda|G_0 d\leqslant C$,则(27)的右端是 $C(\overline{D})$ 上的算子,因此 $D(A)$ 是 $C(\overline{D})$ 中的球 $\rho(0,u)\leqslant C$(即在 $\overline{D}$ 上 $|u(P)|\leqslant C$),而 $R(A)$ 含于这个球中.若 $|\lambda|NG_0<1$,则对方程(27)可应用压缩映象原理.这样一来,当条件

$$|\lambda|G_0 d\leqslant C \text{ 与 } |\lambda|NG_0<1$$

满足时,问题(25)与(26)在球 $|u(P)|\leqslant C$ 中有唯一的解.这个解可以对(27)用逐次逼近法得到,只要从所述球中任取一元作为初始近似解,而所得逐次近似解在 $\overline{D}$ 上一致收敛于问题的解.

89. 列紧性

以前我们就对一个特殊情形[Ⅳ;36]引入过列紧性的概念,现在我们对一般的度量空间 X 引入这个概念.X 中的集合 U 叫作在空间 X 中列紧的或简称列紧的,是指 U 中元的任一序列 x_n 含有收敛的子序列.若 U 又是闭集合,则称 U 是自列紧的.

不难看出,U 的有界性是其列紧性的必要条件.事实上,若 U 无界,则在 U

中存在序列x_n使$\rho(a,x_n)\to+\infty$(这里a是某个固定的元). 在这个序列中不可能分出一个收敛的子序列,因为每个收敛的序列均有界. 在R_n中,U的有界性还是列紧性的充分条件[Ⅳ;15]. 对于一般情形的度量空间这个命题不成立,下面我们来叙述列紧性的必要且充分条件.

首先引入一个新概念. 我们说集合U具有有穷ε网(这里ε是给定的正数),如果在X中存在有穷集$x_k(k=1,2,\cdots,l)$,使对于U的任一元x可从上述有穷集中找到满足$\rho(x,x_s)\leqslant\varepsilon$的元$x_s$. 注意,$x_k$可以不属于$U$.

定理 完备度量空间中的集合U是列紧的必要且充分条件是:对于任一$\varepsilon>0$,U有有穷ε网.

必要性. 假定对于某一$\varepsilon_0>0$,U没有有穷ε_0网,我们证明这时U不会是列紧的. 取某一元$x_1\in U$,我们可以断定这时能找到元$x_2\in U$使$\rho(x_1,x_2)>\varepsilon_0$. 事实上,如若不然,则对任一$x\in U$有$\rho(x_1,x)\leqslant\varepsilon_0$,如此元$x_1$就成了$U$的$\varepsilon_0$网. 其次,我们可找到元$x_3$使$\rho(x_i,x_3)>\varepsilon_0(i=1,2)$,否则,元$x_1$与$x_2$即组成$U$的$\varepsilon_0$网,依此类推.

这样一来,我们得到一个U中元的无穷序列x_n,满足条件:若$p\neq q$,则$\rho(x_p,x_q)>\varepsilon_0$. 对于任一子序列$x_{n_k}(k=1,2,\cdots)$,当$n_k\neq n_l$时同样有$\rho(x_{n_k},x_{n_l})>\varepsilon_0$,因此$x_n$不含任何收敛子序列,即$U$不是列紧的.

充分性. 我们假定对于任一$\varepsilon>0$,U有有穷ε网,并设x_n是U中某一序列.

我们需证明从x_n中能分出一个收敛子序列. 若序列x_n中有无穷多个元都等于y,则子序列$y,y,y,\cdots$已经是一个收敛子序列. 现在假定不是这种情况,那么,当序列x_n中由相同元所组成的各元组中各留下一个元(例如取下标最小的)后,就得到一个相异的元的序列. 因此,我们总可以认为原来的序列x_n中各元是互异的. 固定某一正数ε,由于U有有穷$\frac{\varepsilon}{2}$网,故有有限个半径为$\frac{\varepsilon}{2}$的闭球使U(从而x_n)的所有元含于这些球中,并且在这些球中至少有一个包含x_n中的无穷多个元.

我们以$S_1\left(\frac{\varepsilon}{2}\right)$记这种球中的一个. 此外,又存在有限个以$\frac{\varepsilon}{2^2}$为半径的球,它们包含属于$S_1\left(\frac{\varepsilon}{2}\right)$的所有$x_n$. 再从其中取一个含有无穷多个所述元的球. 同理可知,存在以$\frac{\varepsilon}{2^3}$为半径的球$S_3\left(\frac{\varepsilon}{2^3}\right)$,它含有$x_n$中同时属于$S_1\left(\frac{\varepsilon}{2}\right)$与$S_2\left(\frac{\varepsilon}{2^2}\right)$的无穷多个元. 如此继续下去,可得一个无穷序列的闭球$S_k\left(\frac{\varepsilon}{2^k}\right)$,其中$S_k\left(\frac{\varepsilon}{2^k}\right)$的半径为$\frac{\varepsilon}{2^k}$,而且$S_k\left(\frac{\varepsilon}{2^k}\right)$包含$x_n$中同时属于所有$m<k$的球

$S_m\left(\frac{\varepsilon}{2^m}\right)$ 中的无穷多个元. 从每个球 $S_k\left(\frac{\varepsilon}{2^k}\right)$ 中各取一个元 x_{n_k}，并且可假定当 $l>k$ 时 $n_l>n_k$. 用这个方法我们得到一个 x_n 的无穷子序列 x_{n_k}. 根据三角形公理，对于属于半径为 r 的同一个球的任两个元 x 与 y 有 $\rho(x,y)\leqslant 2r$，我们可断定当 $n_l>n_k$ 时

$$\rho(x_{n_l},x_{n_k})\leqslant\frac{\varepsilon}{2^{k-1}}$$

由此，根据空间的完备性，可知 x_{n_k} 是收敛序列. 定理证毕.

注 1 集合 U 为列紧的充分条件不必是对任一 $\varepsilon>0$ 存在有穷 ε 网，而只需存在列紧的 ε 网. 后者是指对任一 $\varepsilon>0$，存在以 ε 为半径的一些球，它们包含 U 的所有元，且球心组成一个列紧集合. 我们以 U_1 表示这些球心组成的集合. 根据上面定理所证(必要性)，U_1 有有穷 ε 网，而由三角形公理立即推出这是 U 的有穷 2ε 网，再根据 ε 的任意性与已证定理(充分性) 知 U 是列紧集合.

注 2 注意，U 可以与 X 重合，因此也可讨论整个空间 X 的列紧性. 利用距离的连续性，易证每个列紧空间是完备的. 因此，X 中的每个自列紧集合 U 也是完备距离空间.

90. C **中的列紧性**

设 C 是有穷区间 $[a,b]$ 上的连续函数组成的空间，而 U 是 C 中的某个集合. 我们已经知道，函数集合 U 有界且等度连续是 U 为列紧的充分条件[Ⅳ;16]. 现证这个条件也是必要的. 设 U 列紧，根据上面的定理，对于任一给定的 $\varepsilon>0$，存在有穷个属于 C 的函数 $\varphi_1(t),\varphi_2(t),\cdots,\varphi_p(t)$，使对于 U 中任一函数 $\varphi(t)$，有

$$|\varphi(t)-\varphi_s(t)|\leqslant\frac{\varepsilon}{3}\quad(a\leqslant t\leqslant b)$$

其中 $\varphi_s(t)$ 是上面列举的函数之一. 由于这些函数的个数是有穷的，故存在正数 η，使下面的关系成立：当 $|h|\leqslant\eta$ 时

$$|\varphi_k(t+h)-\varphi_k(t)|\leqslant\frac{\varepsilon}{3}\quad(k=1,2,\cdots,p;t\text{ 与 }t+h\in[a,b])$$

而 η 仅与 ε 有关.

由此可得

$$\begin{aligned}|\varphi(t+h)-\varphi(t)|\leqslant{}&|\varphi(t+h)-\varphi_s(t+h)|+\\&|\varphi_s(t+h)-\varphi_s(t)|+|\varphi_s(t)-\varphi(t)|\end{aligned}$$

当 $|h|\leqslant\eta$ 时，右端每一项小于或等于 $\frac{\varepsilon}{3}$，因此 $|\varphi(t+h)-\varphi(t)|\leqslant\varepsilon$，从而证明了 U 的等度连续性. U 的有界性由集合 U 的有界性是 U 列紧的必要条件而推出[89]. 对于在 R_n 中的有穷闭域上定义的多变数函数集合，所述的列紧性判定法可同样地证明. 若函数是在有界闭集上定义的，则证明也无本质上的不

同.

91. L_p **中的列紧性**

我们来讨论定义在平面(x,y)的某个可测有界集$\mathscr{E}$上的函数$\varphi(x,y)$所组成的空间L_p. 以后我们认定,所有这些函数在$\mathscr{E}$外取零值,且积分是对整个平面取的. 实际上,这些积分将化为对有界可测集的积分.

定理 L_p中的集合U为列紧的必要且充分条件是:U中的所有函数$\varphi(x,y)$满足下面两个条件:

1. 存在$C>0$,使得

$$\|\varphi\|=\left[\iint_{\mathscr{E}}|\varphi(x,y)|^p\mathrm{d}x\mathrm{d}y\right]^{\frac{1}{p}}\leqslant C\quad(\text{有界性})\tag{28}$$

式中$\|\varphi\|$代表不等式(28)左端的符号,其值叫作$\mathscr{E}$上L_p中函数$\varphi(x,y)$的范数[62].

2. 对于任一给定的$\varepsilon>0$,存在$\eta>0$使对于U中的所有$\varphi(x,y)$,只要$\sqrt{h^2+k^2}\leqslant\eta$,都有

$$\|\delta_{hk}\varphi\|=\left[\iint|\varphi(x+h,y+k)-\varphi(x,y)|^p\mathrm{d}x\mathrm{d}y\right]^{\frac{1}{p}}\leqslant\varepsilon\tag{29}$$

我们知道,对于L_p中每个确定的函数,当给定$\varepsilon>0$时,必有$\eta>0$使式(29)成立(平均连续)[70]. 显然,对于L_p中的有穷多个函数$\varphi_k(x,y)(k=1,2,\cdots,n)$,这种关系能同时满足. 事实上,这只要取与各$\varphi_k(x,y)$相应的$\eta$中最小的一个即可. 若$U$中的一切$\varphi(x,y)$同时满足关系(29),则称$U$中的所有函数是平均等度连续的. 还要注意$\varphi(x+h,y+k)$是可测函数,且在某有界可测集之外$\varphi(x+h,y+k)-\varphi(x,y)=0$.

条件的必要性的证明与对空间C的证明一样,只需把$|\varphi-\psi|$处处换为在L_p中的$\|\varphi-\psi\|=\rho(\varphi,\psi)$. 事实上,因为有界性条件(28)(它可以写作$\rho(0,\varphi)\leqslant C$)是列紧性的必要条件. 此外,由列紧性推出存在有穷的$\frac{\varepsilon}{3}$网,就是说在L_p中存在有穷多个函数$\varphi_k(x,y)(k=1,2,\cdots,n)$,使对于任一$\varphi(x,y)\in U$可找到$\varphi_s(x,y)$满足$\|\varphi-\varphi_s\|\leqslant\frac{\varepsilon}{3}$. 对于所有的$\varphi_s(x,y)$都有$\eta>0$,使当$\sqrt{h^2+k^2}\leqslant\eta$时,有

$$\|\delta_{hk}\varphi_s\|\leqslant\frac{\varepsilon}{3}\tag{30}$$

其次

$$\begin{aligned}|\varphi(x+h,y+k)-\varphi(x,y)|\leqslant&|\varphi(x+h,y+k)-\varphi_s(x+h,y+k)|+\\&|\varphi_s(x+h,y+k)-\varphi_s(x,y)|+\\&|\varphi_s(x,y)-\varphi(x,y)|\end{aligned}$$

故由(30)与 $\| \varphi - \varphi_s \| \leqslant \frac{\varepsilon}{3}$,对 $p > 1$ 应用闵可夫斯基不等式可得(29).当 $p = 1$ 时,(29)可直接推出.

现在证明条件(28)和(29)是充分的.以 $\varphi_\rho(x,y)$ 记 $\varphi(x,y)$ 的中值函数[71].对于任一 $p \geqslant 1$,[71]中的公式(178)具有形式

$$\| \varphi - \varphi_\rho \|^p \leqslant \frac{C_1}{\rho^2} \int\limits_{u^2+v^2 \leqslant \rho^2} \left[\iint | \varphi(x,y) - \varphi(x+u, y+v) |^p \mathrm{d}x\mathrm{d}y \right] \mathrm{d}u\mathrm{d}v \tag{31}$$

其中 C_1 是一个常数.由条件(29),对任一给定的 $\varepsilon > 0$,存在 $\eta > 0$,使对于所有的 $\varphi(x,y) \in U$ 都满足

$$\int | \varphi(x,y) - \varphi(x+u, y+v) |^p \mathrm{d}x\mathrm{d}y \leqslant \frac{\varepsilon^p}{C_1 \pi} \quad (u^2 + v^2 \leqslant \eta^2)$$

因此对于任一 $\varphi(x,y) \in U$,由不等式(31)可得

$$\| \varphi - \varphi_\rho \| \leqslant \varepsilon \quad (\rho \leqslant \eta) \tag{32}$$

上式左端的范数是按整个平面 $\mathscr{E}_\infty$ 上的 L_p 而取的(实际上是按有界集上的 L_p 取的).因此,当 $\rho \leqslant \eta$ 时更有 $\| \varphi - \varphi_\rho \|_{\mathscr{E}} \leqslant \varepsilon$.固定 $\rho \leqslant \eta$,可以断定函数族 $\varphi_\rho(x,y)$ 是函数集合 U 的 ε 网.设 $\Delta(a \leqslant x \leqslant b; c \leqslant y \leqslant d)$ 是包含 $\mathscr{E}$ 的区间.由条件(28)与[71]的定理3可知,函数族 $\varphi_\rho(x,y)$ 构成 U 的列紧 ε 网,但由于 ε 是任意的,因此 U 是列紧的.(28)与(29)的充分性得证.

现在研究当 $\mathscr{E}$ 是整个平面 $\mathscr{E}_\infty$ 时的情形.这时函数族 $\varphi_\rho(x,y)$ 不一定列紧,因此上面的证明失效.条件(28)与(29)对于列紧的必要性可照旧证明,但这些条件并不是充分的,需再补充一个条件,即对于任一给定的 $\varepsilon > 0$,存在正数 N,使对于所有的 $\varphi(x,y) \in U$ 都满足

$$\int\limits_{\mathscr{E}_\infty - \Delta_N} | \varphi(x,y) |^p \mathrm{d}x\mathrm{d}y \leqslant \varepsilon^p \tag{33}$$

其中 Δ_N 代表区间($-N \leqslant x \leqslant N$; $-N \leqslant y \leqslant N$).我们还要指出,如果条件(33)对于某个 N 成立,那么对于更大的 N 仍然成立.

现证条件(33)的必要性.若集合 U 列紧,则它有有穷 $\frac{\varepsilon}{2}$ 网 $\varphi_k(x,y)(k=1,2,\cdots,n)$.每个 $\varphi_k(x,y)$ 都满足条件(33),因为只有有穷个函数,所以对于任一 $\varepsilon > 0$ 可找到 N 使

$$\int\limits_{\mathscr{E}_\infty - \Delta_N} | \varphi_k(x,y) |^p \mathrm{d}x\mathrm{d}y \leqslant \frac{\varepsilon^p}{2^p} \quad (k=1,2,\cdots,n) \tag{34}$$

任取一个 $\varphi(x,y) \in U$,由假定可知存在函数 $\varphi_s(x,y)$ 使 $\| \varphi - \varphi_s \|_{\mathscr{E}_\infty} \leqslant \frac{\varepsilon}{2}$.由不等式

$$\|\varphi\|_{\mathscr{E}_\infty-\Delta_N} \leqslant \|\varphi-\varphi_s\|_{\mathscr{E}_\infty-\Delta_N} + \|\varphi_s\|_{\mathscr{E}_\infty-\Delta_N}$$

与

$$\|\varphi-\varphi_s\|_{\mathscr{E}_\infty-\Delta_N} \leqslant \|\varphi-\varphi_s\|_{\mathscr{E}_\infty} \leqslant \frac{\varepsilon}{2}$$

以及式(34)，推出

$$\|\varphi\|_{\mathscr{E}_\infty-\Delta_N} = \left[\int\limits_{\mathscr{E}_\infty-\Delta_N} |\varphi(x,y)|^p \mathrm{d}x\mathrm{d}y\right]^{\frac{1}{p}} \leqslant \frac{\varepsilon}{2}+\frac{\varepsilon}{2}=\varepsilon$$

这就证明了对于任一 $\varphi(x,y)\in U$，式(33) 成立.

现在证明条件(28)(29) 与(33) 是充分的. 假设函数 $\varphi(x,y)\in U$ 满足这些条件，而 $\varphi_1(x,y),\varphi_2(x,y),\cdots$ 是 U 中的任一函数序列. 我们证明，从这个序列能分出一个在 $\mathscr{E}_\infty$ 上的 L_p 中收敛的子序列. 由(28) 与(29) 知道，从上述序列中能找出子序列 $\varphi_{n_1}^{(1)}(x,y),\varphi_{n_2}^{(1)}(x,y),\cdots$ 在 Δ_1 上的 L_p 中收敛. 由这个子序列又可分出子序列 $\varphi_{n_1}^{(2)}(x,y),\varphi_{n_2}^{(2)}(x,y),\cdots$ 在 Δ_2 上的 L_p 中收敛，如此继续下去. 我们作一个原来序列 $\varphi_k(x,y)$ 的子序列如下

$$\varphi_{n_1}^{(1)}(x,y),\varphi_{n_2}^{(2)}(x,y),\varphi_{n_3}^{(3)}(x,y),\cdots \tag{35}$$

若 m 是任一正整数，则序列(35) 从 $\varphi_{n_m}^{(m)}(x,y)$ 这一项开始以后的所有项皆属于序列 $\varphi_{n_1}^{(m)}(x,y),\varphi_{n_2}^{(m)}(x,y),\cdots$，这是在 Δ_m 上的 L_p 中收敛的序列，因此序列(35) 在任一有穷区间 $\Delta_m(m=1,2,\cdots)$ 上的 L_p 中收敛. 我们证明序列(35) 在 $\mathscr{E}_\infty$ 上的 L_p 中也收敛. 研究积分

$$\|\varphi_{n_q}^{(q)}-\varphi_{n_r}^{(r)}\|_{\mathscr{E}_\infty}^p = \int\limits_{\Delta_m} |\varphi_{n_q}^{(q)}(x,y)-\varphi_{n_r}^{(r)}(x,y)|^p \mathrm{d}x\mathrm{d}y + \int\limits_{\mathscr{E}_\infty-\Delta_m} |\varphi_{n_q}^{(q)}(x,y)-\varphi_{n_r}^{(r)}(x,y)|^p \mathrm{d}x\mathrm{d}y$$

应用明显的不等式 $|x+y|^p \leqslant 2^p|x|^p+2^p|y|^p$，我们得到

$$\|\varphi_{n_q}^{(q)}-\varphi_{n_r}^{(r)}\|_{\mathscr{E}_\infty}^p \leqslant \int\limits_{\Delta_m} |\varphi_{n_q}^{(q)}(x,y)-\varphi_{n_r}^{(r)}(x,y)|^p \mathrm{d}x\mathrm{d}y + 2^p\int\limits_{\mathscr{E}_\infty-\Delta_m} |\varphi_{n_q}^{(q)}(x,y)|^p \mathrm{d}x\mathrm{d}y + 2^p\int\limits_{\mathscr{E}_\infty-\Delta_m} |\varphi_{n_r}^{(r)}(x,y)|^p \mathrm{d}x\mathrm{d}y$$

由条件(33)，对任一给定的 $\varepsilon>0$，存在 m 使上面的不等式右端后面两项之和小于 $\frac{\varepsilon^p}{2}$. 固定这样的 m，可得

$$\|\varphi_{n_q}^{(q)}-\varphi_{n_r}^{(r)}\|_{\mathscr{E}_\infty}^p \leqslant \int\limits_{\Delta_m} |\varphi_{n_q}^{(q)}(x,y)-\varphi_{n_r}^{(r)}(x,y)|^p \mathrm{d}x\mathrm{d}y + \frac{\varepsilon^p}{2}$$

但由序列(35)在Δ_m上的L_p中收敛可以推出，上式右端的积分对于所有足够大的q与r，其值不大于$\frac{\varepsilon^p}{2}$，因此存在M，使当q与$r \geqslant M$时，有

$$\| \varphi_{n_q}^{(q)} - \varphi_{n_r}^{(r)} \|_{\mathscr{E}_\infty}^p \leqslant \varepsilon^p$$

因此序列(35)在$L_p(\mathscr{E}_\infty)$中自收敛. 因为$L_p(\mathscr{E}_\infty)$是完备的，所以序列(35)在$L_p(\mathscr{E}_\infty)$中有极限. 条件(28)(29)与(33)的充分性得证. 易知条件(33)不是前两个条件的结果.

为确定起见，上面我们讨论了平面的情形. 对于任意空间R_n，以上所述显然仍有效. 我们以$x(x_1, x_2, \cdots, x_n)$记这个空间R_n中的点并使用记号$\mathrm{d}x = \mathrm{d}x_1 \mathrm{d}x_2 \cdots \mathrm{d}x_n$，则条件(28)与(29)可分别写成

$$\left[\int_{\mathscr{E}} | \varphi(x) |^p \mathrm{d}x\right]^{\frac{1}{p}} \leqslant C \tag{36}$$

与

$$\left[\int_{\mathscr{E}} | \varphi(x+y) - \varphi(x) |^p \mathrm{d}x\right]^{\frac{1}{p}} \leqslant \varepsilon \quad (| y | \leqslant \eta) \tag{37}$$

其中y是点$(y_1, y_2, \cdots, y_n)$，$| y | = \sqrt{y_1^2 + y_2^2 + \cdots + y_n^2}$.

92. l_p 中的列紧性

我们证明下面的定理：

定理 $l_p(p \geqslant 1)$中元的集合U是列紧的必要且充分条件是U的所有元$x(\xi_1, \xi_2, \cdots)$满足以下两个条件：

1. 存在数$C > 0$，使一切$x \in U$都满足

$$\| x \| = \left(\sum_{l=1}^{\infty} | \xi_l |^p\right)^{\frac{1}{p}} \leqslant C \quad (\text{有界性}) \tag{38}$$

2. 对任意给定的$\varepsilon > 0$，存在正整数n_ε，使对于所有的$x \in U$都满足

$$\left(\sum_{l=n_\varepsilon}^{\infty} | \xi_l |^p\right)^{\frac{1}{p}} \leqslant \varepsilon \tag{39}$$

必要性. 如所已知，U的有界性(38)是U列紧的必要条件. 其次，由U的列紧性推知，存在l_p的有穷个元$x_k(k=1,2,\cdots,m)$，使对于任一$x \in U$有x_k中的一个元x_s使

$$\rho(x, x_s) = \| x - x_s \| \leqslant \frac{\varepsilon}{2}$$

由于集合$x_k(\xi_1^{(k)}, \xi_2^{(k)}, \cdots)$是有穷的，故存在正整数$n_\varepsilon$使

$$\left(\sum_{l=n_\varepsilon}^{\infty} | \xi_l^{(k)} |^p\right)^{\frac{1}{p}} \leqslant \frac{\varepsilon}{2} \quad (k=1,2,\cdots,m) \tag{40}$$

但由$\| x - x_s \| \leqslant \frac{\varepsilon}{2}$推出

$$\left(\sum_{l=n_\varepsilon}^{\infty} |\xi_l - \xi_l^{(s)}|^p\right)^{\frac{1}{p}} \leqslant \left(\sum_{l=1}^{\infty} |\xi_l - \xi_l^{(s)}|^p\right)^{\frac{1}{p}} \leqslant \frac{\varepsilon}{2}$$

因此,应用关于和的闵可夫斯基不等式($p>1$)我们得到

$$\left(\sum_{l=n_\varepsilon}^{\infty} |\xi_l|^p\right)^{\frac{1}{p}} \leqslant \left(\sum_{l=n_\varepsilon}^{\infty} |\xi_l - \xi_l^{(s)}|^p\right)^{\frac{1}{p}} + \left(\sum_{l=n_\varepsilon}^{\infty} |\xi_l^{(s)}|^p\right)^{\frac{1}{p}} \leqslant \varepsilon$$

这就证明了条件(39)是必要的. 当 $p=1$ 时,不必用闵可夫斯基不等式来证.

充分性. 假定 U 的元满足条件(38)与(39),我们证明 U 是列紧的. 设任给 $\varepsilon>0$,对于 U 的每个元 $x(\xi_1,\xi_2,\cdots)$,我们取段元 $(\xi_1,\xi_2,\cdots,\xi_{n_\varepsilon-1},0,0,\cdots)$ 与 x 对应,并设 U_ε 是这些段元组成的集合. 由(39)推出,对任一 $x\in U$,存在 $y\in U_\varepsilon$ 使 $\|x-y\|\leqslant\varepsilon$,即 U_ε 是 U 的 ε 网. 我们再证明 U_ε 是列紧集合[89],这与证明 R_n 中每个有界集是列紧的证明相仿.

根据(38),对于 U_ε 中元的任一分量 ξ_s,我们有 $|\xi_s|\leqslant C$. 因此对于 U_ε 的任一序列,我们可以取出一个序列,其中由各元的前 $n_\varepsilon-1$ 个分量所组成的各序列都有有穷极限. 由于这个子序列中各元的其余分量均为 0,因此推出这个子序列收敛于 l_p 中的元,这个元当 $s\geqslant n_\varepsilon$ 时的分量 ξ_s 均为 0. 因此 U_ε 的列紧性得证. 由已证定理还可推知球 $\|x\|\leqslant r$ 在 l_p 中并不列紧.

93. 自列紧集合上的泛函

我们假定泛函 $l(x)$ 定义于度量空间 X 的自列紧集合 U 上,并且取实数值. 若从 $x_n\Rightarrow x_0$ 能够推出 $l(x_n)\to l(x_0)$,则 $l(x)$ 叫作连续的.

这种连续泛函具有与空间 R_n 的有界闭集上的连续函数相似的定理.

定理 1 若 U 是空间 X 的自列紧集合,而 $l(x)$ 是在 U 上定义的实连续泛函,则 $l(x)$ 有界并且在 U 上达到它的上下确界.

我们只证明 $l(x)$ 有下界,并且达到下确界. 利用反证法证明它的有界性. 假如 $l(x)$ 的集合没有下界,则存在 U 中元的序列 x_n 使 $l(x_n)\to-\infty$. 由于 U 是列紧的,故从 x_n 中能取出收敛子序列 $x_{n_k}\Rightarrow x_0$. 因为 U 是自列紧的,所以 $x_0\in U$. 又因为 $l(x)$ 是连续的,所以 $l(x_{n_k})\to l(x_0)$,而 $l(x_0)$ 是有穷数,因此与 $l(x_{n_k})\to-\infty$ 矛盾.

设 a 是 $l(x)$ 在 U 上的值集合的下确界. 于是存在一个序列 $x_n\in U$ 使 $a\leqslant l(x_n)\leqslant a+\dfrac{1}{n}$. 如上所述,可以假设有子序列 $x_{n_k}\Rightarrow x_0$(其中 $x_0\in U$),因此 $l(x_{n_k})\to l(x_0)$. 而由 $a\leqslant l(x_{n_k})\leqslant a+\dfrac{1}{n_k}$ 推出 $l(x_{n_k})\to a$,因此 $l(x_0)=a$,这就是所要证的.

在前面[44]我们曾介绍过实数序列 $a_n(n=1,2,\cdots)$ 的上极限与下极限的概念. 我们分别用符号 T 与 S 表示

$$T=\overline{\lim}\, a_n,\ S=\underline{\lim}\, a_n$$

它们可以是 $+\infty$ 或 $-\infty$.

若序列 a_n 有极限 a，则 $S=T=a$. 此外，由 S 与 T 的定义推出，序列 a_n 的子序列的极限既不能小于 S 也不能大于 T，但是 a_n 至少有一个子序列其极限等于 S 并至少有一个子序列其极限等于 T. 泛函 $l(x)$ 叫作在 U 上下半连续，如果由 $x_n \Rightarrow x_0$ 推出 $\underline{\lim}\, l(x_n) \geqslant l(x_0)$；如果由 $x_n \Rightarrow x_0$ 推出 $\overline{\lim}\, l(x_n) \leqslant l(x_0)$ 就叫作在 U 上上半连续.

现在证明有重要应用的定理 1 的推广定理.

定理 2 在度量空间的自列紧集合上定义的下(上)半连续泛函下(上)有界，并且在 U 上达到它的下(上)确界.

我们取一个任意的下半连续的泛函，如证明定理 1 那样来证明它的下有界性. 假定 $l(x_n) \to -\infty$，则得子序列 $x_{n_k} \Rightarrow x_0$，这里 $x_0 \in U$，而 $l(x_{n_k}) \to -\infty$，但由下半连续性得 $\underline{\lim}\, l(x_{n_k}) \geqslant l(x_0)$，由于 $l(x_0)$ 是有穷数，因此与 $l(x_{n_k}) \to -\infty$ 矛盾.

设 a 是 $l(x)$ 在 U 上所取值的集合的下确界. 与定理 1 中的证明一样，可得一个序列 $x_{n_k} \Rightarrow x_0$ 使 $a \leqslant l(x_{n_k}) \leqslant a + \frac{1}{n_k}$. 由第一个关系推出 $\underline{\lim}\, l(x_{n_k}) \geqslant l(x_0)$，由第二个关系推出 $\lim l(x_{n_k}) = a$，因此 $l(x_0) \leqslant a$. 因为 a 是 $l(x)$ 的值的下确界，所以 $l(x_0) = a$，这就是所要证的.

94. 可分性

含有无穷多元的度量空间 X 叫作可分的，如果 X 有可数子集 $x_1, x_2, \cdots$ 在 X 中稠密，也就是说对于任一 $x \in X$ 与任意的 $\varepsilon > 0$，在所指的子集中存在 x_s 使 $\rho(x, x_s) \leqslant \varepsilon$.

前面曾证明空间 l_p 与 $L_p(p \geqslant 1)$ 是可分的[59,60]. 在空间 C 中，系数为有理数的所有多项式的集合就是空间 C 的一个可数稠密子集的例子. 在空间 R_n 中，元$(a_1, a_2, \cdots, a_n)$(其中所有的 a_k 均为有理数，或在复空间的情形，$a_k = \alpha_k + \mathrm{i}\beta_k$，$\alpha_k$ 与 β_k 均为实有理数)组成的集合也是可数稠密子集.

在空间 s 中，形如$(a_1, a_2, \cdots, a_n, 0, 0, \cdots)$(所有的 a_k 均为有理数)的元组成 s 的可数稠密子集.

我们证明空间 m 是不可分的. 试研究由 m 中所有互异的元 $x(a_1, a_2, \cdots)$(数 $a_k = 0$ 或 1)所组成的集合 U. 若把 a_k 看作是用二进位记数系统写出的小数点后第 k 个数字，就可看出 U 不是可数集. 依[1]中所述，易知 U 的势与连续统的势相同. 对于 U 中任意两个不同的元 x 与 y，$\rho(x, y) = 1$. 假设空间 m 是可分的，就是说 m 中由元 $x_k(k=1,2,\cdots)$ 所组成的子集在 m 中稠密，而用 S_k 表示以 x_k 为中心、$\frac{1}{3}$ 为半径的球. 这些球 S_k 组成可数集合，并且至少有一个球含有不止一个属于 U 的元. 设 y 与 z 是 U 的两个这样的不同元，我们有

$\rho(y,z) \leqslant \frac{2}{3}$，这与 $\rho(x,y)=1$ 矛盾，因此 m 的不可分性得证.

定理 可分空间 X 的任一子集 U 也可分.

我们需证 U 具有有穷的或可数的稠密子集. 由于 X 是可分的，故 X 有可数子集 $x_n(n=1,2,\cdots)$ 在 X 中稠密. 我们用 $S(x_n,r)$ 表示以 x_n 为中心、r 为半径的球. 考虑球 $S\left(x_n,\frac{1}{2^k}\right)(k=1,2,\cdots)$，并且从凡是含有 U 的元的这些球中，各取出这种元中的一个. 如此，我们可得一个由这种元 $u_m(m=1,2,\cdots)$ 所组成的 U 的有穷或可数子集合. 设 u 是 U 的任意元，$\varepsilon>0$ 是给定的正数. 现在证明至少有一个 u_m 满足不等式 $\|u-u_m\| \leqslant \varepsilon$. 这里可以假定 $\varepsilon<1$，因此有正整数 l 使

$$\frac{1}{2^{l-1}} \leqslant \varepsilon < \frac{1}{2^{l-2}}$$

由于集合 x_n 在 X 中稠密，因此存在 $n=n_0$ 使 $\|u-x_{n_0}\| \leqslant \frac{\varepsilon}{4} < \frac{1}{2^l}$，由此推出球 $S\left(x_{n_0},\frac{1}{2^l}\right)$ 含有 U 的元. 令 u_n 是我们从这个球中取出的那个元（它可能与 u 不同）. 因 u 与 $u_n \in S\left(x_{n_0},\frac{1}{2^l}\right)$，故有 $\|u-u_n\| < \frac{1}{2^{l-1}} \leqslant \varepsilon$，这就是所要证的.

95. 线性赋范空间

我们现在引入一种既是度量的又具有另外一些性质的抽象空间. 与前面一样，空间的元用字母 $x,y,z,\cdots$ 表示，而数用字母 $a,b,c,\cdots$ 表示. 这里的数可以是实数或复数. 在前一情形得到实空间，在后一情形则得复空间，并且，如无特别指明，我们均对复空间而言.

由元 $x,y,z,\cdots$ 所组成的集合叫作线性空间，如果它的元满足下述公理.

公理 A　X 的元可以相加并乘以数，即若 x 与 y 是 X 的元而 a 是数，则 $x+y$ 与 ax 也是 X 中确定的元.

所述运算遵守以下法则：

1) $x+y=y+x$；

2) $x+(y+z)=(x+y)+z$；

3) $a(x+y)=ax+ay$；

4) $(a+b)x=ax+bx$；

5) $a(bx)=(ab)x$；

6) $1x=x$；

7) 若 $x+y=x+z$，则 $y=z$.

我们引入零元的概念. 设 x 与 y 是 X 中的任意两个元. 现在证明 $0x=0y$. 我们记 $0x=\theta$，$0y=\theta_1$. 利用法则 4) 与 6)，可得

$$x+\theta=1x+0x=(1+0)x=1x=x$$

同理有 $y+\theta_1=y$. 由法则 1) 与 2) 又有

$$(x+y)+\theta=(x+\theta)+y=x+y$$

同理$(x+y)+\theta_1=x+y$,由此推出$(x+y)+\theta=(x+y)+\theta_1$,再由 7) 得 $\theta=\theta_1$. 这样一来,任一个元乘以数 0 均得同一个元,这个元叫作零元,并用符号 θ 表示. 不难验证上面的法则有以下简单的推论. 对于任意的复数 a,乘积 $a\theta=\theta$. 若 $ax=\theta$,而 $a\neq 0$,则 $x=\theta$. 若 $ax=bx$,而 $x\neq\theta$,则 $a=b$. 若 $ax=ay$,而 $a\neq 0$,则 $x=y$. 我们用符号 $-x$ 表示乘积$(-1)x$. 差 $x-y$ 的定义如下

$$x-y=x+(-y)$$

不难验明,差也满足平常代数的运算律. 今后我们把零元简记为 0. 如果留意以后写出的等式,这是不会与数 0 相混淆的. 如果等式的一端是 X 的元,而另一端是 0,那么这个 0 必须理解为 X 的零元.

定义 元 $x_1,x_2,\cdots,x_m$ 叫作线性无关的,如果等式

$$c_1x_1+c_2x_2+\cdots+c_mx_m=0$$

当且仅当所有的数 $c_k(k=1,2,\cdots,m)$ 均为零时成立.

在第三卷研究的 n 维复空间中,它的线性无关元的最大个数等于 n. 有时也引入一个使空间不可能是有穷维的公理.

公理 B 对于任一正整数 n,存在 n 个线性无关元. 这个公理在以后并不起重要作用. 我们再引入一个公理.

公理 C 对于每个元 x 均有一个确定的非负实数 $\|x\|$ (x 的范数) 与之对应,范数 $\|x\|$ 满足以下条件:

1) $\|\theta\|=0$,而 $\|x\|>0(x\neq\theta)$;

2) $\|x+y\|\leqslant\|x\|+\|y\|$;

3) $\|ax\|=|a|\cdot\|x\|$.

其中 a 是任意数,$|a|$ 为其绝对值. 由范数性质 2) 与 3) 推出 $\|-x\|=\|x\|$ 与

$$\|x-y\|\geqslant\|x\|-\|y\|,\|x-y\|\geqslant\|y\|-\|x\|$$

即

$$\|x-y\|\geqslant|\,\|x\|-\|y\|\,| \tag{41}$$

元 x 与 y 的距离由公式 $\rho(x,y)=\|x-y\|$ 定义,不难看出 $\rho(x,y)$ 满足距离的三个公理,因此线性赋范空间也是度量空间,从而度量空间的所有结论对线性赋范空间也适用. 范数 $\|x\|$ 也可用明显的公式 $\|x\|=\rho(x,\theta)$ 表示.

完备的线性赋范空间叫作 B 型空间或 B 空间. 以后谈到的线性赋范空间均指 B 型空间.

非完备线性赋范空间经过完备化便变为完备的[85]. 增补进去的元 x 的范

数由公式 $\|x\|=\rho(x,\theta)$ 定义. 所有公理，当空间经过完备化后仍然满足，特别是其中的公理 A. 后者可由下面将要证明的和 $x+y$ 与积 ax 的连续性推出. 以后我们要同数的收敛序列及元的收敛序列打交道，与前面一样对于前一情形写成 $a_n \to a_0$，对于后一情形写成 $x_n \Rightarrow x_0$.

收敛 $x_n \Rightarrow x_0$ 是指 $\|x_0 - x_n\| \to 0$. 对于 B 空间可以考察无穷级数 $u_1 + u_2 + u_3 + \cdots$，这里 $u_k \in B(k=1,2,\cdots)$. 记 $x_n = u_1 + u_2 + \cdots + u_n$.

若序列 x_n 有极限 x_0，则称相应的级数是收敛的并有和 x_0.

现在证明和 $x+y$ 与积 ax 是连续的，也就是说，如果 $x_n \Rightarrow x_0, y_n \Rightarrow y_0, a_n \to a_0$，那么 $x_n + y_n \Rightarrow x_0 + y_0, a_n x_n \Rightarrow a_0 x_0$. 我们有

$$\|(x_0+y_0)-(x_n+y_n)\| \leqslant \|x_0-x_n\| + \|y_0-y_n\|$$

上式右端趋于零，从而左端亦然，因此 $x_n + y_n \Rightarrow x_0 + y_0$. 把差 $a_0x_0 - a_nx_n$ 写成 $a_0x_0 - a_nx_0 + a_nx_0 - a_nx_n$，可得

$$\|a_0x_0 - a_nx_n\| \leqslant \|a_0x_0 - a_nx_0\| + \|a_nx_0 - a_nx_n\| = |a_0 - a_n|\,\|x_0\| + |a_n|\,\|x_0 - x_n\|$$

再注意由 $a_n \to a_0$ 推出 $|a_n|$ 的有界性，即知上式右端趋于零. 我们还要指出，若 $x_n \Rightarrow x_0$，则 $\|x_n\| \to \|x_0\|$. 这可由公式 $\|x_n\| = \rho(x_n,\theta)$ 与距离的连续性推出. 我们来定义 B 空间中的线性簇：如果 $x_k \in U(k=1,2,\cdots,m)$，那么它们的任一线性组合 $c_1x_1 + c_2x_2 + \cdots + c_mx_m \in U$，则称集合 U 为线性簇. 实际上，对于 U 只需确定：若 $x,y \in U$，则有 $x+y \in U$ 且对于任意的数 a 有 $ax \in U$. 如令 $a=0$，可知零元属于任一非空线性簇. 闭的线性簇叫作子空间. 不难看出，若 U 不是闭线性簇，那么闭集 $\overline{U}$ 是子空间，这就是说封闭线性簇得出子空间. 这个结论由上面已证的 $x+y$ 与 ax 的连续性推出. 如果集合 U 不是线性簇，那么作出所有可能的有穷线性组合 $c_1x_1 + c_2x_2 + \cdots + c_mx_m(x_k \in U)$，就得出另一个线性簇 V. 通常称它为 U 的线性鞘，它是包含 U 的最小的线性簇.

若 $x_1, x_2, \cdots, x_k$ 是线性无关的元，则由所有可能的元 $x = c_1x_1 + c_2x_2 + \cdots + c_kx_k$ 所组成的集合 U 显然是一个线性簇. 容易证明这个线性簇是闭集(子空间). 由于诸 x_s 是线性无关的，故上面的 x 的表达式是唯一的. 这样的线性簇通常称为有限维的. 式子 $x = c_1y_1 + c_2y_2 + \cdots + c_ky_k$ 能遍表 U 的元(式中 y_s 是 U 的任意一组 k 个线性无关元，c_s 是任意的数)，而且凡是这种表示式，其右端的项数均等于 k，此数 k 叫作 U 的维数.

我们指出，B 空间的任一子空间也是 B 空间.

前面我们曾对度量空间定义过等距的概念，现在对 B 空间定义等距的概念. 两个 B 空间 X 与 X' 叫作等距的，如果在它们的元之间建立了一个一一对应关系，并满足下面两个条件：

1) 若 x 与 x' 及 y 与 y' 是 X 与 X' 的任意两对对应元，则对于任意选择的

数 a 与 b，$ax+by$ 与 $ax'+by'$ 也是对应元；

2) 对应元的范数相等.

由所述可得，X 与 X' 的零元必相对应，并且 X 中两个元的距离等于 X' 中相应两个元的距离. 从抽象理论的观点来看，等距空间 X 与 X' 是没有区别的，并且我们写作 $X=X'$.

96. 赋范空间的例子

1. 所有在[87]中讨论过的空间(除 s 与 S 外)，如果令 $\|x\|=\rho(0,x)$，它们都是 B 空间. 这时对于其中的序列空间，元乘以数 a 的定义就是将序列中每一项乘以 a，元的加法就是将序列的对应项相加

$$a(\xi_1,\xi_2,\cdots)=(a\xi_1,a\xi_2,\cdots)$$

$$(\xi_1,\xi_2,\cdots)+(\eta_1,\eta_2,\cdots)=(\xi_1+\eta_1,\xi_2+\eta_2,\cdots)$$

对于函数空间，用数 a 乘元定义为用 a 乘函数，元的加法就是相应的函数相加. 序列空间的零元是一切项都是零的序列，函数空间的零元是恒等于零的函数(在 C 及 V 中)或与零相抵的函数(在 M,S 及 L_p 中).

2. 考察 R_n 中的有界域 D 与具有下面性质的一切函数 $\varphi(x)$ 的集合 $C^{(l)}$：$\varphi(x)$ 在域 D 内部具有直至 l 阶的各连续偏导数，这些导数在 D 的边界上有极限值，并且它们都是闭域 $\overline{D}$ 上的连续函数. 对于这种函数我们将简单地称它们在 $\overline{D}$ 上具有连续导数. 所述的函数集合是一个线性空间. 我们引入下面的范数

$$\|\varphi\|_{C^{(l)}}=\max_{\substack{x\in\overline{D}\\0\leqslant k\leqslant l}}|D^{(k)}\varphi| \tag{42}$$

这里 $D^{(k)}\varphi$ 代表任一 k 阶导数. 极大值是关于函数 $\varphi(x)$ 及其所有前 l 阶导数对一切属于 $\overline{D}$ 的 x 取的. 易知这个范数满足[95]的三个基本条件.

$C^{(l)}$ 中的收敛就是函数及其所有前 l 阶导数在 D 中的一致收敛. 根据柯西收敛判别法与熟知的函数序列逐项微分法定理可以断定，若序列 $\varphi_n(x)\in C^{(l)}$ 自收敛，则它收敛于某元 $\varphi(x)\in C^{(l)}$，即空间 $C^{(l)}$ 是 B 空间.

97. 赋范空间上的算子

上面我们曾定义过度量空间 X 上的算子. 对于线性赋范空间则要出现一些新的东西. 我们将假定，算子 A 是在 B 型空间 X 的某线性簇 $D(A)$ 上定义的，并且它的值域 $R(A)$ 也属于某个 B 型空间 X'. 算子叫作分配的，如果对于 $x_k\in D(A)$ 与任意的数 c_k 以下条件成立

$$A(c_1x_1+c_2x_2+\cdots+c_mx_m)=c_1Ax_1+c_2Ax_2+\cdots+c_mAx_m \tag{43}$$

实际上只需检验 $A(c_1x_1)=c_1Ax_1$ 与 $A(x+y)=Ax+Ay$ 就够了. 由(43)就可以知道 $R(A)$ 是 X' 中的线性簇，并且若 θ 与 θ' 分别是 X 与 X' 的零元，则 $A\theta=\theta'$. 事实上，$A(\theta)=A(0x)$ 且 $A(0x)=0Ax=\theta'$(这里 $x\in D(A)$).

以后我们仅讨论定义于线性簇上的分配算子. 我们回忆连续性定义. 算子 A 叫作在元 x_0 连续，是指以下条件满足：若 $x_n(n=1,2,\cdots)$ 与 $x_0\in D(A)$ 且在

X 中 $x_n \Rightarrow x_0$，则在 X' 中 $Ax_n \Rightarrow Ax_0$. 容易证明，若分配算子 A 在某个元 $y_0 \in D(A)$ 连续，则它在任一元 $z_0 \in D(A)$ 也连续. 设 z_n 与 $z_0 \in D(A)$，而 $z_n \Rightarrow z_0$，我们需证 $Az_n \Rightarrow Az_0$. 我们取 $D(A)$ 的元 $y_n = (z_n - z_0) + y_0$，其中 $y_n \Rightarrow y_0$. 因为 $Az_n = Az_0 + Ay_n - Ay_0$，并且 $Ay_n \Rightarrow Ay_0$，所以 $Az_n \Rightarrow Az_0$.

这样一来，我们就不说算子在 $D(A)$ 的某元连续，而说在整个 $D(A)$ 上连续. 分配算子 A 叫作有界的，如果存在正数 C，使对于任一 $x \in D(A)$ 有

$$\| Ax \| \leqslant C \| x \| \tag{44}$$

注意上式右端的范数是在 X 中取的，而左端是在 X' 中取的. 现在证明，对于分配算子，它在 $D(A)$ 上的连续性与有界性是等效的.

根据上文所述，我们只需考察在零元 θ 的连续性. 设(44) 成立，我们证明，若 $x_n \in D(A)$ 与 $x_n \Rightarrow \theta$，则 $Ax_n \Rightarrow \theta'$. 由 $x_n \Rightarrow \theta$ 可推出，对于任给的 $\varepsilon > 0$，存在 N，使当 $n \geqslant N$ 时 $\| x_n \| \leqslant \varepsilon$；又由(44) 知，当 $n \geqslant N$ 时 $\| Ax_n \| \leqslant C\varepsilon$，由此并根据 ε 的任意性即推出 $Ax_n \Rightarrow \theta'$. 现在证明，若 $x_n \Rightarrow \theta$ 时 $Ax_n \Rightarrow \theta'$，则(44) 成立. 若 $x = \theta$，则(44) 就是 $\| \theta' \| \leqslant C \| \theta \|$，即 $0 \leqslant C \cdot 0$，此式对于任意的 C 均成立(取等号)，因此只需证明当 $x \neq \theta$ 时(44) 成立. 我们采用反证法证明. 若(44) 不成立，则存在一个序列的 $x_n \in D(A)$($\| x_n \| > 0$) 使 $\| Ax_n \| = C_n \| x_n \|$，其中 $C_n \to +\infty$. 若引入元 $z_n = \dfrac{1}{C_n \| x_n \|} x_n \in D(A)$，这里 $\| z_n \| \to 0$，就得到 $\| Az_n \| = 1$，这与算子 Ax 在零元的连续性矛盾.

若 A 是零算子，即对于任一 $x \in D(A)$，$Ax = \theta'$，则在(44) 中可取 $C=0$. 对于非零算子则必有 $C > 0$，并且使不等式(44) 成立的一切正数 C 中有一个最小的，它叫作算子 A 的范数，可由下式得出

$$n_A = \sup_{\substack{\| x \| = 1 \\ x \in D(A)}} \| Ax \| \tag{45}$$

算子的范数 n_A 也用符号 $\| A \|$ 表示，因此有

$$\| Ax \| \leqslant n_A \| x \| \text{ 或 } \| Ax \| \leqslant \| A \| \| x \| \tag{46}$$

以上所述与[Ⅳ;36] 中的一个特殊情形完全相似.

定理 1 对于分配的有界算子 A，若线性簇 $D(A)$ 在 X 中稠密，则 A 可保持分配性与范数而拓展到整个 X 上.

因为 $\overline{D(A)} = X$，所以每个元 $x_0 \in E$ 可表示为元序列的极限，即 $x_n \Rightarrow x_0$，其中 $x_n \in D(A)$. 我们证明在 X' 中 Ax_n 有极限，而且这个极限与序列 x_n 的选择无关. 事实上

$$\| Ax_n - Ax_m \| = \| A(x_n - x_m) \| \leqslant \| A \| \| x_n - x_m \|$$

又因 $x_n \Rightarrow x_0$，故上式右端当 n 与 $m \to +\infty$ 时趋于零，于是 $\| Ax_n - Ax_m \| \to 0$. 再由 X' 的完备性推出 Ax_n 有极限. 尚需证明 Ax_n 的极限与序列 x_n 的选择无关. 设 x_n 与 $x'_n \in D(A)$，并且 $x_n \Rightarrow x_0$ 与 $x'_n \Rightarrow x_0$. 需证 Ax_n 与 Ax'_n 的极限相

同.由刚才的证明知 Ax_n 与 Ax'_n 均有极限.

不难看出,序列 $x_1, x'_1, x_2, x'_2, x_3, x'_3, \cdots$ 也有极限 x_0. 因此,序列 Ax_1, $Ax'_1, Ax_2, Ax'_2, Ax_3, Ax'_3, \cdots$ 有极限 $y \in X'$. 于是子序列 Ax_n 与 Ax'_n 也有同一极限 y,即 Ax_n 与 Ax'_n 的极限是相同的.

设 $x_0 \in X$,但 $x_0 \overline{\in} D(A)$,我们取某个序列 $x_n \in D(A)$ 且 $x_n \Rightarrow x_0$,并令 $Ax_0 = \lim\limits_{n\to\infty} Ax_n$. 现在证明,在 X 上如此定义的算子是分配的,并且当定义域由 $D(A)$ 转到 X 时,它的范数不增大. 设 x'_0 与 $x''_0 \in X$,而 x'_n 与 x''_n 是 $D(A)$ 中两个分别有极限 x'_0 与 x''_0 的元的序列(若 $x'_0 \in D(A)$,则可取所有的 $x'_n = x'_0$,对于 x''_0 亦然). 若注意到算子 A 在 $D(A)$ 上的分配性以及加法与以数乘的乘法的连续性,就得

$$
\begin{aligned}
A(c_1 x'_0 + c_2 x''_0) = & \lim_{n\to\infty} A(c_1 x'_n + c_2 x''_n) = \\
& c_1 \lim_{n\to\infty} Ax'_n + c_2 \lim_{n\to\infty} Ax''_n = \\
& c_1 Ax'_0 + c_2 Ax''_0
\end{aligned}
$$

至于范数不会变大则可由不等式 $\| Ax'_n \| \leqslant \| A \| \, \| x'_n \|$ 取极限推出,其中右端的 $\| A \|$ 是算子 A 在 $D(A)$ 上的范数. 范数不会变小是显然的. 定理证毕.

上面所述的 A 的拓展方法通常叫作按连续性拓展.

我们再证 A 从 $D(A)$ 到 X 的拓展按照熟知意义是唯一的:若 B 是 X 上的分配有界算子,且在 $D(A)$ 上与 A 一致,则 B 与 A 的按连续性拓展的算子处处一致. 设 $x_0 \in D(A)$,$x_n \in D(A)$ 且 $x_n \Rightarrow x_0$. 由 B 的连续性与在 $D(A)$ 上和 A 的一致性,可得

$$
Bx_0 = \lim_{n\to\infty} Bx_n = \lim_{n\to\infty} Ax_n = Ax_0
$$

因此命题得证. 若在整个 X 上定义的算子 A 是分配的和有界的,则 A 叫作线性算子(也有称为有界线性算子的). 如果线性簇 $D(A)$ 中不同的元 x 对应于 $R(A)$ 中不同的 Ax,那么存在定义域为 $R(A)$ 的算子 A^{-1}——A 的逆算子,其对应规律为:对于 $R(A)$ 的每个 x',$D(A)$ 中有唯一元 x 与之对应,并满足关系式 $x' = Ax$. 由 A 的分配性知 A^{-1} 也是分配的,但由 A 的有界性不能推出 A^{-1} 的有界性.

作为例子,我们考虑区间$[0,1]$上的空间 C 上的算子 $\varphi = Af$

$$
\varphi(x) = \int_0^x f(t)\,\mathrm{d}t \tag{47}
$$

并且,我们设 X' 也是同一个空间 C. 这是允许的,因为 $\varphi(x)$ 也属于这个空间 C. 算子(47)把整个 C 映成具有下面性质的函数 $\varphi(x)$ 组成的线性簇:$\varphi(x)$ 在$[0,1]$上有连续导数且 $\varphi(0) = 0$. 在这个线性簇上存在分配逆算子 $f(x) = \varphi'(x)$,但它是无界的.

事实上，函数 $\varphi_n(x)=\sin n\pi x$ 属于这个线性簇，不论选择怎样的 n，它的范数等于1，而 $\varphi'_n(x)=n\pi\cos n\pi x$ 的范数为 $n\pi$，当 $n\to\infty$ 时它是无界的.

定理 2 若 B 是 X 上的线性算子，$R(B)\subsetneqq X$，$\|B\|=\alpha<1$，则算子 $E-B$（这里 E 是恒等算子，即 $Ex=x$）具有定义在整个 X 上的分配有界逆算子 $(E-B)^{-1}$.

考察方程

$$y=x-Bx \tag{48}$$

或

$$x=y+Bx \tag{49}$$

这里 y 是已知元，x 是未知元. 不难验证算子 $Ax=y+Bx$（A 是[86]中所述算子的符号）满足压缩映象原理的条件. 事实上

$$\|Ax_2-Ax_1\|=\|B(x_2-x_1)\|\leqslant\alpha\|x_2-x_1\|\quad(0<\alpha<1)$$

如此，方程(48)或(49)对于任一 $y\in X$ 有唯一的解 x，即 $E-B$ 有逆算子 $(E-B)^{-1}y=x$ 在整个 X 上定义. 它的分配性是显然的，我们证明它的有界性. 因为

$$\|x-y\|=\|Bx\|\leqslant\alpha\|x\|$$

所以更有

$$\|x\|-\|y\|\leqslant\alpha\|x\|$$

即

$$\|x\|\leqslant\frac{1}{1-\alpha}\|y\|$$

由此推出 $(E-B)^{-1}$ 的范数不大于 $\frac{1}{1-\alpha}$.

定理 3 线性算子把列紧集映为列紧集.

设 U 是 X 的元组成的列紧集合，$x_n(n=1,2,\cdots)$ 是由 U 中元所组成的序列，A 是线性算子. 我们需证从序列 Ax_n 中能选出在 X' 中收敛的子序列. 从 U 的列紧性推出存在子序列 x_{n_k}，在 X 中 $x_{n_k}\Rightarrow x_0$. 由 A 的连续性知在 X' 中 $Ax_{n_k}\Rightarrow Ax_0$，定理证毕.

我们再引入下面的定理，但不予证明①：

定理 4 若 A 是把 B 型空间 X 一对一地映象到整个 B 型空间 X' 上的线性算子，则逆算子 A^{-1}（定义在整个 X' 上）也是线性算子.

98. 线性泛函

我们来研究实 B 型空间 X（即 X 的元仅用实数乘）. 在 X 上定义而值域属于实数空间的算子叫作泛函. 实数空间按平常的实数相加与实数相乘也是实 B 型

① 例如可参考索伯列夫等著的《泛函数分析概要》第二章 §20. —— 译者注

空间.范数就是实数的绝对值[87].

[97]中所述关于算子的所有命题对于泛函也正确.泛函的有界性由不等式

$$|l(x)| \leqslant \|l\| \|x\| \tag{50}$$

定义,这里 $|l(x)|$ 是实数 $l(x)$ 的绝对值,$\|l\|$ 是 $l(x)$ 的范数.线性泛函是线性算子的特例,这时 $D(l)$ 与整个 X 重合.

定理1 若 $l(x)$ 是在某个线性簇 U 上定义的分配有界泛函,则它可以保持范数拓展为整个 X 上的线性泛函.

依条件,$l(x)$ 是分配的,并且

$$|l(x)| \leqslant \|l\|_U \|x\| \quad (x \in U) \tag{51}$$

这里 $\|l\|_U$ 是 $l(x)$ 在 U 上的范数.我们对空间 X 是可分的情形进行证明,这样可简化论证,但定理对非可分空间也正确①.

根据可分性,存在可数集合在 X 中稠密.我们只考察这个可数集中那些不属于 U 的元.若这种元不存在,则 U 在 X 中稠密,于是我们可以把 $l(x)$ 按连续性拓展到整个 X 上[97];如果存在这种元,我们可以把它编号而得到 $x_1, x_2, x_3, \cdots$.

考察一切形如 $z = y + tx_1$ 的元组成的集合 U_1,其中 y 是 U 的任一元,t 是任一实数.容易看出,U_1 也是线性簇.现在证明上述 z 的表示式是唯一的.假设 z 有两个不同的表示式

$$z = y + tx_1 = y' + t'x_1 \tag{52}$$

那么 $t \neq t'$,因为若 $t = t'$,则有 $y = y'$.我们来证明,由 $t \neq t'$ 会导致矛盾.由(52)得 $x_1 = \frac{1}{t - t'}(y' - y)$,由此推出 $x_1 \in U$,而这与上文是矛盾的.现在任取 U 中两个元 x' 与 x'',并建立下面的不等式(54),我们有

$$l(x') - l(x'') = l(x' - x'') \leqslant \|l\|_U \|x' - x''\| \tag{53}$$

若上式左端是一个负数,则不等式无须证明.注意

$$\|x' - x''\| = \|(x' + x_1) - (x'' + x_1)\| \leqslant \|x' + x_1\| + \|x'' + x_1\|$$

根据(53)可得

$$l(x') - \|l\|_U \|x' + x_1\| \leqslant l(x'') + \|l\|_U \|x'' + x_1\|$$

对这个不等式左右两端分别取上确界与下确界,由于 x' 与 x'' 互不相关地遍表 U 的元,因此

$$\sup_{x \in U}[l(x) - \|l\|_U \|x + x_1\|] \leqslant \inf_{x \in U}[l(x) + \|l\|_U \|x + x_1\|]$$

因右端显然是一个有穷数,从而左端亦然.这样一来,存在实数 a 满足不等式

① 例如见索伯列夫等著的《泛函数分析概要》第三章定理 5 的证明.——译者注

$$\sup_{x\in U}[l(x)-\|l\|_U\|x+x_1\|]\leqslant a\leqslant\inf_{x\in U}[l(x)+\|l\|_U\|x+x_1\|] \tag{54}$$

现在我们把 $l(x)$ 从 U 拓展到 U_1 上. 设 $z=y+tx_1$ 是 U_1 的任一元. 令

$$l(z)=l(y)-ta \tag{55}$$

这里 a 是一个固定的满足不等式(54) 的实数. 若 $z\in U$,则 $t=0$,因此 $l(z)$ 与 $l(y)$ 相同,即由公式(55) 定义的 U_1 的泛函与原泛函在 U 上取相同的值. 因此,我们保留原泛函符号 l. 由(55) 与 $l(y)$ 在 U 上的分配性,以及诸式

$$z=y+tx_1,cz=cy+ctx_1$$

$$z'=y'+t'x_1,z''=y''+t''x_1,z'+z''=(y'+y'')+(t'+t'')x_1$$

就能推出 $l(z)$ 的分配性.

最后证明,$l(z)$ 在 U_1 上的范数不比 $\|l\|_U$ 大(比 $\|l\|_U$ 小是不可能的). 我们先假定 $t>0$. 注意到 $l(y)=tl\left(\frac{1}{t}y\right)$ 以及 $\frac{1}{t}y\in U$,可得

$$l(z)=t\left[l\left(\frac{1}{t}y\right)-a\right] \tag{56}$$

而由(54) 推出

$$a\geqslant l\left(\frac{1}{t}y\right)-\|l\|_U\left\|\frac{1}{t}y+x_1\right\|$$

再用上式右端代换(56) 中的 a,我们得($t>0$)

$$l(z)\leqslant t\|l\|_U\left\|\frac{1}{t}y+x_1\right\|=\|l\|_U\|y+tx_1\|=\|l\|_U\|z\|$$

现在转到 $t<0$ 的情形. 由(54) 推出

$$a\leqslant l\left(\frac{1}{t}y\right)+\|l\|_U\left\|\frac{1}{t}y+x_1\right\|$$

再以上式右端代换(56) 的差 $l\left(\frac{1}{t}y\right)-a$ 中的 a,我们得($|t|=-t$)

$$l\left(\frac{1}{t}y\right)-a\geqslant-\|l\|_U\left\|\frac{1}{t}y+x_1\right\|=$$

$$-\frac{1}{|t|}\|l\|_U\|y+tx_1\|=$$

$$\frac{1}{t}\|l\|_U\|z\|$$

把这个不等式两端乘以负数 t 并注意(56),我们得 $l(z)\leqslant\|l\|_U\|z\|$. 最后,若 $t=0$,则 $z\in U$,这个不等式是显然的. 这样一来,对于凡 $z\in U_1$,我们均有 $l(z)\leqslant\|l\|_U\|z\|$. 在这个不等式中把 z 换为 $-z$ 并注意 $l(-z)=-l(z)$ 与 $\|-z\|=\|z\|$,就得 $-l(z)\leqslant\|l\|_U\|z\|$. 由所得的两个不等式最后得出不等式

$$| l(z) | \leqslant \| l \|_U \| z \| \tag{57}$$

因此上述 $l(x)$ 由 U 到 U_1 的拓展是保持范数不变的.

现在来叙述进一步的拓展. 如果上面那个序列中的元 x_2 属于 U_1,那么我们不要这个元. 如果 x_2 不属于 U_1,那么与上面一样,我们把 $l(x)$ 从线性簇 U_1 拓展到由形如 $z=y+tx_2$(y 是 U_1 的任意元,而 t 是任意实数)的元所组成的线性簇上. 如此继续做下去,并对所讨论的这些元(它们可能只有有穷个)用前面的记号记为 $x_1,x_2,\cdots$. 于是我们把 $l(x)$ 拓展到由一切形如

$$y+c_1x_1+c_2x_2+\cdots+c_nx_n$$

的元所组成的线性簇 V 上,其中 y 是 U 的任意元,n 是任意的整数(若元 x_k 的个数是有穷数,则 n 不大于此数),而 c_k 是任意实数. 这个线性簇 V 在 B 中稠密,并且 $l(x)$ 是 V 上的分配有界泛函,其范数等于 $\| l \|_U$. 最后只需把 $l(x)$ 按连续性拓展到整个 X 上. 定理证毕.

定理 1 对于复 B 型空间情形的证明,例如在 Г. А. Сухомлинов 的著作(Матем. сб.,3,1938)以及 F. Riesz,B. Sz.-Nagy,*Leçons d'analyse fonctionnelle*(有中译本与俄译本 —— 译者注)一书中都有叙述.

所证定理不能推广到算子.

定理 2 若 x_0 是 X 的一个异于零的固定元,则存在范数等于 1 的线性泛函 $l(x)$,使 $l(x_0)=\| x_0 \|$.

我们考虑形如 $x=tx_0$(这里 t 是任意实数)的元组成的线性簇 U,并在 U 上定义分配泛函 $l(x)=l(tx_0)=t\| x_0 \|$. 取 $t=1$ 我们得 $l(x_0)=\| x_0 \|$,并且显然有 $\| l \|_U=1$. 根据定理 1,我们可以把 $l(x)$ 拓展到整个 X 上而保持范数不变,定理从而得证. 由此顺便还可推得,在每个 B 型空间上存在范数为正的泛函.

我们指出,上面的定理对于 $x_0=\theta$ 的情形也正确. 只需取某个异于 θ 的元 x_1,并按定理对 x_1 作线性泛函 $l(x)$ 满足 $\| l \|=1$ 与 $l(x_1)=\| x_1 \|$,这时有 $l(x_0)=l(\theta)=0=\| x_0 \|$.

99. 共轭空间

我们考察由 B 型空间 X 上的一切线性泛函所组成的空间 X^*. 我们用 $l(x),m(x),n(x),\cdots$ 表示 X 上的线性泛函(值域属于实数空间),但作为 X^* 的元则用单一的字母 $l,m,n,\cdots$ 来表示. 空间 X^* 是线性空间,其中元的相加与乘以数的运算以下列自然的方式引入

$$(l+m)(x)=l(x)+m(x),(al)x=al(x)$$

如此定义的运算满足线性空间公理 A 的所有性质. X^* 中的零元就是对于任一 $x\in X$ 都有 $l(x)=0$ 的零泛函. X^* 中元 l 的范数取相应的泛函的范数,这个范数大于或等于 0,并且等号只对零泛函成立. 至于公理 C 的另外两个性质也满

足.

第二个性质由不等式

$$|l_1(x)+l_2(x)| \leqslant |l_1(x)|+|l_2(x)| \leqslant \|l_1\|\|x\|+\|l_2\|\|x\| = (\|l_1\|+\|l_2\|)\|x\|$$

推出,第三个性质显然成立.我们证明 X^* 是完备空间.设 l_k 为 X^* 中元的自收敛序列,即当 $n,m\to\infty$ 时

$$\|l_n-l_m\|\to 0 \tag{58}$$

我们需证明,存在元 $l\in X^*$,使当 $n\to\infty$ 时 $\|l-l_n\|\to 0$.令 $l_n-l_m=l_{nm}\in X^*$.我们有

$$l_n=l_m+l_{nm} \text{ 与 } \|l_n\|\leqslant\|l_m\|+\|l_{nm}\|$$

根据(58),存在 N 使当 n 与 $m\geqslant N$ 时 $\|l_{nm}\|\leqslant 1$.因此对于固定的 $m=m_0\geqslant N$,我们得

$$\|l_n\|\leqslant\|l_{m_0}\|+1 \quad (n\geqslant N)$$

并且前 $N-1$ 个非负数 $\|l_n\|(n=1,2,\cdots,N-1)$ 中必有最大的一个.因此,由(58)推出存在 $C>0$,使对于所有的 n,$\|l_n\|\leqslant C$.另一方面,因

$$|l_n(x)-l_m(x)|\leqslant\|l_m-l_n\|\|x\|$$

故由(58)可知对于任意的 x,当 $n,m\to\infty$ 时

$$|l_n(x)-l_m(x)|\to 0$$

根据对于数的柯西收敛准则知序列 $l_n(x)$ 有极限.我们记这个极限为 $l(x)(l_n(x)\to l(x))$,它是在整个 X 上定义的泛函.现在证明它是线性泛函.$l(x)$ 的分配性由等式

$$l_n(x+y)=l_n(x)+l_n(y) \text{ 与 } l_n(ax)=al_n(x)$$

推出,而有界性由不等式 $\|l_n\|\leqslant C$ 推出(由 $|l_n(x)|\leqslant C\|x\|$ 取 $n\to\infty$ 时的极限).因此 $l(x)$ 是 X 上的线性泛函,即 $l\in X^*$.剩下还需证明 $\|l-l_n\|\to 0$.根据(58),对任一 $\varepsilon>0$,存在 N 使当 $n,m\geqslant N$ 时

$$|l_n(x)-l_m(x)|\leqslant\varepsilon\|x\|$$

令 $m\to\infty$,则得

$$|l_n(x)-l(x)|\leqslant\varepsilon\|x\| \quad (n\geqslant N)$$

这就是说,当 $n\geqslant N$ 时 $\|l-l_n\|\leqslant\varepsilon$,于是 $\|l-l_n\|\to 0$.X^* 的完备性得证.因此,空间 X^* 是 B 型空间,它叫作 X 的共轭空间.

我们引入 X 的第二共轭空间,即以 X^* 上的一切线性泛函为元组成的空间 $X^{**}=(X^*)^*$.由 X^* 得出 X^{**} 与由 X 得出 X^* 是完全相同的,因此 X^{**} 也是 B 型空间.

如果固定 $x\in X$,那么每一个 $l\in X^*$ 均有唯一的实数 $l(x)$ 与之对应,也就

是说,当固定 x 而改变 X^* 中的元 l 时,$l(x)$ 是 X^* 上的泛函,我们用符号 $L_x(l)$ 表示这个泛函.由

$$(l_1+l_2)(x)=l_1(x)+l_2(x) \text{ 及} (al)(x)=al(x)$$

推出

$$L_x(l_1+l_2)=L_x(l_1)+L_x(l_2) \text{ 与 } L_x(al)=aL_x(l)$$

即 $L_x(l)$ 是 X^* 上的分配泛函.

由 $L_x(l)=l(x)$ 与不等式

$$|l(x)|\leqslant \|l\| \|x\| \tag{59}$$

推出

$$|L_x(l)|\leqslant \|x\| \|l\| \tag{60}$$

这里 $\|x\|$ 是 X 中 x 的范数,$\|l\|$ 是 X^* 中 l 的范数.由(60)推知泛函 $L_x(l)$ 在 X^* 上的范数不大于 $\|x\|$,即 $L_x(l)$ 在 X^* 上有界.因此,$L_x(l)$ 是 X^* 上的线性泛函.若 $x=\theta$ 是 X 的零元,则对任一 $l\in X^*$,$L_\theta(l)=l(\theta)=0$,即 $L_\theta(l)$ 是 X^{**} 的零元.上面已知 $L_x(l)$ 的范数不大于 $\|x\|$,但由[98]的定理 2,对于每个 $x\neq\theta$ 均存在泛函 $l(x)$ 使 $l(x)=\|x\|$ 且 $\|l\|=1$.对于这个 l,(60)两端都等于 $\|x\|$,从而(60)为等式,因此推出 $L_x(l)$ 的范数等于 $\|x\|$.此外,由

$$l(x_1+x_2)=l(x_1)+l(x_2) \text{ 与 } l(c_1x_1)=c_1l(x_1)$$

推出

$$L_{x_1+x_2}(l)=L_{x_1}(l)+L_{x_2}(l) \text{ 与 } L_{c_1x_1}(l)=c_1L_{x_1}(l)$$

从而有

$$L_{c_1x_1+c_2x_2}(l)=c_1L_{x_1}(l)+c_2L_{x_2}(l)$$

于特例有

$$L_{x_1-x_2}(l)=L_{x_1}(l)-L_{x_2}(l)$$

根据上面所述范数得

$$\|L_{x_1}-L_{x_2}\|=\|x_1-x_2\|$$

由此知道,不同的 x 对应着空间 X^{**} 中的不同元 L_x.

由上所述可推出下面的重要定理:

定理 对于 X 的每个元 x 有元 $L_x\in X^{**}$ 与之对应,在这一对应中,不同的 x 与不同的 L_x 对应,X 中元的相加和以数乘的运算与 X^{**} 中对应元的同样运算相对应,并且 X 与 X^{**} 中对应元的范数相等.

由这个定理,我们可以把 L_x 与 x 看作等同的,也就是把 X 看成是 X^{**} 的部分,并用 $X\subseteq X^{**}$ 表示.换言之,X 与 X^{**} 的部分等距.

我们以后会看到,在某些情形 X 是与整个 X^{**} 等距的,即 $X^{**}=X$.这样

的空间 X 叫作正则的①，我们用记号 (l,x) 或 (x,l) 代替 $l(x)=L_x(l)$，即

$$(x,l)=(l,x)=l(x) \tag{61}$$

并把 (x,l) 叫作元 $l\in X^*$ 与元 $x\in X$ 的内积. 元 l 与 x 叫作正交的，如果 $(x,l)=0$.

不等式(59)可以写成

$$|(x,l)|\leqslant \|l\|\ \|x\| \tag{62}$$

根据上面所述还可得到

$$(ax,bl)=ab(x,l)$$
$$(x_1+x_2,l)=(x_1,l)+(x_2,l)$$
$$(x,l_1+l_2)=(x,l_1)+(x,l_2)$$

这里 a 与 b 为任意实数.

直到现在我们都在讨论实 B 型空间. 以上所述的一切对复 B 型空间(元与复数相乘)也正确. 在这种情形下，泛函可取任意复数值. 与以前一样，今后用 $\bar{\alpha}$ 表示 α 的共轭复数，即设 $\alpha=a+ib$，则 $\bar{\alpha}=a-ib$. 我们指出，若 $l(x)$ 是 B 型空间 X 上的线性泛函，则泛函 $\overline{l(x)}$ 也在 X 上有界，但不是线性的，因为 $\overline{l(cx)}=\bar{c}\,\overline{l(x)}$. 共轭空间 X^* 定义为所有 $\overline{l(x)}$ 的集合，而不是所有 $l(x)$ 的集合.

X^* 的元相加与乘以复数就是平常的复数相加与相乘. 取范数 $\|\bar{l}\|=\|l\|$，如此，$\|\overline{l(x)}\|\leqslant\|\bar{l}\|\cdot\|x\|$，且 $\|\bar{l}\|$ 不能用更小的数代替. 空间 X^* 是 B 型的，它的内积由以下公式定义

$$(l,x)=\overline{l(x)},(x,l)=\overline{(l,x)}=l(x) \tag{63}$$

同时，对于任意复数 a 与 b 有

$$(al,bx)=a\bar{b}(l,x) \tag{64}$$

空间 $X^{**}=(X^*)^*$ 与 X 的关系和在实空间的情形一样.

100. 泛函的弱收敛

在[99]中我们研究过线性泛函序列 $l_n(x)$ 收敛于泛函 $l(x)$ 的如下收敛性：$\|l-l_n\|\to 0$，因此对于任一 $x\in X$ 自然有 $l_n(x)\to l(x)$. 这样的收敛通常叫作依范数收敛. 这时，由[99]知，$l_n(x)$ 的范数有界，即对于任一 n，$\|l_n\|$ 不超过某个正数. 我们现在介绍一个新的收敛性概念. 若对任一 $x\in X$，数序列 $l_n(x)$ 有极限(有穷的)，则称线性泛函 $l_n(x)$ 弱收敛. 我们记这个极限为 $l(x)$. 这个极限是一个在 X 上定义的泛函，它的分配性由 $l_n(x)$ 的分配性推出. 如果知道了序列 $\|l_n\|$ 是有界的，那么可断定这个泛函的有界性(因此是线性的). 事实上序列 $\|l_n\|$ 确是有界的.

定理1 设 L 是一个由线性泛函 $l(x)$ 所组成的集合，并且对于任一元 x 存

① 这种空间也称为自反空间. —— 译者注

在正数 m_x,使对于任一 $l \in L$ 均有 $|l(x)| \leqslant m_x$,即对于固定的 x,数 $|l(x)|$ 的集合有界.那么,范数 $\|l\|$ $(l \in L)$ 的集合也有界.

我们首先指出,为了证明本定理只需确定所有 $|l(x)|$ 在某个闭球上是有界的.事实上,假设存在正数 b 使对于一切 $x \in \overline{S}(x_0,a)$(闭球)($\|x-x_0\| \leqslant a$)与任一 $l \in L$ 均有

$$|l(x)| \leqslant b \tag{65}$$

而设 y 是 X 的任一异于零的元.元 $x=\frac{a}{\|y\|}y+x_0$ 属于 $\overline{S}(x_0,a)$,由(65)得到

$$\left|\frac{a}{\|y\|}l(y)+l(x_0)\right| \leqslant b$$

所以

$$\frac{a}{\|y\|}|l(y)|-|l(x_0)| \leqslant b$$

由此对于任意 $y \in X$ 我们有

$$|l(y)| \leqslant \frac{b+|l(x_0)|}{a}\|y\| \leqslant \frac{2b}{a}\|y\| \tag{66}$$

即 $\|l\| \leqslant \frac{2b}{a}$,这就是定理的结论.因此,如果证明了数 $|l(x)|$ 的集合在某个闭球上有界,则定理得证.现在我们用反证法证明:若设所述数集合在任一闭球上无界,则导致矛盾.

取定一个闭球 $\overline{S}_1$,根据假设,存在元 $x_1 \in \overline{S}_1$ 与泛函 $l_1 \in L$ 使 $|l_1(x_1)|>1$.根据 $l_1(x)$ 的连续性我们可以假设 x_1 是在 $\overline{S}_1$ 的内部,而且不等式在整个球 $\overline{S}(x_1,r_1)$ 上成立,这里 r_1 是足够小的正数.同理,可找到 $\overline{S}(x_1,r_1)$ 内部这样的元 x_2 与泛函 $l_2 \in L$,以及充分小的正数 r_2,使球 $\overline{S}(x_2,r_2)$ 含于 $\overline{S}(x_1,r_1)$ 中,而不等式 $|l_2(x_2)|>2$ 在整个 $\overline{S}(x_2,r_2)$ 上成立.如此继续下去,我们得到一个套住一个的球的序列

$$\overline{S}(x_1,r_1) \supsetneqq \overline{S}(x_2,r_2) \supsetneqq \overline{S}(x_3,r_3) \supsetneqq \cdots$$

与一个序列泛函 $l_k \in L$,使不等式 $|l_k(x)|>k$ 在整个球 $\overline{S}(x_k,r_k)$ 上成立.于此自然可以认为当 $k \to \infty$ 时 $r_k \to 0$.因此对于属于一切 $\overline{S}(x_k,r_k)$ 的点 x_0[85],不等式 $|l_k(x_0)|>k$ 均成立,这与数 $|l_k(x_0)|$ 的集合的有界性矛盾.定理得证.

如果某个泛函序列 $l_n(x)$ 对于任一 x 有有穷极限,那么数序列 $|l_n(x)|$ 对任一 x 有界,再依已证定理知序列 $\|l_n\|$ 有界.正如上面指出的,由此可推出弱收敛线性泛函的极限 $l(x)$ 也是线性泛函.

如果序列 $\|l_n\|$ 有界,那么只要泛函序列 $l_n(x)$ 在稠密于 X 的线性簇上有极限,便可推出它的弱收敛性.

定理 2 泛函序列 $l_n(x)$ 弱收敛的必要且充分条件是序列 $\|l_n\|$ 有界,而且在稠密于 X 的线性簇上 $l_n(x)$ 有极限.

第一个条件的必要性由定理 1 推出,而第二个条件的必要性是显然的. 现在证明充分性. 我们用 U 表示所述的线性簇. 由第一个条件知 $\|l_n\| \leqslant C$,这里 C 是正数. 若以 $l(x)$ 表示 $l_n(x)(x \in U)$ 的极限,则可断定 $l(x)$ 是 U 上的分配有界泛函(它的范数不大于 C). 我们把它按连续性拓展到整个 X 上,把所得线性泛函仍表示为 $l(x)$,并证明对于任一 $x \in X$,$l_n(x) \to l(x)$. 若 $x \in U$,则这个关系成立. 我们设 $x \overline{\in} U$,对于任给的 $\varepsilon > 0$,存在 $x_0 \in U$ 使 $\|x_0 - x\| \leqslant \frac{\varepsilon}{4C}$. 因为 $l_n(x)$ 与 $l(x)$ 的范数不大于 C,所以

$$
\begin{aligned}
|l_n(x)-l(x)| \leqslant & |l_n(x)-l_n(x_0)|+|l_n(x_0)-l(x_0)|+|l(x_0)-l(x)| \leqslant \\
& \|l_n\| \|x-x_0\| + |l_n(x_0)-l(x_0)|+ \\
& \|l\| \|x_0-x\| \leqslant \\
& \frac{\varepsilon}{2}+|l_n(x_0)-l(x_0)|
\end{aligned}
$$

由于 $l_n(x_0) \to l(x_0)$,因此存在 N,使当 $n \geqslant N$ 时

$$
|l_n(x_0)-l(x_0)| \leqslant \frac{\varepsilon}{2}
$$

于是由上面的不等式得

$$
|l_n(x)-l(x)| \leqslant \varepsilon \quad (n \geqslant N)
$$

所以 $l_n(x) \to l(x)$.

注 定理的第二个条件可换为下面的条件:$l_n(x)$ 在一个其线性鞘 U(线性簇)在 X 中是稠密的集合 V 上有极限. 事实上,根据 $l_n(x)$ 在 V 上收敛及 $l_n(x)$ 的分配性可知 $l_n(x)$ 在 U 上收敛.

由泛函的弱收敛性概念,自然会引出弱列紧性的概念. X^* 中元的集合 W 叫作弱列紧的,是指由任一泛函序列 $l_n \in W$ 能分出弱收敛子序列.

定理 3 若 X 是可分的,则泛函的任一有界集合($\|l\| \leqslant r(r > 0)$)是弱列紧的.

我们需证明,如果线性泛函序列 $l_n(x)$ 的范数有界($\|l_n\| \leqslant r$),那么能分出对于所有 $x \in X$ 均收敛的子序列 $l_{n_k}(x)$. 设 $x_1, x_2, \cdots$ 组成在 X 中稠密的可数集 V. 对于任意的 m 有 $|l_n(x_m)| \leqslant r\|x_m\|$,即数序列 $l_n(x_m)(n=1,2,\cdots)$ 有界. 利用常用的对角线方法[Ⅳ;15],我们可作出一个在 V 上收敛的子序列 $l_{n_k}(x)$. 根据前一定理的注,序列在整个 X 上收敛,定理得证.

注 X^* 中的任一有界集合显然是弱列紧的,因为它含于某个球 $\|l\| \leqslant r$ 之中.

101. 元的弱收敛

现在引入 B 型空间 X 的元的弱收敛性概念. 所谓 X 的元序列 x_n 弱收敛于

元 x_0，写作 $x_n \xrightarrow{弱} x_0$，是指对于任一线性泛函 $l(x)$，$l(x_n) \to l(x_0)$，元 x_0 叫作 x_n 的弱极限. 现在证明序列 x_n 的弱极限是唯一的. 事实上，如果 $x_n \xrightarrow{弱} x_0$ 与 $x_n \xrightarrow{弱} y_0$，那么依定义，对于任意的 $l \in X^*$，有

$$l(x_n) \to l(x_0) \text{ 与 } l(x_n) \to l(y_0)$$

从而有

$$l(y_0) = l(x_0) \text{ 或 } l(y_0 - x_0) = 0$$

但如果 $y_0 \neq x_0$，即 $y_0 - x_0$ 不是零元，那么存在 $l \in X^*$ 使

$$l(y_0 - x_0) = \| y_0 - x_0 \| > 0$$

这与上面矛盾，命题得证. 显然，若 $x_n \xrightarrow{弱} x_0$，则每个子序列 $x_{n_k} \xrightarrow{弱} x_0$. 若 $x_n \xrightarrow{弱} x_0$，$y_n \xrightarrow{弱} y_0$，而 $a_n \to a_0$，则

$$a_n x_n \xrightarrow{弱} a_0 x_0, x_n + y_n \xrightarrow{弱} x_0 + y_0$$

这可由泛函的分配性直接推出.

有时也把写成 $x_n \Rightarrow x_0$ 的依范数收敛 $\| x_0 - x_n \| \to 0$ 叫作强收敛，我们简称为收敛. 根据线性泛函的连续性，由 $x_n \Rightarrow x_0$ 推出，对于任一 $l \in X^*$，$l(x_n) \to l(x_0)$，即强收敛蕴涵弱收敛.

一般说来，由弱收敛不能推出强收敛. 我们举一个例子. 考察区间[0,1]上的空间 L_2，我们取序列 $x_n = \sin n\pi t (n = 1, 2, \cdots)$.

如下面将要证明的[102]，$L_2[0,1]$ 上的泛函的一般形式由下式给出

$$l(x) = \int_0^1 f(t) x(t) \mathrm{d}t$$

这里 $f(t)$ 是 $L_2[0,1]$ 中的一个固定函数，而 $x(t)$ 是其中的任意元. 作为特例，当 $x_n(t) = \sin n\pi t$ 时有

$$l(x_n) = \int_0^1 f(t) \sin(n\pi t) \mathrm{d}t$$

由此容易看出，在不计因子 $\sqrt{2}$ 时，$l(x_n)$ 是 $f(t)$ 在区间[0,1]上关于函数组 $\sin n\pi t$ 的傅里叶系数. 我们知道，对于 $L_2[0,1]$ 中任选的 $f(t)$ 有 $l(x_n) \to 0$，即 $l(x_n) \to l(\theta)$，这里 θ 是 $L_2[0,1]$ 中的零元(即与零相抵的函数). 这样一来，在 $L_2[0,1]$ 中当 $n \to \infty$ 时 $\sin n\pi t \xrightarrow{弱} \theta$. 但它并非强收敛，因为

$$\| \theta - x_n \|^2 = \int_0^1 \sin^2 n\pi t \mathrm{d}t = \frac{1}{2}$$

定理 1 若 $x_n \xrightarrow{弱} x_0$，则序列 $\| x_n \|$ 有界.

我们可以把 x_n 与 x_0 看作是 X^{**} 的元，这时由 $x_n \xrightarrow{\text{弱}} x_0$ 推出 X^* 中与 x_n 相应的泛函序列弱收敛于与 x_0 相应的泛函. 再由[100]的定理 1 知所述泛函的范数 $\|x_n\|$ 组成有界集，因此定理得证.

X 中元的集合的弱列紧性定义和泛函集合的弱列紧性定义相同. 元 x 的任何有界集合($\|x\| \leqslant C$)是 X^{**} 中的有界集合，而后者(作为 X^* 上的泛函的集合)当 X^* 可分时是弱列紧的. 若 X 是正则空间，即 $X^{**}=X$，则由所述推出：

定理 2 若 X 正则，而 X 与 X^* 可分，则 X 的元的每个有界集合是弱列紧的.

我们指出，如果 X 非正则，即 X^{**} 广于 X，那么 X^{**} 中收敛序列的极限元在 X 中可能没有对应元. 可以证明，如果 X 是可分正则空间，那么 X^* 也可分.

由前面所述的 $x \in X$ 与 X^{**} 的元的对应关系以及[100]中的定理 2，直接推出：

定理 3 正则空间 X 的元序列 x_n 弱收敛的必要且充分条件是：序列 $\|x_n\|$ 有界，并且 $l(x_n)$ 在由元 $l \in X^*$ 所组成的某线性簇 U 上有极限，这里 U 在 X^* 中稠密.

与[100]中一样，线性簇 U 可用其线性鞘在 X^* 中稠密的集合 V 代替.

定理 4 设 A 是 B 型空间 X 上的线性算子，$R(A)$ 属于 B 型空间 X'. 若在 X 中 $x_n \xrightarrow{\text{弱}} x_0$，则在 X' 中 $Ax_n \xrightarrow{\text{弱}} Ax_0$.

设 $m(y)$ 是 X' 上的任一线性泛函. 不难看出，$m(Ax)$ 是 X 上的线性泛函，而由在 X 中 $x_n \xrightarrow{\text{弱}} x_0$ 推出 $m(Ax_n) \to m(Ax_0)$. 后者对于 X' 上的任一泛函均成立，于是在 X' 中 $Ax_n \xrightarrow{\text{弱}} Ax_0$，定理得证. 我们知道线性算子是依强收敛意义连续的，定理 4 则指出它依弱收敛意义也是连续的.

在[95]中我们已知，若 $x_n \Rightarrow x_0$，则 $\|x_n\| \to \|x_0\|$. 对于弱收敛，这种关系可能不成立. 我们再以上面谈到的[0,1]上的 L_2 中的函数序列 $\sin n\pi x$ 为例. 我们已知 $\sin n\pi x \xrightarrow{\text{弱}} \theta$，但 $\|\sin n\pi x\| = \frac{1}{\sqrt{2}}$.

定理 5 若 $x_n \xrightarrow{\text{弱}} x_0$，则 $\|x_0\| \leqslant \overline{\lim} \|x_n\|$.

首先注意，依定理 1，$\overline{\lim} \|x_n\|$ 是有穷数. 现在用反证法证明本定理. 设 $\|x_0\| > \overline{\lim} \|x_n\|$. 取一个满足下式的数 m，即

$$\|x_0\| > m > \overline{\lim} \|x_n\| \tag{67}$$

由此推知存在 N 使当 $n \geqslant N$ 时 $\|x_n\| < m$. 由[98]，存在线性泛函 $l(x)$ 使 $l(x_0) = \|x_0\|$ 及 $\|l\| = 1$，但

$$\|l(x_n)\| \leqslant \|l\| \cdot \|x_n\|$$

故当 $n \geqslant N$ 时

$$|l(x_n)| \leqslant \|x_n\| < m$$

而依(67),$l(x_0) = \|x_0\| > m$.

这样一来,$l(x_n)$ 不趋于 $l(x_0)$,这与条件矛盾,因此定理得证.

我们假设空间 X 满足以下条件:对于任给的 $\delta > 0$,存在数 $\eta < 1$,使当 $\|x\| = \|y\| = 1$ 与 $\|x-y\| = \delta$ 时 $\frac{\|x+y\|}{2} < \eta$. 我们称这种空间 X 是一致凸性空间. 对于这种空间以下论断正确:若 $x_n \xrightarrow{弱} x_0$ 与 $\|x_n\| \to \|x_0\|$,则 $x_n \Rightarrow x_0$. 以后我们要对一种特殊空间(希尔伯特空间)证明这一点. 对于 $p > 1$ 的空间 L_p 也具有一致凸性(例如可参看 С. Л. 索伯列夫的《泛函分析在数学物理中的应用》).

定理 6　若 $x_n \xrightarrow{弱} x_0$,则 x_0 属于由元 $x_n(n=1,2,\cdots)$ 所组成的集合的线性鞘的闭包(依范数).

我们用反证法证明. 设 U 是诸元 x_n 的线性鞘,假定 x_0 不属于 U,即

$$\inf_{y \in U} \|x_0 - y\| = d > 0 \tag{68}$$

对于每个异于零的数 t,我们有

$$\|tx_0 + y\| \geqslant |t| d \tag{69}$$

事实上

$$\|tx_0 + y\| = |t| \cdot \left\| x_0 - \frac{1}{-t} y \right\|$$

若 $y \in U$,则 $\frac{1}{-t} y \in U$,于是由(68)即得(69). 现在考察一切如下的元 x 组成的集合 V

$$x = tx_0 + y \tag{70}$$

这里 $y \in U$,t 为任意数. 与[98]一样,易知 x 的表示式(70)是唯一的,并且集合 V 是线性簇. 我们在 V 上定义分配泛函 $l(x) = t$,因此若 $x \in U$,则 $l(x) = 0$. 现证这个泛函在 V 上有界. 设 $t \neq 0$,由(69)可得

$$|l(tx_0 + y)| = |t| \leqslant \frac{1}{d} \|tx_0 + y\|$$

对于 $t = 0$ 这个不等式是显然的.

这样一来,在 V 上 $\|l\| \leqslant \frac{1}{d}$. 我们可以保持范数的这一估计式把 l 延展到整个 X 上而得到一个线性泛函 $l(x)$. 依定义有 $l(x_0) = 1$ 与 $l(x_n) = 0$(因 $x_n \in U$). 由此看出 $l(x_n)$ 并不趋于 $l(x_0)$,这与定理的条件 $x_n \xrightarrow{弱} x_0$ 矛盾. 定理证毕.

已证定理也可如下陈述：若 $x_n \xrightarrow{\text{弱}} x_0$，则存在一序列由元 x_n 所组成的线性组合 $c_1^k x_1 + c_2^k x_2 + \cdots + c_{n_k}^k x_{n_k}(k=1,2,\cdots)$ 强收敛于 x_0，即当 $k \to \infty$ 时，$c_1^k x_1 + c_2^k x_2 + \cdots + c_{n_k}^k x_{n_k} \Rightarrow x_0$.

还可以证明更强的定理：若 $x_n \xrightarrow{\text{弱}} x_0$，则存在子序列 $x_{n_k}(k=1,2,\cdots)$，当 $k \to \infty$ 时

$$\frac{1}{k}(x_{n_1} + x_{n_2} + \cdots + x_{n_k}) \Rightarrow x_0$$

定理 7 若空间 X 正则，序列 $x_n \in X$ 弱自收敛，即对于任一 $l \in X^*$，当 n 与 $m \to \infty$ 时

$$l(x_n) - l(x_m) = l(x_n - x_m) \to 0$$

那么序列 x_n 弱收敛.

由定理的条件及柯西关于数序列的收敛判定准则推出，对于任一 $l \in X^*$，$l(x_n)$ 有极限，即线性泛函 $L_{x_n}(l) = l(x_n)$ 对于任一 $l \in X^*$ 有极限. 这一极限也是空间 X^* 上的一个线性泛函. 但由 X 的正则性推出这一极限泛函具有形式 $L_{x_0}(l) = l(x_0)$，就是说对于任意的 $l \in X^*$ 有 $l(x_n) \to l(x_0)$，即 $x_n \xrightarrow{\text{弱}} x_0$，定理从而得证.

定理 7 也可改述为：正则空间 X 具有弱完备性.

102. C，L_p 与 l_p 上的线性泛函

1. 我们已知有限区间 $[a,b]$ 上的空间 C 上的线性泛函的一般形式为[15]

$$l(f) = \int_a^b f(x) \mathrm{d} g(x) \tag{71}$$

这时 $g(x)$ 是右连续且满足条件 $g(a)=0$ 的囿变函数，并且不同的这种函数 $g(x)$ 所产生的泛函 $l(f)$ 也不同. 我们还知道 $\| l \| = \overset{b}{\underset{a}{V}} g(x)$，因此，对于 C 上的每一个泛函 $l(f)$ 可以取具有上述性质且范数 $\| g \| = \overset{b}{\underset{a}{V}} g(x)$ 的函数 $g(x)$ 与之对应，从而把空间 C^* 与由所述函数所组成的空间 V 等同起来. 空间 V 是 B 型的[96].

现在来考察 C^* 上，即 V 上的泛函. 对于任一在 $[a,b]$ 上确定的连续函数 $f(x)$，公式(71) 给出 C^* 上的一个泛函.

空间 C 是 C^{**} 的部分. 现在证明并不是 V 上所有的泛函均能由公式(71) 给定. 我们取 $g(x)$ 的跃度和作为 V 上的泛函 $l_0(g)$，下证不管怎样选择连续函数 $f(x)$，它不能用公式(71) 给出. 构造 V 的元 $g_0(x)$ 如下

$$g_0(x) = \begin{cases} 0, \text{当 } a \leqslant x < c \\ 1, \text{当 } c \leqslant x \leqslant b \end{cases} \quad (c > a)$$

如果 $l_0(g)$ 能用公式(71)表示，那么 $l_0(g_0)=f(c)$. 但 $g_0(x)$ 的跃度和等于 1，因此 $f(c)=1$，即连续函数 $f(x)\equiv 1$. 于是公式(71)给出 $l_0(g)=g(b)-g(a)$，但并不是每个 $g(x)\in V$ 的跃度和等于 $g(b)-g(a)$. 因此 C^{**} 广于 C，即 C 不是正则空间. 以上都是对实函数而论的，但它们可以推广到复函数.

2. 现在建立 R_n 中有界可测集 $\mathscr{E}_0$ 上的实函数组成的空间 $L_p(p>1)$ 上线性泛函的一般形式. 设 $l(f)$ 是 L_p 上的一个线性泛函，$\omega_{\mathscr{E}}(x)$ 是 $\mathscr{E}_0$ 中某个可测集 $\mathscr{E}$ 的特征函数. 显然 $\omega_{\mathscr{E}}(x)\in L_p(\mathscr{E}_0)$，并记

$$l(\omega_{\mathscr{E}})=F(\mathscr{E}) \tag{72}$$

现在证明这个对 $\mathscr{E}_0$ 中一切可测集有定义的集函数 $F(\mathscr{E})$ 是完全加性的. 设 $\mathscr{E}=\mathscr{E}_1+\mathscr{E}_2+\cdots$，其中可测集 $\mathscr{E}_k$ 两两无公共点. 级数

$$\sum_{k=1}^{\infty}\omega_{\mathscr{E}_k}(x) \tag{73}$$

在 $L_p(\mathscr{E}_0)$ 中收敛. 事实上

$$\left\|\sum_{k=q}^{r}\omega_{\mathscr{E}_k}(x)\right\|_{L_p(\mathscr{E}_0)}=\left[\sum_{k=q}^{r}\int_{\mathscr{E}_k}\mathrm{d}x\right]^{\frac{1}{p}}=\left[\sum_{k=q}^{r}m(\mathscr{E}_k)\right]^{\frac{1}{p}}$$

依测度的完全可加性，当 r 与 $q\to\infty$ 时右端的和趋于零. 在 $\mathscr{E}$ 的每个点 x 处，级数(73)收敛于 $\omega_{\mathscr{E}}(x)$.

因此，在 $L_p(\mathscr{E}_0)$ 中级数也收敛于 $\omega_{\mathscr{E}}(x)$[62](或收敛于它的相抵函数)，换句话说

$$\omega_{\mathscr{E}}(x)=\sum_{k=1}^{\infty}\omega_{\mathscr{E}_k}(x) \tag{74}$$

而收敛理解为 $L_p(\mathscr{E}_0)$ 中的收敛. 依泛函 $l(f)$ 在空间 $L_p(\mathscr{E}_0)$ 上的连续性，由(74)得

$$F(\mathscr{E})=F(\mathscr{E}_1)+F(\mathscr{E}_2)+\cdots$$

即函数 $F(\mathscr{E})$ 是完全加性的. 若 $\mathscr{E}'$ 是零测度集合，则

$$|l[\omega_{\mathscr{E}'}(x)]|\leqslant\|l\|\cdot\|\omega_{\mathscr{E}'}(x)\|_{L_p(\mathscr{E}_0)}\leqslant\|l\|\left[\int_{\mathscr{E}'}\mathrm{d}x\right]^{\frac{1}{p}}=0$$

即 $m(\mathscr{E}')=0$ 时 $l[\omega_{\mathscr{E}'}(x)]=0$，而由[73]的定理可得 $F(\mathscr{E})$ 的表达式

$$F(\mathscr{E})=\int_{\mathscr{E}}\psi(x)\mathrm{d}x$$

对于其中的 $\psi(x)$ 我们目前只能说它是在 $\mathscr{E}_0$ 上可和的. 于是下式成立

$$l[\omega_{\mathscr{E}}(x)]=\int_{\mathscr{E}_0}\psi(x)\omega_{\mathscr{E}}(x)\mathrm{d}x$$

由 $l(f)$ 的分配性，对于在 $\mathscr{E}_0$ 上取有穷个数值的任一有界函数 $\varphi(x)$，我们有

$$l(\varphi)=\int_{\mathscr{E}_0}\psi(x)\varphi(x)\mathrm{d}x \tag{75}$$

现在证明这个公式对于 $\mathscr{E}_0$ 上的任意有界可测函数 $\varphi(x)$ 也正确(这种函数属于 $L_p(\mathscr{E}_0)$). 首先假设 $\varphi(x)\geqslant 0$. 根据[46]的定理1,在 $\mathscr{E}_0$ 上存在取有穷个数值的有界函数的序列 $\varphi_n(x)$ 一致收敛于 $\varphi(x)$. 因此 $\varphi_n(x)$ 在 $\mathscr{E}_0$ 上一致有界. 对于 $\varphi_n(x)$ 我们有

$$l(\varphi_n)=\int_{\mathscr{E}_0}\psi(x)\varphi_n(x)\mathrm{d}x \tag{76}$$

在 $L_p(\mathscr{E}_0)$ 中显然有 $\varphi_n(x)\Rightarrow\varphi(x)$,因此可以在上式积分号下取极限[54]. 再由泛函 $l(\varphi)$ 的连续性推得公式(75),这就证明了公式(75) 对于 $\mathscr{E}_0$ 上的任一非负有界可测函数成立. 对于任意有界函数可利用以下表示式把问题归结为已经考察过的情形:$\varphi(x)=\varphi^+(x)-\varphi^-(x)$,这里 $\varphi^+(x)$ 与 $\varphi^-(x)$ 分别是 $\varphi(x)$ 的正负部分. 现在证明 $\psi(x)\in L_{p'}(\mathscr{E}_0)$,这里 p' 满足 $\frac{1}{p}+\frac{1}{p'}=1$. 令(75) 中的函数 $\varphi(x)$ 为如下定义的有界可测函数

$$\varphi(x)=\begin{cases}|\psi(x)|^{p'-1}\operatorname{sgn}\psi(x), & \text{当 } |\psi(x)|\leqslant N\\ N^{p'-1}\operatorname{sgn}\psi(x), & \text{当 } |\psi(x)|>N\end{cases} \tag{77}$$

这里

$$\operatorname{sgn}\alpha=\begin{cases}1, & \text{当 } \alpha>0\\ -1, & \text{当 } \alpha<0\\ 0, & \text{当 } \alpha=0\end{cases}$$

于是由 $|\psi(x)|\geqslant|\varphi(x)|^{\frac{1}{p'-1}}$ 与 $\frac{p'}{p'-1}=p$,可得

$$l(\varphi)\geqslant\int_{\mathscr{E}_0}|\varphi(x)|^p\mathrm{d}x \tag{78}$$

另一方面

$$l(\varphi)\leqslant\|l\|\cdot\|\varphi\|=\|l\|\left[\int_{\mathscr{E}_0}|\varphi(x)|^p\mathrm{d}x\right]^{\frac{1}{p}}$$

再由(78),我们得

$$\int_{\mathscr{E}_0}|\varphi(x)|^p\mathrm{d}x\leqslant\|l\|\left[\int_{\mathscr{E}_0}|\varphi(x)|^p\mathrm{d}x\right]^{\frac{1}{p}}$$

从而

$$\left[\int_{\mathscr{E}_0}|\varphi(x)|^p\mathrm{d}x\right]^{\frac{1}{p'}}\leqslant\|l\|$$

但由(77) 可知

$$|\varphi(x)|^p=\begin{cases}|\psi(x)|^{p'},\text{当}\ |\psi(x)|\leqslant N\\ N^{p'},\text{当}\ |\psi(x)|>N\end{cases}$$

因此

$$\left[\int_{\mathscr{E}_0}|\psi_N(x)|^{p'}\right]^{\frac{1}{p'}}\leqslant\|l\| \tag{79}$$

这里 $\psi_N(x)$ 是 $\psi(x)$ 的段函数. 由此推出 $\psi(x)\in L_{p'}(\mathscr{E}_0)$ 与

$$\|l\|\geqslant\|\psi\|_{L_{p'}(\mathscr{E}_0)} \tag{80}$$

现在假设 $\varphi(x)$ 是 $L_p(\mathscr{E}_0)$ 中的任意函数. 在 $L_p(\mathscr{E}_0)$ 中存在趋于 $\varphi(x)$ 的有界可测函数序列 $\varphi_n(x)$. 依泛函的连续性有 $l(\varphi_n)\to l(\varphi)$,再由[62]有

$$\int_{\mathscr{E}_0}\psi(x)\varphi_n(x)\mathrm{d}x\to\int_{\mathscr{E}_0}\psi(x)\varphi(x)\mathrm{d}x$$

对于 $\varphi_n(x)$ 公式(75) 是成立的,而由上述可知对于任意函数 $\varphi(x)\in L_p(\mathscr{E}_0)$,该式也成立. 根据赫尔德不等式得

$$|l(\varphi)|=\left[\int_{\mathscr{E}_0}|\psi(x)|^{p'}\mathrm{d}x\right]^{\frac{1}{p'}}\|\varphi\|_{L_p(\mathscr{E}_0)}$$

$$\|l\|\leqslant\|\psi\|_{L_{p'}(\mathscr{E}_0)} \tag{81}$$

与(80) 相结合就得

$$\|l\|=\|\psi\|_{L_{p'}(\mathscr{E}_0)} \tag{82}$$

这样,$L_p(\mathscr{E}_0)$ 上任一线性泛函可用公式(75) 表示(其中 $\psi(x)\in L_{p'}(\mathscr{E}_0)$),并且公式(82) 成立.

设 $\psi(x)$ 是属于 $L_{p'}(\mathscr{E}_0)$ 的任一固定函数. 根据赫尔德不等式,公式(75) 给出满足不等式(81) 的 $L_p(\mathscr{E}_0)$ 上的线性泛函,即(75) 是 $L_p(\mathscr{E}_0)$ 上线性泛函的一般形式. 注意由 $p(p'-1)=p'$ 推出函数

$$\varphi(x)=|\psi(x)|^{p'-1}\operatorname{sgn}\psi(x)$$

属于 $L_p(\mathscr{E}_0)$,所以可把 $\varphi(x)$ 代入公式(75) 得

$$l[|\psi(x)|^{p'-1}\operatorname{sgn}\psi(x)]=\int_{\mathscr{E}_0}|\psi(x)|^{p'}\mathrm{d}x \tag{83}$$

$$\varphi(x)=|\psi(x)|^{p'-1}\operatorname{sgn}\psi(x)$$

在 $L_p(\mathscr{E}_0)$ 中的范数等于

$$\left[\int_{\mathscr{E}_0}|\varphi(x)|^p\mathrm{d}x\right]^{\frac{1}{p}}=\left[\int_{\mathscr{E}_0}|\psi(x)|^{p'}\mathrm{d}x\right]^{\frac{1}{p}}$$

再由(83) 我们得

$$\int_{\mathscr{E}_0}|\psi(x)|^{p'}\mathrm{d}x\leqslant\|l\|\left[\int_{\mathscr{E}_0}|\psi(x)|^{p'}\right]^{\frac{1}{p}}$$

由此得

$$\| l \| \geqslant \| \psi(x) \|_{L_{p'}(\mathscr{E}_0)}$$

与(81)相结合又得(82). 因此,公式(75)(其中 $\psi(x)$ 是 $L_{p'}(\mathscr{E}_0)$ 的任意函数)给出 $L_p(\mathscr{E}_0)$ 上线性泛函的一般形式,并且公式(82)成立.

相抵的函数 $\psi(x)$ 显然给出相同的泛函(对所有的 $\varphi(x) \in L_p(\mathscr{E}_0)$ 都一致). 我们证明不相抵的函数 $\psi(x)$ 给出不同的泛函. 这一点显然可归结为以下命题的证明:若 $\psi_0(x) \in L_{p'}(\mathscr{E}_0)$,而对任一 $\varphi(x) \in L_p(\mathscr{E}_0)$ 有

$$\int_{\mathscr{E}_0} \psi_0(x)\varphi(x)\mathrm{d}x = 0$$

则 $\psi_0(x)$ 与零相抵. 令 $\varphi(x) = | \psi_0(x) |^{p'-1} \operatorname{sgn} \psi_0(x)$,我们得

$$\int_{\mathscr{E}_0} | \psi_0(x) |^{p'} \mathrm{d}x = 0$$

由此即得 $\psi_0(x)$ 与零相抵[51].

现在研究空间 $L_p(\mathscr{E}_\infty)$,这里 $\mathscr{E}_\infty$ 代表整个空间 R_n. 如上一样,可以证明:若 $\psi(x) \in L_{p'}(\mathscr{E}_\infty)$,则(75)定义 $L_p(\mathscr{E}_\infty)$ 上的线性泛函且等式(82)成立. 我们证明 $L_p(\mathscr{E}_\infty)$ 上的任一线性泛函可表示成(75)的形式,其中 $\psi(x) \in L_{p'}(\mathscr{E}_\infty)$. 我们考察属于 $L_p(\mathscr{E}_\infty)$ 的函数 $\varphi(x)$,它们在区间 $\Delta_m(-m \leqslant x_k \leqslant +m; k=1,2,\cdots,n)$ 的外部均等于零. 这些函数组成空间 $L_p(\Delta_m)$. $L_p(\mathscr{E}_\infty)$ 上的泛函对于这些 $\varphi(x) \in L_p(\mathscr{E}_\infty)$ 而言也是 $L_p(\Delta_m)$ 上的泛函,其一般形式是

$$l_m(\varphi) = \int_{\mathscr{E}_\infty} \psi_m(x)\varphi(x)\mathrm{d}x$$

这里 $\psi_m(x) \in L_{p'}(\Delta_m)$,且 $\| \psi_m(x) \|_{L_{p'}(\Delta_m)} \leqslant \| l \|$. 由上述可知,对于 $k > 0$,$\psi_{m+k}(x)$ 与 $\psi_m(x)$ 在 Δ_m 上是相抵的. 利用此法我们得到在 Δ_m 上与 $\psi_m(x)$ 相抵的函数 $\psi(x) \in L_{p'}(\mathscr{E}_\infty)$,并且有

$$l(\varphi) = \int_{\mathscr{E}_\infty} \psi(x)\varphi(x)\mathrm{d}x$$

由于紧支函数在 $L_p(\mathscr{E}_\infty)$ 中处处稠密,因此可以断定以上对 $L_p(\mathscr{E}_0)$ 所述的一切对于 $L_p(\mathscr{E}_\infty)$ 也成立. 这些结论易于推广到复空间上去,并且泛函可取复数值. 由上文所述直接推出可把空间 $L_p^*(\mathscr{E}_0)$ 与 $L_{p'}(\mathscr{E}_0)$ 等同起来,从而 $L_p^{**}(\mathscr{E}_0)$ 即 $L_{p'}^*(\mathscr{E}_0)$ 与 $L_p(\mathscr{E}_0)$ 等同. 换言之,公式(75)的右端对于固定的 $\varphi(x) \in L_p(\mathscr{E}_0)$ 给出范数等于 $\| \varphi \|_{L_p(\mathscr{E}_0)}$ 的 $L_{p'}(\mathscr{E}_0)$ 上的线性泛函的一般形式. 这样,空间 $L_p(\mathscr{E}_0)$ 是正则的. 由于 $L_p(\mathscr{E}_0) = L_{p'}^*(\mathscr{E}_0)$ 与 $L_{p'}(\mathscr{E}_0)$ 是可分的,因此可以断定 $L_p(\mathscr{E}_0)$ 中的球(或任一有界集)是弱列紧的. 当 $p=2$ 时我们有 $p'=2$,即 $L_2^*(\mathscr{E}_0)$ 就是 $L_2(\mathscr{E}_0)$. 我们在下一章将详细研究这种情形. 上述一切对于 $L_p(\mathscr{E}_\infty)$ 也正确. 利用已建立的 $L_p(\mathscr{E}_0)(p>1)$ 上泛函的一般形式,我们可以证明下面的定理:

定理 若 $\psi(x)$ 是有界可测集 $\mathscr{E}_0$ 上的可测函数,而乘积 $\psi(x)\varphi(x)$ 对于任

意的 $\varphi(x) \in L_p(\mathscr{E}_0)(p > 1)$ 在 $\mathscr{E}_0$ 上可和,则 $\psi(x) \in L_{p'}(\mathscr{E}_0)$.

由定理的条件直接推出 $\psi(x)$ 仅在零测度集合上能取无穷值,因此可以认为 $\psi(x)$ 仅取有穷值.我们定义下面的函数序列

$$\psi_n(x) = \begin{cases} \psi(x), 若 \mid \psi(x) \mid \leqslant n \\ n, 若 \mid \psi(x) \mid > n \end{cases} \tag{84}$$

在所有的点 x,这个序列收敛于 $\psi(x)$.若 $\varphi(x)$ 是属于 $L_p(\mathscr{E}_0)$ 的任意函数,则

$$\mid \psi_n(x)\varphi(x) \mid \leqslant \mid \psi(x)\varphi(x) \mid$$

并且依条件乘积 $\psi(x)\varphi(x)$ 在 $\mathscr{E}_0$ 上可和,由此推得

$$\lim_{n\to\infty}\int_{\mathscr{E}_0} \psi_n(x)\varphi(x)\mathrm{d}x = \int_{\mathscr{E}_0} \psi(x)\varphi(x)\mathrm{d}x$$

但 $\psi_n(x)$ 作为有界函数是属于 $L_{p'}(\mathscr{E}_0)$ 的,因此上式左端的各积分是 $L_p(\mathscr{E}_0)$ 上的线性泛函.由于这一序列的泛函对于任一元 $\varphi(x) \in L_p(\mathscr{E}_0)$ 有极限,可知它们的范数以某个数 A 为界[100]

$$\int_{\mathscr{E}_0} \mid \psi_n(x) \mid^{p'} \mathrm{d}x \leqslant A^{p'}$$

由此取极限得[54]

$$\int_{\mathscr{E}_0} \mid \psi(x) \mid^{p'} \mathrm{d}x \leqslant A^{p'}$$

这就是所要证的.

当 $p=1$ 时的情形具有特殊性.可以证明,空间 L_1^* 与空间 M(有界可测函数组成的空间)等距且 L_1 不是正则空间.

3.现在来讨论 $l_p(p > 1)$ 上的线性泛函.设 $l(x)$ 是这种泛函.对于空间 l_p 的每一元 $x(\xi_1,\xi_2,\cdots)$,各对应着一个序列的段元 $x_n(\xi_1,\xi_2,\cdots,\xi_n,0,0,\cdots)$,由级数 $\sum_{k=1}^{\infty} \mid \xi_k \mid^p$ 的收敛性立即推出 $x_n \Rightarrow x$.引入元 $y_k(\xi_1^{(k)},\xi_2^{(k)},\cdots)(k=1,2,\cdots)$,其中 $\xi_i^{(k)} = 0$(当 $i \neq k$),而 $\xi_i^{(i)} = 1$.记 $l(y_k) = a_k$,由 $l(x)$ 的分配性,我们有

$$l(x_n) = a_1\xi_1 + a_2\xi_2 + \cdots + a_n\xi_n$$

再依 $l(x)$ 的连续性得

$$l(x) = a_1\xi_1 + a_2\xi_2 + \cdots \tag{85}$$

我们来研究数 a_k.取 l_p 中如下的元 $z_N(\eta_1^{(N)},\eta_2^{(N)},\cdots)$

$$\eta_k^{(N)} = \begin{cases} \mid a_k \mid^{p'-1} \operatorname{sgn} a_k, 当 k \leqslant N \\ 0, 当 k > N \end{cases}$$

我们有

$$l(z_N) = \sum_{k=1}^{N} \mid a_k \mid^{p'}$$

及

$$\sum_{k=1}^{N} |a_k|^{p'} = l(z_N) \leqslant \|l\| \cdot \|z_N\| = \|l\| \left[\sum_{k=1}^{N} |a_k|^{p'}\right]^{\frac{1}{p}}$$

由此可得

$$\left[\sum_{k=1}^{N} |a_k|^{p'}\right]^{\frac{1}{p'}} \leqslant \|l\|$$

再令 $N \to \infty$ 而取极限得

$$\left[\sum_{k=1}^{\infty} |a_k|^{p'}\right]^{\frac{1}{p'}} \leqslant \|l\|$$

这就是说 $v(a_1, a_2, \cdots) \in l_{p'}$，且

$$\|v\|_{l_{p'}} \leqslant \|l\| \tag{86}$$

对(85) 应用赫尔德不等式可知 $\|l\| \leqslant \|v\|_{l_{p'}}$，再根据(86) 我们得

$$\|l\| = \|v\|_{l_{p'}} \tag{87}$$

与对 L_p 所作的证明相仿，可证公式(85)(其中 $v(a_1, a_2 \cdots)$ 是 $l_{p'}$ 的任意元)是 l_p 上线性泛函的一般形式，其中元 v 由泛函 $l(x)$ 所唯一确定，而且公式(87)成立. 由此推出 l_p^* 就是 $l_{p'}$，因此 l_p 是正则空间. 与上面已证的定理完全相似，我们有定理：如果级数

$$\sum_{k=1}^{\infty} b_k a_k \quad (b_k \text{ 是固定的})$$

对于任意的 $(a_1, a_2, \cdots) \in l_p (p > 1)$ 收敛，则 $(b_1, b_2, \cdots) \in l_{p'}$.

103. C, L_p 与 l_p 中的弱收敛性

1. 元 $f_n(x) \in C$ 弱收敛于元 $f(x) \in C$(C 为有穷区间$[a,b]$上的连续函数空间) 由下面的等式界定：对于任一囿变函数 $g(x)$ 有

$$\lim_{n\to\infty} \int_a^b f_n(x) \mathrm{d}g(x) = \int_a^b f(x) \mathrm{d}g(x) \tag{88}$$

我们给出这种收敛的必要且充分条件：

a) 存在数 $c > 0$ 使 $|f_n(x)| \leqslant c (n = 1, 2, \cdots)$；

b) 对于任意的 $x \in [a,b]$，$f_n(x) \to f(x)$.

条件 a) 的必要性由[101] 直接推得. 再证 b) 的必要性. 设 $x = x_0$ 是$[a,b]$中任一固定值，而 $f(x)$ 是 C 的任意元，则 $l_0(f) = f(x_0)$ 显然是 C 上的线性泛函. 因 $f_n(x) \xrightarrow{\text{弱}} f(x)$，故 $l_0(f_n) \to l_0(f)$，即 $f_n(x_0) \to f(x_0)$. 现在证明从条件 a) 与 b) 能推出，对于任意的囿变函数 $g(x)$，式(88) 成立. 由于 $|f_n(x)| \leqslant c$ 与 $f_n(x) \to f(x)$，故把积分看作是勒贝格 — 斯蒂尔切斯积分时，那么在(88)中的积分号下取极限是允许的[54]. 但依 $f(x)$ 与 $f_n(x)$ 的连续性，这些积分也可看作是平常的斯蒂尔切斯积分.

我们再指出，根据[101]的定理6，当条件a)与b)满足时，那么存在连续函数 $f_n(x)$ 的线性组合的序列在$[a,b]$上一致收敛于连续函数 $f(x)$.

我们指出非正则的空间 C 不是弱完备的，换句话说，在$[a,b]$上每一点收敛且一致有界($|f_n(x)|\leqslant m$)的连续函数序列 $f_n(x)$ 的极限函数不都是连续函数.

2. 元 $\varphi_n(x)\in L_p(\mathscr{E}_0)(p>1)$ 弱收敛于元 $\varphi(x)\in L_p(\mathscr{E}_0)$ 由下式界定：对于任一函数 $\psi(x)\in L_{p'}(\mathscr{E}_0)$ 有

$$\lim_{n\to\infty}\int_{\mathscr{E}_0}\psi(x)\varphi_n(x)\mathrm{d}x=\int_{\mathscr{E}_0}\psi(x)\varphi(x)\mathrm{d}x \tag{89}$$

根据[101]的定理3，$L_p(\mathscr{E}_0)$ 中弱收敛的必要且充分条件可陈述为：

a)$\varphi_n(x)$ 的范数有界，即

$$\left[\int_{\mathscr{E}_0}|\varphi_n(x)|^p\mathrm{d}x\right]^{\frac{1}{p}}\leqslant C \tag{90}$$

b)若 $L_{p'}(\mathscr{E}_0)$ 中元 $\psi(x)$ 的集合具有处处稠密于 $L_{p'}(\mathscr{E}_0)$ 上的线性鞘，则在此种集合上公式(89)成立. 例如，当条件(90)满足时，那么只要公式(89)对于 $\mathscr{E}_0$($\mathscr{E}_0$ 是有界集合)中的一切可测集 $\mathscr{E}$ 的特征函数 $\omega_{\mathscr{E}}(x)$ 成立就够了. 当 $\mathscr{E}_0$ 为一维有穷或无穷区间时，则只要满足条件(90)及等式

$$\lim_{n\to\infty}\int_c^{\xi}\varphi_n(x)\mathrm{d}x=\int_c^{\xi}\varphi(x)\mathrm{d}x \tag{91}$$

这里 c 是从所述区间中任意取的一个固定值，而 ξ 为区间内的任意值.

3. 元$(\xi_1^{(n)},\xi_2^{(n)},\cdots)\in l_p(p>1)$弱收敛于元$(\xi_1,\xi_2,\cdots)\in l_p$ 由下式界定：对于任一元$(b_1,b_2,\cdots)\in l_{p'}$ 有

$$\lim_{n\to\infty}(b_1\xi_1^{(n)}+b_2\xi_2^{(n)}+\cdots)=b_1\xi_1+b_2\xi_2+\cdots \tag{92}$$

下面是它的必要且充分条件

$$\sum_{k=1}^{\infty}|\xi_k^{(n)}|^p\leqslant C^p \tag{93}$$

$$\xi_k^{(n)}\to\xi_k\quad(k=1,2,\cdots) \tag{94}$$

条件(93)是一般条件；如取 $b_i=0$(当 $i\neq k$)与 $b_k=1$，则(94)的必要性由(92)推出. 我们假定条件(93)与(94)是满足的. 由(94)推知(92)对形如(0,0,…,0,1,0,0,…)的一切元(空间 $l_{p'}$ 的坐标基)成立. 但坐标基所张成的线性鞘在 $l_{p'}$ 中稠密，因为分量从某个标数(这一标数随不同的元而异)开始均为零的元(即段元)在 $l_{p'}$ 中是稠密的[59]. 这样一来，(93)与(94)的充分性便可由[101]中所述而推出.

104. 线性算子空间与算子序列的收敛性

上面我们已研究过线性泛函空间及泛函序列的收敛性(依范数收敛与弱收

敛）问题. 我们现在转到 B 型空间 X 上的线性算子的这类问题. 设 Y 是 X 上的值域属于某 B 型空间 X' 的一切线性算子组成的空间. 算子的相加及其乘以数的运算与泛函的相应定义一样

$$(A+B)x = Ax + Bx, (cA)x = c(Ax) \tag{95}$$

元 $A \in Y$ 的范数就是相应的算子范数 $\|A\|$. 与[99]中的证明相仿，可证 Y 是 B 型空间.

考察由 X 到 X' 的线性算子的序列 $A_n(n=1,2,\cdots)$. 由上所述可知，如果 n 与 $m \to \infty$ 时 $\|A_n - A_m\| \to 0$，那么存在线性算子 A 满足 $\|A - A_n\| \to 0$，因而对于任一 $x \in X$，在 X' 中 $A_n x \Rightarrow Ax$. 收敛 $\|A - A_n\| \to 0$ 叫作算子的依范数收敛. 这时由不等式 $\|A_n\| \leqslant \|A\| + \|A_n - A\|$ 推出 $\|A_n\|(n=1,2,\cdots)$ 有界.

我们指出，依范数收敛 $\|A - A_n\| \to 0$ 的必要且充分条件是依范数自收敛，即当 n 与 $m \to \infty$ 时，$\|A_n - A_m\| \to 0$（算子空间的完备性）.

下面的不等式是显然的

$$\|Ax - A_n x\| \leqslant \|A - A_n\| \cdot \|x\| \tag{96}$$

如果 x 属于空间 X 的某个有界集 U，那么存在数 d 使 $\|x\| < d$，这时由(96)得到

$$\|Ax - A_n x\| \leqslant \|A - A_n\| d$$

由此推出，对于任给的 $\varepsilon > 0$，存在仅依赖于 ε 的数 N，使当 $n \geqslant N$ 与任一 $x \in U$ 时，$\|Ax - A_n x\| \leqslant \varepsilon$，即在任一有界集 U 上，$A_n x$ 一致收敛于 Ax. 因此，算子的依范数收敛有时也叫作算子的一致收敛. 我们来研究算子收敛的另一种形式. 线性算子序列 A_n 叫作强收敛于线性算子 A，如果对于凡 $x \in X$，在 X' 中 $A_n x \Rightarrow Ax$.

与[99]中一样，可以证明，如果对于任一 $x \in X$，$A_n x$ 在 X' 中收敛，那么范数序列 $\|A_n\|$ 有界，而且还有下述结论：算子序列 A_n 强收敛的充分条件是 $\|A_n\|$ 有界（$\|A_n\| \leqslant C$）并且于 X 中稠密的线性簇上 $A_n x$ 收敛. 假设对于任一 $x \in X$，$A_n x$ 在 X' 中收敛. 用 Ax 表示 $A_n x$ 在 X' 中的极限（即在 X' 中 $A_n x \Rightarrow Ax$）. 由算子 A_n 的分配性与序列 $\|A_n\|$ 的有界性，可知算子 A 也是分配的与有界的，即 A 是线性算子. 这样一来，如果对于任一 $x \in X$，$A_n x$ 是 X' 中的收敛序列，那么序列 A_n 强收敛于线性算子 A. 由于 X' 是完备的，故序列 $A_n x$ 收敛的充分条件是自收敛. 这样一来，线性算子空间不仅关于依范数收敛是完备的，关于强收敛也是完备的. 如上面我们所指出的，由依范数收敛推出强收敛.

我们再讨论算子的第三种收敛. 线性算子序列 A_n 叫作弱收敛于线性算子 A，如果对于任一 $x \in X$，在 X' 中 $A_n x \xrightarrow{\text{弱}} Ax$. 由算子的强收敛显然可推出其

弱收敛性.对于泛函,强收敛与弱收敛是一致的.

上面我们定义过线性算子的相加及其乘以数的运算,自然地也可以定义算子的相乘.若 A 是从 X 到 X' 中的线性算子,B 是从 X' 到 X'' 中的线性算子,则由等式

$$(BA)x = B(Ax)$$

定义的算子 BA 是从 X 到 X'' 中的线性算子.它的分配性由 A 与 B 的分配性推出,有界性则由明显的不等式

$$\|(BA)x\| \leqslant \|B\| \cdot \|Ax\|_{X'} \leqslant \|B\| \cdot \|A\| \cdot \|x\|_X$$

推出.

由此可知 $\|BA\| \leqslant \|B\| \cdot \|A\|$.我们还可以作出多个算子的乘积.若 A 是从 X 到 X 中的线性算子,则可取它的正整数次幂 $A^2(x) = A(Ax)$,等等.

我们指出乘积与它的因子次序有关.例如,若 A 与 B 是从 X 到 X 中的线性算子,则以下的从 X 到 X 中的算子均有意义

$$(BA)x = B(Ax) \text{ 与 } (AB)x = A(Bx)$$

但这两个算子可能相异.对于有多个因子的情形亦如此.

算子的强收敛有时简称收敛,我们用符号 $A_n \to A$ 表示它.设 A_n 与 B_n 是从 X 到 X' 中的线性算子序列,而 a_n 为数序列.不难证明,若 $a_n \to a, A_n \to A, B_n \to B$,则

$$a_n A_n \to aA, A_n + B_n \to A + B$$

对于依范数收敛也有类似的结果.若 A_n 是由 X 到 X' 中的线性算子,B_n 是由 X' 到 X'' 中的算子,则由 $A_n \to A$ 与 $B_n \to B$ 推出 $B_n A_n \to BA$(对于依范数收敛结论相同).现在来证明后一论断.

我们有

$$BAx - B_n A_n x = (B - B_n)(Ax) + B_n(A - A_n)x$$

与

$$\|BAx - B_n A_n x\|_{X''} \leqslant \|(B - B_n)(Ax)\|_{X''} + \|B_n\| \cdot \|(A - A_n)x\|_{X'}$$

上式右端第一项由于 $B_n \to B$ 而趋于零,第二项则由于 $\|B_n\|$ 有界及 $A_n \to A$ 而趋于零.

105. 共轭算子

设 A 是由 X 到 X' 中的线性算子(X 与 X' 均是 B 型空间),而 $l'(x)$ 是 X' 上的某个泛函($l' \in X'^*$).

不难看出,这时 $l'(Ax)$ 是 X 上的线性泛函

$$l'(Ax) = l(x)$$

当 A 给定时,对于任一元 $l' \in X'^*$,上式确定一个元 $l \in X^*$ 与之对应.我们把它写成 $l = A^* l'$,其中算子 A^* 在整个 X'^* 上定义,而其值域含于 X^* 中,

并叫作 A 的共轭算子. 由线性泛函及线性算子 A 的分配性推出 A^* 的分配性. 现在证明 A^* 是有界的,并且 $\|A^*\|=\|A\|$(其中左右端的范数分别是 X'^* 及 X 上的算子的范数). 我们有

$$|l(x)|=|l'(Ax)|\leqslant \|l'\|\cdot\|Ax\|\leqslant \|l'\|\cdot\|A\|\cdot\|x\|$$

从而 $\|l\|\leqslant\|l'\|\cdot\|A\|$. 但 $l=A^*l'$,故 $\|A^*\|\leqslant\|A\|$. 再设 x_0 是 X 的任一固定元,l' 是满足 $\|l'\|=1$ 及 $l'(Ax_0)=\|Ax_0\|$ 的 X'^* 中的元. 我们得

$$\begin{aligned}\|Ax_0\|=l'(Ax_0)=l(x_0)\leqslant\\ \|l\|\cdot\|x_0\|=\|A^*l'\|\cdot\|x_0\|\leqslant\\ \|A^*\|\cdot\|l'\|\cdot\|x_0\|=\\ \|A^*\|\cdot\|x_0\|\end{aligned}$$

即

$$\|Ax_0\|\leqslant\|A^*\|\cdot\|x_0\|$$

因此 $\|A\|\leqslant\|A^*\|$,与 $\|A^*\|\leqslant\|A\|$ 结合就得 $\|A^*\|=\|A\|$. 于是有下面的定理:

定理 与 X 到 X' 中的线性算子 A 共轭的算子 A^*,是 X'^* 到 X^* 中的线性算子,并且 $\|A^*\|=\|A\|$.

注 我们指出,若 X' 与 X 重合,则 A^* 是 X^* 到 X^* 中的线性算子.

若 A 与 B 都是 X 到 X' 中的线性算子,则由共轭算子的定义推出

$$(A+B)^*=A^*+B^*$$

若 A 与 B 都是 X 到 X 中的线性算子,那么由等式

$$l(BAx)=(B^*l)(Ax)=A^*(B^*l)(x)=(A^*B^*l)(x)$$

推得 $(BA)^*=A^*B^*$. 对于实空间,$(cA)^*=cA^*$;对于复空间则有 $(cA)^*=\bar{c}A^*$.

106. 全连续算子

从 X 到 X' 中的线性算子 A 叫作全连续的,如果 A 把 X 中的每个有界集映为 X' 中的列紧集. 不难看出,在整个 X 上定义,而且把每个有界集映为列紧集的分配算子是有界算子,因此是线性算子. 事实上,根据条件,A 把球 $\|x\|\leqslant 1$ 映为列紧集 Ax. 但每个列紧集是有界的,即存在正数 C,使当 $\|x\|\leqslant 1$ 时 $\|Ax\|\leqslant C$,因此得出 A 是有界算子. 这样一来,全连续算子的定义也可陈述如下:在整个 X 上定义的分配算子叫作全连续的,是指它把每个有界集映为列紧集. 由上所述推出,如此定义的全连续算子也是线性算子.

定理 1 若 A 是全连续算子,并且 $x_n\xrightarrow{弱}x_0$,则 $Ax_n\Rightarrow Ax_0$.

我们知道,若 A 是线性算子,则 $Ax_n\xrightarrow{弱}Ax_0$. 根据定理中的条件 $x_n\xrightarrow{弱}x_0$,可知数列 $\|x_n\|$ 有界. 因为 A 是全连续的,从序列 Ax_n 中能选出强收敛于

某元 $y_0 \in X'$ 的子序列.另一方面,由上述可知这个子序列弱收敛于 Ax_0,因此 $y_0 = Ax_0$.所以,序列 Ax_n 的每个强收敛子序列强收敛于 Ax_0.我们需证这整个序列强收敛于 Ax_0.

我们用反证法证明.假设存在数 $\delta > 0$ 和无穷子序列 Ax_{n_k} 满足 $\| Ax_{n_k} - Ax_0 \| \geqslant \delta$.

从序列 Ax_{n_k} 中又可取出强收敛子序列,与上面一样,这个子序列也强收敛于 Ax_0,这与不等式 $\| Ax_{n_k} - Ax_0 \| \geqslant \delta > 0$ 矛盾.定理证毕.

定理 2 设全连续算子序列 $A_m(m=1,2,\cdots)$ 依范数收敛于线性算子 $A(\| A - A_m \| \to 0)$,那么算子 A 也是全连续的.

我们需证明 A 把每个有界序列 $x_n \in X(n=1,2,\cdots)$ 映为列紧集.对于 m 的任一固定值,序列 $A_m x_n$ 列紧.另一方面,由 A_m 的依范数收敛推出它在每个有界集上的一致收敛性.这样一来,对于任给的 $\varepsilon > 0$,存在 m 使

$$\| Ax_n - A_m x_n \| \leqslant \varepsilon \quad (n=1,2,\cdots)$$

即 Ax_n 具有列紧 ε 网 $A_m x_n$,因此 Ax_n 是列紧的.

可以证明,如果 A 是全连续算子,那么在 X'^* 上定义而值域含于 X^* 中的算子 A^* 也是全连续算子.

以后我们对希尔伯特空间上的算子证明这个结果,并且那里要更详细地叙述全连续算子的理论 .

107. 算子方程

现在假设在空间 X 上定义的线性算子 A 的值域也属于 X(即 X' 与 X 重合).这时,在 X^* 上定义的算子 A^* 的值域也属于 X^*.与前面一样,我们用字母 E 表示任一 B 型空间上的恒等算子,即对凡 $x \in X, Ex = x$.我们还知道,把任一元 x 都映为零元的线性算子叫作零算子.它的范数等于零,而非零线性算子的范数均大于零.

考察方程

$$(A - E)x = y \tag{97}$$

这里 y 是 X 的已知元,x 是 X 的未知元.我们把方程(97) 改写为

$$x = Ax - y \tag{98}$$

这个等式的右端是一个从 X 到 X 中的算子.我们记它为 $Bx = Ax - y$(B 一般不是线性算子).我们有

$$Bx_1 - Bx_2 = Ax_1 - Ax_2$$

从而

$$\| Bx_1 - Bx_2 \| \leqslant \| A \| \cdot \| x_1 - x_2 \|$$

若 $\| A \| < 1$,则对方程(98) 可以应用压缩映象原理.因此得到下面的定理.

定理 若 $\| A \| < 1$,则方程(97) 对于任意给定的元 $y \in X$ 有唯一的解,

并且这个解可以从任一初始近似值出发，对方程(98)用逐次逼近法得到.

以后我们常要与包含参变数的方程

$$(A-\lambda E)x=y \tag{99}$$

打交道.

若 X 是实 B 型空间，则 λ 为实数. 对于复空间 λ 可以是复数. 设 $\lambda\neq 0$，把(99)改写为 $\left(\frac{1}{\lambda}A-E\right)x=\frac{1}{\lambda}y$. 由上面的定理推出，若 $|\lambda|>\|A\|$，则方程(99)对于任一 y 有唯一的解，并且这个解可以对方程 $x=\frac{1}{\lambda}Ax-\frac{1}{\lambda}y$ 用逐次逼近法得到.

有时，方程(97)取以下形式

$$(\lambda A-E)x=y \text{ 或 } (E-\lambda A)x=y$$

这时，条件 $|\lambda|>\|A\|$ 应换作条件 $|\lambda|<\|A\|^{-1}$.

现在假设 A 是全连续算子，并分别写出空间 X 与 X^* 中的两个方程

$$(A-E)x=y \tag{100}$$

$$(A^*-E)x^*=y^* \tag{101}$$

这里 y 与 y^* 是已知元，x 与 x^* 是未知元.

我们再写出相应的两个齐次方程

$$(A-E)x=\theta \tag{102}$$

$$(A^*-E)x^*=\theta^* \tag{103}$$

这里 θ 与 θ^* 分别是 X 与 X^* 中的零元. 这些方程的解集合都是线性簇. 我们现在给出关于方程(100)与(101)的一些结果，其证明我们在下一章对希尔伯特空间来作.

若方程(100)与(101)之一对于任给的右端有解，则另一方程亦然，并且对于任意的右端这两个方程的解都是唯一的，因而方程(102)与(103)仅有零解 $x=\theta$ 与 $x^*=\theta^*$.

若方程(102)与(103)中的一个有异于零的解，则另一个亦然，且它们具有相同个数的有穷个线性无关解. 解的线性簇是有穷维子空间. 这时方程(100)可解的必要且充分条件是 y 与(103)的一切解正交，而方程(101)可解的必要且充分条件是 y^* 与方程(102)的一切解正交[Ⅳ;10].

这些结果对于具有参变数的方程自然也正确. 在复 B 型空间的情形，这些方程写成以下形式

$$(A-\lambda E)x=y \tag{104}$$

$$(A^*-\bar{\lambda}E)x^*=y^* \tag{105}$$

$$(A-\lambda E)x=\theta \tag{106}$$

$$(A^*-\bar{\lambda}E)x^*=\theta^* \tag{107}$$

我们再陈述一个结果.满足条件 $|\lambda|\leqslant R$(R 是任一给定的正数),并且使方程(106),从而方程(107)有非零解的 λ 只能有有穷个.

所述结果与我们在积分方程理论中所得的完全相似.

若 X 是实 B 型空间,则 λ 应取实值而 $\bar{\lambda}=\lambda$.

使方程(106)有非零解的数 λ 叫作算子 A 的固有值,而这个方程的线性无关解的个数叫作相应的固有值的秩.解 $x_1,x_2,\cdots,x_m$ 组成方程(106)的线性无关解的完全组,如果这个方程一切解的一般形式为

$$x=c_1x_1+c_2x_2+\cdots+c_mx_m$$

这里 c_k 是任意的数.由于 x_k 是线性无关的,每个解 x 表成所述形式是唯一的.可以用不同的方式选取线性无关解,但在线性无关解的完全组中解的个数总是相同的.若方程(106)有非零解,且方程(104)中的元 y 满足上述的可解性条件,则方程(104)的一切解可表示为

$$x=x_0+c_1x_1+c_2x_2+\cdots+c_mx_m \tag{108}$$

这里 x_0 是方程(104)的某个解,$x_1,x_2,\cdots,x_m$ 是方程(106)的线性无关解的完全组,c_k 是任意的数.所有这些事实直接由方程(104)与(106)的线性性质推出[Ⅳ;9,10].

108. C,L_p 与 l_p 上的全连续算子

1.我们考察 C 上的积分算子

$$\varphi(x)=\int_a^b K(x,t)\psi(t)\mathrm{d}t \tag{109}$$

这里$[a,b]$是有穷区间.若核 $K(x,t)$ 在正方形 $Q[a\leqslant x\leqslant b;a\leqslant y\leqslant b]$ 上连续,则公式(109)显然给出 C 到 C 中的分配算子.它的有界性由下面的不等式立即推出

$$\max_{a\leqslant x\leqslant b}|\varphi(x)|\leqslant \max_{a\leqslant t\leqslant b}|\psi(t)|\max_{a\leqslant x\leqslant b}\int_a^b|K(x,t)|\mathrm{d}t \tag{110}$$

若 U 是由 C 中函数 $\psi(t)$ 所组成的有界集合,即 $\max\limits_{a\leqslant t\leqslant b}|\psi(t)|\leqslant A$,那么不难看出与诸 $\psi(t)$ 对应的函数 $\varphi(x)$ 组成的集合是列紧的.由于 $\max\limits_{a\leqslant t\leqslant b}|\psi(t)|\leqslant A$,这个集合的有界性由(110)立即推出,而等度连续性则由不等式

$$|\varphi(x_2)-\varphi(x_1)|\leqslant A\int_a^b|K(x_2,t)-K(x_1,t)|\mathrm{d}t \tag{111}$$

推出.

这样一来,对于 Q 上的连续核,算子(109)是 C 上的全连续算子.

可以证明,算子(109)的范数等于

$$\max_{a\leqslant x\leqslant b}\int_a^b|K(x,t)|\mathrm{d}t$$

即使对核作较弱的假定，算子(109)在C上仍是全连续的.例如，假定$K(x,t)$是正方形Q上的有界可测函数，并且对于$[a,b]$中任一x与殆遍的t有

$$\lim_{x'\to x} K(x',t)=K(x,t) \tag{112}$$

这时我们有[54]

$$\lim_{x'\to x}\int_a^b |K(x',t)-K(x,t)|\,\mathrm{d}t=0$$

并且对于任给的$\varepsilon>0$存在$\eta>0$，使当$|x_2-x_1|\leqslant\eta$时

$$\int_a^b |K(x_2,t)-K(x_1,t)|\,\mathrm{d}t\leqslant\varepsilon$$

上式的证明与本书第一卷中有穷闭区间上的连续函数具有一致连续性的证明相仿[Ⅰ;43].

$\varphi(x)$的有界性与等度连续性的证明与上文完全相似.以后我们要详细地研究具有极性核的积分算子.

2.现在研究满足以下假定的$L_p(p>1)$上的算子(109)：核$K(x,t)\in L_{p'}(Q)$，即

$$\int_a^b\int_a^b |K(x,t)|^{p'}\,\mathrm{d}x\mathrm{d}t=A^{p'}<+\infty \tag{113}$$

若$\psi(x)$是$L_p[a,b]$中的任一函数，则积分(109)有意义.不难证明，这时(109)确定可测函数$\varphi(x)$[参考68].根据赫尔德不等式我们有

$$|\varphi(x)|\leqslant\left[\int_a^b |K(x,t)|^{p'}\mathrm{d}t\right]^{\frac{1}{p'}}\left[\int_a^b |\psi(x)|^{p}\mathrm{d}x\right]^{\frac{1}{p}}$$

取上式两端的p'次幂并对x求积分，就得

$$\|\varphi\|_{L_{p'}}^{p'}\leqslant A^{p'}\|\psi\|_{L_p}^{p'}$$

即

$$\|\varphi\|_{L_{p'}}\leqslant A\|\psi\|_{L_p} \tag{114}$$

就是说，(109)是L_p到$L_{p'}$中的线性算子.可以证明A是这个算子的范数.现在证明它是全连续算子.设U是由L_p中函数$\psi(x)$所组成的有界集合，V是与诸$\psi(x)$对应的函数$\varphi(x)\in L_{p'}$的集合.我们需证V的列紧性.若$\psi(x)\in U$，则由条件$\|\psi\|_{L_p}\leqslant C$及(114)可推出$\|\varphi\|_{L_{p'}}\leqslant AC$.尚需证明，$\varphi(x)$是平均等度连续的.令$\varphi(x)$在$[a,b]$外而$K(x,t)$在$Q$外取零值来延展$\varphi(x)$与$K(x,t)$，我们有

$$\varphi(x+h)-\varphi(x)=\int_a^b[K(x+h,t)-K(x,t)]\psi(t)\,\mathrm{d}t$$

与上文一样，由此可得

$$\| \varphi(x+h)-\varphi(x) \|_{L_{p'}} \leqslant \left[\int_a^b\int_a^b | K(x+h,t)-K(x,t) |^{p'} \mathrm{d}x\mathrm{d}t\right]^{\frac{1}{p'}} \| \psi \|_{L_p}$$

即

$$\| \varphi(x+h)-\varphi(x) \|_{L_{p'}} \leqslant \left[\int_a^b\int_a^b | K(x+h,t)-K(x,t) |^{p'} \mathrm{d}x\mathrm{d}t\right]^{\frac{1}{p'}} C \tag{115}$$

由于 $K(x,t)$ 在 $L_{p'}(Q)$ 上平均连续，因此对于任给的 $\varepsilon>0$，存在 $\eta>0$，使当 $|h|\leqslant\eta$ 时

$$\int_a^b\int_a^b | K(x+h,y)-K(x,y) |^{p'} \mathrm{d}x\mathrm{d}t \leqslant \frac{\varepsilon^{p'}}{C^{p'}}$$

再由(115)推出，当 $|h|\leqslant\eta$ 时

$$\| \varphi(x+h)-\varphi(x) \|_{L_{p'}} \leqslant \varepsilon$$

并且 η 与 $\varphi(x)\in V$ 无关，命题证毕. 对于无限区间与多自变量的情形证明相仿.

3. 现在考察由下述公式给出的从 l_p 到 $l_{p'}(p>1)$ 中的算子

$$\eta_i = a_{i1}\xi_1 + a_{i2}\xi_2 + \cdots \tag{116}$$

其中系数满足条件

$$\sum_{i,k=1}^{\infty} | a_{ik} |^{p'} = A^{p'} < +\infty \tag{117}$$

用 $x(\xi_1,\xi_2,\cdots)$ 与 $y(\eta_1,\eta_2,\cdots)$ 分别表示 l_p 的元 x 与 $l_{p'}$ 的元 y，并引用关于和的赫尔德不等式，与上例完全相仿，可得

$$\| y \|_{l_{p'}} \leqslant A \| x \|_{l_p} \tag{118}$$

因此算子(116)是 l_p 到 $l_{p'}$ 中的线性算子. 我们证明它是全连续的. 设 U 是元 $x\in l_p$ 的有界集合($\| x \| \leqslant C$)，V 是与诸 x 对应的元 $y\in l_{p'}$ 的集合. 我们需证 V 的列紧性. V 的有界性由(118)推出，还需证明对于任给的 $\varepsilon>0$，存在正整数 n_ε 使

$$\sum_{i=n_\varepsilon}^{\infty} | \eta_i |^{p'} \leqslant \varepsilon^{p'} \tag{119}$$

由(116)与赫尔德不等式推出

$$\sum_{i=n_\varepsilon}^{\infty} | \eta_i |^{p'} \leqslant \sum_{i=n_\varepsilon}^{\infty}\sum_{k=1}^{\infty} | a_{ik} |^{p'} \| x \|_{l_p}^{p'} \leqslant \sum_{i=n_\varepsilon}^{\infty}\sum_{k=1}^{\infty} | a_{ik} |^{p'} C^{p'} \tag{120}$$

根据(117)，通项为 $| a_{ik} |^{p'}$ 的二重级数收敛，因此存在 n_ε 使

$$\sum_{i=n_\varepsilon}^{\infty}\sum_{k=1}^{\infty} | a_{ik} |^{p'} \leqslant \frac{\varepsilon^{p'}}{C^{p'}} \tag{121}$$

由此依(120)推出(119).

109. 广义导数

现在我们引入在现代数学物理中常常要用到的新的导数概念. 设 D 是 n 维欧氏空间 R_n 中的有界域,R_n 中的点 x 由笛卡儿坐标$(x_1,x_2,\cdots,x_n)$确定. 我们总把域看作是连通的开集,并且以后谈到域的边界时,我们假定这个边界的体测度为零. 域与其边界一起(闭域)我们始终用符号 $\overline{D}$ 表示. 我们说域 D' 严格位于域 D 之内,是指 $D' \subsetneqq D$ 并且 D' 到 D 的边界的距离大于零. 这与 $\overline{D}' \subsetneqq D$ 等效. 与前面一样,我们称函数在 D 上是紧支的,是指它在某个严格位于 D 内的域 D' 之外等于零(对于不同的函数 D' 可能不同). 我们假设函数 $\varphi(x)$ 与 $\psi(x)$ 在 D 的内部有直至 l 阶的各连续导数且函数 $\psi(x)$ 是紧支的. 考察某个 l 阶导数

$$D^l\varphi=\frac{\partial^l\varphi}{\partial x_1^{l_1}\partial x_2^{l_2}\cdots\partial x_n^{l_n}} \tag{122}$$

应用分部积分公式并注意 $\psi(x)$ 的紧支性,我们得

$$\int_D D^l\varphi(x)\psi(x)\mathrm{d}x=(-1)^l\int_D\varphi(x)D^l\psi(x)\mathrm{d}x \tag{123}$$

公式(123)可作为更一般的导数概念的基础.

定义 1 设函数 $\varphi(x)$ 与 $\chi(x)$ 在严格位于域 D 内的任一子域 D' 上可和,且对于任一 l 次连续可微的紧支函数 $\psi(x)$ 满足关系式

$$\int_D\chi(x)\psi(x)\mathrm{d}x=(-1)^l\int_D\varphi(x)D^l\psi(x)\mathrm{d}x \tag{124}$$

那么函数 $\chi(x)$ 叫作函数 $\varphi(x)$ 在 D 上的(122)形式的广义导数.

可以证明,对于给定的函数 $\varphi(x)$ 只能有唯一的所给形式的广义导数. 设 $\chi(x)$ 与 $\chi_1(x)$ 是 $\varphi(x)$ 的两个广义导数. 对于 $\varphi(x)$ 与 $\chi_1(x)$ 也应满足等式(124). 对应部分相减,我们得

$$\int_D[\chi(x)-\chi_1(x)]\psi(x)\mathrm{d}x=0 \tag{125}$$

由此根据紧支函数 $\psi(x)$ 的任意性推出 $\chi(x)$ 与 $\chi_1(x)$ 是在 D 上相抵的函数[71].

若 $\varphi(x)$ 在 D 的内部有直至 l 阶的各连续导数,则(123)成立并且 $\chi(x)=D^l\varphi(x)$. 我们在以后对广义导数也使用表示式(122). 现在指出由定义立即导出的广义导数的若干性质. 广义导数 $D^l\varphi(x)$ 与所写的微分次序无关,因为在公式(124)中对于具有连续导数的函数 $\psi(x)$ 的微分次序可以任意调换. 若 $\varphi_1(x)$ 与 $\varphi_2(x)$ 具有(122)形式的广义导数 $\chi_1(x)$ 与 $\chi_2(x)$,则 $c_1\varphi_1(x)+c_2\varphi_2(x)$ 具有相同形式的广义导数 $c_1\chi_1(x)+c_2\chi_2(x)$($c_1$ 与 c_2 是常数). 若 $\chi(x)$ 是 $\varphi(x)$ 在 D 上的广义导数,则它也是 $\varphi(x)$ 在域 D 的任一子域 D' 上的

相同形式的广义导数.

若 $\varphi(x)$ 有广义导数$\frac{\partial\varphi(x)}{\partial x_1}=\chi(x)$，而$\chi(x)$有广义导数$\frac{\partial\chi(x)}{\partial x_2}$，则 $\varphi(x)$ 有广义导数$\frac{\partial^2\varphi(x)}{\partial x_1\partial x_2}=\frac{\partial\chi(x)}{\partial x_2}$. 对于其他形式的广义导数亦如此. 其次，若 $\varphi(x)$ 有广义导数$\frac{\partial\varphi(x)}{\partial x_2}$ 与$\frac{\partial^2\varphi(x)}{\partial x_1\partial x_2}$，则$\frac{\partial^2\varphi(x)}{\partial x_1\partial x_2}$ 是$\frac{\partial\varphi(x)}{\partial x_2}$ 关于 x_1 的广义导数. 下面还要证明，在某些补充条件之下，通常的求乘积的导数公式也正确

$$\frac{\partial[\varphi_1(x)\varphi_2(x)]}{\partial x_1}=\frac{\partial\varphi_1(x)}{\partial x_1}\varphi_2(x)+\varphi_1(x)\frac{\partial\varphi_2(x)}{\partial x_1}\tag{126}$$

我们现在建立广义导数与中值函数间的联系. 设 $\omega_1(|x-y|)$ 是某个依赖于点 x 与 y 的距离的平均核，$\varphi_h(x)$ 是 $\varphi(x)$ 的中值函数

$$\varphi_h(x)=\frac{1}{h^n}\int\omega_h(|x-y|)\varphi(y)\mathrm{d}y\tag{127}$$

假设 $\varphi(x)$ 在 D 上有(122) 形式的广义导数$\chi(x)=D^l\varphi(x)$，我们来计算中值函数的相应导数(显然是平常的导数)[71]

$$D_x^l\varphi_h(x)=\frac{1}{h^n}\int\varphi(y)D_x^l\omega_h(|x-y|)\mathrm{d}y=\frac{(-1)^l}{h^n}\int\varphi(y)D_y^l\omega_h(|x-y|)\mathrm{d}y\tag{128}$$

我们假定点 $x\in D$ 与 D 的边界的距离大于 h. 因为函数 $\omega_h(|x-y|)$ 在以点 x 为中心、h 为半径的球外为零，因此它可取作式(124) 中的紧支函数 $\psi(x)$. 结合(128)，就得出关系式

$$D_x^l\varphi_h(x)=\frac{1}{h^n}\int\omega_h(|x-y|)D_y^l\varphi(y)\mathrm{d}y\tag{129}$$

此关系可陈述为：在域 D 上与 D 的边界的距离大于平均半径的一切点上，广义导数的中值函数与中值函数的同样形式的导数相等.

根据中值函数的性质[71]，现在可以断定，当 $h\to 0$ 时，在 $L(D')$ 中 $\varphi_h(x)\to\varphi(x)$，而 $D^l\varphi_h(x)\to D^l\varphi(x)$，其中 D' 是任一严格位于 D 内的子域. 不仅如此，如果再假设在任一严格位于 D 内的子域 D' 上，$\varphi(x)$ 为 $p\geqslant 1$ 次幂可和，而广义导数 $D^l\varphi(x)$ 为 $q\geqslant 1$ 次幂可和，则 $\varphi_h(x)$ 与 $D^l\varphi_h(x)$ 分别在 $L_p(D')$ 与 $L_q(D')$ 上收敛. 我们提出一个注意. 设函数 $\varphi(x)$ 以某种方式延拓到整个 R_n 上，例如在 D 之外令其为零. 于是函数 $\varphi_h(x)$ 也在整个空间上定义，并且当 $h\to 0$ 时在 $L_p(D)$ 上收敛于 $\varphi(x)$. 然而函数 $D^l\varphi_h(x)$ 一般说来在 $L_q(D)$ 上不收敛于 $D^l\varphi(x)$，因为延拓后的函数 $\varphi(x)$ 在整个 R_n 上可能没有相应的广义导数.

现在回到求乘积的导数公式(126) 的证明. 我们首先证明一个简单的命题. 设在任一严格位于 D 内的子域 D' 上

$$\varphi_1(x) \in L_p(D') \quad (p > 1)$$

$$\varphi_2(x) \in L_{p'}(D') \quad \left(\frac{1}{p} + \frac{1}{p'} = 1\right)$$

而 $\psi(x)$ 是 D 上的有界紧支函数. 那么

$$\int_D \varphi_{1h}(x)\varphi_{2h}(x)\psi(x)\mathrm{d}x \underset{h\to 0}{\to} \int_D \varphi_1(x)\varphi_2(x)\psi(x)\mathrm{d}x$$

事实上,应用赫尔德不等式,可得

$$\left|\int_D [\varphi_{1h}(x)\varphi_{2h}(x) - \varphi_1(x)\varphi_2(x)]\psi(x)\mathrm{d}x\right| \leqslant$$

$$\int_D |\varphi_{1h}(x)| \cdot |\varphi_{2h}(x) - \varphi_2(x)| \cdot |\psi(x)| \mathrm{d}x +$$

$$\int_D |\varphi_2(x)| \cdot |\varphi_{1h}(x) - \varphi_1(x)| \cdot |\psi(x)| \mathrm{d}x \leqslant$$

$$C[\|\varphi_{1h}\|_{L_p(D')} \cdot \|\varphi_{2h} - \varphi_2\|_{L_{p'}(D')} +$$

$$\|\varphi_2\|_{L_{p'}(D')} \cdot \|\varphi_{1h} - \varphi_1\|_{L_p(D')}]$$

这里 $C = \sup|\psi(x)|$,而 D' 是 $\psi(x)$ 在其外等于零的 D 的子域. 上面不等式的右端当 $h \to 0$ 时趋于零,因为在 $L_{p'}(D')$ 中 $\varphi_{2h}(x) \to \varphi_2(x)$,在 $L_p(D')$ 中 $\varphi_{1h}(x) \to \varphi_1(x)$,而 $L_p(D')$ 中的收敛序列 $\varphi_{1h}(x)$ 在 $L_p(D')$ 中是依范数有界的.

现在我们在以下假设下来证明公式(126):对于任一严格位于 D 内的子域 D',$\varphi_1(x)$ 与 $\frac{\partial \varphi_1(x)}{\partial x_1} \in L_p(D')$,而 $\varphi_2(x)$ 与 $\frac{\partial \varphi_2(x)}{\partial x_1} \in L_{p'}(D')$. 利用上面的命题,对于任一在 D' 外等于零的连续可微的紧支函数 $\psi(x)$ 有[62]

$$\int_D \varphi_1(x)\varphi_2(x)\frac{\partial \psi(x)}{\partial x_1}\mathrm{d}x = \lim_{h\to 0}\int_D \varphi_{1h}(x)\varphi_{2h}(x)\frac{\partial \psi(x)}{\partial x_1}\mathrm{d}x$$

因而

$$\int_D \varphi_1(x)\varphi_2(x)\frac{\partial \psi(x)}{\partial x_1}\mathrm{d}x = -\lim_{h\to 0}\int_D \left[\frac{\partial \varphi_{1h}(x)}{\partial x_1}\varphi_{2h}(x) + \varphi_{1h}(x)\frac{\partial \varphi_{2h}(x)}{\partial x_1}\right]\psi(x)\mathrm{d}x \tag{130}$$

对于充分小的 h,在 D' 中可以应用公式(129),因此在(130)中 $\frac{\partial \varphi_{1h}(x)}{\partial x_1}$ 可换为 $\left(\frac{\partial \varphi_1(x)}{\partial x_1}\right)_h$,而 $\frac{\partial \varphi_{2h}(x)}{\partial x_1}$ 换为 $\left(\frac{\partial \varphi_2(x)}{\partial x_1}\right)_h$. 对(130)的右端再次应用我们的辅助命题,可得

$$\int_D \varphi_1(x)\varphi_2(x)\frac{\partial \psi(x)}{\partial x_1}\mathrm{d}x = -\int_D \left[\frac{\partial \varphi_1(x)}{\partial x_1}\varphi_2(x) + \varphi_1(x)\frac{\partial \varphi_2(x)}{\partial x_1}\right]\psi(x)\mathrm{d}x$$

这个等式表示,乘积 $\varphi_1(x)\varphi_2(x)$ 在 D 上具有关于 x_1 的广义导数并且可用公式

(126) 来计算.

注意,公式(126) 对于 $p=1$ 时也正确. 在这种情形下只需取 $p'=\infty$,就是说,假定 $\varphi_2(x)$ 与 $\frac{\partial\varphi_2(x)}{\partial x_1}$ 在任意子域 D' 上有界.

现在我们指出,可以给出广义导数的另一个定义,而且依据公式(129) 可以证明新定义与原来的定义等效.

定义 2 函数 $\chi(x)$ 叫作函数 $\varphi(x)$ 在 D 上的(122) 形式的广义导数,如果存在一个序列 $\varphi_m(x)$,它们在 D 内具有各 l 阶连续导数,并且 $\varphi_m(x)$ 与 $D^l\varphi_m(x)$ 在 $L(D')$ 中分别收敛于 $\varphi(x)$ 与 $\chi(x)$,这里 D' 是任一严格位于 D 内的子域.

定理 1 定义 1 与定义 2 等效.

设 $\chi(x)$ 是 $\varphi(x)$ 的依第二个定义的广义导数. 以 $\varphi_m(x)$ 代替 $\varphi(x)$ 时公式(123) 仍成立. 既然在 $L(D')$ 中 $\varphi_m(x)\to\varphi(x)$ 与 $D^l\varphi_m(x)\to\chi(x)$,因此对于任意选择而具有所述性质的紧支函数 $\psi(x)$,我们可在积分号下取极限[参考62],从而得到公式(124).

现在设 $\chi(x)$ 是依第一个定义的 $\varphi(x)$ 的广义导数. 于是,依(129) 及[71]的定理 4,对于某个趋于零的数列 h_m,中值函数 $\varphi_{h_m}(x)$ 给出第二个定义所要求的函数序列 $\varphi_m(x)$(这时假定 $\varphi(x)$ 在 D 外取零值). 定理 1 证毕. 由这个定理推出,如果依第二个定义的广义导数存在,那么它也是唯一的.

现在要证明一个表明广义导数在 $L_p(D')$ 中可以取弱极限的定理.

定理 2 设在 D 内定义的函数 $\varphi_k(x)(k=1,2,\cdots)$ 在 $L_p(D')(p>1)$ 中弱收敛于某函数 $\varphi(x)$,D' 是严格位于 D 内的任意子域,在 D 上 $\varphi_k(x)$ 有(122) 形式的广义导数 $D^l\varphi_k(x)$,并且 $D^l\varphi_k(x)$ 在 $L_p(D')$ 中的范数以某个依赖于 D' 的数 $M(D')$ 为界. 那么,$\varphi(x)$ 在 D 上具有(122) 形式的广义导数 $D^l\varphi(x)$,它就是 $D^l\varphi_k(x)$ 在 $L_p(D')$ 中的弱极限.

依 $L_p(p>1)$ 中有界集合的弱列紧性,由不等式

$$\| D^l\varphi_k \|_{L_p(D')} \leqslant M(D') \tag{131}$$

推出存在子序列 $\varphi_{n_k}(x)$ 使 $D^l\varphi_{n_k}(x)$ 在 $L_p(D')$ 中弱收敛. 取一个序列严格位于 D 内并且扩张而收敛于 D 的区域 D_m,我们借对角线方法可以构造子序列 $D^l\varphi_{m_k}(x)$,它在任一严格位于 D 内的子域 D' 上弱收敛于 $L_p(D')$ 中的某函数 $\chi(x)$. 显然,$\chi(x)$ 在 D 上处处有定义且它对于任一严格位于 D 内的子域 D' 属于 $L_p(D')$.

等式(123) 当 $\varphi(x)$ 换为 $\varphi_{m_k}(x)$ 时也成立. 在其中对于固定的 $\psi(x)$ 取极限,依 $\psi(x)$ 的紧支性我们得到等式(124)(弱收敛性),由此可知 $\chi(x)$ 是 $\varphi(x)$

在 D 上的广义导数. 由以上所述推出,任一弱收敛子序列 $D^l\varphi_{m_k}(x)$ 具有同一个极限 $\chi(x)$(广义导数的唯一性),从而易知整个序列 $D^l\varphi_k(x)$ 也弱收敛于 $\chi(x)$.

注 1. 由所证定理推出,如果 $\varphi(x)\in L_p(D')$,而中值函数 $\varphi_h(x)$ 的导数具有估计(131),那么在 D 上存在广义导数 $D^l\varphi(x)\in L_p(D')$. 我们已经看到,在这种情形下,于 $L_p(D')$ 中 $D^l\varphi_h(x)\to D^l\varphi(x)$,从而 $D^l\varphi(x)$ 的范数满足估值(131).

2. 在定理 2 的条件中,函数 $\varphi(x)$ 与 $D^l\varphi(x)$ 在 $p\neq 2$ 时可以分别属于 $L_p(D')$ 与 $L_q(D')$.

3. 定理 2 当 $p=1$ 时仍然有效,如果(131) 改为假定:对于一切严格位于 D 内的子域 D',函数序列 $D^l\varphi_k(x)$ 在 $L(D')$ 中弱列紧.

110. 广义导数(续)

现在我们来建立广义导数的存在性和函数的绝对连续性之间的联系. 我们考察一个变数的情形,并取区间 $0<x<1$ 作为基本域 D. 设函数 $\varphi(x)$ 在区间 $[0,1]$ 上绝对连续. 如所熟知[74],$\varphi(x)$ 在区间 $[0,1]$ 上具有可和导函数 $\varphi'(x)$. 对于任一连续可微的紧支函数 $\psi(x)$,分部积分公式[75] 给出关系式

$$\int_0^1\varphi(x)\psi'(x)\mathrm{d}x=-\int_0^1\varphi'(x)\psi(x)\mathrm{d}x \tag{132}$$

此式说明 $\varphi'(x)$ 是 $\varphi(x)$ 的广义导数.

现设 $\varphi(x)\in L([0,1])$,并且它在 D 上具有广义导数 $\dfrac{\mathrm{d}\varphi(x)}{\mathrm{d}x}\in L([0,1])$. 我们证明,这时 $\varphi(x)$ 与某个在 $[0,1]$ 上绝对连续的函数相抵.

我们记

$$\varphi_1(x)=\int_0^x\frac{\mathrm{d}\varphi(t)}{\mathrm{d}t}\mathrm{d}t$$

并注意 $\varphi_1(x)$ 绝对连续,而其导数 $\varphi'_1(x)$ 与 $\dfrac{\mathrm{d}\varphi(x)}{\mathrm{d}x}$ 相抵[74]. 差 $\varphi^*(x)=\varphi(x)-\varphi_1(x)$ 显然具有与零相抵的导数. 我们固定 $\varepsilon>0$ 并考察区间 $[\varepsilon,1-\varepsilon]$. 对于足够小的 h,中值函数 $\varphi_h^*(x)$ 的导数在 $[\varepsilon,1-\varepsilon]$ 上等于 0,从而 $\varphi_h^*(x)$ 在 $[\varepsilon,1-\varepsilon]$ 上是一个常数. 因为常数的极限只能是常数,而在 $L([\varepsilon,1-\varepsilon])$ 中 $\varphi_h^*(x)\to\varphi^*(x)$,因此 $\varphi^*(x)$ 在区间 $[\varepsilon,1-\varepsilon]$ 上与常数相抵. 由此直接推出,在 D 中精确到不计相抵的函数,处处有

$$\varphi(x)=\varphi(0)+\int_0^x\frac{\mathrm{d}\varphi(t)}{\mathrm{d}t}\mathrm{d}t \tag{133}$$

这样一来,我们证明了 $\varphi(x)$ 具有广义导数和具有绝对连续性是等效的. 对于多个变数的情形,例如取 D 为正方体 $[0<x_k<1;k=1,2,\cdots,n]$,并且设 $\varphi(x_1,$

$x_2,\cdots,x_n$) 在 D 中有广义导数$\frac{\partial\varphi(x)}{\partial x_1}$,同时 $\varphi(x)$ 及$\frac{\partial\varphi(x)}{\partial x_1}$ 属于 $L_p(p>1)$,那么仿上可证,对于正方体$[0<x_k<1;k=2,3,\cdots,n]$中殆遍的$(x_2,x_3,\cdots,x_n)$,当 $x_1\in[0,1]$ 时 $\varphi(x)$ 绝对连续并且成立等式

$$\varphi(x_1,x_2,\cdots,x_n)=\varphi(0,x_2,\cdots,x_n)+\int_0^{x_1}\frac{\partial\varphi(t,x_2,\cdots,x_n)}{\partial t}\mathrm{d}t \tag{134}$$

这个等式与等式(133)一样需要作点解释,这就是说,如果不计零测度集合,那么函数 $\varphi(x)$ 与它的广义导数 $D\varphi(x)$ 是唯一确定的.因此等式(133)与(134)应该按这样的意义来理解:在与 $\varphi(x)$ 相抵的函数类中存在函数满足等式(133)与(134).

现在举一个具有二阶广义混合导数$\frac{\partial^2\varphi(x_1,x_2)}{\partial x_1\partial x_2}$而没有一阶广义导数的函数 $\varphi(x_1,x_2)$ 的例子.函数

$$\varphi(x_1,x_2)=f(x_1)+f(x_2)\quad(0\leqslant x_k\leqslant 1;k=1,2)$$

就有这种性质,其中 $f(x)$ 是[76]中所述的连续函数.函数 $\varphi(x_1,x_2)$ 没有一阶广义导数,因为 $f(x)$ 并不绝对连续.然而广义导数$\frac{\partial^2\varphi(x_1,x_2)}{\partial x_1\partial x_2}$存在并且恒等于零.事实上,对于任一光滑的紧支函数 $\psi(x_1,x_2)$,我们有

$$\int_0^1\int_0^1 f(x_1)\frac{\partial^2\psi(x_1,x_2)}{\partial x_1\partial x_2}\mathrm{d}x_1\mathrm{d}x_2=\int_0^1\mathrm{d}x_1\int_0^1\frac{\partial\left[f(x_1)\frac{\partial\psi(x_1,x_2)}{\partial x_1}\right]}{\partial x_2}\mathrm{d}x_2=0$$

与对于 $f(x_2)$ 的相似关系,因此

$$\int_0^1\int_0^1[f(x_1)+f(x_2)]\frac{\partial^2\psi(x_1,x_2)}{\partial x_1\partial x_2}\mathrm{d}x_1\mathrm{d}x_2=0$$

由此推出(定义1)广义导数

$$\frac{\partial^2\varphi(x_1,x_2)}{\partial x_1\partial x_2}=0$$

值得注意,如果函数 $\varphi(x_1,x_2,\cdots,x_n)$ 在 D 上连续,并且域 D 能借有穷个光滑曲面分解为有穷个域$D_i(i=1,2,\cdots,l)$,而 $\varphi(x)$ 在这些域上直至边界关于某个 x_k 是连续可微的,那么 $\varphi(x)$ 在 D 上具有在每个 D_i 上等于$\frac{\partial\varphi(x)}{\partial x_k}$的广义导数.这个广义导数在所述曲面上可以有第一类间断.所述结论直接由分部积分公式

$$\int_{D_i}\varphi(x)\frac{\partial\psi(x)}{\partial x_k}\mathrm{d}x=-\int_{D_i}\frac{\partial\varphi(x)}{\partial x_k}\psi(x)\mathrm{d}x+\int_{S_i}\varphi(x)\psi(x)\cos(n,x_k)\mathrm{d}S \tag{135}$$

得出，其中 S_i 是 D_i 的边界，n 是 S_i 对于 D_i 而言的外法线方向. 只需注意，依曲面 S_i 所作的积分按 i 求总和时等于零.

若 $\varphi(x)$ 在位于 D 中的某个 $n-1$ 维曲面 Σ 上有不同的极限值，且 x_k 的矢径不落在这个曲面的切平面上，则 $\varphi(x)$ 在 D 上没有广义导数$\frac{\partial\varphi(x)}{\partial x_k}$. 这由上文证得的 $\varphi(x)$ 的绝对连续性与其广义导数存在性的联系推出.

注 可以不引入可和函数 $\varphi(x)$ 的各个广义导数的概念，而引入任意阶的广义线性微分算子，例如

$$L(\varphi)=\sum_{i,k=1}^{n}a_{ik}\frac{\partial^2\varphi(x)}{\partial x_i\partial x_k}+\sum_{k=1}^{n}b_k\frac{\partial\varphi(x)}{\partial x_k}+c\varphi(x) \tag{136}$$

其中系数是$(x_1,x_2,\cdots,x_n)$ 的充分光滑的函数.

这种广义算子用与式(124) 相似的等式

$$\int_D\varphi(x)M(\psi)\mathrm{d}x=\int_D L(\varphi)\psi(x)\mathrm{d}x \tag{137}$$

确定，其中 $M(\psi)$ 是 $L(\varphi)$ 的共轭微分算子，而 $\psi(x)$ 是 D 上任意的光滑紧支函数[Ⅳ;158]. 这时并不假定算子 $L(\varphi)$ 中的各个导数的存在性.

111. 星形区域的情形

在前面[109] 我们证明过，借中值函数之助，对于广义导数$\chi(x)=D^l\varphi(x)$ 也属于 $L_p(D')$ 的函数 $\varphi(x)\in L_p(D')(p\geqslant 1)$，存在于 $\overline{D}$ 上 l 次连续可微的函数 $\varphi_k(x)$，使在 $L_p(D')$ 中 $\varphi_k(x)\to\varphi(x)$ 与$D^l\varphi_k(x)\to\chi(x)$(其中 D' 仍指任一严格位于 D 内的子域). 现证关于一类重要的域 D，对于 $L_p(D)$ 中的 $\varphi(x)$ 与 $D^l\varphi(x)$ 也有类似的逼近.

我们称域 D 是星形域，如果域 D 有内点 x_0，使对于任一从 x_0 出发的矢径与域的边界仅交于一点. 我们也叫这样的域关于点 x_0 是星形的.

定理 设域 D 是星形的，又设 $\varphi(x)$ 在 D 上有广义导数 $D^l\varphi(x)$，而 $\varphi(x)$ 与 $D^l\varphi(x)$ 属于 $L_p(D)(p\geqslant 1)$. 那么存在于 $\overline{D}$ 上 l 次连续可微的函数序列 $\varphi_k(x)$，使 $\varphi_k(x)$ 与 $D^l\varphi_k(x)$ 在 $L_p(D)$ 中分别收敛于 $\varphi(x)$ 与 $D^l\varphi(x)$.

所谓在 $\overline{D}$ 上 l 次连续可微的函数$\varphi_k(x)$，是指 $\varphi_k(x)$ 在 $\overline{D}$ 上连续，而在 D 内有直至 l 阶的连续导数，并且这些导数可以拓展到 D 的边界，使其在 $\overline{D}$ 上连续.

我们取上面所述的点 x_0 作为坐标原点，并作一个序列定义于严格包含 D 的域 D_k 的内部的函数 $\varphi\left(\frac{k-1}{k}x\right)(k=2,3,\cdots)$，其中 D_k 是 D 经相似系数为 $\frac{k}{k-1}$ 的相似变换而得的域.

记 $\varphi\left(\frac{k-1}{k}x\right)=\varphi^{(k)}(x)$，我们证明函数 $\varphi^{(k)}(x)$ 在 $L_p(D)$ 中收敛于 $\varphi(x)$，而广义导数 $D^l\varphi^{(k)}(x)$ 在 $L_p(D)$ 中收敛于 $\chi(x)=D^l\varphi(x)$. 我们来证明第二个结论. 我们有

$$\| D^l\varphi(x)-D^l\varphi^{(k)}(x)\| = \left[\int_D \left|\chi(x)-\left(\frac{k-1}{k}\right)^l \chi\left(\frac{k-1}{k}x\right)\right|^p \mathrm{d}x\right]^{\frac{1}{p}} \leqslant$$

$$\left[1-\left(\frac{k-1}{k}\right)^l\right]\left[\int_D \left|\frac{k-1}{k}x\right|^p \mathrm{d}x\right]^{\frac{1}{p}} +$$

$$\left[\int_D \left|\chi(x)-\chi\left(\frac{k-1}{k}x\right)\right|^p \mathrm{d}x\right]^{\frac{1}{p}}$$

点 $\frac{k-1}{k}x$ 与 x 的距离不超过 $\frac{d}{k}$（d 是 D 的直径），因此它在 D 上一致收敛于零. 重复[70] 中关于平均连续的定理的论证，可以断言上面不等式右端的第二项当 $k\to\infty$ 时趋于零.

第一项中的因子 $1-\left(\frac{k-1}{k}\right)^l$ 趋于零，而另一个因子依上文所述收敛于 $\|\chi(x)\|_{L_p(D)}$（范数的连续性）. $\varphi^{(k)}(x)$ 在 $L_p(D)$ 中收敛于 $\varphi(x)$ 的证明更简单一些. 现在注意，对于固定的 k，域 D 严格位于 D_k 内，因此当 $h\to 0$ 时，在 $L_p(D)$ 中中值函数 $\varphi_h^{(k)}(x)$ 收敛于 $\varphi^{(k)}(x)$，而它的导数 $D^l\varphi_h^{(k)}(x)$ 收敛于 $D^l\varphi^{(k)}(x)$. 由此推出，对于适当选择的序列 $h_k\to 0$，在 $L_p(D)$ 中可以用 $\overline{D}$ 上的无穷次可微的函数 $\varphi_{h_k}^{(k)}(x)$ 与 $D^l\varphi_{h_k}^{(k)}(x)$ 依 $L_p(D)$ 中的度量逼近函数 $\varphi(x)$ 与 $\chi(x)$，而 $\varphi_{h_k}^{(k)}(x)$ 可取作定理中的 $\varphi_k(x)$. 定理证毕.

112. 空间 $\widetilde{W}_p^{(l)}$ 与 $W_p^{(l)}$

如以前一样，设 D 是 n 维空间的有界域. 我们考察具有一切 l 阶广义导数 $D^l\varphi(x)$ 的全体函数 $\varphi(x)$ 的空间，这些 $\varphi(x)$ 及其导数 $D^l\varphi(x)$ 皆属于 $L_p(D)(p\geqslant 1)$. 我们用符号 $\widetilde{W}_p^{(l)}(D)$ 表示这个函数类；如以下式引入范数，那么它就成为赋范空间

$$\|\varphi\|^p_{\widetilde{W}_p^{(l)}(D)}=\int_D |\varphi(x)|^p \mathrm{d}x+\int_D \sum_{l_1+l_2+\cdots+l_n=l}\left|\frac{\partial^l\varphi(x)}{\partial x_1^{l_1}\cdots\partial x_n^{l_n}}\right|^p \mathrm{d}x \tag{138}$$

这里及以后 $\sum\limits_{l_1+l_2+\cdots+l_n=l}$ 均表示所有和为 l 的自然数组 $(l_1,l_2,\cdots,l_n)$ 而取总和. 不难验证这个范数满足[95] 所述的范数条件. 我们证明空间 $\widetilde{W}_p^{(l)}$ 是完备的. 设 $\varphi_k(x)$ 是 $\widetilde{W}_p^{(l)}(D)$ 中的自收敛序列，即当 k 与 $m\to\infty$ 时

$$\int_D\left[|\varphi_k(x)-\varphi_m(x)|^p+\sum_{l_1+l_2+\cdots+l_n=l}\left|\frac{\partial^l\varphi_k(x)}{\partial x_1^{l_1}\cdots\partial x_n^{l_n}}-\frac{\partial^l\varphi_m(x)}{\partial x_1^{l_1}\cdots\partial x_n^{l_n}}\right|^p\right]\mathrm{d}x\to 0$$

由此推出序列 $\varphi_k(x)$ 与 $D^l\varphi_k(x)$ 在 $L_p(D)$ 中自收敛. 依 $L_p(D)$ 的完备性及

[109] 的定理 2 可知 $\varphi_k(x)$ 在 $L_p(D)$ 中收敛于某函数 $\varphi(x)$，并且 $\varphi(x)$ 具有属于 $L_p(D)$ 的一切 l 阶广义导数，而在 $L_p(D)$ 中 $D^l\varphi_k(x)\to D^l\varphi(x)$. 这就是说，在 $\widetilde{W}_p^{(l)}(D)$ 中 $\varphi_k(x)$ 收敛于 $\varphi(x)$. 因此空间 $\widetilde{W}_p^{(l)}(D)$ 是 B 型空间(完备线性赋范空间). 现在来证空间 $\widetilde{W}_p^{(l)}(D)$ 的可分性. 为此目的，我们把域 D 表为可数个不相交的半开区间之和的形式[32]，并把相应的开区间编号，各记为 $D_k(k=1,2,\cdots)$，再引入函数 $\varphi(x)$ 的集合 $V_p^{(l)}(D)$，这些 $\varphi(x)$ 在每个区间 D_k 上属于 $\widetilde{W}_p^{(l)}(D_k)$，而且级数

$$\|\varphi\|_{V_p^{(l)}(D)}^p=\sum_{k=1}^{\infty}\|\varphi\|_{\widetilde{W}_p^{(l)}(D_k)}^p \tag{139}$$

收敛.

按公式(139) 给出的范数把 $V_p^{(l)}(D)$ 变为线性赋范空间. 易见，$\widetilde{W}_p^{(l)}(D)$ 中的函数都属于 $V_p^{(l)}(D)$，并且 $\|\varphi\|_{\widetilde{W}_p^{(l)}(D)}=\|\varphi\|_{V_p^{(l)}(D)}$. 这样一来 $\widetilde{W}_p^{(l)}(D)$ 是空间 $V_p^{(l)}(D)$ 的子空间，因此只需证明后者的可分性[94].

$V_p^{(l)}(D)$ 中仅在有限个区间上异于零的全体函数所组成的集合在 $V_p^{(l)}(D)$ 中稠密. 事实上，设 $\varphi(x)\in V_p^{(l)}(D)$，$\varepsilon>0$ 是任意数. 我们作 D 上的函数 $\varphi_m(x)$：当 $x\in\sum\limits_{k=1}^{m}D_k$ 时令 $\varphi_m(x)=\varphi(x)$；当 x 属于 D 的其余部分时令 $\varphi_m(x)=0$. 显然，$\varphi_m(x)\in V_p^{(l)}(D)$，而对于充分大的 m，依级数(139) 的收敛性有

$$\|\varphi-\varphi_m\|_{V_p^{(l)}(D)}^p=\sum_{k=m+1}^{\infty}\|\varphi\|_{\widetilde{W}_p^{(l)}(D_k)}^p\leqslant\varepsilon^p$$

在每个区间 $D_k(k\leqslant m)$ 上，函数 $\varphi_m(x)$ 可以用 l 次连续可微的函数依 $\widetilde{W}_p^{(l)}(D_k)$ 中的度量来逼近[111]，而后者本身及其导数可以用系数为有理数的多项式在 $\overline{D}_k$ 上一致逼近. 由此推出，只在有限个区间 D_k 上异于零，而在这些区间上又与系数为有理数的多项式一致的所有函数组成的集合在 $V_p^{(l)}(D)$ 中是稠密的. 容易看出这个集合是可数的，因而 $V_p^{(l)}(D)$ 是可分的. 这就证明空间 $\widetilde{W}_p^{(l)}(D)$ 也是可分的.

现在来细述一个专门的问题. 设在某线性赋范空间 X 中除了原来的范数 $\|x\|$ 之外，再引入范数 $\|x\|_1$，使对于所有的 $x\in X$ 有

$$c_2\|x\|\leqslant\|x\|_1\leqslant c_1\|x\| \tag{140}$$

其中 $c_1>0$ 与 $c_2>0$ 是常数. 我们把满足条件(140) 的两个范数叫作等价的. 显然，序列 x_n 依一种范数收敛时，那么它依另一种范数也收敛. 研究空间的完备性、可分性、列紧性等问题时，从等价的范数来考察都是一样的. 同样，分配算子依一种范数是有界的，依另一种(等价的) 范数也有界. 一般说来，这时有界算子的范数是要改变的，不过仍然有穷.

我们较详细地考察一下 n 维实欧几里得空间中的等价范数的问题. 在 R_n 中,我们要引入由公式

$$\| x \| = \sqrt{x_1^2 + x_2^2 + \cdots + x_n^2} \tag{141}$$

定义的范数.

现在假设函数 $f(x) = f(x_1, x_2, \cdots, x_n)$ 具有[95]中范数的性质,此外还假定它在单位球面 $x_1^2 + x_2^2 + \cdots + x_n^2 = 1$ 上连续. 现在证明 $\| x \|_1 = f(x)$ 是与(141) 等价的范数. 连续函数 $f(x)$ 在单位球面上达到它的最大值与最小值. 我们记 $c_1 = \sup f(x)$ 与 $c_2 = \inf f(x)$(对于 $\| x \| = 1$). 依 $f(x)$ 的正值性与连续性,我们有 $0 < c_2 \leqslant c_1 < +\infty$. 由 $f(x)$ 的性质,在 R_n 中处处有

$$c_2 \| x \| \leqslant f(x) \leqslant c_1 \| x \|$$

就是说范数(141) 与 $f(x)$ 等价.

例如,我们可以取以下表示式作为 $f(x)$,即

$$f(x) = \left[\sum_{k=1}^{n} | x_k |^p\right]^{\frac{1}{p}} \quad (p > 1) \text{ 或 } f(x) = \max_k | x_k |$$

根据上面的讨论,容易验证,在空间 $\widetilde{W}_p^{(l)}(D)$ 中由以下各式给出的范数与基本范数(138) 等价

$$\| \varphi \| = \sum_{l_1 + l_2 + \cdots + l_n = l} \| D^l \varphi \|_{L_p(D)} + \| \varphi \|_{L_p(D)} \tag{142}$$

$$\| \varphi \| = \max_{l_1 + l_2 + \cdots + l_n = l} \| D^l \varphi \|_{L_p(D)} + \| \varphi \|_{L_p(D)} \tag{143}$$

$$\| \varphi \| = \left\{\int_D \left[\sum_{l_1 + l_2 + \cdots + l_n = l} (D^l \varphi)^2\right]^{\frac{p}{2}} \mathrm{d}x\right\}^{\frac{1}{p}} + \| \varphi \|_{L_p(D)} \tag{144}$$

今后我们将用到这些注记.

现在再介绍一个函数空间. 对于在 D 中具有所有可能的前 l 阶广义导数,而且函数本身连同这些导数都属于 $L_p(D)$ 的函数的集合,我们用下式定义范数

$$\| \varphi \|_{W_p^{(l)}(D)} = \sum_{k=0}^{l} \sum_{k_1 + k_2 + \cdots + k_n = k} \| D^k \varphi \|_{L_p(D)} \tag{145}$$

这个线性赋范空间我们用 $W_p^{(l)}(D)$ 表示. 如同对空间 $\widetilde{W}_p^{(l)}(D)$ 那样,可以证明空间 $W_p^{(l)}(D)$ 是完备而且可分的. 上面对 $\widetilde{W}_p^{(l)}(D)$ 中等价范数所作的注记,同等地适用于空间 $W_p^{(l)}(D)$. 下面[116]我们将证明,对于很宽广的一类域,空间 $W_p^{(l)}(D)$ 与 $\widetilde{W}_p^{(l)}(D)$ 是等同的,并且范数(138) 与(145) 等价. 当 $l = 0$ 与 $l = 1$ 时,依定义,空间 $W_p^{(l)}(D)$ 与 $\widetilde{W}_p^{(l)}(D)$ 是一致的,并且 $W_p^{(0)}(D)$ 显然就是 $L_p(D)$.

113. 空间 $W_p^{(l)}(D)$ 中函数的性质

在下面的一系列关于所谓嵌入定理的各节中,我们将系统地讨论空间

$W_p^{(l)}(D)$ 与 $\widetilde{W}_p^{(l)}(D)$ 中函数的性质. 本节中的结果是那些定理的特殊情形，但由于它们的重要性，我们在这里独立地给出它们的比较简单的证明.

我们首先指出空间 $W_p^{(l)}(D)$ 的一个由其定义而直接推出的性质. 设有以 $y(y_1,y_2,\cdots,y_n)$ 代换 $x(x_1,x_2,\cdots,x_n)$ 的变量变换，把 D 一对一地变换为某个域 D_1，并且双方的变换由在相应闭域上具有直至 l 阶连续导数的函数表出. 如果对函数施行所述变量代换，那么空间 $W_p^{(l)}(D)$ 变换为空间 $W_p^{(l)}(D_1)$.

由空间 $W_p^{(l)}(D)$ 的定义直接推出，如果 $\varphi(x)\in W_p^{(l)}(D)$，那么当 $q\leqslant p$ 与 $m\leqslant l$ 时 $\varphi(x)\in W_q^{(m)}(D)$. 我们证明与这有关的下述定理.

定理 1　若 U 是 $W_p^{(l)}(D)(l\geqslant 1)$ 中元 $\varphi(x)$ 的有界集合，那么它在 $W_p^{(l-1)}(D')$ 中列紧，其中 D' 是严格位于 D 内的任意域.

我们首先对 $l=1$ 证明这个定理. 依条件，有常数 C 存在，使对于 $\varphi(x)\in U$ 有

$$\|\varphi\|_{W_p^{(1)}(D)}^p=\int_D\left[|\varphi(x)|^p+\sum_{s=1}^n\left|\frac{\partial\varphi(x)}{\partial x_s}\right|^p\right]\mathrm{d}x\leqslant C^p \tag{146}$$

我们需证集合 U 在 $L_p(D')$ 中列紧，这里 D' 是任一严格位于 D 内的固定域. U 在 $L_p(D')$ 中的有界性由(146) 直接推出. 尚需证明函数 $\varphi(x)\in U$ 在 $L_p(D')$ 是平均等度连续的[70]. 我们证明，对于充分小的 $|\Delta x|=\sqrt{(\Delta x_1)^2+(\Delta x_2)^2+\cdots+(\Delta x_n)^2}$，不等式

$$\int_{D'}|\varphi(x+\Delta x)-\varphi(x)|^p\mathrm{d}x\leqslant C_1|\Delta x|^p \tag{147}$$

成立，其中 C_1 是对所有 $\varphi(x)\in U$ 都适合的常数，由此就能推出所述的等度连续性.

转动坐标轴(如果需要的话)，我们可以设 Δx 为 $(\Delta x_1,0,0,\cdots,0)$，$\Delta x_1>0$. 设 D'' 与 D' 是同型域，而 D' 严格位于 D'' 内. 假定 Δx_1 的量值如此小，使得当 $x\in D'$ 时 $x+\Delta x$ 不落于域 D'' 之外. 我们先假设函数 $\varphi(x)$ 在 $\overline{D}$ 上是连续可微的. 显然

$$R=\int_{D'}|\varphi(x+\Delta x)-\varphi(x)|^p\mathrm{d}x=\int_{D'}\left|\int_0^{\Delta x_1}\frac{\partial\varphi(x_1+\tau,x_2,\cdots,x_n)}{\partial\tau}\mathrm{d}\tau\right|^p\mathrm{d}x$$

当 $p>1$ 时，我们对里层积分使用赫尔德不等式

$$R\leqslant\int_{D'}(\Delta x_1)^{\frac{p}{p'}}\left[\int_0^{\Delta x_1}\left|\frac{\partial\varphi(x_1+\tau,x_2,\cdots,x_n)}{\partial\tau}\right|^p\mathrm{d}\tau\right]\mathrm{d}x=$$

$$(\Delta x_1)^{\frac{p}{p'}}\int_0^{\Delta x_1}\left[\int_{D'}\left|\frac{\partial\varphi(x_1+\tau,x_2,\cdots,x_n)}{\partial\tau}\right|^p\mathrm{d}x\right]\mathrm{d}\tau\leqslant$$

$$(\Delta x_1)^{\frac{p}{p'}}\int_0^{\Delta x_1}\|\varphi\|_{W_p^{(1)}(D'')}^p\mathrm{d}\tau=(\Delta x_1)^p\|\varphi\|_{W_p^{(1)}(D'')}^p$$

由此得

$$\int_{D'} |\varphi(x+\Delta x)-\varphi(x)|^p dx \leqslant (\Delta x_1)^p \|\varphi\|^p_{W_p^{(1)}(D'')} \tag{148}$$

当 $p=1$ 时,这个估值由交换积分次序而直接得出.不等式(148)不仅对连续可微的函数正确,而且对于 $W_p^{(1)}(D)$ 中的任意函数 $\varphi(x)$ 也是正确的.选一个在 $W_p^{(1)}(D)$ 中收敛于 $\varphi(x)$ 的连续可微函数的序列,并在(148)中取极限就易知所述结构的正确.结合(146)与估计式(148)即得不等式(147).因此,对于 $l=1$ 定理得证.现在设 $l=2$.如留意,例如 $\frac{\partial^2\varphi(x)}{\partial x_1^2}$ 是 $\frac{\partial\varphi(x)}{\partial x_1}$ 关于 x_1 的广义导数,我们应用对于 $l=1$ 的定理,可证它对于 $l=2$ 也成立.对于任意 l 的情形可以仿此证明.

我们再指出一个定理,它是[Ⅳ;156]中证明过的定理的直接推论.

定理 2 如果连续而且具有直至 $l=\left[\frac{n}{2}\right]+1$ 阶连续导数的函数序列 $\varphi_k(x)$ 在 $W_2^{(l)}(D')$ 中收敛,这里 D' 是严格位于 D 内的任意域,那么 $\varphi_k(x)$ 在域 D' 上一致收敛.

由所述直接推出极限函数 $\varphi(x)$ 在 D 的内部连续.现在假设有某个函数 $\varphi(x)\in W_2^{(l)}(D)\left(l\geqslant\left[\frac{n}{2}\right]+1\right)$,而 $\varphi_k(x)$ 是 $\varphi(x)$ 的中值函数,并且平均半径当 $k\to\infty$ 时趋于零.如注意广义导数的中值函数性质[109]与定理2,我们就得到下面的结论:如果 $\varphi(x)\in W_2^{(l)}(D)$,$l\geqslant\left[\frac{n}{2}\right]+1$,那么 $\varphi(x)$ 与 D 上的连续函数相抵.

现在设函数序列 $\varphi(x)$ 在 $W_p^{(l)}$ 中收敛.我们在域 D 的某个截形上研究这些函数.设柱体 $\overline{D}$ 由下列条件确定:$0\leqslant x_n\leqslant a$($a$ 为有穷数)且$(x_1,x_2,\cdots,x_{n-1})$属于平面$(x_1,x_2,\cdots,x_{n-1})$的某有穷域 $\mathscr{E}$ 的闭包 $\overline{\mathscr{E}}$.由平面 x_n(=常数)所截的 $\overline{D}$ 的截形用 $\mathscr{E}_{x_n}$ 表示.

定理 3 设 $\varphi_k(x)(k=1,2,\cdots)$ 在 D 上连续并具有连续导数 $\frac{\partial\varphi_k(x)}{\partial x_n}$,而 $\varphi_k(x)$ 及 $\frac{\partial\varphi_k(x)}{\partial x_n}$ 在 $L_p(D)(p>1)$ 中收敛.那么 $\varphi_k(x)$ 在 $L_p(\mathscr{E}_{x_n})$ 中关于$[0,a]$中的 x_n 一致收敛,$L_p(D)$ 中的极限函数 $\varphi(x)$ 被一切 $\mathscr{E}_{x_n}$ 上的这些极限函数所决定,而作为 $L_p(\mathscr{E}_{x_n})$ 的元是连续依赖于 x_n 的.

我们首先对 $x_n\in\left[\frac{a}{2},a\right]$ 证明定理的结论.取在区间$[0,a]$上连续可微,当 $x_n=0$ 时等于0,当 $x_n\in\left[\frac{a}{2},a\right]$ 时等于1的函数 $\zeta(x_n)$.直接可验证函数 $\psi_k(x)=$

$\zeta(x_n)\varphi_k(x)$ 与 $\dfrac{\partial\psi_k(x)}{\partial x_n}$ 在 $L_p(D)$ 中收敛.

利用公式

$$\psi_k=(x_1,x_2,\cdots,x_n)=\int_0^{x_n}\frac{\partial\psi_k(x_1,x_2,\cdots,x_{n-1},\tau)}{\partial\tau}\mathrm{d}\tau \tag{149}$$

与赫尔德不等式,可得

$$\int_{\mathscr{E}}|\psi_l(x)-\psi_k(x)|^p\mathrm{d}x_1\cdots\mathrm{d}x_{n-1}=$$

$$\int_{\mathscr{E}}\left|\int_0^{x_n}\left[\frac{\partial\psi_l(x_1,\cdots,x_{n-1},\tau)}{\partial\tau}-\frac{\partial\psi_k(x_1,\cdots,x_{n-1},\tau)}{\partial\tau}\right]\mathrm{d}\tau\right|^p\mathrm{d}x_1\cdots\mathrm{d}x_{n-1}\leqslant$$

$$x_n^{\frac{p}{p'}}\int_{\mathscr{E}}\int_0^{x_n}\left|\frac{\partial\psi_l(x_1,\cdots,x_{n-1},\tau)}{\partial\tau}-\frac{\partial\psi_k(x_1,\cdots,x_{n-1},\tau)}{\partial\tau}\right|^p\mathrm{d}x_1\cdots\mathrm{d}x_{n-1}\mathrm{d}\tau\leqslant$$

$$a^{\frac{p}{p'}}\left\|\frac{\partial\psi_l}{\partial x_n}-\frac{\partial\psi_k}{\partial x_n}\right\|_{L_p(D)}^p$$

由此推出,$\psi_k(x)$ 依 $L_p(\mathscr{E}_{x_n})$ 中范数关于 x_n 一致收敛于某个函数 $\psi(x)$. 因此,根据 $x\in\left[\dfrac{a}{2},a\right]$ 时 $\zeta(x_n)=1$,当 $x_n\in\left[\dfrac{a}{2},a\right]$ 时我们得到在每个截形 $\mathscr{E}_{x_n}$ 上定义的 $\varphi_k(x)$ 在 $L_p(\mathscr{E}_{x_n})$ 中的极限函数 $\varphi(x)$. 这个结论对于 $x_n\in\left[0,\dfrac{a}{2}\right]$ 的证明完全相似,而这个在所有 $\mathscr{E}_{x_n}$ 上定义的极限函数 $\varphi(x)$ 显然就是 $\varphi_k(x)$ 在 $L_p(D)$ 中的极限函数. 尚需证明,作为 $L_p(\mathscr{E}_{x_n})$ 中的元 $\varphi(x)$ 是连续依赖于 x_n 的,也就是要证明

$$\lim_{\delta\to 0}\int_{\mathscr{E}_{x_n}}|\varphi(x_1,\cdots,x_{n-1},x_n+\delta)-\varphi(x_1,\cdots,x_{n-1},x_n)|^p\mathrm{d}x_1\cdots\mathrm{d}x_{n-1}=0$$

依赫尔德不等式,我们有

$$\int_{\mathscr{E}_{x_n}}|\psi_k(x_1,\cdots,x_{n-1},x_n+\delta)-\psi_k(x_1,\cdots,x_{n-1},x_n)|^p\mathrm{d}x_1\cdots\mathrm{d}x_{n-1}=$$

$$\int_{\mathscr{E}_{x_n}}\left|\int_{x_n}^{x_n+\delta}\frac{\partial\psi_k(x_1,\cdots,x_{n-1},x_n)}{\partial x_n}\mathrm{d}x_n\right|^p\mathrm{d}x_1\cdots\mathrm{d}x_{n-1}\leqslant$$

$$\delta^{\frac{p}{p'}}\int_{\mathscr{E}_{x_n}}\int_{x_n}^{x_n+\delta}\left|\frac{\partial\psi_k}{\partial x_n}\right|^p\mathrm{d}x\leqslant\delta^{\frac{p}{p'}}\left\|\frac{\partial\psi_k}{\partial x_n}\right\|_{L_p(D)}^p$$

而于极限有

$$\int_{\mathscr{E}_{x_n}}|\psi(x_1,\cdots,x_{n-1},x_n+\delta)-\psi(x_1,\cdots,x_{n-1},x_n)|^p\mathrm{d}x_1\cdots\mathrm{d}x_{n-1}\leqslant$$

$$\delta^{\frac{p}{p}}\left\|\frac{\partial\psi}{\partial x_n}\right\|^p_{L_p(D)}$$

由此推出当 $x_n\in\left[\frac{a}{2},a\right]$ 时所要证的关系式. 同样的关系式对于 $x_n\in\left[0,\frac{a}{2}\right]$ 也成立.

注 定理中的导数 $\frac{\partial\varphi_m(x)}{\partial x_n}$ 是连续的条件可以减弱为具有属于 $L_p(D)$ 的广义导数. 在这种情形下,等式(149) 对于一切 $x_0\in[0,a]$ 与 $\mathscr{E}$ 中殆遍的 $(x_1,x_2,\cdots,x_{n-1})$ 成立[110],而其后的全部论证仍然有效. $\frac{\partial\varphi_m(x)}{\partial x_n}$ 在 $L_p(D)$ 中的极限显然是 D 上的广义导数 $\frac{\partial\varphi(x)}{\partial x_n}$. 由所证定理与广义导数的性质可知,若函数 $\varphi(x)$ 给定在正方体 $Q[0\leqslant x_i\leqslant 1](i=1,2,\cdots,n)$ 上,并且 $\varphi(x)$ 连同其广义导数 $\frac{\partial\varphi(x)}{\partial x_n}$ 属于 $L_p(Q)(p>1)$,那么 $\varphi(x)$ 与这样的函数相抵,它在 Q 的每一被平面 $x_n=b(0\leqslant b\leqslant 1)$ 所截的截形上定义,而在这些截形上属于 $L_p(\mathscr{E}_{x_n})$,并且依 $L_p(\mathscr{E})$ 中的范数连续依赖于 x_n. 这由下面的事实推出:这样的函数 $\varphi(x)$ 可以用如定理条件中的在 $\overline{Q}$ 上连续可微的函数 $\varphi_k(x)$ 来逼近[111]. 特别是在正方体的边界 $x_n=0$ 与 $x_n=1$ 上存在依所述意义的 $\varphi(x)$ 的极限值.

现在假设函数 $\varphi(x)$ 定义在某个有界域 D 上并且属于 $W_p^{(1)}(D)$. 其次假定 D 的边界包含 $n-1$ 维的光滑片段 S. 我们用直到边界为连续可微的变换 $y=y(x)$,把 D 的与 S 连接的部分映射到平行多面体中(假定 S 作这种变换是可能的). 如果

$$x_n=F(x_1,x_2,\cdots,x_{n-1})\quad(\alpha\leqslant x_k\leqslant\beta;k=1,2,\cdots,n-1)$$

是 S 的方程,而满足条件 $\alpha\leqslant x_k\leqslant\beta(k=1,2,\cdots,n-1)$ 与 $0\leqslant x_n-F(x_1,x_2,\cdots,x_{n-1})\leqslant\gamma$ 的点 $(x_1,x_2,\cdots,x_n)$ 属于 $\overline{D}$,那么作为新变数的 y_k 可取

$$y_1=x_1,y_2=x_2,\cdots,y_n=x_n-F(x_1,x_2,\cdots,x_{n-1})$$

平行多面体由不等式 $\alpha\leqslant y_k\leqslant\beta(k=1,2,\cdots,n-1)$ 与 $0\leqslant y_n\leqslant\gamma$ 所确定. 在新的变数下,$\varphi(y)$ 属于 $W_p^{(1)}(Q)$,其中 Q 是所述的平行多面体,而以上所述对 $\varphi(y)$ 也正确.

特别是当向 Q 的边界 T(片段 S 的象) 靠近时,函数 $\varphi(y)$ 的值依 $L_p(T)$ 中的范数逼近 $\varphi(y)$ 在边界上的值. 在旧坐标下,这表示 $\varphi(x)$ 在 S 上的值与 $\varphi(x)$ 在"以相应方式移动的曲面"上的值依 $L_p(S)$ 的范数意义相互接近. 在这个意义下,可以谈论 $W_p^{(1)}(D)$ 中的函数 $\varphi(x)$ 在 $n-1$ 维光滑面上的值(特别是在边界的 $n-1$ 维光滑片段上的值) 以及这些值的连续性概念.

现在证明,对于空间 $W_p^{(1)}(D)$ 中的函数,在下面所说的条件之下,平常的分

部积分公式

$$\int_D \frac{\partial \varphi(x)}{\partial x_k}\psi(x)\mathrm{d}x = -\int_D \varphi(x)\frac{\partial \psi(x)}{\partial x_k}\mathrm{d}x + \int_S \varphi(x)\psi(x)\cos(n,x_k)\mathrm{d}S \quad (150)$$

成立，其中 n 是域 D 的边界 S 的外法线. 我们假设域 D 可以分割为有穷个域 D_k，而其中每一个关于它的某个点是星形的，并且具有分片光滑的边界. 如果我们证明公式(150) 对于每个 D_k 是正确的，那么对所有 D_k 的这些等式相加，可知等式(150) 对于整个域 D 也正确. 因此，可设 D 是星形的，而 $\varphi(x) \in W_p^{(1)}(D)$，$\psi(x) \in W_{p'}^{(1)}(D)\left(\frac{1}{p}+\frac{1}{p'}=1\right)$. 依[111] 中的定理，存在于 $\overline{D}$ 上连续可微的函数序列 $\varphi_k(x)$ 与 $\psi_k(x)$，分别在 $W_p^{(1)}(D)$ 与 $W_{p'}^{(1)}(D)$ 中收敛于 $\varphi(x)$ 与 $\psi(x)$. 依定理 3，在 $L_p(S)$ 中 $\varphi_k(x)\to\varphi(x)$，而在 $L_{p'}(S)$ 中 $\psi_k(x)\to\psi(x)$. 对于函数 $\varphi_k(x)$ 与 $\psi_k(x)$，公式(150) 成立. 在其中按 k 取极限，即知公式(150) 对于 $\varphi(x)$ 与 $\psi(x)$ 的正确性.

在解数学物理的边界问题时，需要考察空间 $W_p^{(l)}(D)$ 的某些子空间，它们由满足某些齐次边界条件的元所组成. 这首先由 K. 弗里德里克斯引入(参看希尔伯特与柯朗的《数学物理方法》卷 Ⅱ 第 Ⅶ 章). 与上面一样，设 D 是空间 $x(x_1,x_2,\cdots,x_n)$ 中的有界域. 我们以 $\dot{C}^{(l)}(D)$ 表示一切在 D 上连续并且具有直至 l 阶连续导数的紧支函数的集合. 我们在这个线性簇中引入 $W_p^{(l)}(D)$ 的范数，而按这个范数所得的 $\dot{C}^{(l)}(D)$ 的闭包用 $\mathring{W}_p^{(l)}(D)$ 表示. 如果 $\varphi(x) \in \dot{C}^{(l)}(D)$，$\psi(x) \in W_{p'}^{(l)}(D)\left(\frac{1}{p}+\frac{1}{p'}=1\right)$，那么依广义导数的定义可得

$$\int_D D^k\varphi(x)\psi(x)\mathrm{d}x = (-1)^k\int_D \varphi(x)D^k\psi(x)\mathrm{d}x \quad (151)$$

留意 $\mathring{W}_p^{(l)}(D)$ 的元是 $\dot{C}^{(l)}(D)$ 的元依 $W_p^{(l)}(D)$ 的范数的极限，可以断言公式(151) 对于任意的 $\varphi(x) \in \mathring{W}_p^{(l)}(D)$ 与 $\psi(x) \in W_{p'}^{(l)}(D)$ 成立. 显然 $\mathring{W}_p^{(l)}(D)$ 含于 $W_p^{(l)}(D)$ 中. 不难看出 $\mathring{W}_p^{(l)}(D)$ 是 $W_p^{(l)}(D)$ 的真部分($l \geqslant 1$). 事实上，例如我们来考察 $l=1$ 的情形. 写出分部积分公式

$$\int_D \frac{\partial \varphi(x)}{\partial x_1}\psi(x)\mathrm{d}x = -\int_D \varphi(x)\frac{\partial \psi(x)}{\partial x_1}\mathrm{d}x + \int_S \varphi(x)\psi(x)\cos(n,x_1)\mathrm{d}S$$

其中 $\varphi(x)$ 与 $\psi(x)$ 是 $\overline{D}$ 上的连续可微函数. $W_p^{(l)}(D)$ 中存在于 S 上不等于零的所述类型的函数 $\varphi(x)$，对于这些函数选择相应的 $\psi(x)$ 时，沿 S 的积分不等于零. 对于 $\mathring{W}_p^{(l)}(D)$ 中的任一函数 $\varphi(x)$，公式(151) 当 $k=1$ 时成立，其中没有沿

曲面的积分.

由于 $\psi(x) \in W_{p'}^{(l)}(D)$ 是任意的，公式(151) 使我们有权说，$\mathring{W}_p^{(l)}(D)$ 中函数 $\varphi(x)$“连同其直至 $l-1$ 阶导数在边界上变为零”.

如果域的边界 S 是充分光滑的，那么 $\varphi(x)$ 与它的前 $l-1$ 阶导数，当逼近 S 时，依 $L_p(S)$ 的范数趋于零，这正如上面所指出的.

在一般情形下，所述的边界条件仅在这样的意义下成立：对于任意 $\varphi(x) \in \mathring{W}_p^{(l)}(D)$ 与 $\psi(x) \in W_{p'}^{(l)}(D)$ 公式(151) 成立. 在考察空间 $\mathring{W}_p^{(l)}(D)$ 时，边界的光滑性不起本质的作用，因为把 D 置于某个球 D_1 之内，并令 $\varphi(x)$ 在 D 外等于零，把 $\varphi(x)$ 延展到 D_1，我们得到 $\varphi(x) \in \mathring{W}_p^{(l)}(D_1)$. $\mathring{W}_p^{(l)}(D)$ 中函数的这种延展，使有可能不引入严格位于 D 内的域 D' 而作出更完备的结论. 特别是：

1) $\mathring{W}_p^{(l)}(D)$ 中的函数 $\varphi(x)$ 可以用在 D 上无穷可微的紧支函数依 $W_p^{(l)}(D)$ 中的范数逼近；

2) 如果 $\varphi(x) \in \mathring{W}_2^{(l)}(D)$，$l \geqslant \left[\frac{n}{2}\right]+1$，那么 $\varphi(x)$ 与在 $\overline{D}$ 上连续且在 D 的边界上等于零的函数相抵.

最后，我们证明函数集 $\dot{C}^{(\infty)}(D)$ 在 $W_p^{(0)}(D)(p \geqslant 1)$ 中，即在 $L_p(D)$ 中的闭包，是整个空间 $L_p(D)$. 换句话说，光滑紧支函数集合在空间 $L_p(D)$ 中稠密.

事实上，设 D_δ 是与 D 的边界的距离不小于 δ 的点的集合，而对于任一 $\varphi(x) \in L_p(D)$，作

$$\varphi^{(\delta)}(x)=\begin{cases}\varphi(x), \text{如果 } x \in D_\delta \\ 0, \text{如果 } x \overline{\in} D_\delta\end{cases}$$

函数 $\varphi^{(\delta)}(x)$ 的集合显然在 $L_p(D)$ 中稠密，因为当 $\delta \to 0$ 时

$$\| \varphi-\varphi^{(\delta)} \|_{L_p(D)}^p=\int\limits_{D-D_\delta} | \varphi(x) |^p \mathrm{d}x \to 0$$

我们作 $\varphi^{(\delta)}(x)$ 的中值函数 $\varphi_h^{(\delta)}(x)\left(h \leqslant \frac{\delta}{2}\right)$. 这个 D 上的光滑紧支函数，当 $h \to 0$ 时在 $L_p(D)$ 中收敛于 $\varphi^{(\delta)}(x)$. 函数 $\varphi_h^{(\delta)}(x)$ 组成 $L_p(D)$ 中的稠密集合. 这样一来，我们证明了当 $l=0$ 时空间 $W_p^{(l)}(D)$ 与 $\mathring{W}_p^{(l)}(D)$ 重合.

114. 嵌入定理

我们现在转到详细研究空间 $W_p^{(l)}(D)$ 中函数的性质，以及建立函数与它的导数在域本身和域的各不同维数的截形上的性态的相互关系. 与此有关的，我们得到一系列重要的不等式，并以它们为基础来研究空间 $W_p^{(l)}(D)$ 的等价赋范

空间. 全部这些结果通常称为 С. Л. 索伯列夫的"嵌入定理". 在本节中我们给出这些定理的陈述.

我们假定 D 关于某个位于 D 内的球 K 的所有点是星形的,或者 D 是可以用光滑曲面分成有限个所述类型的域.

对于所述类型的域可以证明:若 $\varphi(x)$ 在 D 上具有所有 $l \geqslant 1$ 阶的广义导数,并且函数 $\varphi(x)$ 连同这些导数均属于 $L_p(D)(p > 1)$,那么 $\varphi(x)$ 具有直至 l 阶的一切广义导数,而且它们也属于 $L_p(D)$. 换言之,当 $m < l$ 时函数类 $\widetilde{W}_p^{(l)}(D)$ 含于类 $\widetilde{W}_p^{(m)}(D)$ 中,也含于类 $W_p^{(m)}(D)$ 中. 由此附带推出,对于上述类型的域,函数类 $W_p^{(l)}(D)$ 与 $\widetilde{W}_p^{(l)}(D)$ 由同样的函数所组成. 为简单计

$$\| \varphi \|_{p,l} = \| \varphi \|_{\widetilde{W}_p^{(l)}(D)}$$

可以证明不等式

$$\sum_{k=1}^{l-1} \| \varphi \|_{p,k} \leqslant A \| \varphi \|_{p,l} \tag{152}$$

成立,其中 A 是不依赖于 $\varphi(x) \in \widetilde{W}_p^{(l)}(D)$ 的正常数. 不等式(152) 表明,空间 $W_p^{(l)}(D)$ 与 $\widetilde{W}_p^{(l)}(D)$ 的范数是等价的. 以后我们可以把空间 $W_p^{(l)}(D)$ 与 $\widetilde{W}_p^{(l)}(D)$ 看成是相同的. 所述命题是我们就要列出的更一般的定理的特殊情形.

以上所述的命题以及下面介绍的定理将在[115 ~ 118] 中证明.

我们引入函数 $\varphi(x)$ 组成的空间 $C^{(l)}(D)$,其中 $\varphi(x)$ 在 $\overline{D}$ 上连续,并且具有在 $\overline{D}$ 上连续的一切前 l 阶导数,这个空间的范数如下定义

$$\| \varphi \|_{C^{(l)}(D)} = \max_{\substack{x \in \overline{D} \\ 0 \leqslant k \leqslant l}} | D^k \varphi(x) |$$

其中 $D^k\varphi(x)$ 是任一 k 阶导数,而极大值是按 $x \in \overline{D}$ 及一切前 l 阶导数而取的. 我们记得导数 $D^k\varphi(x)$ 在 $\overline{D}$ 上的连续性是指:$\varphi(x)$ 在 D 的内部具有连续导数 $D^k\varphi(x)$,而后者可以补充定义使其在 $\overline{D}$ 上连续. 代替上面所述的 $C^{(l)}(D)$ 中的范数,可以按下式引入等价的范数

$$\| \varphi \| = \sum_{k=0}^{l} \sum_{k_1+k_2+\cdots+k_n=k} \max_{x \in \overline{D}} \left| \frac{\partial^k \varphi(x)}{\partial x_1^{k_1} \cdots \partial x_n^{k_n}} \right|$$

空间 $C^{(l)}(D)$ 显然是 B 型完备空间. 与前文一样,空间 $C^{(0)}(D)$ 用 $C(D)$ 表示.

定理 1 若 $p > 1$ 且 $pl > n$,则凡函数 $\varphi(x) \in W_p^{(l)}(D)$ 都与 $C(D)$ 中的函数相抵,并且

$$\| \varphi \|_{C(D)} \leqslant M \| \varphi \|_{W_p^{(l)}(D)} \tag{153}$$

其中 M 是仅与域 D 有关的常数. 每个在 $W_p^{(l)}(D)$ 中有界的集合 U 在 $C(D)$ 中列紧.

定理 2 若 $p > 1$ 且 $pl \leqslant n$,则凡函数 $\varphi(x) \in W_p^{(l)}(D)$ 和在域 D 被任一维数为 $s > n - pl$ 的平面所截的截形 D_s 上殆遍定义,而且与在 D_s 上 q 次幂可

和的函数 $\varphi(x)$ 相抵，其中 q 满足不等式

$$q < \frac{ps}{n - pl} \tag{154}$$

而

$$\| \varphi \|_{L_q(D_s)} \leqslant M_1 \| \varphi \|_{W_p^{(l)}(D)} \tag{155}$$

这里 M_1 是仅与域 D 及截形 D_s 有关的常数. 其次，对于任给的 $\varepsilon > 0$，存在对于 $W_p^{(l)}(D)$ 中范数不超过任一固定数的一切函数 $\varphi(x)$ 都适用的 $\eta > 0$，使当 $|\Delta x| \leqslant \eta$，点 x 与 $x + \tau\Delta x (0 \leqslant \tau \leqslant 1)$ 均属于 D 时

$$\int_{D_s} | \varphi(x + \Delta x) - \varphi(x) |^q \mathrm{d}s \leqslant \varepsilon \tag{156}$$

由所述推出，在 $W_p^{(l)}(D)$ 中有界的集合在 $L_q(D_s)$ 中列紧.

注意，我们可以取 D 的整个 s 维平面截形，也可以是其一部分作为 D_s，对于位于 D 中的 n 维域亦如此. 如果 $pl = n$，那么定理 2 中的 q 可取任意大于 1 的数. 当 $pl < n$ 时(154) 的右端大于 1. 若以光滑曲面代替平面截 D 时定理仍正确.

注　根据定理 1，当 $pl > n$ 时凡 $\varphi(x) \in W_p^{(l)}(D)$ 也属于 $C(D)$，就是说 $W_p^{(l)}(D)$ 中的函数嵌在 $C(D)$ 中. 根据(153)，把 $W_p^{(l)}(D)$ 的每个函数与它本身(但看作是 $C(D)$ 的元) 对应的嵌入算子是有界算子，而定理 1 的后一个结论可归结为：这个嵌入算子是全连续的. 对于定理 2 可作类似的注释. 现在再指出嵌入定理的几个推论. 若 $pl > n$ 且 m 为满足不等式 $0 < m < l - \frac{n}{p}$ 的整数，则任一 $\varphi(x) \in W_p^{(l)}(D)$ 在 $\overline{D}$ 上有直至 m 阶的连续导数，并且函数 $D^k\varphi(x)(k \leqslant m)$ 与对应的 $\overline{D}$ 上的 $\varphi(x)$ 的连续导数相抵，且存在仅与 D 有关的正数 A 使

$$| D^k\varphi(x) | \leqslant A \| \varphi \|_{W_p^{(l)}(D)} \tag{157}$$

由此推出，当 $pl > n$ 时，空间 $W_p^{(l)}(D)$ 是空间 $C^{l-\left[\frac{n}{p}\right]-1}$ 的一部分(后者是由在 $\overline{D}$ 上具有直至 $l - \left[\frac{n}{p}\right] - 1$ 阶连续导数的函数的空间). 如果

$$m \geqslant 0, m \geqslant l - \frac{n}{p} \text{ 及 } s > n - (l - m)p$$

那么当 $q < \frac{sp}{n - (l - m)p}$ 时，在 D 中的每个充分光滑的 s 维流形 F_s 上

$$D^m\varphi(x) \in L_q(F_s) \tag{158}$$

而且存在仅与 D 及 F_s 有关的正数 A_1 使

$$\| D^m\varphi(x) \|_{L_q(D_s)} \leqslant A_1 \| \varphi \|_{W_p^{(l)}(D)} \tag{159}$$

在所有列举的情形中，相应的嵌入算子都是全连续的.

定理 1 与定理 2 允许我们作出 $W_p^{(l)}(D)$ 中一些与基本范数(145) 或(138) 等价的范数. 而这方面的更一般的结果由下面的定理 3 给出.

定理3 若 $W_p^{(l)}(D)$ 上的线性有界泛函 $l_k(u)(k=1,2,\cdots,N)$ 在次数不高于 $l-1$ 的任何非零多项式上不同时等于零,则公式

$$\|\varphi\|^p = \sum_{l_1+l_2+\cdots+l_n=l} \|D^l\varphi\|_{L_p(D)}^p + \sum_{k=1}^{N} |l_k(\varphi)|^p \tag{160}$$

所定义的范数与基本范数(144)或(138)等价.

首先注意,依[112]中所述,范数(160)与范数

$$\|\varphi\| = \sum_{l_1+l_2+\cdots+l_n=l} \|D^l\varphi\|_{L_p(D)} + \sum_{k=1}^{N} |l_k(\varphi)| \tag{161}$$

以及其他一些相似形式的范数是等价的.

现在举出空间 $W_p^{(1)}(D)$ 的几个等价范数的例子.从定理3可知,在 $W_p^{(1)}(D)$ 中可用

$$\|\varphi\| = \sum_{k=1}^{n} \left\|\frac{\partial\varphi}{\partial x_k}\right\|_{L_p(D)} + \left|\int_D \varphi(x)\mathrm{d}x\right| \tag{162}$$

定义范数.

事实上,由不等式

$$\left|\int_D \varphi(x)\mathrm{d}x\right| \leqslant \|\varphi\|_{L_p(D)}(mD)^{\frac{1}{p'}} \leqslant \|\varphi\|_{W_p^{(1)}(D)}(mD)^{\frac{1}{p'}}$$

这里 mD 表示域 D 的测度,与对于任何常数 $c\neq 0$ 时 $\int_D c\,\mathrm{d}x \neq 0$,可知泛函 $\int_D \varphi(x)\mathrm{d}x$ 在 $W_p^{(1)}(D)$ 上是线性的.

由定理2推出,对于任一满足条件 $1\leqslant q<\frac{pn}{n-p}(p<n)$ 的 q,范数

$$\|\varphi\| = \sum_{k=1}^{n} \left\|\frac{\partial\varphi}{\partial x_k}\right\|_{L_p(D)} + \|\varphi\|_{L_q(D)} \tag{163}$$

与范数(138)等价.当 $p=n$ 时可取任意 $q\geqslant 1$.如果 $p>n$,那么也可取任意 $q\geqslant 1$,或甚至把公式(163)右端第二项换为 $\|\varphi\|_{C(D)}$,这样的注释对于下面的公式(164)也适用.读者容易验证

$$\|\varphi\| = \sum_{k=1}^{n} \left\|\frac{\partial\varphi}{\partial x_k}\right\|_{L_p(D)} + \|\varphi\|_{L_q(S)} \tag{164}$$

也定义一个与(138)等价的范数,式中 S 是某一位于 D 中的 $n-1$ 维光滑流形,而指数 q 满足条件 $1\leqslant q<\frac{p(n-1)}{n-p}(p<n)$.对于空间 $W_p^{(l)}(D)(l\geqslant 1)$ 的各种各样等价的范数的论述仿此.

115. 具有极性核的积分算子

现在我们转到对上节所述的嵌入定理的证明.我们首先要考察一类具有极性核的积分算子.与平常一样,我们用 D 表示 n 维空间 R_n 中的有界域.设 σ_n 为

R_n 中的单位球(维数为 $n-1$)，$|\sigma_n|$ 为这个球的面积. 对于 R_n 中的体积元我们有公式 $dx=dx_1dx_2\cdots dx_n=r^{n-1}drd\sigma_n$[Ⅱ;173]，这里

$$d\sigma_n=\sin^{n-2}\theta_1\sin^{n-3}\theta_2\cdots\sin\theta_{n-2}d\theta_1d\theta_2\cdots d\theta_{n-2}d\varphi$$

定理 1 设 $B(x,y)$ 是当 x 与 $y\in\overline{D}$ 时有界且当 $x\neq y$ 时连续的核. 积分算子

$$u(x)=\int_D\frac{B(x,y)}{|x-y|^\lambda}f(y)dy \tag{165}$$

作为从 $L_p(D)$ 到 $C(D)$ 中的算子，在 $\lambda<\frac{n}{p'}\left(\frac{1}{p}+\frac{1}{p'}=1\right)$ ①的条件下是全连续的(因此也是有界的).

依条件，$|B(x,y)|\leqslant B$，这里 B 是常数. 依赫尔德不等式

$$|u(x)|\leqslant B\left[\int_D|f(y)|^pdy\right]^{\frac{1}{p}}\left[\int_{K_R}r^{-\lambda p'}dy\right]^{\frac{1}{p'}}$$

其中 K_R 是包含 D 的以坐标原点为中心、R 为半径的球，而 $r=|x-y|$. 变换到以点 x 为原点的球坐标，可得

$$\left[\int_{K_R}r^{-\lambda p'}dy\right]^{\frac{1}{p'}}\leqslant\left[\int_0^{2R}r^{n-1-\lambda p'}dr\int_{\sigma_n}d\sigma_n\right]^{\frac{1}{p'}} \tag{166}$$

因而

$$|u(x)|\leqslant B\left(\frac{|\sigma_n|}{n-\lambda p'}\right)^{\frac{1}{p'}}(2R)^{\frac{n}{p'}-\lambda}\|f\|_{L_p(D)} \tag{167}$$

这个估计说明，如果 $\|f\|_{L_p(D)}\leqslant C$($C$ 是某个常数)，那么相应的函数 $u(x)$ 在 $\overline{D}$ 上一致有界. 要证明本定理只需证明这些函数是等度连续的. 设 δ 是足够小的正数，$D^{(\delta)}$ 是满足 $|y-x|\geqslant\delta$ 的点 $y\in D$ 的集合. 对于 x 与 $x+\Delta x\in\overline{D}$，我们有

$$|u(x+\Delta x)-u(x)|\leqslant\int_{D^{(\delta)}}\left|\frac{B(x,y)}{|x-y|^\lambda}-\frac{B(x+\Delta x,y)}{|x+\Delta x-y|^\lambda}\right|\cdot|f(y)|dy+$$
$$B\int_{D-D^{(\delta)}}\frac{|f(y)|}{|x-y|^\lambda}dy+B\int_{D-D^{(\delta)}}\frac{|f(y)|}{|x+\Delta x-y|^\lambda}dy$$

并且我们假定 $|\Delta x|\leqslant\frac{\delta}{2}$. 对于任给的 $\varepsilon>0$，存在 $\eta>0$ 使第一个积分号下的差的绝对值当 $|\Delta x|\leqslant\eta$ 时小于或等于 ε. 应用赫尔德不等式，可得第一个积分的估值 $\varepsilon|D|^{\frac{1}{p'}}C$，其中 $|D|$ 是 D 的测度. 第二个积分可按不等式(167)当 $2R=\delta$ 时估值，而第三个积分不超过相应的积分号下的函数依球

① 这里以及下面我们假定 $p>1$.

$$|y-(x+\Delta x)| \leqslant \frac{3\delta}{2}$$

与 D 的相交部分而取的积分,而这个积分也可用(167) 当 $2R=\frac{3\delta}{2}$ 时来估值.

最后得到

$$|u(x+\Delta x)-u(x)| \leqslant \varepsilon |D|^{\frac{1}{p'}} C+B\left(\frac{|\sigma_n|}{n-\lambda p'}\right)^{\frac{1}{p'}}\left[\delta^{\frac{n}{p'}-\lambda}+\left(\frac{3\delta}{2}\right)^{\frac{n}{p'}-\lambda}\right]$$

由此依 δ 与 ε 的任意性指出:当 $\|f\|_{L_p(D)} \leqslant C$ 时 $u(x)$ 是等度连续的. 定理得证.

定理 2 设 $n>\lambda \geqslant \frac{n}{p'}$,整数 $s>n-(n-\lambda)p$(或者同样的,$\frac{s}{p}>\lambda-\frac{n}{p'}$)且 $s \leqslant n$. 作为从 $L_p(D)$ 到 $L_q(D_s)$ 中的积分算子(165) 是全连续的,这里的 D_s 是某个 s 维的平面截形,而 q 是满足不等式

$$q<q^{*}=\frac{sp}{n-(n-\lambda)p}$$

的任意数.

其次,如假定 $B(x,y)$ 定义于内部含有 $\overline{D}$ 的域 D_1 之上并且在 D_1 上具有上述的性质,我们得

$$\|u(x+\alpha x^0)-u(x)\|_{L_q(D_s)} \leqslant \varepsilon(\alpha)\|f\|_{L_p(D)} \tag{168}$$

其中 x^0 是固定的矢量,$\varepsilon(\alpha)$ 对于 $0 \leqslant \alpha \leqslant \delta$ 连续(这里的 δ 是某个正数) 且当 $\alpha=0$ 时等于零,并且由常数 B 以及 D 与 D_s 的维数所确定.

注 可以不假定 $B(x,y)$ 在更宽广的域 D_1 上定义,但这时需假定公式(168) 中的移动 αx^0 是容许的,即指点 $x+\alpha x^0$ 仍位于 D 中. 还要注意,当 $n-(n-\lambda)p=0$ 时,指数 q 是任意的.

我们把证明分为两部分.

辅助定理 1 在所述条件下,算子(165) 作为从 $L_p(D)$ 到 $L_q(D_s)$ 中的算子是有界的.

由定理的条件可知 $q^{*}>p$,暂设 $q>p$. 我们有

$$\frac{s}{q}>\frac{s}{q^{*}}=\lambda-\frac{n}{p'}$$

即

$$\lambda=\frac{s}{q}+\frac{n}{p'}-2\beta \quad (\beta>0)$$

令

$$\alpha_1=\frac{1}{q},\alpha_2=\frac{1}{p}-\frac{1}{q},\alpha_3=\frac{1}{p'} \quad (\alpha_1+\alpha_2+\alpha_3=1)$$

两次使用赫尔德不等式,可得下面的不等式

$$\int_D |f_1f_2f_3|\mathrm{d}x \leqslant \left[\int_D |f_1|^{\frac{1}{\alpha_1}}\right]^{\alpha_1}\left[\int_D |f_2|^{\frac{1}{\alpha_2}}\right]^{\alpha_2}\left[\int_D |f_3|^{\frac{1}{\alpha_3}}\right]^{\alpha_3}$$

把这个不等式应用于明显的估计式

$$|u(x)| \leqslant B\int_{K_R}(|f(y)|^{\frac{p}{q}}r^{-\frac{s}{q}+\beta})(|f(y)|^{p(\frac{1}{p}-\frac{1}{q})})(r^{-\frac{n}{p'}+\beta})\mathrm{d}y$$

右端的积分,再令 $f(y)$ 于球在 D 外的那一部分取零值,我们得

$$|u(x)| \leqslant B\left[\int_{K_R}|f(y)|^p r^{-s+q\beta}\mathrm{d}y\right]^{\frac{1}{q}}\left[\int_{K_R}|f(y)|^p\mathrm{d}y\right]^{\frac{1}{p}-\frac{1}{q}}\left[\int_{K_R}r^{-n+p'\beta}\mathrm{d}y\right]^{\frac{1}{p'}}$$

上式右端第二个因子就是 $\|f\|_{L_p(D)}^{1-\frac{p}{q}}$.第三个因子可用熟知的方法估值

$$\int_{K_R}r^{-n+p'\beta}\mathrm{d}y \leqslant \frac{|\sigma_n|(2R)^{p'\beta}}{p'\beta}$$

由此得到

$$u(x) \leqslant B\left(\frac{|\sigma_n|}{p'\beta}\right)^{\frac{1}{p'}}(2R)^{\beta}\|f\|_{L_p(D)}^{1-\frac{p}{q}}\left[\int_{K_R}|f(y)|^p r^{-s+q\beta}\mathrm{d}y\right]^{\frac{1}{q}}$$

与

$$\int_{D_s}|u(x)|^q\mathrm{d}x^{(s)} \leqslant B^q\left(\frac{|\sigma_n|}{p'\beta}\right)^{\frac{q}{p'}}(2R)^{q\beta}\|f\|_{L_p(D)}^{q-p}\int_{D_s}\mathrm{d}x^{(s)}\int_{K_R}|f(y)|^p r^{-s+q\beta}\mathrm{d}y \tag{169}$$

这里的微分 $\mathrm{d}x^{(s)}$ 是关于 D_s 的.更换积分次序并估计里层关于 $r^{-s+q\beta}$ 对于固定的 y 在 D_s 上的积分.我们先注意

$$-s+q\beta=-q\left(\frac{s}{q}-\beta\right)=-q\left(\lambda-\frac{n}{p'}+\beta\right)>0$$

在 D_s 中引入以 y 在 D_s 上的投影作为原点的球坐标系,我们得到 $\mathrm{d}x^{(s)}=\rho^{s-1}\mathrm{d}\rho\mathrm{d}\sigma_s$,而因 $\rho\leqslant r$ 与 $-s+q\beta<0$,故 $r^{-s+q\beta}\leqslant\rho^{-s+q\beta}$.由此得

$$\int_{D_s}r^{-s+q\beta}\mathrm{d}x^{(s)} \leqslant \int_{D_s}\rho^{-s+q\beta}\rho^{s-1}\mathrm{d}\rho\mathrm{d}\sigma_s=\frac{|\sigma_s|(2R)^{q\beta}}{q\beta}$$

再依(169)得

$$\|u\|_{L_q(D_s)} \leqslant (2R)^{2\beta}C\|f\|_{L_p(D)} \tag{170}$$

这里

$$C=B\left(\frac{|\sigma_n|}{p'\beta}\right)^{\frac{1}{p'}}\left(\frac{|\sigma_s|}{q\beta}\right)^{\frac{1}{q}} \tag{171}$$

与 D 的范围无关.

上面我们是假设 $q>p$ 的.如果取 $q\leqslant p$,那么只需应用由赫尔德不等式而直接推出的不等式

$$\| u \|_{L_q(D_s)} \leqslant \| u \|_{L_{q_1}(D_s)} \mid D_s \mid^{1-\frac{q}{q_1}} \quad (p < q_1 < q^*) \tag{172}$$

这里 $\mid D_s \mid$ 是 D_s 的测度，而这时在 C 的表示式中不含有因子 $\mid D_s \mid^{1-\frac{q}{q_1}}$.

辅助定理 2 算子(165) 关于定理 2 意义下的移动是连续的.

与定理 1 中一样

$$\begin{aligned} \mid u(x+\Delta x) - u(x) \mid \leqslant & \int\limits_{D^{(\delta)}} \left| \frac{B(x,y)}{\mid y-x \mid^\lambda} - \frac{B(x+\Delta x,y)}{\mid y-(x+\Delta x) \mid^\lambda} \right| \cdot \\ & \mid f(y) \mid \mathrm{d}y + B \int\limits_{\mid y-x \mid \leqslant \delta} \frac{\mid f(y) \mid}{\mid y-x \mid^\lambda} \mathrm{d}y + \\ & B \int\limits_{\mid y-x \mid \leqslant \delta} \frac{\mid f(y) \mid}{\mid y-(x+\Delta x) \mid^\lambda} \mathrm{d}y \end{aligned} \tag{173}$$

而且仍设 $\mid \Delta x \mid \leqslant \frac{\delta}{2}$. 对于给定的 $\varepsilon > 0$，存在 $\eta > 0$ 使当 $\mid \Delta x \mid \leqslant \eta$ 时我们有

$$\| u(x+\Delta x) - u(x) \|_{L_p(D_s)} \leqslant \varepsilon \mid D \mid^{\frac{1}{p'}} \mid D_s \mid^{\frac{1}{q}} \| f \|_{L_p(D)} + \cdots$$

上式右端未写出的部分是公式(173) 右端第二、三两项范数的和. 对于这两个范数，当 $2R=\delta$ 与 $2R=\frac{3\delta}{2}$ 时，我们有估计(170)，因此

$$\| u(x+\Delta x) - u(x) \|_{L_q(D_s)} \leqslant (C_1 \varepsilon + C_2 \delta^{2\beta}) \| f \|_{L_p(D)} \tag{174}$$

这里

$$C_1 = \mid D \mid^{\frac{1}{p'}} \mid D_s \mid^{\frac{1}{q}}, C_2 = B\left(\frac{\mid \sigma_n \mid}{p'\beta}\right)^{\frac{1}{p'}} \left(\frac{\mid \sigma_s \mid}{q\beta}\right)^{\frac{1}{q}} \left[1 + \left(\frac{3}{2}\right)^{2\beta}\right] \quad (q > p)$$

当 $q \leqslant p$ 时，在 C_2 的表示式中还要补充一个因子.

欲证定理 2，尚需证明当 $\| f \|_{L_p(D)} \leqslant A$($A$ 为常数) 时，对应的全体 $u(x)$ 的集合在 $L_q(D_s)$ 中列紧. $u(x)$ 在 $L_q(D_s)$ 中的有界性由(170) 推出，而它在 $L_q(D_s)$ 中的等度连续性则由(174) 推知. 如果假定 Δx 位于 D_s 中并注意上述的 $\eta > 0$(η 依 ε 而定) 与核 $B(x,y)$ 有关，而并不依赖于 $f(y)$. 定理 2 证毕.

定理 3 设核 $B_1(x,y)$ 及 $B_2(x,y)$ 对于 x 与 $y \in \overline{D}$ 是有界的，而对于 $x \neq y$ 是连续的. 那么积分

$$I(x,z) = \int\limits_D \frac{B_1(x,y) B_2(y,z)}{\mid x-y \mid^\lambda \mid y-z \mid^\mu} \mathrm{d}y \quad (\lambda < n, \mu < n) \tag{175}$$

对于 x 与 $z \in \overline{D}$ 可表示为形式

$$I(x,z) = B(x,z) \varphi(\mid x-z \mid) \tag{176}$$

其中 $B(x,z)$ 具有与 $B_i(x,y)(i=1,2)$ 同样的性质，而

$$\varphi(\xi) = \begin{cases} \xi^{-(\lambda+\mu-n)}, \text{当 } \lambda+\mu > n \\ 1 + \mid \ln \xi \mid, \text{当 } \lambda+\mu = n \\ 1, \text{当 } \lambda+\mu < n \end{cases} \tag{177}$$

设 $x \neq z$,我们把 D 分解成使 x 只属于 D_1 且 z 只属于 D_2 的两部分:$D = D_1 + D_2$. 选 $p' > 1$ 使 $\lambda < \frac{n}{p'}$,再取算子(165)中的 $f(y) = B_2(y,z) \mid y - z \mid^{\mu}$,那么根据定理 1 我们可以断定,依 D_1 而取的积分(175)是 (x,z) 的连续函数. 对于依 D_2 而取的积分亦然. 这样一来,当 $x \neq z$ 时 $I(x,z)$ 的连续性得证.

为了证明(176),只要证明不等式

$$\int_D \frac{\mathrm{d}y}{\mid x - y \mid^{\lambda} \mid y - z \mid^{\mu}} \leqslant C\varphi(\mid x - z \mid) \tag{178}$$

这里 C 是正的常数.

1. 设 $\lambda + \mu > n$. 记 $\mid x - z \mid = \delta$ 并引入新坐标

$$x' = \frac{x}{\delta}, y' = \frac{y}{\delta}, z' = \frac{z}{\delta}$$

因此 $\mid x' - z' \mid = 1$. 与通常一样,用 R_n 表示整个 n 维空间,我们得

$$\int_D \frac{\mathrm{d}y}{\mid x - y \mid^{\lambda} \mid y - z \mid^{\mu}} \leqslant \int_{R_n} \frac{\mathrm{d}y}{\mid x - y \mid^{\lambda} \mid y - z \mid^{\mu}} = \frac{\delta^n}{\delta^{\lambda}\delta^{\mu}} \int_{R_n} \frac{\mathrm{d}y'}{\mid x' - y' \mid^{\lambda} \mid y' - z' \mid^{\mu}}$$

在计算依 R_n 的积分时,我们把原点移到点 x' 上,而轴 y'_1 由 x' 指向 z'. 如此,我们得

$$\int_D \frac{\mathrm{d}y}{\mid x - y \mid^{\lambda} \mid y - z \mid^{\mu}} \leqslant \delta^{-(\lambda+\mu-n)} \int_{R_n} \frac{\mathrm{d}y'}{\mid y' \mid^{\lambda} \mid y' - z'_0 \mid^{\mu}}$$

这里 z'_0 具有坐标 $(1,0,0,\cdots,0)$. 因为 $\lambda < n, \mu < n$ 与 $\lambda + \mu > n$,所以最后一个积分是收敛的,并且显然与 x 及 z 无关,由此推得

$$\int_D \frac{\mathrm{d}y}{\mid x - y \mid^{\lambda} \mid y - z \mid^{\mu}} \leqslant C \mid x - z \mid^{-(\lambda+\mu-n)}$$

2. $\lambda + \mu = n$ 的情形. 取以原点为中心、R 为半径并且包含 D 的球 K_R,再引入与 1 中一样的坐标,我们得

$$\int_D \frac{\mathrm{d}y}{\mid x - y \mid^{\lambda} \mid y - z \mid^{\mu}} \leqslant \int_{K_R} \frac{\mathrm{d}y}{\mid x - y \mid^{\lambda} \mid y - z \mid^{\mu}} = \int_{K_{\frac{R}{\delta}}} \frac{\mathrm{d}y'}{\mid x' - y' \mid^{\lambda} \mid y' - z' \mid^{\mu}} \leqslant \int_{K_{\frac{2R}{\delta}}} \frac{\mathrm{d}y'}{\mid y' \mid^{\lambda} \mid y' - z'_0 \mid^{\mu}}$$

在最后一个积分中我们把半径扩大为 2 倍,但积分仍然可按以坐标原点为中心的球而取. 正数 δ 可认为是足够小的. 设 $\frac{2R}{\delta} > 2$,依 $K_{\frac{2R}{\delta}}$ 而取的积分可分为依 K_2 及依 $K_{\frac{2R}{\delta}} - K_2$ 的两部分. 依 K_2 的积分给出某个正常数 C_1. 尚需估计积分

$$I_1 = \int\limits_{K_{\frac{2R}{\delta}} - K_2} \frac{\mathrm{d}y'}{|\, y' \,|^\lambda \,|\, y' - z'_0 \,|^\mu}$$

由于 $|\, y' - z'_0 \,| \geqslant |\, y' \,| - 1$，如记 $|\, y' \,| = r$ 得

$$I_1 \leqslant |\, \sigma_n \,| \int_2^{\frac{2R}{\delta}} \frac{r^{n-1}}{r^\lambda (r-1)^\mu} \mathrm{d}r = |\, \sigma_n \,| \int_2^{\frac{2R}{\delta}} \frac{\mathrm{d}r}{r\left(1 - \frac{1}{r}\right)^\mu} \quad (\lambda + \mu = n)$$

或由于 $r \geqslant 2$ 有

$$I_1 \leqslant |\, \sigma_n \,| \, 2^\mu \int_2^{\frac{2R}{\delta}} \frac{\mathrm{d}r}{r} < |\, \sigma_n \,| \, 2^\mu \ln \frac{2R}{\delta}$$

最后得

$$\int\limits_D \frac{\mathrm{d}y}{|\, y - z \,|^\lambda \,|\, z - y \,|^\mu} \leqslant$$

$$C_1 + C_2 \,|\, \ln \delta \,| \leqslant C(1 + \ln |\, x - z \,|) \quad (C \geqslant C_1, C \geqslant C_2)$$

从而得到当 $\lambda + \mu = n$ 时的估计式(178).

3. 对 $\lambda + \mu < n$ 的情形的讨论基本上与上面一样. 我们指出，这时积分(178) 当 $x = z$ 时也收敛. 与上面的情形完全一样，我们有估计

$$\int\limits_D \frac{\mathrm{d}y}{|\, x - y \,|^\lambda \,|\, y - z \,|^\mu} \leqslant \delta^{n-\lambda-\mu} \int\limits_{K_{\frac{2R}{\delta}}} \frac{\mathrm{d}y'}{|\, y' \,|^\lambda \,|\, y' - z'_0 \,|^\mu} \leqslant$$

$$\delta^{n-\lambda-\mu} \left[C_1 + |\, \sigma_n \,| \int_2^{\frac{2R}{\delta}} \frac{r^{n-1}\,\mathrm{d}r}{r^{\lambda+\mu}\left(1 - \frac{1}{r}\right)^\mu} \right] \leqslant$$

$$\delta^{n-\lambda-\mu} \left[C_1 + |\, \sigma_n \,| \, 2^\mu \int_2^{\frac{2R}{\delta}} r^{n-\lambda-\mu-1}\,\mathrm{d}r \right] <$$

$$\delta^{n-\lambda-\mu} \left[C_1 + \frac{|\, \sigma_n \,| \, 2^\mu}{n - \lambda - \mu} \left(\frac{2R}{\delta}\right)^{n-\lambda-\mu} \right]$$

即我们有估计

$$\int\limits_D \frac{\mathrm{d}y}{|\, x - y \,|^\lambda \,|\, y - z \,|^\mu} \leqslant C$$

因此定理 3 得证.

116. С. Л. 索伯列夫的积分表示

我们现在假定，域 D 关于位于 D 内的某个球 K 的所有的点是星形的. 取坐标原点为这个球的球心并用 R 表示它的半径. 我们引入以下的无穷可微的函数[71]

$$p(y)=\begin{cases}Ce^{\frac{-R^2}{R^2-|y|^2}}, 当\ |y|<R\\ 0, 当\ |y|\geqslant R\end{cases}\tag{179}$$

其中所选的常数 C 应使 $p(y)$ 依 K 的积分等于 1.

设 $u(y)$ 是某个在 $\overline{D}$ 上连续并且连续可微的函数. 引入以某个点 x 为原点的球坐标系，则我们可以把 $u(y)$ 作为 x, r 与 ω_n 的函数来研究(这里 ω_n 表示全体球坐标角[Ⅳ;156])，就是说 $u(y)=u(x,r,\omega_n)$，并且 $u(x,0,\omega_n)=u(x)$. 我们考察乘积 $u(y)p(y)$ 依 D 的积分. 实际上，积分只在球 K 上取. 把 $p(y)$ 表示成形式 $p(x,r,\omega_n)$ 并按变量 r 分部求积分，我们得

$$\int_D u(y)p(y)\mathrm{d}y=\int_{\omega_n}\left[\int_0^\infty u(x,r,\omega_n)p(x,r,\omega_n)r^{n-1}\mathrm{d}r\right]\mathrm{d}\omega_n=$$

$$-\int_{\omega_n}\left\{\int_0^\infty u(x,r,\omega_n)\mathrm{d}r\left[\int_r^\infty p(x,\rho,\omega_n)\rho^{n-1}\mathrm{d}\rho\right]\right\}\mathrm{d}\omega_n=$$

$$-\int_{\omega_n}\left[u(x,r,\omega_n)\int_r^\infty p(x,\rho,\omega_n)\rho^{n-1}\mathrm{d}\rho\right]_{r=0}^{r=\infty}\mathrm{d}\omega_n+$$

$$\int_{\omega_n}\left\{\int_0^\infty \frac{\partial u(x,r,\omega_n)}{\partial r}\left[\int_r^\infty p(x,\rho,\omega_n)\rho^{n-1}\mathrm{d}\rho\right]\mathrm{d}r\right\}\mathrm{d}\omega_n=$$

$$u(x)+\int_{\omega_n}\left[\int_0^\infty \frac{1}{r^{n-1}}\frac{\partial u(x,r,\omega_n)}{\partial r}\left(\int_r^\infty p(x,\rho,\omega_n)\rho^{n-1}\mathrm{d}\rho\right)r^{n-1}\mathrm{d}r\right]\mathrm{d}\omega_n$$

最后得到

$$\int_D u(y)p(y)\mathrm{d}y=u(x)-\int_D\frac{\partial u(x,r,\omega_n)}{\partial r}\frac{1}{r^{n-1}}B(x,y)\mathrm{d}y\tag{180}$$

其中

$$B(x,y)=-\int_r^\infty p(x,\rho,\omega_n)\rho^{n-1}\mathrm{d}\rho\tag{181}$$

而点 y 由原点在 x 的球坐标(r,ω_n)确定. 函数 $B(x,y)$ 对于 x 与 $y\in\overline{D}$ 有界，对于 $x\neq y$ 连续. 若 y 沿射线趋于 x，则 $B(x,y)$ 有极限

$$-\int_0^\infty p(x,\rho,\omega_n)\rho^{n-1}\mathrm{d}\rho$$

此极限依赖于射线的角坐标. 由 $B(x,y)$ 的定义直接推出，若 x 属于球 K，则对于属于 D 而位于 K 外的 y 有 $B(x,y)=0$；若 x 落在 K 外，则对于属于 D 但位于由球 K 与顶点为 x 而和球相切的锥面所围成的那个凸区域之外的 y，$B(x,y)=0$. 如注意公式

$$\frac{\partial u(y)}{\partial r}=\sum_{i=1}^{n}\frac{\partial u(y)}{\partial y_i}\cos(r,y_i)=\sum_{i=1}^{n}\frac{\partial u(y)}{\partial y_i}\frac{y_i-x_i}{|y-x|}$$

则依(180)可得

$$u(x)=U+\sum_{i=1}^{n}\int_D\frac{\partial u(y)}{\partial y_i}\frac{B_i(x,y)}{|x-y|^{n-1}}\mathrm{d}y \tag{182}$$

这里

$$U=\int_D u(y)p(y)\mathrm{d}y,B_i(x,y)=B(x,y)\frac{y_i-x_i}{|y-x|} \tag{183}$$

核 $B_i(x,y)$ 显然具有与核 $B(x,y)$ 同样的性质：它对于 x 与 $y\in\overline{D}$ 有界，对于 $x\neq y$ 连续，并当 x,y 落在域 D 的上面所指出的那部分时变为零.

现在假定在 $\overline{D}$ 上 $u(y)$ 连续并且有直至 l 阶的连续导数，我们推求 $u(x)$ 用它的 l 阶导数来表示的公式. 利用公式(182)，可写出

$$\frac{\partial u(y)}{\partial y_i}=U_i+\sum_{k=1}^{n}\int_D\frac{\partial^2 u(z)}{\partial z_i\partial z_k}\frac{B_k(y,z)}{|y-z|^{n-1}}\mathrm{d}z \tag{184}$$

其中

$$U_i=\int_D\frac{\partial u(y)}{\partial y_i}p(y)\mathrm{d}y \tag{185}$$

把(184)代入(182)并应用[115]中的定理3，可得

$$u(x)=U+\sum_{i=1}^{n}U_ib_i(x)+\sum_{i,k=1}^{n}\frac{\partial^2 u(z)}{\partial z_i\partial z_k}\frac{B_{ik}(x,z)}{|x-z|^{n-2}}\mathrm{d}z \tag{186}$$

这里

$$b_i(x)=\int_D\frac{B_i(x,y)}{|x-y|^{n-1}}\mathrm{d}y,\frac{B_{ik}(x,z)}{|x-z|^{n-2}}=\int_D\frac{B_i(x,y)B_k(y,z)}{|x-y|^{n-1}|y-z|^{n-1}}\mathrm{d}y \tag{187}$$

并且核 $B_{ik}(x,z)$ 具有与核 $B(x,y)$ 同样的性质，$b_i(x)$ 依[115]的定理1(当 $f(y)\equiv 1$) 在 $\overline{D}$ 上连续. 相仿的，可得 $u(x)$ 由它的 l 阶导数表出的式子

$$u(x)=U+\sum_{1\leqslant k\leqslant l-1}\sum_{i_1,\cdots,i_k=1}^{n}U_{i_1,\cdots,i_k}b_{i_1,\cdots,i_k}(x)+$$
$$\sum_{i_1,\cdots,i_l=1}^{n}\int_D\frac{\partial^l u(y)}{\partial y_{i_1}\cdots\partial y_{i_l}}\frac{B_{i_1,\cdots,i_l}(x,y)}{|x-y|^{n-l}}\mathrm{d}y \tag{188}$$

这里 $b_{i_1,\cdots,i_k}(x)$ 在 $\overline{D}$ 上连续，核 $B_{i_1,\cdots,i_l}(x,y)$ 具有与核 $B(x,y)$ 同样的性质

$$U_{i_1,\cdots,i_k}=\int_D\frac{\partial^k u(y)}{\partial y_{i_1}\cdots\partial y_{i_k}}p(y)\mathrm{d}y \tag{189}$$

而关于 $i_1,\cdots,i_l$ 求和是按一切形式的 l 阶导数求和. 我们指出，当 $n<l$ 时表示式(188)中的核是有界的[115].

还要指出，$U_{i_1,\cdots,i_k}$ 是 $L_p(D)$ 上的线性泛函. 如把它表为形式

$$U_{i_1,\cdots,i_k}=(-1)^k\int_D u(y)\frac{\partial^k p(y)}{\partial y_{i_1}\cdots\partial y_{i_k}}\mathrm{d}y \tag{190}$$

就能证实这一点.

现在来考察空间 $\widetilde{W}_p^{(l)}(D)$. 我们记得,这个空间中的范数由下式给出

$$\|u\|_{\widetilde{W}_p^{(l)}(D)}^p=\|u\|_{L_p(D)}^p+\int_D\sum_{i_1,\cdots,i_l}\left|\frac{\partial^l u(y)}{\partial y_{i_1}\cdots\partial y_{i_l}}\right|^p\mathrm{d}y \tag{191}$$

([112] 中相互等价的范数中的一个). 我们证明积分表示式(188) 对于任一函数 $u(x)\in\widetilde{W}_p^{(l)}(D)$ 也正确. 设 $u_m(x)$ 是 $C^{(l)}(D)$ 中的函数序列,收敛于 $\widetilde{W}_p^{(l)}(D)$ 中的 $u(x)$[111]. 对函数 $u_m(x)$ 写出(188) 并使 $U_{i_1,\cdots,i_k}$ 取(190) 的形式,再令 $m\to\infty$ 取极限. 依[115] 的定理 1 与定理 2,具有核 $B_{i_1,\cdots,i_l}(x,y)\mid x-y\mid^{-(n-l)}$ 的积分算子在 $L_p(D)$ 上连续,因此可在积分号下取极限. 这样一来,积分表示式(188) 对 $\widetilde{W}_p^{(l)}(D)$ 中任一函数成立. 现在证明,$\widetilde{W}_p^{(l)}(D)$ 中的函数具有属于 $L_p(D)$ 的一切可能的 $k<l$ 阶广义导数. 对 $u_m(x)$ 的 $l-1$ 阶导数应用公式(182),我们得

$$\frac{\partial^{l-1}u_m(x)}{\partial x_{i_1}\cdots\partial x_{i_{l-1}}}=U_{i_1,\cdots,i_{l-1}}^{(m)}+\int_D\sum_{k=1}^n\frac{\partial^l u_m(y)}{\partial y_{i_1}\cdots\partial y_{i_{l-1}}\partial y_k}\frac{B_k(x,y)}{\mid x-y\mid^{n-1}}\mathrm{d}y \tag{192}$$

其中

$$U_{i_1,\cdots,i_{l-1}}^{(m)}=\int_D\frac{\partial^{l-1}u_m(y)}{\partial y_{i_1}\cdots\partial y_{i_{l-1}}}p(y)\mathrm{d}y=(-1)^{l-1}\int_D u_m(y)\frac{\partial^{l-1}p(y)}{\partial y_{i_1}\cdots\partial y_{i_{l-1}}}\mathrm{d}y$$

根据[115] 中的定理 1 或定理 2(依 $n-1<\frac{n}{p}$ 或 $n-1\geqslant\frac{n}{p}$ 而定) 我们可以断定(192) 右端的积分算子作为从 $L_p(D)$ 到 $C(D)$ 中或到 $L_p(D)$ 中的算子,它是连续的,也就是说在所有情形,它都是到 $L_p(D)$ 中的连续算子. 根据条件,$u_m(x)$ 依 $\widetilde{W}_p^{(l)}(D)$ 中的范数收敛于 $u(x)$;由此推出,当 $m\to\infty$ 时公式(192) 的右端在 $L_p(D)$ 中有极限,从而函数 $u(x)$ 在 D 上具有属于 $L_p(D)$ 的 $l-1$ 阶广义导数,并且公式(192) 适用于这些导数,只要把其中的 $u_m(x)$ 换为 $u(x)$,而 $U_{i_1,\cdots,i_{l-1}}^{(m)}$ 换为

$$U_{i_1,\cdots,i_{l-1}}=(-1)^{l-1}\int_D u(y)\frac{\partial^{l-1}p(y)}{\partial y_{i_1}\cdots\partial y_{i_{l-1}}}\mathrm{d}y$$

应用与(188) 及(192) 相似的任一阶数小于 l 的 k 阶导数以 l 阶导数表示的积分表示式,我们可以同样地证明存在属于 $L_p(D)$ 的一切可能的较低阶广义导数. 所述的积分表示于此自然地被拓广到整个 $\widetilde{W}_p^{(l)}(D)$ 上. 注意相应的积分算子具有 $n-(l-k)$ 级的极性核. 由这些积分算子在 $L_p(D)$ 中的有界性直接导出估值

$$\left\|\frac{\partial^k u(x)}{\partial x_{i_1}\cdots\partial x_{i_k}}\right\|_{L_p(D)}\leqslant C\left[\|u\|_{L_p(D)}+\sum_{i_1,\cdots,i_l}\left\|\frac{\partial^l u(x)}{\partial x_{i_1}\cdots\partial x_{i_l}}\right\|_{L_p(D)}\right]$$

$$(k=1,2,\cdots,l-1) \tag{193}$$

由此推得不等式(152).

量值(190)现在可换回(189)的形式.如此,我们证明了关于某个球为星形的域,空间 $W_p^{(l)}(D)$ 与 $\widetilde{W}_p^{(l)}(D)$ 由同样的函数所组成,而依(193)这两个空间的范数是等价的①.

C. Л. 索伯列夫曾获得 $W_p^{(l)}(D)$ 中函数的积分表示式(188)的一些其他形式(参考 C. Л. 索伯列夫的《泛函分析在数学物理中的应用》,1950 年版).

我们现在就关于某个球是星形域的情形来证明[114]中所述的一般嵌入定理,然后指出如何把这些定理移植到一类更广泛的域上.而关于 $W_p^{(l)}(D)$ 与 $\widetilde{W}_p^{(l)}(D)$ 的等价的结论因此也可以移植到所述的这类域上.

117. 嵌入定理

我们再来考察积分表示式(188).式(188)右端的那些非积分项都是从 $W_p^{(l)}(D)$ 到 $C(D)$ 中的全连续算子.事实上,任一函数 $u(x)\in W_p^{(l)}(D)$ 被这种算子映成在 $\overline{D}$ 上连续的同一个函数 $b_{i_1,\cdots,i_k}(x)$ 与 $W_p^{(l)}(D)$ 上的连续泛函 $U_{i_1,\cdots,i_k}$ 的乘积.若函数 $u(x)$ 的集合在 $W_p^{(l)}(D)$ 中有界,则可以从 $U_{i_1,\cdots,i_k}$ 中选出一个收敛序列.相应的函数序列 $U_{i_1,\cdots,i_k}\times b_{i_1,\cdots,i_k}(x)$ 在 $\overline{D}$ 上一致收敛.对(188)的积分项可应用[115]的定理 1 或定理 2.这样我们就得到下面两个嵌入定理[114].

定理 1 如果 $pl>n$,那么凡函数 $u(x)\in W_p^{(l)}(D)$ 在 $\overline{D}$ 上连续,($W_p^{(l)}(D)\subsetneqq C(D)$),而嵌入算子有界

$$\max_{\overline{D}}|u(x)|=\|u\|_{C(D)}\leqslant K\|u\|_{W_p^{(l)}(D)}$$

(K 是大于零的常数),并且全连续,就是说把 $W_p^{(l)}(D)$ 中的有界函数集映为 $C(D)$ 中的列紧集.

定理 2 设 $pl\leqslant n$ 与 $s>n-pl$.那么对于任意的

$$q<q^*=\frac{ps}{n-lp} \tag{194}$$

函数 $u(x)\in W_p^{(l)}(D)$ 在 D 的任一 s 维平面截形上属于 $L_q(D_s)$. $W_p^{(l)}(D)$ 到 $L_q(D_s)$ 中的嵌入算子有界且全连续.作为 $L_q(D_s)$ 的元,$u(x)$ 依 $L_q(D_s)$ 中的度量关于截形 D_s 的平移是连续的,如果这个平衡是容许的.

注 1. 不计相抵的函数,$W_p^{(l)}(D)$ 的函数 $u(x)$ 是唯一确定的,而定理中关于 $u(x)$ 的截形上的性态的结论,是对相抵的函数类中所选某函数而言的[参看 113].注意,由上述可知,式(188)确定的正是这样的函数.

2. 如果在定理 2 中把 $L_q(D_s)$ 换为 $L_{q^*}(D_s)$,那么可以证明,定理中直至"有

---

① 以后我们可以把 $\widetilde{W}_p^{(l)}(D)$ 与 $W_p^{(l)}(D)$ 看作一样的.

界”二字为止的结论仍然正确.

3. 如果在 D 中取 s 维流形 T_s(它可能落在 D 的边界上),这个流形可以借 l 次连续可微且单值可逆的变数替换 $y_i=y_i(x_1,\cdots,x_n)(i=1,\cdots,n)$ 变换到平面中(即使是逐块地变换也行),那么定理2当 D_s 换为 T_s 时仍然正确.这时所述的变数替换需在 T_s 的某个 n 维邻域上定义.

我们曾经指出过,对于函数 $u(x)\in W_p^{(l)}(D)$,其阶数为 $m<l$ 的广义导数具有与(188)相仿的由其 l 阶导数借助具有 $n-(l-m)$ 级的极性核来表示的积分表示式.应用[115]中的定理,可像以上那样得到下面两个定理:

定理 3 如果 $pl>n$ 且 $0<m<l-\frac{n}{p}$,那么函数 $u(x)\in W_p^{(l)}(D)$ 的 m 阶广义导数在 $\overline{D}$ 上连续,并且从 $W_p^{(l)}(D)$ 到 $C^{(m)}(D)$ 中的嵌入算子有界且全连续.

定理 4 如果 $m\geqslant l-\frac{n}{p}$ 且 $s>n-(l-m)p$,那么对于任意的

$$q<q^*=\frac{ps}{n-(l-m)p} \tag{195}$$

函数 $u(x)\in W_p^{(l)}(D)$ 的 m 阶广义导数在域 D 的 s 维平面截形 D_s 上属于 $L_q(D_s)$,并且:

a)
$$\|D^m u\|_{L_q(D_s)}\leqslant K\|u\|_{W_p^{(l)}(D)} \tag{196}$$

b) 若函数 $u(x)$ 的集合在 $W_p^{(l)}(D)$ 中有界,则 $D^m u(x)$ 的集合在 $L_q(D_s)$ 中列紧;

c) 函数 $D^m u(x)$ 关于 D_s 的容许的平移是依 $L_q(D_s)$ 中的度量连续的.

对于定理4可以给出与定理2中相似的注.

现在转到[114]中的关于 $W_p^{(l)}(D)$ 中的等价范数的定理3的证明.我们回忆定理的相应的陈述.

设 $W_p^{(l)}(D)$ 上的线性有界泛函 $l_k(u)(k=1,2,\cdots,N)$ 在次数不超过 $l-1$ 的任何非零多项式上不同时等于零.那么由公式

$$\|u\|^p=\int_D\sum_{i_1,\cdots,i_l}\left|\frac{\partial^l u(x)}{\partial x_{i_1}\cdots\partial x_{i_l}}\right|^p\mathrm{d}x+\sum_{k=1}^N|l_k(u)|^p \tag{197}$$

定义的 $W_p^{(l)}(D)$ 中的范数与范数(191)等价.

因为泛函 $l_k(u)(k=1,2,\cdots,N)$ 在范数(191)下是有界的,所以范数(197)显然可以用范数(191)来估计.

现在证明相反的不等式.我们暂时把范数(197)简记为 $\|u\|$,而用 $\|u\|_{W_p^{(l)}(D)}$ 表示与范数(145)等价的范数(191).

我们需证明,对于所有属于 $W_p^{(l)}(D)$ 的函数有估计式

$$\|u\|_{W_p^{(l)}(D)}\leqslant A\|u\| \tag{198}$$

我们假设上式不成立，就是说存在正数的无穷序列 $A_m(m=1,2,\cdots)$ 与 $W_p^{(l)}(D)$ 中的元 $u_m(x)$，使当 $m\to\infty$ 时 $A_m\to\infty$，并且

$$\|u_m\|_{W_p^{(l)}(D)}\geqslant A_m\|u_m\| \tag{199}$$

在 $u_m(x)$ 中引入常数因子，我们可设

$$\|u_m\|_{W_p^{(l)}(D)}=1 \tag{200}$$

从(199)与(200)可知当 $m\to\infty$ 时 $\|u_m\|\to 0$，因而函数 $u_m(x)$ 的一切 l 阶广义导数在 $L_p(D)$ 中收敛于零. 依(200)与定理2，序列 $u_m(x)$ 在 $L_p(D)$ 中列紧. 从其中分出收敛的子序列，我们仍用 $u_m(x)$ 表示，再假设当 $m\to\infty$ 时 $u_m(x)$ 在 $L_p(D)$ 中收敛于 $u_0(x)$. 由此依[109]的定理2推出 $u_0(x)$ 的一切 l 阶广义导数存在并且等于零. 还要注意，$u_m(x)$ 依范数(191)收敛于 $u_0(x)$. 现在证明 $u_0(x)=0$. 考察某个严格位于 D 内的子域 D'. 对于充分小的 h，中值函数 $u_{0h}(x)$ 的导数与导数 $D^l u_0(x)$ 的中值函数在 D' 上一致[109]. 由此直接可知，中值函数 $u_{0h}(x)$ 的所有 l 阶导数在 D' 上等于零，因此 $u_{0h}(x)$ 在相应的子域上是 $x_1,\cdots,x_n$ 的次数不超过 $l-1$ 的多项式. 因这些多项式的集合在 $L_p(D')$ 中组成子空间，而在 $L_p(D)$ 中 $u_{0h}(x)\to u_0(x)$，由此可以看出 $u_0(x)$ 在任一严格位于 D 内的子域上是某一次数不高于 $l-1$ 的多项式，而这表明在整个 D 上亦如此. 现在注意，由于泛函 $l_k(u)$ 在 $W_p^{(l)}(D)$ 中连续，故当 $m\to\infty$ 时 $l_k(u_m)\to l_k(u_0)(k=1,2,\cdots,N)$. 同时，由(199)与(200)可知，当 $m\to\infty$ 时 $l_k(u_m)\to 0$ $(k=1,2,\cdots,N)$. 因此我们得到 $l_k(u_0)=0(k=1,2,\cdots,N)$，于是依定理的条件 $u_0(x)=0$. 这自然与(200)及 $u_m(x)$ 在 $W_p^{(l)}(D)$ 中收敛于 $u_0(x)$ 是矛盾的. 定理得证. 现在举几个应用这一定理的简单例子.

1) 设 $u(x)\in W_2^{(2)}(D)$，即函数 $u(x)$ 连同其前二阶广义导数在 D 上平方可和. 当 $n\leqslant 3$ 时，由定理1推出 $u(x)$ 在 $\overline{D}$ 上连续. 对于 $n\geqslant 4$，这个结论可能不正确.

2) 借[114]中定理3而得的 $W_p^{(1)}(D)$ 中的范数(162)，当 $p=2$ 时给出著名的庞加莱不等式

$$\int_D u^2(y)\mathrm{d}y\leqslant B\left[\int_D\sum_{k=1}^n\left(\frac{\partial u(y)}{\partial y_k}\right)^2\mathrm{d}y+\left(\int_D u(y)\mathrm{d}y\right)^2\right] \tag{201}$$

3) 相仿的，当 $p=2$ 与 $q=2$ 时范数(164)给出

$$\int_D u^2(y)\mathrm{d}y\leqslant C\left[\int_D\sum_{k=1}^n\left(\frac{\partial u(y)}{\partial y_k}\right)^2\mathrm{d}y+\int_S u^2(y)\mathrm{d}s\right] \tag{202}$$

这里 S 是 D 中的足够光滑的 $n-1$ 维流形. 于特例，若 D 的边界是逐段光滑的，则它可以取作(202)中的流形 S. 在这种情形下的不等式(202)就是著名的弗里德里克斯不等式.

118. 更一般类型的域

我们现在把嵌入定理推广到更广泛的一类域上. 设有界域 D 可以用逐块光滑的 $n-1$ 维流形分割为有穷个子域,使在[117]中所得的一切结论在其中每一个上都正确. 那么对于整个域 D 这些结论也正确. 显然,我们只需考察当 D 被某个曲面 S_0 分成两个不相交部分 D_1 与 D_2 的情形. 设函数 $u(x) \in \widetilde{W}_p^{(l)}(D)$. 首先证明,$u(x)$ 在 D 上具有属于 $L_p(D)$ 的一切较低阶广义导数. $u(x) \in \widetilde{W}_p^{(l)}(K)$ 是明显的,其中 K 是 D 中的任意球. 对球 K 使用[116]中的结论,可知 $u(x)$ 在 K 上具有属于 $L_p(K)$ 的一切形如 $\chi(x)=D^k u(x)(0 \leqslant k \leqslant l)$ 的广义导数. 函数 $\chi(x)$ 在 D 上处处定义并且属于 $L_p(D)$. 事实上,$u(x)$ 在 D_1 与 D_2 中分别具有属于 $L_p(D_1)$ 与 $L_p(D_2)$ 的导数 $D^k u(x)$. 由广义导数的唯一性可知,$\chi(x)$ 在 D_1 及 D_2 上都与 $D^k u(x)$ 一致,因此 $\chi(x) \in L_p(D)$. 现在证明 $\chi(x)$ 就是 D 上的广义导数 $D^k u(x)$. 设 D' 是任一严格位于 D 内的子域,而 $\delta > 0$ 是 D' 到 D 的边界的距离. 设 x 是 D' 内的任一点且 $0 < h < \delta$. 在球心为 x、半径为 δ 的球上,$u(y)$ 具有广义导数 $D^k u(y)=\chi(y)$. 作平均半径为 h 的中值函数,我们可以断定[109],在球心 $D^k u_h(x)=\chi_h(x)$. 因为当 $h \to 0$ 时 $u_h(x) \to u(x)$,同时在 $L_p(D')$ 中 $D^k u_h(x) \to \chi(x)$,于是依广义导数的第二个定义[109]可知 $\chi(x)$ 就是函数 $u(x)$ 在 D 上的广义导数 $D^k u(x)$. 还要记住 $\chi(x) \in L_p(D)$.

注 我们的论证表明,对于任意域 D,$\widetilde{W}_p^{(l)}(D)$ 中的函数具有属于 $L_p(D')$ 的一切较低阶的广义导数.

现在研究[117]中定理1推广到本节所述的域 D 上的问题. 我们假设 $n < pl$,于是 $u(x)$ 在 $\overline{D}_1$ 与 $\overline{D}_2$ 上连续. 现在证明 $u(x)$ 在 $\overline{D}$ 上连续,为此只需证明 $u(x)$ 在曲面 S_0 上连续. $u(x)$ 在 D 的任一内点上的连续性由对足够小的球应用 $W_p^{(l)}$ 到 C 中的嵌入定理而推出. 对于 D 的边界上的 S_0 的点,$u(x)$ 的沿任一位于 $\overline{D}_1$ 内的路径而得出的极限值,由于 $u(x)$ 在 $\overline{D}_1$ 上连续,与沿位于 S_0 上的路径而得出的极限值是相等的. 对于 D_2 可得同样的结论. 由此推出,沿任意路径得到的 $u(x)$ 的极限值都相等,因此 $u(x)$ 在 $\overline{D}$ 上连续. 嵌入算子的全连续性(从而其有界性)由以下事实推出:对于 $W_p^{(l)}(D)$ 中的有界集,首先从中取出一个在 $C(D_1)$ 中收敛的序列,然后从这个序列中取出一个在 $C(D_2)$ 中收敛的子序列. 后者显然在 $\overline{D}$ 上一致收敛.

同理可证[117]中的定理3可以推广到所考察的情形. 当推广[117]中的理定2时也不会产生什么困难. 只需注意 s 维截形 D_s 一般说来可以分成两部分:$D_s=D'_s+D''_s$,其中 $D'_s=D_s \cdot D_1$,$D''_s=D_s \cdot D_2$. 对 D_1 与 D_2 应用[117]中的定理2,我们得

$$\| u \|_{L_q(D_s)} \leqslant \| u \|_{L_q(D'_s)} + \| u \|_{L_q(D''_s)} \leqslant$$

$$C[\| u \|_{W_p^{(l)}(D_1)} + \| u \|_{W_p^{(l)}(D_2)}] \leqslant$$
$$2C \| u \|_{W_p^{(l)}(D)} \tag{203}$$

这样一来，我们证明了由 $W_p^{(l)}(D)$ 到 $L_q(D_s)$ 中的嵌入算子是有界的. $W_p^{(l)}(D)$ 中的函数在 $L_q(D_s)$ 中关于截形 D_s 的平移的强连续性的定理也用此法得到推广. $W_p^{(l)}(D)$ 到 $L_q(D_s)$ 中的嵌入算子的全连续性直接由(203)以及关于移动的强连续性推出.

[117]中定理4的推广不需要任何新的演证.

[114]中的关于 $W_p^{(l)}(D)$ 中等价范数的定理3仍然正确，因为在[117]中所给出的证明仅依赖于嵌入定理.

现在可以断定，如果构成域 D 的各个部分域关于某个球是星形的，那么[114]与[117]中研究过的所有嵌入定理对 D 均正确.

119. 空间 $\overset{\circ}{C}{}^{(l)}(D)$

设 D 是空间 R_n 中的有穷域或无穷域，$\dot{C}^{(l)}(D)$ 是所有在 D 上连续并且具有前 l 阶连续导数的紧支连续函数 $\varphi(x)$ 的集合. 显然，$\dot{C}^{(l)}(D)$ 是线性空间. 仿照 $C^{(l)}(D)$[114]的情形，我们引入 $\dot{C}^{(l)}(D)$ 中的下列范数

$$\| \varphi \|_{\dot{C}^{(l)}(D)} = \max_{\substack{x \in \overline{D} \\ 0 \leqslant k \leqslant l}} | D^{(k)} \varphi(x) | \tag{204}$$

依这个范数封闭 $\dot{C}^{(l)}(D)$ 得到 B 型空间，我们用 $\overset{\circ}{C}{}^{(l)}(D)$ 表示它. 这个空间由那些在 $\overline{D}$ 上具有前 l 阶连续导数且在 D 的边界上这些导数及函数本身均变为零的有界函数所组成.

对不同的 $l = 0, 1, \cdots$，若 $l_1 > l_2$，则显然 $\overset{\circ}{C}{}^{(l_1)}(D) \subsetneqq \overset{\circ}{C}{}^{(l_2)}(D)$，而且 $\overset{\circ}{C}{}^{(l_1)}(D)$ 的全体元组成的集合在 $\overset{\circ}{C}{}^{(l_2)}(D)$ 中稠密. 利用取中值函数的方法，容易证实这一点.

我们考察与 $\overset{\circ}{C}{}^{(l)}(D)$ 共轭的空间($\overset{\circ}{C}{}^{(l)}(D)$ 上的线性泛函的空间)，并用 $U^{(l)}(D)$ 表示它. 容易看出，对于 $l_1 > l_2$，$U^{(l_2)}(D) \subsetneqq U^{(l_1)}(D)$.

设核 $\psi(x)$ 在 D 上可和，那么由等式

$$(m, \varphi) = \int_D \psi(x) \varphi(x) \mathrm{d}x \tag{205}$$

界定的泛函 m 都是 $U^{(l)}(D)$ 的元的例子. 这种泛函的范数满足不等式

$$\| m \| \leqslant \int_D | \psi(x) | \mathrm{d}x$$

这种泛函通常叫作函数型泛函，并且看作就是确定这种泛函的核. 其他的泛函叫作广义函数. 函数型泛函并不能举尽 $U^{(l)}(D)$ 中的一切元. 例如由等式

$$(\delta(x-x_0),\varphi)=\varphi(x_0) \tag{206}$$

定义的泛函 $\delta(x-x_0)$，其中 x_0 是 D 中的固定点，就不能用核在 D 上可和的式(205) 来表示. 我们说与这个泛函相应的核是集中在点 x_0 的 δ 函数 $\delta(x-x_0)$，并写成

$$\int_D \delta(x-x_0)\varphi(x)\mathrm{d}x=\varphi(x_0) \tag{207}$$

函数 $\delta(x-x_0)$ 不是按通常意义的函数. 不过我们将证明，核为分片连续的式(205) 所表示的所有 $U^{(l)}(D)$ 的元在 $U^{(l)}(D)$ 中稠密. 更确切地说，我们有：

定理 核为分片连续的全体函数型泛函，依泛函的弱收敛意义在 $\mathring{C}^{(l)}(D)$ 中稠密.

首先证明下面的辅助定理：

辅助定理 给定 $\varepsilon>0$，对于任一固定的 $\varphi(x)\in\mathring{C}^{(l)}(D)$，存在严格位于 D 内的域 D_ε 使

$$\max_{\substack{x\in\bar{D}-D_\varepsilon\\0\leqslant k\leqslant l}}|D^k\varphi|\leqslant\varepsilon \tag{208}$$

依 $\mathring{C}^{(l)}(D)$ 的定义，$\dot{C}^{(l)}(D)$ 中存在依范数(204) 收敛于 $\varphi(x)$ 的序列 $\varphi_m(x)$，因此存在标数 m_ε 使当 $p>0$ 时

$$\|\varphi_{m_\varepsilon}-\varphi_{m_\varepsilon+p}\|_{\dot{C}^{(l)}(D)}\leqslant\varepsilon$$

函数 $\varphi_{m_\varepsilon}(x)$ 仅在上述类型的某个域 D_ε 上异于零，因此对于 $x\in\bar{D}-D_\varepsilon$，由上式可得

$$\max_{\substack{x\in D-D_\varepsilon\\0\leqslant k\leqslant l}}|D^{(k)}\varphi_{m_\varepsilon+p}(x)|\leqslant\varepsilon$$

令 $p\to\infty$ 取极限就得(208).

现在转到上述定理的证明. 设 $m\in U^{(l)}(D)$. 我们取平均核 $\omega_\rho(|x-y|)$. 显然，对于位于 D 内且与 D 的边界的距离不小于 2ρ 的域 D_ρ 中的点 x，$\omega_\rho(|x-y|)$ 作为 y 的函数是属于 $\mathring{C}^{(l)}(D)$ 的，因此函数

$$m_\rho(x)=(m,\omega_\rho(|x-y|)) \tag{209}$$

对于 $x\in D_\rho$ 有定义. 依 $\omega_\rho(|x-y|)$ 的无穷可微性及泛函 m 的连续性，$m_\rho(x)$ 具有关于 x 的一切阶的连续导数. 对于一切 $x\in D$ 我们定义分片连续函数

$$\tilde{m}_\rho(x)=\begin{cases}m_\rho(x),\text{当 } x\in D_\rho\\0,\text{当 } x\in D-D_\rho\end{cases}$$

并取趋于零的序列 $\rho=\rho_1,\rho_2,\cdots$，同时假定 D_{ρ_k} 满足 $D_{\rho_k}\subsetneqq D_{\rho_{k+1}}$ 且 D_{ρ_k} 收敛于 D. 现在证明由等式

$$(\widetilde{m}_{\rho_k},\varphi)=\int_D \widetilde{m}_{\rho_k}(x)\varphi(x)\mathrm{d}x=\int_{D_{\rho_k}} m_{\rho_k}(x)\varphi(x)\mathrm{d}x$$

定义的泛函 $\widetilde{m}_{\rho_k}$ 趋于所取的泛函 m. 为此，我们取任一函数 $\varphi(x)\in\mathring{C}^{(l)}(D)$ 并证明当 $k\to\infty$ 时差

$$r_k=(m,\varphi)-(\widetilde{m}_{\rho_k},\varphi)=(m,\varphi)-\int_{D_{\rho_k}}(m,\omega_{\rho_k}(|x-y|))\varphi(x)\mathrm{d}x \tag{210}$$

趋于零，从而就能证得定理. 根据辅助定理，对于给定的 $\varepsilon>0$ 可找到严格位于 D 内的域 D_ε，使对于 $\varphi(x)$ 不等式(208) 成立. 设 k 大到使 $D_\varepsilon\subsetneqq D_{\rho_k}$. 我们记

$$\varphi_k(y)=\int_{D_{\rho_k}}\varphi(x)\omega_{\rho_k}(|x-y|)\mathrm{d}x$$

这个积分的黎曼和是

$$I(y)=\sum_s\varphi(\xi_s)\omega_{\rho_k}(|\xi_s-y|)\Delta_s x$$

其中 $\Delta_s x$ 是诸部分域 D_{ρ_k} 的测度，而 ξ_s 属于相应的部分域. 依 $\varphi(x)$ 的连续性与 $\omega_{\rho_k}(|x-y|)$ 的无穷可微性，当诸部分域的 $\Delta_s x$ 无限变小时，$I(y)$ 与它对 y 的前 l 阶导数关于 y 一致收敛于 $\varphi_k(y)$ 与 $\varphi_k(y)$ 的各相应阶导数. 但由泛函的分配性及其依范数(204) 的连续性，我们有

$$\sum_s(m,\varphi(\xi_s)\omega_{\rho_k}(|\xi_s-y|)\Delta_s x)=\Big(m,\sum_s\varphi(\xi_s)\omega_{\rho_k}(|\xi_s-y|)\Delta_s x\Big)$$

于极限有

$$\int_{D_{\rho_k}}(m,\varphi(x)\omega_{\rho_k}(|x-y|))\mathrm{d}x=(m,\int_{D_{\rho_k}}\varphi(x)\omega_{\rho_k}(|x-y|)\mathrm{d}x)$$

因此(210) 的 r_k 表示式可写成形式

$$r_k=(m,\varphi(y)-\int_{D_{\rho_k}}\varphi(x)\omega_{\rho_k}(|x-y|)\mathrm{d}x) \tag{211}$$

函数 $\varphi_k(x)$ 并不是 $\varphi(x)$ 的具有核 $\omega_{\rho_k}(|x-y|)$ 的通常的中值函数，因为若 $y\in D$，则积分区域 D_{ρ_k} 可能不包含整个球 $|x-y|\leqslant\rho_k$. 然而当 y 属于某个严格位于 D 内的有界子域时，则球 $|x-y|\leqslant\rho_k$ 对于所有足够大的 k 都属于 D_{ρ_k}，因此对于这样的 y，$\varphi_k(y)$ 是 $\varphi(x)$ 的具有核 $\omega_{\rho_k}(|x-y|)$ 的中值函数. 显然 $\varphi_k(y)\in\dot{C}^{(l)}(D)$. 现在证明 $\varphi_k(y)$ 依范数(204) 收敛于 $\varphi(y)$. 为此，我们取 $\delta>0$ 小于 D_ε 到 D 的边界的距离，并用 D_δ 表示由一切球心在 D_ε 中而半径为 δ 的球与 D_ε 合并所成的域. 对于 $y\in D_\delta$ 与所有足够大的 k：$D_\delta\subsetneqq D_{\rho_k}$ 且

$$\varphi_k(y)=\int\limits_{|x-y|\leqslant\rho_k}\varphi(x)\omega_{\rho_k}(|x-y|)\mathrm{d}x$$

因此,当 $k\to\infty$ 时 $\varphi_k(y)$ 与它对于 y 的所有前 l 阶导数,关于 $y\in D_\delta$ 一致收敛于 $\varphi(y)$ 与 $\varphi(y)$ 的各相应阶导数[71]. 而当 $y\in\overline{D}-D_\varepsilon$ 时,因 $\varphi(y)$ 满足不等式(208),所以只要 $y\in\overline{D}-D_\delta$ 函数 $\varphi(y)$ 和 $\varphi_k(y)$ 与其前 l 阶导数一致小. 因此,$\varphi_k(y)$ 依范数(204) 收敛于 $\varphi(y)$,而由(211) 可知当 $k\to\infty$ 时 $r_k\to 0$. 定理得证.

还可以证明,具有光滑核的函数型泛函也在 $U^{(l)}(D)$ 中稠密.

现在定义 $U^{(l)}(D)$ 的元乘以函数 $a(x)$ 的乘法运算以及微分运算 $\frac{\partial}{\partial x_k}$.

设 $a(x)\in C^{(r)}(D)$. 如果 D 是无界域,那么我们假定 $a(x)$ 及其导数是有界的. 引入线性算子

$$A\varphi=a(x)\varphi(x)$$

它把 $\varphi(x)\in\overset{\circ}{C}{}^{(l)}(D)$ 映为 $a(x)\varphi(x)\in\overset{\circ}{C}{}^{(s)}(D)$,其中 $s=\min\{l,r\}$. 我们把 $U^{(l)}(D)$ 的元 m 用 $a(x)$ 乘的运算定义为与 A 共轭的算子 A^*,即由等式

$$(m,A\varphi)=(A^*m,\varphi) \tag{212}$$

来定义,这个等式对所有的 $\varphi(x)\in\overset{\circ}{C}{}^{(l)}(D)$ 均应成立.

于此算子 A^* 作用于 $U^{(s)}(D)$ 的元且 $A^*m\in U^{(l)}(D)$. 如果泛函 m 具有形式(205),其中的核在 D 上可和,那么

$$(m,A\varphi)=\int\limits_D\psi(x)[a(x)\varphi(x)]\mathrm{d}x=\int\limits_D[\psi(x)a(x)]\varphi(x)\mathrm{d}x$$

即泛函 A^*m 也是函数型泛函,其核为 $a(x)\psi(x)$. 现在考察微分算子

$$B\varphi=-\frac{\partial\varphi(x)}{\partial x_k}$$

它是从 $\overset{\circ}{C}{}^{(l)}(D)(l\geqslant 1)$ 到 $\overset{\circ}{C}{}^{(l-1)}(D)$ 中的有界算子. 其共轭算子 B^* 在形式上也由(212) 形式的等式定义

$$(m,B\varphi)=(B^*m,\varphi) \tag{213}$$

它把 $U^{(l-1)}(D)$ 的元 m 映到 $U^{(l)}(D)$ 中. 对于表示成(205) 形式的具有连续可微核 $\psi(x)$ 的泛函 m,这个等式表明与泛函 B^*m 相应的核是 $\frac{\partial\psi(x)}{\partial x_k}$,因为

$$(m,B\varphi)=-\int\limits_D\psi(x)\frac{\partial\varphi(x)}{\partial x_k}\mathrm{d}x=\int\limits_D\frac{\partial\psi(x)}{\partial x_k}\varphi(x)\mathrm{d}x=(B^*m,\varphi)$$

我们来看一下,算子 A^* 与 B^* 对于由 δ 函数给出的泛函(即泛函(206)) 是如何计算的.

设 $\varphi(x) \in \overset{\circ}{C}^{(l)}(D)(l \geqslant 1)$. 于是

$$(\delta(x-x_0), A\varphi) = (A^* \delta(x-x_0), \varphi) = a(x_0)\varphi(x_0)$$

$$(\delta(x-x_0), B\varphi) = (B^* \delta(x-x_0), \varphi) = -\left.\frac{\partial \varphi(x)}{\partial x_k}\right|_{x=x_0} \tag{214}$$

还可引入高阶求导运算,并且容易证明结果与求导运算的次序无关. 如此,对于 $U^{(l)}(D)$ 的元可以定义前 l 阶导数及各种不同的微分算子. 对于这些算子可以提出与通常函数一样的问题,即柯西问题与边界问题. 广义函数首先由 С. Л. 索伯列夫在解线性双曲型方程时引入(1936 年). 函数类的这种扩大,从两个角度来看是有好处的:第一,可能在平常函数类中问题无解,而在广义函数(泛函)类中问题有解;第二,证明"不好的"解(广义函数)的存在往往较容易,而以后再去研究何时这种解是通常解的问题.

这两种情形在各种具有常系数的偏微分方程组

$$\frac{\partial u_i(x,t)}{\partial t} = \sum_{j=1}^{N} \sum_{k=1}^{n} a_{ij}^{k} \frac{\partial u_j(x,t)}{\partial x_k} + \sum_{j=1}^{N} a_{ij} u_j(x,t) + f_i(x,t) \tag{215}$$

$$u_i(x,0) = \varphi_i(x) \quad (i = 1, 2, \cdots, N)$$

的柯西问题例子中可以清楚地看到.

对 x 使用傅里叶变换,这种问题就归结为具有常系数(依赖于数值参数 α_k)的常微分方程组的柯西问题. 使用傅里叶逆变换,能把这些常微分方程的解还原为问题的解. 如果限于古典傅里叶变换的范围内,那么我们只能限于考察初始函数与自由项 f_i 在一定意义下为递减的情形. И. Г. 彼得罗夫斯基曾研究过在这种假定下的问题. 然而在他的工作中,从一些补充的考虑出发,证明了存在一类所谓双曲型方程组,它们在空间任一点(x_0, t_0)的解,只有在 x 空间的某有界部分(依赖于点(x_0, t_0)的选择)上,才能由初始函数 $\varphi_i(x)$ 的值所决定. 从而证明了对于双曲型方程组,不论 $\varphi_i(x)$ 的性态如何,问题(215) 当 $|x|$ 无限增大时具有唯一解.

此外,在 А. Н. 吉洪诺夫、О. А. 拉德任斯卡娅与 С. Д. 爱杰尔曼的工作中还证明了对于所谓抛物型方程组,初始函数当 $|x| \to \infty$ 时不仅可以是非减的,甚至可以是(指数函数式地) 增长的. 然而,这时欲使解的唯一性定理成立,需在增长的阶数上加以一定的限制. 最后,对于热传导方程的逆柯西问题(即对 t 从上往下求解方程$\frac{\partial u}{\partial t} = \Delta u$ 的柯西问题),已经知道仅在一些特殊的初始值之下,它有通常的解.

所有这些事实引起人们更深入地研究问题(215) 以及与此相关的在无穷远处为任意性态的函数的傅里叶变换. 这些研究开始与 L. 施瓦兹的工作,而在 И. М. 盖尔芬德与 Г. Е. 希洛夫的工作中详细论述过. 在无穷远处为增长的函数的傅里叶变换，一般说来已不再是函数，而是 $\overset{\circ}{C}^{(l)}(R_n)$ 上的泛函. 从而需进一步在这些泛函类中研究关于常微分方程组的柯西问题，然后把它还原为问题(215) 的解，这在有些情形下是通常的解，而在另一些情形下则是广义函数. 我们不打算在这里介绍 И. М. 盖尔芬德、Г. Е. 希洛夫与他们的学生研究所得的全部结果，请读者去看他们的关于广义函数及其应用的一些著作①.

这里我们指出几个关于具有光滑系数的椭圆型、抛物型及双曲型的二阶线性方程的泛函解的事实. 考察这种方程之一的

$$L(u)=f(x) \tag{216}$$

其中 $f(x)$ 在点 $x=x_0$ 有奇异性. 可以判明，对于椭圆型与抛物型的方程，方程(216) 的所有解是通常的函数，它们除了可能在点 x_0 具有奇异性外是到处光滑的. 下面我们在拉普拉斯算子的例子中证明：如果 $f(x)$ 是集中在点 x_0 的 δ 函数，那么这时方程(216) 的解是仅在点 x_0 有极性的普通函数. 若方程(216) 是齐次的，则它的一切解都是通常的函数.

对于双曲型方程，情形就不一样了，这时 $f(x)$ 的奇异点分布在整个域上，而解可能不是通常的函数而是广义函数. 我们举个这样的例子. 取波动方程 $u_{tt}=u_{x_1x_1}+u_{x_2x_2}+u_{x_3x_3}$. 它的一个解由泊松公式[Ⅱ;171] 确定

$$u(x,t)=\frac{t}{4\pi}\int_0^{2\pi}\int_0^{\pi}\varphi(x+t\vec{n})\sin\theta\mathrm{d}\theta\mathrm{d}\varphi \tag{217}$$

我们知道，对于三次连续可微的函数 $\varphi(x)$，这个公式给出波动方程的二次连续可微的解，它满足初始条件 $u(x,0)=0, u_t(x,0)=\varphi(x)$. 设 $\varphi_m(x)$ 是三次连续可微的非负函数，当 $m\to\infty$ 时，$\varphi_m(x)$ 趋于函数 $\varphi(x)=\dfrac{1}{x_1^2+x_2^2}$. 由公式(217) 易知，对于位于半空间 $t\geqslant 0$ 的域 $\sqrt{x_1^2+x_2^2}\leqslant t$ 中的 (x,t)，与 $\varphi_m(x)$ 相应的解 $u_m(x,t)$ 趋于 $+\infty$. 这说明，与初始条件

$$u(x,0)=0, u_t(x,0)=\frac{1}{x_1^2+x_2^2}$$

相应的波动方程的解不会是普通函数. 虽然如此，但在泛函类内却有唯一的解. 相仿的，应用基尔霍夫公式，可以确信右端 $f(x)$ 等于 $\delta(x-x_0)$ 的非齐次波动方程在通常函数类内也无解，但在泛函类内有解.

我们计划在第六卷内更详细地研究所有这些问题. 如我们已提到过的，在广义函数范围内提出并解决问题的最初的数学著作，是 С. Л. 索伯列夫的关于

① И. М. 盖尔芬德与 Г. Е. 希洛夫的关于广义函数及其应用的巨著已经出版三卷(据译者所知已经出版五卷).

双曲型方程的柯西问题的著作.

最后我们证明上面说到的关于拉普拉斯方程的解的命题.

设 D 是有界三维域，而 $|x-x_0|=r$ 是变点 x 到点 x_0 的距离. 设 D 的边界充分光滑，应用格林公式，对于 $\varphi(x)\in \overset{\circ}{C}{}^{(2)}(D)$ 可得

$$\varphi(x_0)=-\frac{1}{4\pi}\int_D \frac{\Delta\varphi(x)}{r}\mathrm{d}x$$

或

$$\int_D\left(-\frac{1}{4\pi r}\right)\Delta\varphi(x)\mathrm{d}x=\delta(x-x_0)\varphi(x)$$

由此根据泛函的导数定义，可以看出具有核 $\left(-\frac{1}{4\pi r}\right)$ 的泛函 m_0 满足非齐次拉普拉斯方程

$$\frac{\partial^2 m_0}{\partial x_1^2}+\frac{\partial^2 m_0}{\partial x_2^2}+\frac{\partial^2 m_0}{\partial x_3^2}=\delta(x-x_0) \tag{218}$$

因此也就证明了方程(218) 的一个解是函数型泛函. 欲求方程(218) 的所有解，求出齐次拉普拉斯方程

$$\Delta m=\frac{\partial^2 m}{\partial x_1^2}+\frac{\partial^2 m}{\partial x_2^2}+\frac{\partial^2 m}{\partial x_3^2}=0 \tag{219}$$

的一切泛函解就可以了.

我们证明，满足这个方程的一切泛函 m 可以用在 D 上为调和的函数核表出. 方程(219) 等价于下面的方程：对于任一函数 $\varphi(x)\in \overset{\circ}{C}{}^{(2)}(D)$ 有

$$(m,\Delta_x\varphi)=0 \tag{220}$$

取下面的函数当作 $\varphi(x)$，即

$$\varphi(x)=\frac{1}{4\pi|x-y|}\left[\psi\left(\frac{|x-y|}{\rho_1}\right)-\psi\left(\frac{|x-y|}{\rho_2}\right)\right] \tag{221}$$

其中 $\psi(\xi)$ 是非负的无穷次可微函数，它当 $\xi\in\left[0,\frac{1}{2}\right]$ 时等于 1，当 $\xi\geqslant 1$ 时等于 0. 若点 y 位于 D 的内部，则对于充分小的 ρ_1 与 ρ_2，$\varphi(x)\in \dot{C}^{(2)}(D)$. 函数

$$\omega_\rho(|x-y|)=\begin{cases}0, & \text{当 } x=y\\ \Delta_x\left[\dfrac{1}{4\pi|x-y|}\psi\left(\dfrac{|x-y|}{\rho}\right)\right], & \text{当 } |x-y|>0\end{cases}$$

(当 $|x-y|\leqslant\frac{1}{2}\rho$ 与 $|x-y|\geqslant\rho$ 时等于零) 可取为平均核，因为

$$\int \omega_{\rho}(|x-y|)\mathrm{d}x = \int\limits_{|x-y|\leqslant\rho} \Delta_x \left[\frac{1}{4\pi|x-y|}\psi\left(\frac{|x-y|}{\rho}\right)\right]\mathrm{d}x =$$

$$\int\limits_{r=1} \frac{\partial}{\partial r}\left[\frac{1}{4\pi r}\psi(r)\right]\mathrm{d}r - \int\limits_{r=\frac{1}{2}} \frac{\partial}{\partial r}\left[\frac{1}{4\pi r}\psi(r)\right]\mathrm{d}r = 1$$

而

$$\omega_{\rho}(|x-y|) = \frac{1}{\rho^3}\chi\left(\frac{|x-y|}{\rho}\right)$$

其中

$$\chi(\xi) = \left(\frac{\partial^2}{\partial \xi^2} + \frac{2}{\xi}\frac{\partial}{\partial \xi}\right)\left[\frac{1}{4\pi\xi}\psi(\xi)\right]$$

以函数(221)代(220)中的 $\varphi(x)$ 可得

$$0 = (m, \omega_{\rho_1}(|x-y|) - \omega_{\rho_2}(|x-y|)) \tag{222}$$

根据(209)的记法,这个等式对于与 D 的边界的距离大于 $\max\{\rho_1,\rho_2\}$ 的 y,可改写成

$$m_{\rho_1}(y) = m_{\rho_2}(y)$$

设 D_δ 是某个与 D 的边界的距离 δ 大于 $2\max\{\rho_1,\rho_2\}$ 的域,我们考察 $\mathring{C}^{(2)}(D)$ 中一切在域 D_δ 外等于零的函数 $\varphi(x)$ 的集合 V_δ. 对于这样的 $\varphi(x)$ 我们有

$$\int\limits_{D_\delta}\varphi(y)m_{\rho_1}(y)\mathrm{d}y = (\widetilde{m}_{\rho_1},\varphi) = \int\limits_{D_\delta}\varphi(y)m_{\rho_2}(y)\mathrm{d}y = (\widetilde{m}_{\rho_2},\varphi)$$

另一方面,曾经证明,当 $\rho_1 \to 0$ 时 $(\widetilde{m}_{\rho_1},\varphi) \to (m,\varphi)$. 因此,对于一切 $\rho_k < \frac{\delta}{2}$ 及所取的 $\varphi(x)$ 有

$$(m,\varphi) = (\widetilde{m}_{\rho_k},\varphi) = \int\limits_{D_\delta}\varphi(y)m_{\rho_k}(y)\mathrm{d}y \quad (k=1,2)$$

即泛函 m 由下面的核确定

$$\widetilde{m}_{\rho_k}(x) = \begin{cases} 0, 当\ x \in D - D_{\rho_k} \\ m_{\rho_k}(x), 当\ x \in D_{\rho_k} \end{cases}$$

我们证明 $m_{\rho_k}(x)$ 是 D_δ 上的调和函数. 事实上,对于 $\varphi(x) \in V_\delta$,由(220)推出

$$0 = (m, \Delta_x\varphi) = \int\limits_{D_\delta} m_{\rho_1}(x)\Delta_x\varphi(x)\mathrm{d}x = \int\limits_{D_\delta}\varphi(x)\Delta_x m_{\rho_1}(x)\mathrm{d}x$$

而因为 V_δ 在 $L_2(D_\delta)$ 中稠密,所以对于 $x \in D_\delta$ 有

$$\Delta_x m_{\rho_1}(x) = 0$$

因为数 $\delta > 0$ 是随意取的,而且当 $\delta' < \delta$ 时对于 $x \in D_\delta$ 有 $m_{\delta'}(x) = m_\delta(x)$,因此可以断言调和函数族 $m_\delta(x)$ 确定 D 上的调和函数 $m(x)$,对于

$x \in D_\delta$,它与 $m_\delta(x)$ 一致. 这个调和函数生成我们所研究的泛函 m,因为我们如果取 $\dot{C}^{(2)}(D)$ 中任意的 $\varphi(x)$,则它在某个域 D_δ 之外等于零,因此依已述有

$$(m,\varphi)=\int_{D_\delta} m_\delta(x)\varphi(x)\mathrm{d}x=\int_D m(x)\varphi(x)\mathrm{d}x \tag{223}$$

当 x 逼近 D 的边界时,$m(x)$ 的性态被积分(223) 对于凡 $\varphi(x) \in \mathring{C}^{(l)}(D)$ 应是收敛的所确定.

我们指出所得结果的一个推论. 假设 $\psi(x)$ 是 D 上的可和函数(D 是有穷域) 且对于 $\dot{C}^{(l)}(D)$ 中任意的 $\varphi(x)$ 有

$$\int_D \psi(x)\Delta_x\varphi(x)\mathrm{d}x=0$$

泛函

$$(m,\varphi)=\int_D \psi(x)\varphi(x)\mathrm{d}x$$

满足方程(219),而依上面所述我们可断言 $\psi(x)$ 与 D 上的调和函数相抵.

与上面相仿,可以考察在各种不同函数集合上定义的线性泛函. 我们举个例子. 设 K 是在整个 R_n 上定义并且具有一切阶连续导数的紧支实函数组成的集合. 这个函数集 K 是线性空间. 它按赋范一词通常的意义是不可赋范的,对于这个空间我们仅引入下面的定义.

定义 我们说 K 的函数序列 $\varphi_k(x)(k=1,2,\cdots)$ 趋于零,是指存在有界域使所有 $\varphi_k(x)$ 在其外都等于零,并且 $\varphi_k(x)$ 及这些函数的一切导数当 $k\to\infty$ 时趋于零.

K 上的泛函(m,φ) 这样定义:每个 $\varphi(x) \in K$ 有某个实数(m,φ) 与之对应. 这样的泛函叫作线性的(或线性且连续的),如果它是可分配的,即

$$(m,c_1\varphi_1+c_2\varphi_2)=c_1(m,\varphi_1)+c_2(m,\varphi_2)$$

并且具有以下性质:序列 $\varphi_k(x)$ 趋于零时,$(m,\varphi_k)\to 0$. 函数型泛函由公式(205) 定义,其中的 D 是 R_n,而 $\psi(x)$ 是某个在任一有界域上可和的函数. 泛函乘以具有一切阶连续导数的函数 $\omega(x)$ 的运算由等式$(\omega m,\varphi)=(m,\omega\varphi)$ 定义,而泛函的求导运算由等式

$$(D^k m,\varphi)=(-1)^k(m,D^k\varphi)$$

定义.

泛函具有一切阶的导数. 空间 K 上的泛函理论在上面指出的 И. М. 盖尔芬德与 Г. Е. 希洛夫的著作中有叙述.

希尔伯特空间

第五章

§1 有界算子论

120. 空间的公理

在研究函数空间 L_2 及序列空间 l_2 时我们曾发现其结构是完全相同的. 它们是同一个抽象空间的具体实现，本章的研究对象就是这个抽象空间. 它由希尔伯特第一次用 l_2 的形式引入，通常称之为 H 空间或希尔伯特空间. 我们在下面将要见到，空间 H 是 B 型空间的一个特例，因此对 B 型空间所论的一切也适用于空间 H. 但空间 H 还有它自己所特有的性质.

我们来列举定义 H 的公理. 空间 H 是线性空间，其元满足 [95] 的公理 A. 同时我们把 H 的元看作是可以乘以复数的(复线性空间).

以后如无相反的声明，我们总假定对于任一正整数 n 存在 n 个线性无关的元([95] 的公理 B). 现在引入一个关于数积概念的新公理：

公理 C　对于 H 的每一对元 x 与 y 都有确定的复数与之对应，这个复数叫作 x 乘以 y 的数积，我们用记号 (x,y) 表示它. 数积具有下列性质

$$\begin{cases}(y,x)=\overline{(x,y)}\\(x'+x'',y)=(x',y)+(x'',y)\\(x,x)>0,\text{若 } x\neq 0\\(ax,y)=a(x,y)\end{cases}\tag{1}$$

我们记得，$x \neq 0$ 是指 x 不是零元. 由上述性质立即得出以下的推论

$$\begin{cases}(x, y' + y'') = (x, y') + (x, y'') \\ (x, ay) = \bar{a}(x, y) \\ (x, x) = 0, 若\ x = 0 \\ (x, y) = 0, 若\ x\ 或\ y = 0\end{cases} \tag{2}$$

式子$\sqrt{(x,x)}$（根值看作大于或等于零）叫作元 x 的范数，与[95]中一样我们用 $\| x \|$ 表示. 现在验证这样定义的范数满足[95]中公理 C 的三个条件. 由定义即得 $\| x \| \geqslant 0$，而其中的等号仅对零元成立. 其次我们有

$$\| ax \|^2 = (ax, ax) = | a |^2 (x, x) = | a |^2 \cdot \| x \|^2$$

即

$$\| ax \| = | a | \cdot \| x \| \tag{3}$$

从而有 $\| -x \| = \| x \|$[95].

尚需验证不等式

$$\| x + y \| \leqslant \| x \| + \| y \| \tag{4}$$

首先我们证明不等式

$$| (x, y) | \leqslant \| x \| \cdot \| y \| \tag{5}$$

以后称这个不等式为布尼亚柯夫斯基不等式[参考 Ⅳ;35].

设 x 与 y 是 H 的任意二元，a 与 b 是任意的复数. 我们有

$$\begin{aligned}\| ax + by \|^2 = (ax + by, ax + by) = \\ a\bar{a}(x, x) + a\bar{b}(x, y) + \\ \bar{a}b(y, x) + b\bar{b}(y, y) \geqslant 0\end{aligned}$$

所得的正埃尔密特式（关于变数 a 与 b）的判别式非负，也就是

$$(x, x)(y, y) - (x, y)(y, x) \geqslant 0\ 或\ \| x \|^2 \cdot \| y \|^2 - | (x, y) |^2 \geqslant 0$$

由此推得式(5). 现在证明式(4). 注意明显的等式

$$(x, y) + (y, x) = 2R(x, y) \tag{6}$$

其中 R 表示取实部，我们得

$$\| x + y \|^2 = (x + y, x + y) = \| x \|^2 + \| y \|^2 + 2R(x, y)$$

由此根据 $| R(x, y) | \leqslant | (x, y) |$ 及不等式(5) 推出

$$\| x + y \|^2 \leqslant \| x \|^2 + \| y \|^2 + 2 \| x \| \cdot \| y \| = (\| x \| + \| y \|)^2$$

从而得到不等式(4).

与[95]一样，由(4) 推出不等式

$$\| x - y \| \geqslant \| x \| - \| y \|$$

与

$$\| x - y \| \leqslant \| x - z \| + \| z - y \| \tag{7}$$

与[95]中一样,由范数的概念可以引出元 x 与 y 的距离 $\rho(x,y)=\|x-y\|$ 的概念和序列 x_n 的极限概念(强收敛性)

$$x_n \Rightarrow x_0 \text{ 是指 } \|x_0-x_n\| \to 0 \tag{8}$$

以前论及的所有关于极限的性质在此也正确.在[95]中我们已知:若 $a_n \to a_0$, $x_n \Rightarrow x_0$ 与 $y_n \Rightarrow y_0$,则 $a_n x_n \Rightarrow a_0 x_0$ 与 $x_n+y_n \Rightarrow x_0+y_0$.现在证明下面的定理.

定理 若 $x_n \Rightarrow x_0$ 与 $y_n \Rightarrow y_0$,则 $(x_n,y_n)\to(x_0,y_0)$.

我们令 $u_n=x_n-x_0$, $v_n=y_n-y_0$.依条件,$\|u_n\|$ 与 $\|v_n\|\to 0$.我们有

$$(x_0,y_0)-(x_n,y_n)=(x_0,y_0)-(x_0+u_n,y_0+v_n)=$$
$$-(x_0,v_n)-(u_n,y_0)-(u_n,v_n)$$

再应用(5)可得

$$|(x_0,y_0)-(x_n,y_n)|\leqslant \|x_0\|\cdot\|v_n\|+\|u_n\|\cdot\|y_0\|+\|u_n\|\cdot\|v_n\|$$

由此依 $\|u_n\|$ 及 $\|v_n\|\to 0$ 即得 $(x_n,y_n)\to(x_0,y_0)$.

由此,如果 $y_n=x_n$,我们有:若 $x_n\Rightarrow x_0$,则 $\|x_n\|\to\|x_0\|$[参看95].

若序列 x_n 有极限,则它必自收敛,即当 n 与 $m\to\infty$ 时 $\|x_n-x_m\|\to 0$[95].下面我们假定空间 H 是完备的.

公理 D 若序列 x_n 自收敛,则有 H 的元 x_0 使 $x_n\Rightarrow x_0$.

此外,我们还需要下面的公理:

公理 E 空间 H 是可分的.换句话说,在 H 中存在可数稠密集.

由上所述即知 H 是 B 型空间.

121.正交性与元的正交组

若 $(x,y)=0$,则依(1)得 $(y,x)=0$,这时我们称元 x 与 y 是相互正交的,或简称正交,并记为 $x\perp y$.依(2),零元与任何元正交.

设 $x_1,x_2,\cdots,x_m$ 是两两正交的元,就是说,当 $p\neq q$ 时 $(x_p,x_q)=0$.我们作这些元之和的范数的平方

$$\|x_1+x_2+\cdots+x_m\|^2=(x_1+x_2+\cdots+x_m,x_1+x_2+\cdots+x_m)$$

依(1)与(2)展开数积,并应用已知的正交性,我们得到两两正交的元的毕达哥拉斯定理

$$\|x_1+x_2+\cdots+x_m\|^2=\|x_1\|^2+\|x_2\|^2+\cdots+\|x_m\|^2 \tag{9}$$

与[95]中一样,应用极限的概念可以引入 H 中的无穷级数

$$u_1+u_2+u_3+\cdots \tag{10}$$

收敛的概念.

H 中的元的级数叫作收敛的,如果它的前 n 项之和 $s_n=u_1+u_2+\cdots+u_n$ 当 $n\to\infty$ 时趋于极限 $u(s_n\Rightarrow u)$.这时元 u 叫作级数(10)的和.由完备性公理和上面所述的自收敛性即得级数(10)为收敛的必要且充分条件:对于任给的 $\varepsilon>0$,

存在 N 使当 $n \geqslant N$ 与 $p \geqslant 1$ 时

$$\| u_{n+1} + u_{n+2} + \cdots + u_{n+p} \| \leqslant \varepsilon \tag{10'}$$

如果级数(10) 的一切项两两正交，即 $p \neq q$ 时 $(u_p, u_q) = 0$，那么这个条件具有特别简单的形式.

定理 若级数(10) 的各项两两正交，则它收敛的必要且充分条件是：下面这个各项非负的级数收敛

$$\sum_{k=1}^{\infty} \| u_k \|^2 \tag{11}$$

事实上，在这种情况下，由毕达哥拉斯定理，条件(10′) 可以写成形式

$$\| u_{n+1} \|^2 + \| u_{n+2} \|^2 + \cdots + \| u_{n+p} \|^2 \leqslant \varepsilon, \text{当 } n \geqslant N, p \geqslant 1$$

而这正是级数(11) 为收敛的必要且充分条件.

当级数(10) 中的项的排列变动时，级数(11) 中的项的排列有同样的变动. 但级数(11) 的收敛性不受影响，因此级数(10) 的项的排列变动时不影响它的收敛性 —— 如果它收敛，那么变动项的排列后仍然收敛；如果它不收敛，那么变动项的排列后也不收敛. 对于所考察的情形，应用毕达哥拉斯定理和级数(11) 的收敛性，不难证明级数(10) 的和与各项的次序无关.

我们称元序列

$$x_1, x_2, x_3, \cdots \tag{12}$$

组成规格化正交组，如果

$$(x_p, x_q) = \begin{cases} 0, \text{当 } p \neq q \\ 1, \text{当 } p = q \end{cases} \tag{13}$$

注意到已证定理，我们可以断定级数

$$\sum_{k=1}^{\infty} a_k x_k \tag{14}$$

收敛的必要且充分条件是：各项非负的级数

$$\sum_{k=1}^{\infty} | a_k |^2 \tag{15}$$

收敛.

我们假定以上条件成立，并以 x 记级数(14) 的和. 作数积

$$\left(\sum_{k=1}^{n} a_k x_k, x_p\right)$$

当 $n \geqslant p$ 时，依(13) 可知它等于 a_p，因此令 $n \to \infty$ 取极限就得

$$a_p = (x, x_p) \tag{16}$$

由上式定义的数 a_p 叫作元 x 关于组(12) 的傅里叶系数，而级数(14) 叫作元 x 的傅里叶级数. 我们显然有

$$\| x-\sum_{k=1}^{n}a_k x_k \|^2=\| x \|^2-\sum_{k=1}^{n}| a_k |^2 \tag{17}$$

而当 n 无限增大时可得封闭性方程

$$\| x \|^2=\sum_{k=1}^{\infty}| a_k |^2 \tag{18}$$

由以上的论证推得，如果级数(14)收敛，那么它正是其和 x 的傅里叶级数，而且封闭性方程(18)成立.反之，现在假设已给定 H 中某个元 x.作 x 的傅里叶系数(16)，并写出公式(17).由此可得贝塞尔不等式

$$\sum_{k=1}^{\infty}| a_k |^2 \leqslant \| x \|^2 \tag{19}$$

左端的级数必定是收敛的，就是说任意元 x 的傅里叶级数必定收敛.如果在公式(19)中等式成立，那么依(17)，这就是表示元 x 的傅里叶级数的和等于元 x.如果(19)对于 H 中任意元 x 都是等式，那么组(12)叫作封闭的.如果 H 中除零元外没有一个元能与(12)的一切 x_k 正交，那么组(12)叫作完备的.与[58]中完全一样，可以证明封闭性与完备性是等效的.如果组(12)是封闭的，那么 H 中的一切元 x 以唯一的方式表示成级数(14)的形式，也就是表示成其傅里叶级数.设 a_k 和 b_k 分别是元 x 和 y 的傅里叶系数.如果组(12)是封闭的，那么与[58]中一样，我们可得广义封闭性方程

$$(x,y)=\sum_{k=1}^{\infty}a_k\bar{b}_k \tag{18'}$$

再注意，如果 c_k 是任意复数，而 a_k 是元 x 的傅里叶系数，那么下面的公式成立[参看58]

$$\| x-\sum_{k=1}^{n}c_k x_k \|^2=\| x \|^2-\sum_{k=1}^{n}| a_k |^2+\sum_{k=1}^{n}| c_k-a_k |^2$$

与(17)比较，可以看出，当 c_k 是元 x 的傅里叶系数时，上式左端取得最小值.

我们指出，如果取函数空间 L_2 作为空间 H 的具体实现，那么 H 中的收敛就是 L_2 中的均值收敛，后者曾在[56]中讨论过.这时傅里叶级数的收敛性就归结为[58]中的封闭性方程.

现在回忆一下对 n 维空间曾使用过的正交化过程[Ⅲ;31].假设有 H 中的非零元组成的无穷序列

$$z_1,z_2,z_3,\cdots \tag{20}$$

我们作规格化元 $x_1=z_1:\| z_1 \|$.设 z_s 是(20)中在 z_1 后面第一个不能表示成 a_1x_1 形式的元.作元 $y_2=z_s-(z_s,x_1)x_1$，这显然不是零元，我们把它规格化，也就是作 $x_2=y_2:\| y_2 \|$.设 z_t 是元 z_s 后面第一个不能表示成形式 a_1x_1+

a_2x_2 的元.我们作元

$$y_3 = z_t - (z_t, x_1)x_1 - (z_t, x_2)x_2$$

这无疑不是零元,再把它规格化,即作元 $x_3 = y_3 : \| y_3 \|$. 如此继续下去,我们得到具有下述性质的规格化正交组(12):凡元 x_k 是(20) 中诸元的有穷线性组合,反之亦然,而且元 z_k 可以只用前k 个 x_s 表示出来. 注意,两两正交且异于零元的诸 $y_s(s=1,2,\cdots,m)$ 线性无关. 事实上,设有等式

$$c_1y_1 + c_2y_2 + \cdots + c_my_m = 0$$

将它的两端乘以 y_k 并注意到正交性,我们得 $c_k \| y_k \|^2 = 0$,即 $c_k = 0(k=1,2,\cdots,m)$,由此推出诸 y_s 是线性无关的.

依空间 H 的可分性,在 H 中存在可数稠密集 M

$$u_1, u_2, u_3, \cdots \tag{21}$$

如果把序列 u_k 正交化,我们得到由可数个元组成的完备(封闭) 规格化正交组 $x_k(k=1,2,\cdots)$. 它的封闭性由集合(21) 在 H 中到处稠密推出. 如果经正交化后仅剩下有穷个元,那么 H 就成为有穷维的了.

反之,如果在 H 中存在由可数多个元组成的完备规格化正交组 $x_k(k=1,2,\cdots)$,那么容易证明具复有理系数 $c_s(c_s = a_s + b_s\mathrm{i}, a_s$ 与 b_s 是实有理数) 的所有有限和 $c_1x_1 + c_2x_2 + \cdots + c_kx_k$ 构成一个在 H 中稠密的集合,即 H 的可分性与在 H 中存在可数个元组成的完备正交规格化组是等效的.

我们再证明,如果 H 可分,那么每个正交规格化组 $\mathscr{E}(v)$ 由有穷个或可数个元组成.

设 x 与 y 是两个相互正交的规格化元,即$(x,y)=0$ 且 $\| x \| = \| y \| = 1$. 我们有

$$\| x - y \|^2 = (x - y, x - y) = 2 \text{ 或 } \| x - y \| = \sqrt{2}$$

即两个正交规格化元的距离等于$\sqrt{2}$. 今设 $\mathscr{E}(v)$ 是一个由正交规格化元组成的集合. 固定 ε 并使 $0 < \varepsilon < \frac{1}{2}\sqrt{2}$. 对于 $\mathscr{E}(v)$ 中任一元 v,有集合(21)(于 H 中稠密) 中的元 u_k 使 $\| u_k - v \| \leqslant \varepsilon$. 另一方面,当 k 固定时,$\mathscr{E}(v)$ 中仅有一个元满足不等式 $\| u_k - v \| \leqslant \varepsilon$,假设有两个元 v_1 与 v_2 满足这个不等式,那么由三角形法则就会得出

$$\| v_2 - v_1 \| \leqslant 2\varepsilon < \sqrt{2}$$

而这与 $\| v_2 - v_1 \| = \sqrt{2}$ 矛盾. 由上所论即知集合 $\mathscr{E}(v)$ 有穷或可数.

122. 投影

线性簇与子空间的概念[95] 在以后起重要的作用.

任一固定子空间 L 中的元的集合满足上面列举的所有公理,但公理 B 可能

不满足,因为子空间L可能是有穷维的.这样一来,每个无穷维子空间可以看作是一个独立的复希尔伯特空间.除可分性公理外,上面所述的全部公理于此均甚明显.关于可分性公理我们需证明下面的命题:若H可分,则它的任一子空间L也是可分希尔伯特空间.这个命题的证明是十分容易的[94].

两个子空间L与M叫作相互正交的,如果L的任一元与M的任一元正交.这时我们用$L\perp M$表示.元x叫作与子空间L正交,如果x与L的任一元正交.我们用$x\perp L$表示它.现在证明一个对以后具有基本意义的定理.

定理　如果L是一个子空间,那么H的任一元x可表示为形式

$$x=y+z \tag{22}$$

其中$y\in L,z\perp L$.所述表示式还是唯一的.

若$x\in L$,则令$x=x+0$就得表示式(22).现设$x\overline{\in}L$.令d是正数$\|x-y\|^2$的集合的下确界,其中y遍历子空间L

$$d=\inf_{y\in L}\|x-y\|^2 \tag{23}$$

在L中存在一个序列的元y_n满足

$$(x-y_n,x-y_n)=\|x-y_n\|^2=d_n\to d \tag{24}$$

设u是L的任一元.因为L是子空间,所以对于任一实数ε(或复数ε),元$y_n+\varepsilon u$属于L,注意(23)我们可写出$(x-y_n-\varepsilon u,x-y_n-\varepsilon u)\geqslant d$.展开这个数积我们得到不等式

$$(u,u)\varepsilon^2-2R(x-y_n,u)\varepsilon+(d_n-d)\geqslant 0$$

左端的三项式对于任一实数ε非负,因此必有

$$|R(u,x-y_n)|\leqslant\sqrt{d_n-d}\,\|u\| \tag{25}$$

现在加强这个不等式.设φ是复数$(u,x-y_n)$的辐角,即

$$(u,x-y_n)=|(u,x-y_n)|\,\mathrm{e}^{\mathrm{i}\varphi}$$

把(25)中的元u换为L中的元$u\mathrm{e}^{-\mathrm{i}\varphi}$.留意$\|u\mathrm{e}^{-\mathrm{i}\varphi}\|=\|u\|$及

$$(u\mathrm{e}^{-\mathrm{i}\varphi},x-y_n)=\mathrm{e}^{-\mathrm{i}\varphi}(u,x-y_n)=|(u,x-y_n)|$$

我们从不等式(25)得到更精确的不等式

$$|(u,x-y_n)|\leqslant\sqrt{d_n-d}\,\|u\| \tag{26}$$

需注意,这个不等式中的x是H中的已知元,y_n是一序列满足条件(24)的L的元,而u为L的任意元.我们来估计数积(u,y_n-y_m)的绝对值.把差y_n-y_m写成形式

$$y_n-y_m=(y_n-x)+(x-y_m)$$

并利用不等式(26),我们得

$$|(u,y_n-y_m)|\leqslant|(u,x-y_n)|+|(u,x-y_m)|\leqslant$$
$$(\sqrt{d_n-d}+\sqrt{d_m-d})\,\|u\|$$

令这个不等式中的 $u=y_n-y_m$，再用 $\|y_n-y_m\|$ 除不等式的两端，我们得到

$$\|y_n-y_m\| \leqslant \sqrt{d_n-d}+\sqrt{d_m-d}$$

注意，若 $\|y_n-y_m\|=0$，则这个不等式是显然的. 当 m 与 n 无限增大时，依(24)，这个不等式右端趋于零，因此元序列 y_n 自收敛. 依完备性公理，存在元 y 使 $y_n \Rightarrow y$，又因为 L 是子空间，所以 $y \in L$. 另一方面，在不等式(26) 中取极限，对于 L 的任一元 u 我们有：$(u,x-y)=0$，即差 $x-y$ 与 L 正交. 以 z 表示这个差，我们就得到公式(22)，其中 $y \in L, z \perp L$. 尚需证明所得表示式(22) 是唯一的. 设有两个表示式

$$x=y+z=y_1+z_1$$

其中 y 与 $y_1 \in L$，而 z 与 $z_1 \perp L$. 显然有 $y-y_1=z_1-z$. 这个等式左端是 L 的元，而右端是与 L 正交的元. 由此推得 $(y-y_1,y-y_1)=0$，即 $\|y-y_1\|=0$，因此 $y_1=y$，从而 $z_1=z$. 定理完全得证.

公式(22) 中那个属于 L 的元 y 叫作元 x 在子空间 L 中的投影. 所有与子空间 L 正交的元显然组成一个子空间，我们用 M 表示它. 根据已证定理，H 的每个元 x 能唯一地表示成两个元之和的形式，其中一个元属于 L，另一个元属于 M. 与 M 正交的全体元组成的集合就是子空间 L. 子空间 L 与 M 的这种关系是相互的，并把这样的两个子空间叫作互补的子空间. 在三维实空间的情形，例如组成平面 xOy 与轴 z 的向量集合就是两个互补的子空间.

通常我们把所述情形写成

$$H=L \oplus M \tag{27}$$

或

$$L=H \ominus M, M=H \ominus L \tag{28}$$

因此 $H \ominus M$ 是与子空间 M 正交的子空间.

123. 线性泛函

前面我们在 B 型空间上定义的线性泛函 $l(x)$ 也是 H 上的线性泛函. 我们假定它的定义域是整个空间 H. 我们记得线性泛函的范数(用 n_l 表示) 由公式

$$n_l=\sup_{\|x\|=1} |l(x)| \tag{29}$$

确定，而

$$|l(x)| \leqslant n_l \|x\| \tag{30}$$

我们举一个线性泛函的例子. 设 y 是 H 的固定元. 令

$$l(x)=(x,y) \tag{31}$$

它的分配性由式(1) 推出，而有界性由式(5) 推出

$$|l(x)| \leqslant \|y\| \cdot \|x\| \tag{32}$$

注意当 $x=y$ 时上式取等号,也就是因子 $\|y\|$ 不能用更小的数代替,从而 $\|y\|$ 是泛函(31) 的范数.若 y 是零元,则对于任意 x,$(x,y)=0$(零泛函).

可以证明公式 (31) 给出 H 上的所有可能的线性泛函,即有下面的重要定理:

定理 H 上的任一线性泛函 $l(x)$ 可以唯一地表示成(31) 的形式,其中 y 是 H 中的某个固定元.

由线性泛函的分配性知 $l(\theta)=0$,其中 θ 是 H 的零元.设 L 是凡满足 $l(x)=0$ 的元 x 组成的集合.依 $l(x)$ 的分配性与有界性知 L 是子空间.可能 L 就是整个空间 H,就是说对于任一元 x,$l(x)=0$.这样的泛函显然可以写成 $l(x)=(x,\theta)$.现在考察一般情形,即子空间 L 与 H 不重合.设 z 是 H 中的某个不属于 L 的固定元.我们可以把它写成 $z=u+v$,这里 $u\in L$,$v\perp L$ 并且 $v\neq\theta$[122].因为 $v\overline{\in} L$,所以 $l(v)\neq 0$.设 x 是 H 中的任意元.我们作元 $w=x-\frac{l(x)}{l(v)}v$,并考察 $l(w)$,即

$$l(w)=l(x)-\frac{l(x)}{l(v)}l(v)=l(x)-l(x)=0$$

由此可以看出元 $w=x-\frac{l(x)}{l(v)}v\in L$,而在上面已知 $v\perp L$.于是可得

$$\left(x-\frac{l(x)}{l(v)}v,v\right)=0$$

展开数积得

$$(x,v)-\frac{l(x)}{l(v)}\|v\|^2=0$$

由此推出 $l(x)$ 可以表示为数积的形式

$$l(x)=\left(x,\frac{\overline{l(v)}}{\|v\|^2}v\right)=(x,y)$$

其中 $y=\frac{\overline{l(v)}}{\|v\|^2}v$.

还需证明 $l(x)$ 表示成数积的形式是唯一的.设 $l(x)=(x,y)=(x,y_1)$.由此,对 H 中的任意元 x 有 $(x,y-y_1)=0$.令 $x=y-y_1$,则 $\|y-y_1\|=0$,即 $y_1=y$,定理证毕.

有时把上面定义的线性泛函叫作第一种线性泛函,而把满足下面条件的有界泛函叫作第二种线性泛函

$$l_1(c_1x_1+c_2x_2+\cdots+c_mx_m)=\bar{c}_1l_1(x_1)+\bar{c}_2l_1(x_2)+\cdots+\bar{c}_ml_1(x_m)$$

即常数因子从泛函号下取出时需换成它的共轭复数.变元 x 占第二个位置而固定元 y 占第一个位置的数积是第二种线性泛函的例子

$$l_1(x)=(y,x) \tag{31'}$$

若 $l_1(x)$ 是第二种线性泛函,则 $l(x)=\overline{l_1(x)}$ 是第一种线性泛函. 依此及所证定理直接推知公式(31′) 是第二种线性泛函的一般形式.

由所证定理还可推出任一线性泛函 $l(x)$ 被 H 中的元 y 完全确定,就是说与 H 共轭的空间 H^* 就是空间 H. 我们再记起,若分配有界泛函 $l(x)$ 在 H 中处处稠密的线性簇 L_1 上定义,则它可以保持范数而唯一地拓展为整个 H 上的线性(有界) 泛函[97].

124. 线性算子

现在我们来讨论在整个 H 上定义且值域也属于 H 的线性(有界) 算子. 以后如不特别声明,我们对在整个 H 上定义的分配有界泛函与算子使用术语"线性泛函"与"线性算子"[97,98]. 算子 A 的范数用 $\|A\|$ 或 n_A 表示. 我们记住公式

$$\|A\|=n_A=\sup_{\|x\|=1}\|Ax\| \tag{33}$$

用 E 记恒等映射算子,即对凡 $x\in H$, $Ex=x$($\|E\|=1$). 若 $\|A\|=0$,则 A 是零算子,即对凡 $x\in H$, $Ax=0$. 设 L 是某个子空间. 根据[122] 的定理,对于任一 $x\in H$ 我们有唯一的表示式 $x=y+z$,其中 $y\in L$, $z\perp L$. 将 x 映为 y 的算子叫作投影算子或在 L 上的投影算子,并用下式表示

$$y=P_Lx \tag{34}$$

若 L 是整个 H,则 $P_L=E$. 若 L 仅由零元组成,则 P_L 是零算子. 在一般情形 $\|P_Lx\|\leqslant\|x\|$,并且当且仅当 $x\in L$ 时等式成立. 若 P_L 不是零算子,则 $\|P_L\|=1$. P_L 的分配性由以下事实推出:若有两个分解式 $x_1=y_1+z_1$ 与 $x_2=y_2+z_2$,其中 y_1 与 $y_2\in L$, z_1 与 $z_2\perp L$,则

$$x_1+x_2=(y_1+y_2)+(z_1+z_2)$$

(这里 $y_1+y_2\in L$, $z_1+z_2\perp L$),即

$$P_L(x_1+x_2)=P_Lx_1+P_Lx_2$$

相仿地可得

$$P_L(ax)=aP_L(x)$$

现在我们引入几个新的概念,并指出线性算子的一些初等性质[参考 97]. "线性" 二字以后常略去.

若算子 A 与 B 对于任一元 x 有 $Ax=Bx$,则称算子 A 与 B 是相同的,并写作 $A=B$. 如果有一个线性簇 L_1 在 H 中处处稠密,而 A 是在 L_1 上定义的分配有界算子,那么与泛函的情形一样,它可以唯一地拓展到整个 H 上,并且仍保持其分配性与有界性,而范数不会大于原来在 L_1 中的范数.

若 A 与 B 是两个算子,a 与 b 是复数,则 $aA+bB$ 是由

$$(aA+bB)x=aAx+bBx \tag{35}$$

所定义的线性算子.

若注意到

$$\| aAx+bBx \| \leqslant |a| \cdot \| Ax \| + |b| \cdot \| Bx \| \leqslant (|a| n_A + |b| n_B) \| x \|$$

则可以看出算子 $aA+bB$ 的范数小于或等于 $|a| n_A+|b| n_B$. 这样一来,算子可以乘以复数并相加. 这种运算遵守平常的代数运算律. 先后使用算子 A 与 B 的结果仍是一个线性算子,我们用符号 BA 表示. 交换次序得出的线性算子 AB 一般说来与 BA 不同. 我们把 BA 及 AB 叫作算子 A 与 B 的积. 这个定义可以直接推广到任意有穷多个因子的情形上去. 如果 $AB=BA$,那么称这两个算子是交换的. 因为

$$\| BAx \| \leqslant n_B \| Ax \| \leqslant n_A n_B \| x \|$$

所以积 AB 及 BA 的范数小于或等于 $n_A n_B$. 还要指出,如果 a 是复数,而 A 是算子,那么 aA 的范数恰好等于 $|a| n_A$. 显然算子的乘积遵守结合律及分配律

$$C(BA)=(CB)A$$

$$(A+B)C=AC+BC, C(A+B)=CA+CB$$

现在介绍共轭算子的概念. 设 A 是某一线性算子;考察数积 (Ax,y). 对于任意固定元 y,这个数积是 x 的泛函. 其分配性是数积分配性的结果,而其有界性由下列公式可知是显然的

$$|(Ax,y)| \leqslant n_A \| y \| \| x \|$$

但任一泛函可以唯一地表示成数积的形式,故对于任意固定元 y,必存在一个确定元 y^*,使

$$(Ax,y)=(x,y^*) \tag{36}$$

对于 H 中的任意元 x 都成立. 如此,上面这个公式给出一个确定的规律来,使每一元 y 与一个确定的元 y^* 相应. 我们把这个对应规律写成 $y^*=A^*y$ 的形式,其中 A^* 代表某个算子. 其分配性直接由数积 (Ax,y) 及 (x,y^*) 关于第二个变元的分配性推出. 下面要证明算子 A^* 也是有界的. 这个算子 A^* 叫作与 A 共轭的. 现在可以把公式(36) 写成下列形式

$$(Ax,y)=(x,A^*y) \tag{37}$$

由上面共轭算子的定义直接可得下面求算子的和与积的共轭算子的公式

$$\begin{cases}(aA)^*=\bar{a}A^*, (A+B)^*=A^*+B^* \\ (AB)^*=B^*A^*, (A^*)^*=A\end{cases} \tag{38}$$

例如,我们来证明上面的第三个公式. 应用定义(37) 两次,可得

$$(ABx,y)=(Bx,A^*y)=(x,B^*A^*y)$$

由此推出 $(AB)^*=B^*A^*$. 再证明公式(38) 中最后的一个. 应用定义(37) 及性

质$(u,v)=\overline{(v,u)}$，可得

$$(A^* x,y)=\overline{(y,A^* x)}=\overline{(Ay,x)}=(x,Ay)$$

由此可知$(A^*)^*=A$. 最后证明算子A^*是有界的.

定理 1 共轭算子的范数等于原来算子的范数，即$n_{A^*}=n_A$.

在公式(37)中令$x=A^* y$并应用不等式(5)及等式(33)，可得

$$\|A^* y\|^2=|(A(A^* y),y)|\leqslant \|A(A^* y)\|\cdot\|y\|\leqslant n_A\|A^* y\|\cdot\|y\|$$

由此得$\|A^* y\|\leqslant n_A\|y\|$，从而$n_{A^*}\leqslant n_A$. 因$(A^*)^*=A$，依已证可得$n_A\leqslant n_{A^*}$，从而$n_{A^*}=n_A$.

若$A^*=A$，则算子A叫作自共轭的. 这样一来，自共轭算子的特征是它满足等式

$$(Ax,y)=(x,Ay) \tag{39}$$

若在这个等式中令$y=x$，并注意$(Ax,x)=\overline{(x,Ax)}$，则可知对于自共轭算子A，(Ax,x)对于任意元x都是实数. 逆命题也正确.

定理 2 A是自共轭的必要且充分条件是(Ax,x)对于任意元x都是实数.

其必要性已证于上面. 现在设(Ax,x)对于任选的x都是实数，我们证明A是自共轭算子. 依条件有

$$(A(x+y),x+y)=(x+y,A(x+y))$$

与

$$(A(x+\mathrm{i}y),x+\mathrm{i}y)=(x+\mathrm{i}y,A(x+\mathrm{i}y))$$

展开数积并注意$(Ax,x)=(x,Ax)$与$(Ay,y)=(y,Ay)$，可得

$$(Ay,x)+(Ax,y)=(y,Ax)+(x,Ay)$$

$$(Ay,x)-(Ax,y)=(y,Ax)-(x,Ay)$$

逐项相减就得等式(39)，由此可知A是自共轭算子. 注意(38)，可以看出，用实系数所作的自共轭算子的任一线性组合$a_1A_1+a_2A_2+\cdots+a_mA_m$也是自共轭算子，而自共轭算子的积$AB$是自共轭的必要且充分条件是$A$与$B$可以交换.

设L是子空间，M是L的相补子空间. 依[122]中定理可得

$$E=P_L+P_M \tag{40}$$

不难看出，凡算子P_L是自共轭算子. 事实上，注意到L与M的正交性以及公式(40)，我们得

$$(P_L x,y)=(P_L x,P_L y+P_M y)=(P_L x,P_L y)=$$
$$(P_L x+P_M x,P_L y)=(x,P_L y)$$

设A是任意线性算子. 我们作下面两个算子

$$A_1=\frac{1}{2}(A+A^*),A_2=\frac{1}{2\mathrm{i}}(A-A^*) \tag{41}$$

注意公式(38)就可以看出 A_1 与 A_2 是自共轭算子.由此,我们得到任一线性算子用自共轭算子的表示式:$A=A_1+\mathrm{i}A_2$.

125. 双线性泛函及二次泛函

现在将指出利用一种特殊泛函来定义任意线性算子的可能性.所谓双线性泛函,是指一个确定的规律,依此规律使 H 的任意一对元 x 及 y 与一个确定的复数 $l(x,y)$ 对应,且 $l(x,y)$ 如第一种泛函那样依第一变元是分配的,又如第二种泛函那样依第二变元是分配的

$$\begin{cases}l(ax_1+bx_2,y)=al(x_1,y)+bl(x_2,y)\\ l(x,ay_1+by_2)=\bar{a}l(x,y_1)+\bar{b}l(x,y_2)\end{cases}\tag{42}$$

此外,我们设双线性泛函是有界的,即设存在正数 N,使 H 中任意二元 x 与 y 满足不等式

$$|l(x,y)|\leqslant N\|x\|\cdot\|y\|\tag{43}$$

这个不等式中的 N 的最小值(双线性泛函的范数 n_l)由下式确定

$$n_l=\sup_{\substack{\|x\|=1\\ \|y\|=1}}|l(x,y)|\tag{44}$$

若 A 是任意的线性算子,则不难证明公式

$$l(x,y)=(Ax,y)\tag{45}$$

给出一个双线性泛函.这时

$$|l(x,y)|\leqslant n_A\|x\|\cdot\|y\|$$

因此对于双线性泛函(45):$n_l\leqslant n_A$.

现在证明公式(45)给出所有可能的双线性泛函.

定理 凡双线性泛函都可以唯一地表示成公式(45)的形式,其中 A 是某个线性算子,并且双线性泛函的范数 n_l 等于算子 A 的范数 n_A.

如果固定 x,那么 $l(x,y)$ 是关于 y 的第二种泛函,而由[123]我们可写出 $l(x,y)=(z,y)$,其中 z 对于固定的 x 是唯一确定的,即 $z=Ax$,这里 A 是某个在整个 H 上定义的算子.A 的分配性由(42)及 (z,y) 关于 z 的分配性直接推出.现在证明 A 的有界性.注意(43),当 $N=n_l$ 时,我们可以写出

$$|(Ax,y)|\leqslant n_l\|x\|\cdot\|y\|$$

令 $y=Ax$ 并把不等式两端用 $\|Ax\|$ 去除,就得 $\|Ax\|\leqslant n_l\|x\|$(若 $\|Ax\|=0$,则这个不等式是显然的).由此推出算子 A 的有界性及不等式 $n_A\leqslant n_l$.但上面已有 $n_l\leqslant n_A$,因此 $n_l=n_A$.

还要证明表示式(45)是唯一的.设

$$l(x,y)=(Ax,y)=(A_1x,y)$$

由此推出对于任何 x 与 y 等式 $(Ax-A_1x,y)=0$ 成立.如令其中的 $y=Ax-A_1x$,则得 $\|Ax-A_1x\|=0$,这就是说对于任意 x,$A_1x=Ax$,即算子 A 与 A_1

相等,定理证毕.由所证定理可知,给出线性算子与给出双线性泛函是等效的.完全相似,在代数中给出矩阵的元 a_{ik} 与给出双线性齐式

$$\sum_{i,k=1}^{n} a_{ik} x_k \bar{y}_i$$

是等效的.

如果令双线性泛函 $l(x,y)$ 中的 $y=x$,那么任一双线性泛函都生成一个与它相应的二次泛函(二次齐式)

$$l(x,x)=(Ax,x)$$

不难把双线性泛函用它所生成的二次齐式来表示,即容易验证下面的等式

$$(Ax,y)=[(Ax_1,x_1)-(Ax_2,x_2)]+\mathrm{i}[(Ax_3,x_3)-(Ax_4,x_4)] \tag{46}$$

其中

$$\begin{cases} x_1=\dfrac{1}{2}(x+y), x_2=\dfrac{1}{2}(x-y) \\ x_3=\dfrac{1}{2}(x+\mathrm{i}y), x_4=\dfrac{1}{2}(x-\mathrm{i}y) \end{cases} \tag{47}$$

式(46)右端是四个二次泛函.如所已知,二次泛函 (Ax,x) 对于任意元 x 是实数乃是其为自共轭算子的特征.

我们设算子 A 具有下面的性质,即对于任意元 x,$(Ax,x)=0$.这时由(46)可知对于任意的 x 与 y,$(Ax,y)=0$.显然,若 A 是零算子,则双线性泛函 (Ax,y) 也有这一性质.其次如注意本节定理中的唯一性,我们可以断定:若对于任意元 x,$(Ax,x)=0$,则 A 是零算子.由此直接推知,若算子 A 与 B 对于任意元 x 满足 $(Ax,x)=(Bx,x)$,则 $A=B$.

126. 自共轭算子的界

设 A 是自共轭算子.注意(5)及(33),我们可以写出 $|(Ax,x)|\leqslant n_A\|x\|^2$,而如果 x 满足 $\|x\|=1$,那么 $|(Ax,x)|\leqslant n_A$.如此,如果取一切可能的规格化元 x,即取一切满足 $\|x\|=1$ 的 x,那么实数 (Ax,x) 的集合上下都有界.我们用 m 与 M 分别记这个集合的下确界与上确界

$$m=\inf_{\|x\|=1}(Ax,x), M=\sup_{\|x\|=1}(Ax,x) \tag{48}$$

数 m 及 M 通常叫作自共轭算子 A 的界.

根据确界的定义,对于 $\|x\|=1$ 我们可以写出不等式

$$m\leqslant(Ax,x)\leqslant M \tag{49}$$

如留意常数因子可以从数积内提出,那么对于具有任意范数的元 x 可以写出下面的不等式

$$m\|x\|^2\leqslant(Ax,x)\leqslant M\|x\|^2 \tag{50}$$

可以证明,算子的范数 n_A 可以极简单地用它的界 m 与 M 表示出来,即下面

的定理成立：

定理 1　范数 n_A 等于数 $|m|$ 与 $|M|$ 中的较大者.

这个定理的证明可逐字重复[Ⅳ;36 与 38]中定理 3 的证明，在那里证明了 $n_A = \sup\limits_{\|x\|=1} |(Ax, x)|$，而这正与本定理所述的一致. 我们再指出[Ⅳ;36]中的定理 2 与论断 $n_l = n_A$ 是一致的，而这个结果已于上节证明.

现在引入几个新概念.

定义　自共轭算子叫作正的(非负的)，如果与它相应的二次泛函 $(Ax, x) \geqslant 0$.

正算子的特征是 $m \geqslant 0$，即它的下确界非负. 此外，我们说自共轭算子 A 大于自共轭算子 B，是指 A 与 B 不重合并且差 $A - B$ 是正算子，对此我们用 $A > B$ 表示. 完全相似地可以定义负算子. 我们记得，在 n 维空间的情形，自共轭矩阵叫作正的，如果与它相应的埃尔密特式

$$\sum_{i,k=1}^{n} a_{ik} x_i \bar{x}_k \quad (a_{ki} = \bar{a}_{ik})$$

只取非负值. 而矩阵的正性与它的固有值非负等效. 如果 (Ax, x) 对于 x 的不同选择变号，那么自共轭算子自然既不能叫作正的，也不能叫作负的. 在有穷维空间的情形中，这就是具有不同正负号的固有值的自共轭矩阵.

定理 2　如果 A 是自共轭算子，那么 A^2 是正算子. 如果 A 是任意线性算子，那么 AA^* 与 A^*A 是自共轭的正算子.

第一个结论直接由公式

$$(A^2 x, x) = (Ax, Ax) = \| Ax \|^2 \geqslant 0$$

得出，而第二个结论由公式

$$(AA^* x, x) = (A^* x, A^* x) = \| A^* x \|^2 \geqslant 0 \tag{51}$$

与

$$(A^* Ax, x) = (Ax, Ax) = \| Ax \|^2 \geqslant 0 \tag{52}$$

得出.

127. 逆算子

逆算子的概念在算子论中是很重要的(比较 $Ⅲ_1$ 中的逆矩阵概念). 这个概念可以用不同的方式定义，本节的目的就是要给出逆算子的各种不同定义.

与前面一样，在本节中我们仍称在整个 H 上定义的分配有界算子为线性算子.

定义　我们说线性算子 A 具有有界逆算子 B，如果 B 是在 H 上定义并且满足

$$AB = BA = E \tag{53}$$

的有界算子，其中 E 是恒等映射算子.

算子 B 的有界性由通常的不等式 $\| Bx \| \leqslant N \| x \|$ 定义. 不难看出,有界逆算子只有一个. 事实上,如果我们还有 $AC = E$,将两端左乘以 B,利用(53) 并注意 $BE = B$ 及 $EC = C$ 就得 $B = C$. 上面定义的算子 B 通常用符号 A^{-1} 表示,因此有

$$AA^{-1} = A^{-1}A = E \tag{54}$$

我们写出公式

$$y = Ax \quad (x \in H) \tag{55}$$

因为 A^{-1} 在整个 H 上定义,所以可对上式两端使用算子 A^{-1},从而得

$$x = A^{-1}y \tag{56}$$

由此看出,如果 A 有有界逆算子 A^{-1},那么 A 生成一个由空间 H 到它本身的一一映射,就是说,每个元 $x \in H$ 依(55) 与一个确定的元 y 对应,反之,每个元 $y \in H$ 对应于一个由式(56) 确定的元 x. 同样,A^{-1} 也把 H 一对一地映射到自身. 由 A 的分配性推出 A^{-1} 是分配算子,就是说 A^{-1} 是线性算子. 由(54) 直接得出

$$(A^{-1})^{-1} = A \tag{57}$$

可以给出逆算子的更一般的定义. 首先注意,由于线性算子是分配的,由式(55) 定义的元 y 所组成的集合是一个线性簇,我们用 $R(A)$ 表示. 现在举出为了使 H 中的元 x 与 $R(A)$ 中的元 y 间建立一一对应的算子 A 所需具有的性质. 依公式(55),H 中的任意元 x 与 $R(A)$ 中的一个确定元 y 对应. 如欲反之,那么 $R(A)$ 中的任一元 y 需与 H 中的一个确定元 x 对应. 设 x_1 与 x_2 是 H 中的两个不同元,而 y_1 与 y_2 是二者在 $R(A)$ 中的相应元

$$y_1 = Ax_1, y_2 = Ax_2$$

相减得

$$y_2 - y_1 = A(x_2 - x_1)$$

如果 $y_2 = y_1$,就是说 H 中的不同元 x_1, x_2 与 $R(A)$ 中的同一元相应,那么我们得 $A(x_2 - x_1) = 0$,即方程

$$Ax = 0 \tag{58}$$

必须有非零解. 反之,如果方程(58) 有异于零的解 x_0,那么不同的元 $x = x_0$ 及 $x = 0$ 与同一个元 $y = 0$ 对应. 这样一来,为了使公式(55) 决定 H 中的元 x 与 $R(A)$ 中的元 y 间的一一对应,必须而且只需方程(58) 仅有零解. 此时,在线性簇 $R(A)$ 上定义一个算子 B,它是 A 的逆算子. 算子 B 把 $R(A)$ 中的元 y 映为 H 中的元 x,使 y 由公式(55) 用 x 表示出来. 这个算子简称为 A 的逆算子,以别于上面定义的有界逆算子. 算子 B 仅在线性簇 $R(A)$ 上定义,而后者可能与 H 不重合,并且我们无从判断 B 的有界性. 但由 A 的分配性能断定 B 是线性簇 $R(A)$ 上的分配算子. 如前一样,我们仍用符号 A^{-1} 表示 B. 若 $x \in H$,则有

$A^{-1}(Ax)=x$，而若 $x\in R(A)$，则有 $A(A^{-1}x)=x$.

后面我们要证明[①]，如果方程(58)仅有零解且 $R(A)$ 与 H 重合，那么上述算子 $B=A^{-1}$ 有界，即 A 有有界逆算子[参照 97].

设 A 有有界逆算子，并在等式(53)中取共轭算子

$$(A^{-1})^{*}A^{*}=A^{*}(A^{-1})^{*}=E^{*}=E$$

由此可得公式

$$(A^{-1})^{*}=(A^{*})^{-1} \tag{59}$$

公式(53)要求有界算子 B 既是 A 的左逆算子，又是 A 的右逆算子，而在这种情况下我们曾简称它是有界逆算子.

现在考察只是左有界逆算子或右有界逆算子的问题.

我们说算子 A 有左有界逆算子或简称为左逆，如果存在线性算子 B 使 $BA=E$. 完全相似，如果 $AC=E$，那么 C 叫作右有界逆算子.

定理 1 若 A 至少有一个左逆 B 与至少有一个右逆 C，则只有一个左逆，也只有一个右逆，并且它们相等，就是说有界逆算子 A^{-1} 存在.

依条件有 $BA=E$ 及 $AC=E$，由此得 $(BA)C=C$ 及 $B(AC)=B$. 这两个等式的左端是相同的，故 $B=C$，就是说每个左逆均与右逆重合，从而只能有一个左逆与一个右逆.

定理 2 若存在唯一的左逆，则右逆也存在. 若存在唯一的右逆，则左逆也存在. 在这两种情况下的左逆与右逆都是唯一的而且相重合(根据定理 1).

我们证明定理的第一个结论. 设有唯一的左逆 B，即 $BA=E$，左乘以 A，得

$$ABA=A \text{ 或 } (AB-E)A=0$$

而右端的零表示零算子. 两端都加上 $BA=E$，可得

$$(AB-E+B)A=E$$

但依条件 B 是唯一的左逆，所以 $AB-E+B=B$，从而 $AB=E$，即 B 也是右逆.

我们再指出，若 A 有两个相异的左逆(或右逆)算子 B 与 C，则 A 有无穷多个左逆算子. 事实上，如果 $BA=E$ 及 $CA=E$，那么容易证明，对于任意的数 a，算子 $B+a(C-B)$ 是 A 的左逆

$$(B+aC-aB)A=BA+aCA-aBA=E+aE-aE=E$$

由上面的结果可以推想有下面四种情形：

Ⅰ) 存在唯一的左逆与右逆；

Ⅱ) 既不存在左逆又不存在右逆；

Ⅲ) 存在无穷多个左逆但无右逆；

---

① 见 129 节定理 4.—— 译者注

Ⅳ）存在无穷多个右逆但无左逆.

以后会看到，所述四种情形都能发生. 现在给出一个简单的从理论上判别四种情形的方法. 我们考察自共轭正(非负)算子 A^*A 与 AA^*. 它们的下界(用 $m(A^*A)$ 及 $m(AA^*)$ 表示)大于或等于零[126]. 我们假设 A 至少有一个左逆：$BA=E$，另设 $k>0$ 是 B 的范数. 因为 $\|BAx\|=\|x\|$，而另一方面 $\|BAx\|\leqslant k\|Ax\|$，由此得到

$$k\|Ax\|\geqslant\|x\| \text{ 与 } \|Ax\|\geqslant\frac{1}{k}\|x\|$$

这时

$$(A^*Ax,x)\geqslant\frac{1}{k^2}\|x\|^2$$

所以 $m(A^*A)\geqslant\frac{1}{k^2}$，即 $m(A^*A)>0$. 现在证明逆命题：若 $m(A^*A)>0$，则 A 有有界左逆. 以后会证明，如果自共轭算子 F 的下界是正的，那么 F 有有界逆算子[129]. 把这个结果应用于 $F=A^*A$，可知存在有界算子 D 使 $DA^*A=E$，即 $(DA^*)A=E$，由此可知 DA^* 是 A 的有界左逆. 同样可证，A 至少存在一个有界右逆的必要且充分条件是 $m(AA^*)>0$.

由以上论证直接推出，上面四种情形实现的必要且充分条件分别是：

Ⅰ. $m(A^*A)>0$ 与 $m(AA^*)>0$；

Ⅱ. $m(A^*A)=0$ 与 $m(AA^*)=0$；

Ⅲ. $m(A^*A)>0$ 与 $m(AA^*)=0$；

Ⅳ. $m(A^*A)=0$ 与 $m(AA^*)>0$.

我们指出，如果 A 与 A^* 可交换(例如 $A=A^*$，即 A 是自共轭算子)，那么情形 Ⅲ 与 Ⅳ 不能发生. 注意公式(51)与(52)，可以把第 Ⅰ 种情形的结果陈述如下：左逆与右逆算子存在的必要且充分条件是：存在正数 l 使任意元 x 满足不等式

$$\|Ax\|\geqslant l\|x\| \text{ 及 } \|A^*x\|\geqslant l\|x\|$$

在上面的所有论述中，我们从未用到算子 B 与 C 的分配性，重要的只是它们在 H 上定义并且有界. 如我们在上面所看到的，第 Ⅰ 种情形中的唯一的左逆与右逆算子必是线性算子. 对于情形 Ⅲ，我们有左逆线性算子 $B=DA^*$，情形 Ⅳ 也与此相似. 下面将要遇到在 $R(A)$ 上定义的分配逆算子 A^{-1}. 再注意，如果 $BA=E$，那么 $A^*B^*=E$，从而如果对于 A 情形 Ⅲ 实现，那么对于 A^* 情形 Ⅳ 实现.

逆算子在解方程 $Ax=y$ 时起着基本的作用，其中 y 是已知元，x 是未知元. 如果 A 有左逆算子 B，那么方程两端乘以 B 后必得等式 $x=By$，这就是说，在左逆算子存在的假定下，若方程有解，则必可表示成 $x=By$ 的形式，从而是唯一

的.如果存在右逆算子 C,那么 $x=Cy$ 显然满足方程 $Ax=y$,也就是说,右逆算子的存在保证方程有解 $x=Cy$.

128.算子的谱

算子理论应用于数学分析时,最基本的问题是解齐次方程

$$Ax=\lambda x \tag{60}$$

即

$$(A-\lambda E)x=0 \tag{60'}$$

以及解非齐次方程

$$Ax=\lambda x+y \tag{61}$$

即

$$(A-\lambda E)x=y \tag{61'}$$

其中 x 是未知元,y 是已知元,λ 是参数.数 λ 叫作算子 A 的固有值,是指在 λ 等于这个值时齐次方程有异于零元的解;而这些解叫作算子 A 的与所说那个固有值相应的固有元.

如果 λ 是 A 的固有值,并且我们把零元添入相应的固有元的集合中去(对于任意 λ 零元都满足齐次方程(60)),那么依齐次方程(60)的线性、齐次性以及算子 A 的连续性,可以断言,上述的固有元集合添上零元后组成子空间.我们把它叫作与上述固有值相应的固有元子空间.

如果这个固有元子空间的维数 r 有穷,就是说如果属于这个空间的线性无关元的最大个数是有穷数 r,那么我们说相应的固有值 λ 的秩或重数等于 r.如果所述固有元子空间的维数无穷,那么我们说相应固有值的秩是无穷的.对于自共轭算子 A,下面的定理成立:

定理 1 自共轭算子的固有值是实数,并且与互异的固有值相应的固有元相互相交.

设 λ 是自共轭算子 A 的固有值,而非零元 x 是与它相应的固有元.把(60)两端依数积右乘以 x,可得

$$(Ax,x)=\lambda\|x\|^2$$

因为 A 自共轭,所以上式左端是实数,从而 λ 是实数.设 λ' 与 λ'' 是两个不同的固有值,x' 与 x'' 是与它们相应的固有元

$$Ax'=\lambda'x',Ax''=\lambda''x''$$

依数积把这个等式的第一个右乘以 x'',第二个左乘以 x',再相减就得等式

$$(Ax',x'')-(x',Ax'')=(\lambda'-\lambda'')(x',x'')$$

由于 A 是自共轭的,故左端等于零,而 $\lambda'-\lambda''\neq 0$,因此 $(x',x'')=0$,定理得证.

解非齐次方程(61′)归结为找 $A-\lambda E$ 的逆算子 $(A-\lambda E)^{-1}$.如果 λ 是算子

A 的固有值，那么齐次方程(60′)有异于零的解，而依[127]中所述，逆算子 $(A-\lambda E)^{-1}$ 不存在. 如果 λ 不是算子 A 的固有值，那么逆算子 $(A-\lambda E)^{-1}$ 存在，但它可能是有界逆算子或仅仅是逆算子. 注意这里的参数可以是任意复数. 现在引入下面的定义.

定义 值 λ 或点 λ(复数平面上的点)叫作算子 A 的正则点，如果算子 $A-\lambda E$ 具有有界逆算子

$$R_\lambda=(A-\lambda E)^{-1} \tag{62}$$

而这个对一切正则点 λ 定义的线性算子 R_λ 叫作算子 A 的豫解算子. 所谓算子 A 的谱，是指那些不是算子 A 的正则点的一切点 λ 组成的集合.

由上文知，算子 A 的固有值均属于它的谱. 下面将看到，算子的谱中也可能有不是固有值的那些 λ 值.

若 λ 是正则点，则对于任给的元 y，非齐次方程(61′)必有由下式确定的唯一的解

$$x=(A-\lambda E)^{-1}y \tag{63}$$

如果 λ 不是正则点，而又不是算子 A 的任一固有值，那么若 y 属于线性簇 $R(A-\lambda E)$，则方程(61′)仍有唯一的解. 这个线性簇由所有由公式

$$y=(A-\lambda E)x \quad (x\in X) \tag{64}$$

所确定的元 y 组成，这里 x 遍取整个 H 中的元.

这样一来，若 λ 不是固有值，则逆算子 $(A-\lambda E)^{-1}$ 在线性簇 $R(A-\lambda E)$ 上定义. 若这时 λ 不是 A 的正则点，则在这种情形中的算子 $(A-\lambda E)^{-1}$ 也叫作 A 的豫解算子.

定理 2 $R(A-\lambda E)$ 的元与方程 $(A^*-\bar{\lambda}E)=0$ 的所有解正交.

这个定理的结论由明显的等式

$$((A-\lambda E)x,z)=(x,(A^*-\bar{\lambda}E)z)$$

直接推出.

我们指出，若 A 是自共轭算子，λ 是它的固有值(它是实数)，则由定理 2 推知，$R(A-\lambda E)$ 的元与 A 的同固有值 λ 相应的固有元正交. 在下面一节，我们要证明关于自共轭算子的谱的特征的几个定理.

我们还要作一个关于自共轭算子 A 的固有元的注记. 我们已知与某个固有值 $\lambda=\lambda'$ 相应的固有元组成的子空间. 在这个子空间中我们可以引入完备规格化正交组. 若固有值 $\lambda=\lambda'$ 有有穷的秩 r，则这个规格化正交组包含 r 个元. 我们知道，与不同固有值对应的固有元相互正交. 这样一来，如上文已指出的那样，在每一个与固定的固有值对应的子空间中引入规格化正交组，我们得到 H 中的正交组 K. 这时我们说自共轭算子生成规格化正交组 K. 这个组在不计从所述的每个子空间中完备规格化正交组的选择时是唯一确定的. 可能发生 A 连一

个固有值也没有的情形. 在这种情形中组 K 不存在. 我们知道, 这种规格化正交组只能含有穷个或可数多个元. 由此直接推出, 若 A 有无穷多个相异的固有值, 则它们必可数.

规格化正交组 K 可以是在 H 中完备的或不完备的. 不难知道, 它的完备抑或不完备性与每个固定固有值对应的固有元子空间中完备规格化组的选择无关. 若 K 是完备组, 则说算子 A 具有纯点谱.

129. 自共轭算子的谱

在这一节中我们将研究自共轭算子.

定理 1 若 λ 不是自共轭算子 A 的固有值, 则公式(64) 所定义的线性簇 $R(A-\lambda E)$ 在 H 中稠密.

我们用反证法证明. 假定 $R(A-\lambda E)$ 在 H 中不稠密, 即 $R(A-\lambda E)$ 的闭包是一个与 H 不同的子空间. 如此, 依[122] 的定理, 存在非零元 x_0 与所述子空间, 从而与 $R(A-\lambda E)$ 正交, 即对于 H 的任一元 x, $((A-\lambda E)x, x_0)=0$, 再应用 A 的自共轭性得 $(x, (A-\bar{\lambda}E)x_0)=0$. 令 $x=(A-\bar{\lambda}E)x_0$, 则 $\|(A-\bar{\lambda}E)x_0\|=0$, 即 $Ax_0=\bar{\lambda}x_0$. 若 λ 是实数, 即 $\bar{\lambda}=\lambda$, 则 λ 是 A 的固有值, 而这与定理的条件矛盾. 若 λ 不是实数, 则等式 $Ax_0=\bar{\lambda}x_0$ 表明自共轭算子 A 的固有值不是实数, 这是不可能的, 因此定理得证.

如果 λ 是正则点, 那么 $R(A-\lambda E)$ 与 H 重合. 这可由正则点的定义推知. 若 λ 是固有值, 则 $R(A-\lambda E)$ 的所有元与相应的 A 的固有元正交, 因此 $R(A-\lambda E)$ 不可能在 H 中稠密. 在下面我们会看到, 若 λ 不是正则点且又不是固有值, 则线性簇 $R(A-\lambda E)$ 与 H 不重合(它在 H 中稠密).

现在给出 λ 是正则点的必要且充分条件.

定理 2 λ 是自共轭算子 A 的正则点的必要且充分条件是: 存在正数 p, 使凡 $x\in H$ 满足不等式

$$\|(A-\lambda E)x\|\geqslant p\|x\| \tag{65}$$

所有非实数以及落在区间$[m,M]$(m 与 M 是 A 的界) 之外的实数 λ 都是正则点.

先证条件(65) 的必要性. 设 λ 是正则点. 如此则存在有界逆算子(62). 用 q 表示它的范数, 则

$$\|(A-\lambda E)^{-1}y\|\leqslant q\|y\|$$

在这个不等式中令 $y=(A-\lambda E)x$, $p=\dfrac{1}{q}$ 就得到不等式(65). 再证条件(65) 是充分的. 由定理的条件首先知 λ 不是固有值, 因此在定理 1 中定义的线性簇 $R(A-\lambda E)$ 在 H 中稠密. 现在证明它是闭的, 从而与 H 重合. 我们假定, 元 $y_n=(A-\lambda E)x_n$ 属于 $R(A-\lambda E)$ 且 $y_n\Rightarrow y$. 需证 $y\in R(A-\lambda E)$. 依(65) 我们有

$$\| y_n - y_m \| \geqslant p \| x_n - x_m \|$$

序列 y_n 自收敛，再由上一不等式可知序列 x_n 也自收敛，即是说存在元 x 使 $x_n \Rightarrow x$. 由公式 $y_n = (A - \lambda E)x_n$ 推出 $y_n \Rightarrow y = (A - \lambda E)x$，因此 $y \in R(A - \lambda E)$. 于是，线性簇与 H 重合，且 $A - \lambda E$ 的逆算子 $(A - \lambda E)^{-1}$ 在整个 H 上定义. 欲证 λ 是正则点，我们需证算子 $(A - \lambda E)^{-1}$ 有界. 在条件(65) 中令 $x = (A - \lambda E)^{-1} y$ 就得

$$\| (A - \lambda E)^{-1} y \| \leqslant \frac{1}{p} \| y \|$$

由此可知 $(A - \lambda E)^{-1}$ 是有界的，定理的第一部分得证. 现在假设 $\lambda = \sigma + \tau \mathrm{i}$，其中 $\tau \neq 0$. 令 $(A - \lambda E)x = y$，可得

$$((A - \lambda E)x, x) = (y, x)$$

与

$$((A - \bar{\lambda} E)x, x) = (x, (A - \lambda E)x) = (x, y)$$

从第一式减去第二式得

$$(\bar{\lambda} - \lambda)(x, x) = (y, x) - (x, y)$$

或

$$2 |\tau| \ \| x \|^2 \leqslant |(y, x)| + |(x, y)|$$

再应用不等式(5) 可得不等式

$$2 |\tau| \ \| x \| \leqslant 2 \| y \|$$

即

$$\| (A - \lambda E)x \| \geqslant |\tau| \ \| x \| \quad (\lambda = \sigma + \tau \mathrm{i})$$

令上式中的 $|\tau| = p$ 就得不等式(65)，这样一来一切非实数 λ 均是正则点. 现在设 λ 是实数，但落在区间 $[m, M]$ 之外. 例如设 $\lambda > M$，我们证明这时不等式(65) 成立. 我们可写出

$$((A - \lambda E)x, x) = (Ax, x) - \lambda \| x \|^2$$

或

$$((A - \lambda E)x, x) = [(Ax, x) - M \| x \|^2] - (\lambda - M) \| x \|^2$$

由算子 A 的上界的定义可知在方括号内的差是非正的. 此外，依假设 $\lambda > M$，由上式可得

$$|((A - \lambda E)x, x)| \geqslant (\lambda - M) \| x \|^2$$

另一方面，我们有不等式

$$|((A - \lambda E)x, x)| \leqslant \| (A - \lambda E)x \| \cdot \| x \|$$

由上两个不等式得到不等式

$$\| (A - \lambda E)x \| \geqslant (\lambda - M) \| x \|$$

由此，当 $\lambda > M$ 时推得不等式(65)，定理证毕.

系 1 λ 属于谱的必要且充分条件是:存在规格化元序列 x_n 使

$$\|(A-\lambda E)x_n\| \to 0$$

事实上,若存在这样的序列,则当 $p>0$ 时条件(65)不能满足,因此 λ 属于谱.反之,若 λ 属于谱,则条件(65)对于任意的 $p>0$ 均不满足,就是说存在规格化元序列 x_n 使 $\|(A-\lambda E)x_n\| \to 0$.注意,若 λ 是固有值,则我们可以取同一个元,即某个规格化固有元 x_0 当作所有的 x_n,这时对于一切 n 有 $(A-\lambda E)x_n=0$.

系 2 如果下界 $m(A)>0$,那么实数 $\lambda=0$ 位于区间 $[m,M]$ 之外,从而 A 有有界逆算子.

在[127]中我们曾利用这一点.

系 3 实轴 λ 上的正则点组成的集合是开集.

设 λ 是正则点.我们需证明,对于所有足够小的正数 ε,点 $\lambda\pm\varepsilon$ 也是正则点.依条件,存在正数 p 使(65)成立,从而

$$\|(A-(\lambda\pm\varepsilon)Ex)\| \geqslant \|(A-\lambda E)x\| - \varepsilon\|x\| \geqslant (p-\varepsilon)\|x\|$$

由此推出,当 $\varepsilon<p$ 时一切点 $\lambda\pm\varepsilon$ 都是正则点.

系 4 自共轭算子的谱点构成闭集.

这可由定理 3[32]直接得出.

定理 3 数值 $\lambda=m$ 与 $\lambda=M$ 均属于谱.

假设 $M>m$,我们先对 $\lambda=M$ 证明本定理.引入自共轭算子 $B=A-mE$,它有下界 0 与上界 $M_1=M-m>0$.由[126]知其范数等于 M_1.由上界的定义推出,存在规格化元的序列 x_n 使 $(Bx_n,x_n)=M_1-\delta_n$,其中 $\delta_n\geqslant 0$ 且 $\delta_n\to 0$.我们有

$$\|Bx_n-M_1x_n\|^2=\|Bx_n\|^2-2M_1(Bx_n,x_n)+M_1^2\leqslant$$
$$M_1^2-2M_1(M_1-\delta_n)+M_1^2=2M_1\delta_n$$

由此推出 $\|(B-M_1)x_n\|\to 0$,依定理 2 的系 1,$B-M_1E=A-ME$ 没有有界逆算子.

现在证明 $\lambda=m$ 属于谱.自共轭算子 $-A$ 的界是 $-M$ 与 $-m$,并且 $-M<-m$,因此依上面所证,$-A+mE$ 没有有界逆算子,即它不满足条件(65),于是 $A-mE$ 也不满足这个条件.

我们在前面讲过,如果 λ 属于谱但非固有值,那么线性簇 $R(A-\lambda E)$ 在 H 中到处稠密.可以证明,在这种情形 $R(A-\lambda E)$ 与 H 不重合.这由下面的定理直接推得[参考 97].

定理 4 若 $R(A)$ 是整个 H,则逆算子 A^{-1} 有界.

首先注意,若 $R(A)$ 是 H,则由本节开头所讲可知 $\lambda=0$ 不是 A 的固有值,因此存在定义于整个 H 上的逆算子 A^{-1}.

设 x 是 H 的某一元.我们记元 Ax 为 x',即 $x'=Ax$,以及 $y'=Ay$,等等.

不难看出算子 A^{-1} 具有下面的对称性质

$$(A^{-1}x',y')=(x',A^{-1}y') \tag{66}$$

其中 x' 与 y' 是 H 的任意元. 事实上,这个等式与 $(x,Ay)=(Ax,y)$ 等效,而依 A 的自共轭性后者是成立的. 表示式(66) 对于任意的规格化元 y' 都是关于 x' 的线性泛函 $l_{y'}(x')$. 对于任意固定的 x',数 $|l_{y'}(x')|$ 组成的集合有界. 事实上

$$|l_{y'}(x')|=|(A^{-1}x',y')|\leqslant\|A^{-1}x'\|$$

由此推出,对于 $\|y'\|=1$,泛函(66) 的范数有界[100]. 由[123],这些范数等于 $\|A^{-1}y'\|$,因此存在数 q 使当 $\|y'\|=1$ 时 $\|A^{-1}y'\|\leqslant q$,这就是所要证的.

当 λ 是实数时,这个定理对于算子 $A-\lambda E$ 显然也成立. 对于 λ 不是实数的情形已在上面讨论过. 下面讨论无界算子的那一部分中我们要详细研究自共轭算子的谱.

130. 豫解算子

若 λ 不是 A 的固有值,则存在 A 的豫解算子

$$R_\lambda=(A-\lambda E)^{-1}$$

它在 $R(A-\lambda E)$ 上定义并且把后者一对一地映到 H 上. 由逆算子的定义可知,如果 $x\in R(A-\lambda E)$,$R_\lambda x=0$,那么 $x=0$.

下面将讨论当 λ 是 A 的正则点的情况. 这时 $R(A-\lambda E)$ 与 H 重合,而 R_λ 是在整个 H 上定义的有界算子.

我们证明下面两个公式(对于正则点 λ 与 μ)

$$\begin{cases}R_\lambda^*=R_{\bar\lambda}\\ R_\mu-R_\lambda=(\mu-\lambda)R_\mu R_\lambda\end{cases} \tag{67}$$

若 λ 不是实数,则 $\bar\lambda$ 亦然,因此它也是正则点. 这样一来,不论 λ 是实数与否,我们均可断言,H 中的任意元 x' 与 y' 可表示为形式

$$x'=(A-\lambda E)x,y'=(A-\bar\lambda E)y$$

由此推出

$$(R_\lambda x',y')=(x,(A-\bar\lambda E)y)=((A-\lambda E)x,y)=(x',R_{\bar\lambda}y')$$

由这个等式直接得出(67) 中的第一个等式. 现证其中的第二个. 由豫解算子的定义推出公式

$$R_\lambda x=R_\mu(A-\mu E)R_\lambda x,R_\mu x=R_\mu(A-\lambda E)R_\lambda x$$

两式相减后就得(67) 中的第二式.

131. 算子序列

对 B 型空间中的线性算子序列所讨论过的一切[104],对于 H 也成立. 我们把一些基本事实重提一下并作一些补充. 线性算子序列 A_n 依范数收敛于线性算子A,是指当 $n\to\infty$ 时 $\|A-A_n\|\to 0$. 这种收敛的必要且充分条件是:当

n 与 $m \to \infty$ 时 $\| A_n - A_m \| \to 0$.

强收敛(或简称收敛)的定义为:对于凡 $x \in H, A_n x \Rightarrow Ax$. 此时范数 $\| A_n \|$ 有界.强收敛的必要且充分条件是:对于凡 $x \in H$,当 n 与 $m \to \infty$ 时 $\| A_n x - A_m x \| \to 0$. 依范数收敛蕴涵强收敛.若 $A_n \to A, B_n \to B$(依范数收敛或强收敛)且数 $a_n \to a$,则

$$a_n A_n \to aA, A_n + B_n \to A + B, B_n A_n \to BA$$

现在证明,若 A_n 是自共轭算子且 $A_n \to A$,则 A 也是自共轭算子.事实上, $(A_n x, x)$ 对于凡 $x \in H$ 及任意的 n 都是实数,由此可知对于凡 $x \in H$, $(Ax, x) = \lim\limits_{n \to \infty}(A_n x, x)$ 也是实数,因此 A 是自共轭算子.

有了极限的概念,我们就能考察 H 上的线性算子组成的无穷级数

$$B_1 + B_2 + B_3 + \cdots$$

并讨论它的依某种意义的收敛性.我们考察一个对以后很重要的例子.设 A 是线性算子且 $\| A \| = q < 1$. 作级数

$$S = E + \alpha A + \alpha^2 A^2 + \cdots \tag{68}$$

其中 α 是复数.记这个级数前 n 项的和的算子为 S_n,则得

$$\| S_{n+p} - S_n \| = \| \alpha^{n+1} A^{n+1} + \alpha^{n+2} A^{n+2} + \cdots + \alpha^{n+p-1} A^{n+p-1} \|$$

由此设 $|\alpha| \leqslant 1$,则

$$\| S_{n+p} - S_n \| \leqslant q^{n+1} + q^{n+2} + \cdots = \frac{q^{n+1}}{1-q}$$

因此,对于任一整数 $p > 0$,当 $n \to \infty$ 时 $\| S_{n+p} - S_n \| \to 0$,就是说级数(68)当 $|\alpha| \leqslant 1$ 时依范数收敛.因 $\| S_{n+p} - S_n \|$ 的估计式中不含 α,我们说级数(68)当 $|\alpha| \leqslant 1$ 时关于 α 是一致收敛的.注意到 $\| A \| = q < 1$,我们可以断言级数(68)关于 α 依范数一致收敛,只要 $|\alpha| \leqslant 1 + \varepsilon$,其中 $\varepsilon > 0$ 满足 $(1+\varepsilon)q < 1$.

把级数(68)两端用 $E - \alpha A$ 乘,并注意上面所述的算子序列的极限运算,可得

$$(E - \alpha A)S = S(E - \alpha A) = E$$

就是说当 $|\alpha| \leqslant 1 + \varepsilon$ 时级数(68)的和是 $E - \alpha A$ 的有界逆算子,即 $S = (E - \alpha A)^{-1}$.

同理可证下列命题:若算子 A_k 的范数不大于正数 δ_k 组成的收敛级数的各相应项,那么级数

$$A = A_1 + A_2 + \cdots$$

依范数收敛,而且算子 A 的范数不大于数 δ_k 组成的级数的和.后一结果由下面的事实推出:假设 A 的范数大于这个和,那么对于足够大的 n,算子

$$S_n = A_1 + A_2 + \cdots + A_n$$

的范数也大于这个和,而这与明显的不等式

$$\| S_n \| \leqslant \| A_1 \| + \| A_2 \| + \cdots + \| A_n \| \leqslant \delta_1 + \delta_2 + \cdots + \delta_n$$

矛盾.

对于赋范空间,与上述相似的命题显然也成立.

132. 弱收敛性

因为我们有 H 上的线性泛函的一般式[123],所以弱收敛 $x_n \xrightarrow{弱} x_0$ 和对于凡 $y \in H$ 时 $(x_n, y) \to (x_0, y)$ 是等效的. 我们记得,由 $x_n \xrightarrow{弱} x_0$ 推出存在数 $m > 0$ 使对于一切 n, $\| x_n \| \leqslant m$. 此外,因为共轭空间 H^* 与 H 一致,所以在 H 中有界的集合都是弱列紧的,并且 H 是弱完备的,就是说,如果对于任何 $y \in H$,当 $n, m \to \infty$ 时 $(x_n - x_m, y) \to 0$,那么序列 $Ax_n \xrightarrow{弱} Ax_0$. 现在证明,若 $z_k (k = 1, 2, \cdots)$ 是 H 中的完备规格化正交组且 $\| x_n \| \leqslant m$,那么欲证 $x_n \xrightarrow{弱} x_0$ 只需证明 $(x_n, z_k) \to (x_0, z_k) (k = 1, 2, \cdots)$. 事实上,设 $(x_n, z_k) \to (x_0, z_k)$ $(k = 1, 2, \cdots)$. 任意元 $y \in H$ 可以表示为形式

$$y = \sum_{k=1}^{\infty} b_k z_k$$

而

$$\sum_{k=1}^{\infty} | b_k |^2 = \| y \|^2$$

我们写出

$$(x_n - x_0, y) = \left(x_n - x_0, \sum_{k=1}^{N} b_k z_k\right) + \left(x_n - x_0, \sum_{k=N+1}^{\infty} b_k z_k\right)$$

并给定 $\varepsilon > 0$. 由于 $\| x_n \| \leqslant m$,故有[121]

$$\left| \left(x_n - x_0, \sum_{k=N+1}^{\infty} b_k z_k\right) \right| \leqslant \| x_n - x_0 \| \cdot \left\| \sum_{k=N+1}^{\infty} b_k z_k \right\| \leqslant$$

$$(| m | + \| x_0 \|) \sqrt{\sum_{k=N+1}^{\infty} | b_k |^2}$$

并且可以固定这样的 N,使上式右端小于或等于 $\frac{\varepsilon}{2}$. 如此则得

$$| (x_n - x_0, y) | \leqslant \left| \sum_{k=1}^{N} (x_n - x_0, b_k z_k) \right| + \frac{\varepsilon}{2}$$

由于 $(x_n, z_k) \to (x_0, z_k)$,故对于一切足够大的 n,上式右端第一项小于或等于 $\frac{\varepsilon}{2}$,从而 $| (x_n - x_0, y) | \leqslant \varepsilon$,因此 $(x_n, y) \to (x_0, y)$.

现在证明下面的定理:

定理 1 若 $x_n \xrightarrow{弱} x_0$ 且 $y_n \Rightarrow y_0$,则 $(x_n, y_n) \to (x_0, y_0)$, $(y_n, x_n) \to (y_0,$

x_0).

只需证明$(x_n, y_n) \to (x_0, y_0)$就够了,因第二个结果可借两元交换位置而得出. 我们有

$$|(x_0, y_0) - (x_n, y_n)| \leqslant |(x_0, y_0) - (x_n, y_0)| + |(x_n, y_0) - (x_n, y_n)|$$

即

$$|(x_0, y_0) - (x_n, y_n)| \leqslant |(x_0, y_0) - (x_n, y_0)| + |(x_n, y_0 - y_n)|$$

注意由$x_n \xrightarrow{\text{弱}} x_0$推出存在数$m > 0$使$\| x_n \| \leqslant m$,再应用布尼亚柯夫斯基不等式可得

$$|(x_0, y_0) - (x_n, y_n)| \leqslant m \| y_0 - y_n \| + |(x_0, y_0) - (x_n, y_0)|$$

右端第一项由于$y_n \Rightarrow y_0$而趋于0,第二项因$x_n \xrightarrow{\text{弱}} x_0$而趋于0. 如此,$(x_n, y_n) \to (x_0, y_0)$,定理证毕.

定理 2 若$x_n \xrightarrow{\text{弱}} x_0$且$\| x_n \| \to \| x_0 \|$,则$x_n \Rightarrow x_0$.

我们有

$$\| x_0 - x_n \|^2 = \| x_0 \|^2 + \| x_n \|^2 - (x_n, x_0) - (x_0, x_n)$$

由定理的条件推出

$$(x_n, x_0) \to \| x_0 \|^2, (x_0, x_n) \to \| x_0 \|^2, \| x_n \|^2 \to \| x_0 \|^2$$

因此$\| x_0 - x_n \|^2 \to 0$,定理得证.

如[101]中所曾指出的,这个定理对于某些B型空间也成立.

133. 全连续算子

我们对于B型空间曾定义过全连续算子,因此对于H也不例外. 所谓H中的全连续算子就是把H中的每个有界集映为列紧集的算子.

我们知道,任一线性算子把列紧集映为列紧集. 注意,恒等映射算子并不全连续. 例如它把球$\| x \| \leqslant 1$(有界集)一对一地映到自身,但这样的球不列紧. 欲证这一点,只需取某个规格化正交元的无穷序列$z_k (k = 1, 2, \cdots)$. 因为$\| z_k \| = 1$,这个序列有界,但不列紧,因为当$p \neq q$时$\| z_p - z_q \| = \sqrt{2}$.

我们在下面给出全连续算子的两个新定义,并证明它与以前的基本定义等效. 首先作一个简单的注记.

若序列x_n与y_n分别收敛于x_0与y_0,其中一个弱收敛,而另一个强收敛,A是有界线性算子,则

$$\lim_{n \to \infty} (A x_n, y_n) = (A x_0, y_0) \tag{69}$$

这由[132]的定理1和下面的事实直接推出:若$x_n \xrightarrow{\text{弱}} x_0$,则$A x_n \xrightarrow{\text{弱}} A x_0$;若$x_n \Rightarrow x_0$,则$A x_n \Rightarrow A x_0$. 现在给出全连续算子的两个新定义.

定义 1 我们说线性算子A全连续,是指式(69)对于任意两个分别弱收敛

于 x_0 与 y_0 的序列 x_n 与 y_n 成立.

定义 2 我们说线性算子 A 全连续,是指由 $x_n \xrightarrow{\text{弱}} x_0$ 可推出 $Ax_n \Rightarrow Ax_0$.

现在证明这两个定义等效.设 A 对于弱收敛的序列 x_n 与 y_n 满足(69).我们可以写出

$$\| Ax_n - Ax_0 \|^2 = (Ax_n, Ax_n - Ax_0) - (Ax_0, Ax_n - Ax_0)$$

如果 $x_n \xrightarrow{\text{弱}} x_0$,那么 $Ax_n - Ax_0 \xrightarrow{\text{弱}} 0$,而依(69),上式右端两项都趋于零,因此 $\| Ax_n - Ax_0 \| \to 0$ 或 $Ax_n \Rightarrow Ax_0$.如此,由第一定义推出第二定义.现在假设由 $x_n \xrightarrow{\text{弱}} x_0$ 推出 $Ax_n \Rightarrow Ax_0$.在这种情形下,式(69) 可直接由[132] 的定理 1 推出.既然上面两个定义等效,那么要证它们与基本定义等效只要证明基本定义与定义 2 等效就够了.设 A 是满足定义 2 的算子,而元序列 x_n 有界.我们可以选出子序列 x_{n_k} 使 $x_{n_k} \xrightarrow{\text{弱}} x$,由此依定义 2,$Ax_{n_k} \Rightarrow Ax$,即集合 Ax_n 是列紧的,因此由定义 2 推出基本定义.反之,我们假设 A 满足基本定义且 $x_n \xrightarrow{\text{弱}} x_0$.需证 $Ax_n \Rightarrow Ax_0$.我们用反证法证明.设 $Ax_n \not\Rightarrow Ax_0$,就是说存在标数的子序列 n_k 使 $\| Ax_{n_k} - Ax_0 \| \geqslant a > 0$.依基本定义,集合 Ax_{n_k} 列紧,因此不妨设 Ax_{n_k} 强收敛于某元 x',而依 $\| Ax_{n_k} - Ax_0 \| \geqslant a > 0$,$x'$ 必不等于 Ax_0.但 $x_{n_k} \xrightarrow{\text{弱}} x_0$,因而 $Ax_{n_k} \xrightarrow{\text{弱}} Ax_0$,而既然 $Ax_{n_k} \Rightarrow x' \neq Ax_0$,所以 $Ax_{n_k} \xrightarrow{\text{弱}} x' \neq Ax_0$.于是得到矛盾.

这样一来,全连续算子的新定义与基本定义确实是等效的.在下面我们将阐明 l_2 与 L_2 中弱收敛的概念.

定理 若 A 是线性算子,A^*A 是全连续算子,则 A 也是全连续的.

设元序列 $x_n(n=1,2,\cdots)$ 有界($\| x_n \| \leqslant a$).依定理的条件,A^*Ax_n 列紧,就是说有收敛的子序列 $A^*Ax_{n_k}$ 存在.现在证明 Ax_{n_k} 是收敛的子序列,则定理得证.我们有

$$\| Ax_{n_k} - Ax_{n_l} \|^2 = (A^*A(x_{n_k} - x_{n_l}), x_{n_k} - x_{n_l}) \leqslant$$

$$\| A^*Ax_{n_k} - A^*Ax_{n_l} \| \cdot \| x_{n_k} - x_{n_l} \| \leqslant 2a \| A^*Ax_{n_k} - A^*Ax_{n_l} \|$$

由于 $A^*Ax_{n_k}$ 收敛,故上式右端当 n_k 与 $n_l \to \infty$ 时趋于零,因而 $\| Ax_{n_k} - Ax_{n_l} \| \to 0$,即 Ax_{n_k} 收敛.

系 若 A 全连续,则 A^* 也全连续.

若 A 全连续,则算子 $AA^* = (A^*)^*A^*$ 也全连续.于是,对 A^* 应用上面的定理可知 A^* 也是全连续算子.

我们回忆算子序列的下列性质:若全连续算子序列 A_n 依范数收敛于线性算子 A,则 A 也是全连续算子[106].现在指出一类特殊的全连续算子.

定义 3　线性算子 D 叫作有穷维的，是指它可以表示为形式

$$Dx=\sum_{k=1}^{m}(x,v_k)u_k \tag{70}$$

其中 u_k 与 $v_k(k=1,2,\cdots,m)$ 是 H 中的固定元.

容易看出，有穷维算子是全连续的. 事实上，由 $x_n \xrightarrow{\text{弱}} x_0$ 推出 $(x_n,v_k)\to(x_0,v_k)$，再依(70) 得 $Dx_n \Rightarrow Dx_0$.

由上所述直接推出，若 A_n 是依范数收敛于线性算子 A 的有穷维算子的序列，那么 A 是全连续算子.

在下一节我们将证明，凡全连续算子可以表示为依范数收敛的有穷维算子序列的极限.

134. 空间 H 与 l_2

设

$$z_1,z_2,z_3,\cdots \tag{71}$$

是 H 中的完备规格化正交组. 利用它我们可以把 H 一对一地映射到空间 l_2 上去，后者的元是使级数

$$\sum_{k=1}^{\infty}|\xi_k|^2 \tag{72}$$

收敛的复数无穷序列$(\xi_1,\xi_2,\cdots)$[121]. 任一元 $x\in H$ 由它的傅里叶系数 $\xi_k=(x,z_k)$ 所完全刻画，并且下式成立

$$x=\sum_{k=1}^{\infty}\xi_k z_k \tag{73}$$

反之，若已给 l_2 的元$(\xi_1,\xi_2,\cdots)$，则级数(73) 在 H 中收敛且给出相应的 H 中的元. 这个对应是一对一的，并且 H 中的数积等于 l_2 中相应元的数积[60,121]

$$(x,y)=\sum_{k=1}^{\infty}\xi_k\bar{\eta}_k$$

其中 x 与$(\xi_1,\xi_2,\cdots)$ 对应，y 与$(\eta_1,\eta_2,\cdots)$ 对应. 因此，$\|x\|$ 与 x 在 l_2 中的对应元的范数相等，且 H 与 l_2 中的收敛是等效的. 如此，我们得到 H 到 l_2 的同构映射. 规格化正交组(71) 中的元 z_k 与以下的 l_2 中的元对应

$$(1,0,0,0,\cdots),(0,1,0,0,\cdots),(0,0,1,0,\cdots),\cdots$$

设 $\xi(\xi_1,\xi_2,\cdots)$ 是 l_2 中某元，而 $\xi^{(n)}(\xi_1,\xi_2,\cdots,\xi_n,0,\cdots)$ 是元 ξ 的段元，其前 n 个分量与 ξ 的对应分量相等，而其余分量均为零. 我们有

$$\|\xi-\xi^{(n)}\|^2=\sum_{k=n+1}^{\infty}|\xi_k|^2$$

而因级数(72) 收敛，故在 l_2 中 $\xi^{(n)}\Rightarrow\xi$.

设 A 是 H 上某线性算子. 如注意到它的连续性以及公式(73)，则有

$$y = Ax = \sum_{k=1}^{\infty} \xi_k A z_k \tag{74}$$

l_2 中与元 y 相应的元的分量$(\eta_1, \eta_2, \cdots)$ 由下面的公式确定

$$\eta_l = (y, z_l) = \sum_{k=1}^{\infty} \xi_k (Az_k, z_l) \tag{75}$$

这里我们应用了数积的连续性.引入数

$$a_{lk} = (Az_k, z_l) \tag{76}$$

我们可以看出 H 中的线性算子 A 相应于 l_2 中的算子

$$\eta_l = \sum_{k=1}^{\infty} a_{lk} \xi_k \quad (l = 1, 2, \cdots) \tag{77}$$

而后者由元为 $a_{lk} = (Az_k, z_l)$ 的无穷矩阵所确定.共轭算子 A^* 与具有下列元的矩阵相应

$$a_{lk}^* = (A^* z_k, z_l) = (z_k, Az_l) = \overline{(Az_l, z_k)}$$

即

$$a_{lk}^* = \bar{a}_{kl} \tag{78}$$

自共轭算子的特征是有等式

$$a_{kl} = \bar{a}_{lk} \tag{79}$$

我们引入 H 中形如

$$x = \sum_{k=1}^{m} \xi_k z_k$$

的元组成的集合 L,其中 ξ_k 是任意复数,而 m 是固定的正整数.我们有 $\xi_k = (x, z_k)$,因此不难证明 L 是子空间.与它正交的子空间 M 显然是由形如

$$x = \sum_{k=m+1}^{\infty} \xi_k z_k$$

的元 x 组成的,其中 ξ_k 是使级数

$$\sum_{k=m+1}^{\infty} |\xi_k|^2 \tag{80}$$

收敛的复数.空间 H 表示为下面的形式[122]

$$H = L \oplus M \tag{81}$$

以 P_L 与 P_M 记 L 及 M 上的投影算子,我们有

$$E = P_L + P_M \tag{82}$$

设 A 是某个线性算子.我们引入下面两个算子

$$A_1 = P_L A, A_2 = P_M A \tag{83}$$

依(82) 知 $A = A_1 + A_2$.因为对任一 $x \in H, P_L Ax \in L$,所以

$$P_L Ax = \sum_{k=1}^{m} a_k z_k$$

其中

$$a_k=(P_LAx,z_k)=(Ax,P_Lz_k)=(Ax,z_k)=(x,A^*z_k)$$

即

$$P_LAx=A_1x=\sum_{k=1}^{m}(x,A^*z_k)z_k \tag{84}$$

由此推出 $P_LA=A_1$ 是有穷维算子.

同理有

$$A_2x=\sum_{k=m+1}^{\infty}(Ax,z_k)z_k=\sum_{k=m+1}^{\infty}(x,A^*z_k)z_k \tag{85}$$

这样一来,元 A_2x 与元$(\xi_1,\xi_2,\cdots)$ 对应,后者的分量由下面的公式确定

$$\xi_k=\begin{cases}0,当 k\leqslant m\\(Ax,z_k)=(x,A^*z_k),当 k>m\end{cases} \tag{86}$$

现在假定,A 是全连续算子,而 U 是规格化元 $x(\|x\|=1)$ 的集合. 这时,若 $x\in U$,则 Ax 组成列紧集,因而 l_2 中的相应集合也列紧. 后者的元的分量由公式 $\xi_k=(Ax,z_k)$ 确定,而由列紧性,我们可以断言,对于任一规格化元 x,存在正数 C 使

$$\sum_{k=1}^{\infty}|(Ax,z_k)|^2\leqslant C$$

与对于任给的 $\varepsilon>0$,存在正整数 m_ε 使[92]

$$\sum_{k=m_\varepsilon+1}^{\infty}|(Ax,z_k)|^2\leqslant\varepsilon^2$$

但由(85) 推出

$$\|A_2x\|^2=\sum_{k=m+1}^{\infty}|(Ax,z_k)|^2$$

因此对于任一给定的 $\varepsilon>0$,存在 $m=m_\varepsilon$ 使当 $\|x\|=1$ 时 $\|A_2x\|\leqslant\varepsilon$,即 $\|A_2\|\leqslant\varepsilon$. 这样就有以下定理.

定理 若 A 是全连续算子,$\varepsilon>0$ 是任一给定数,则存在正整数 m 使对于定义的算子 A_2,我们有 $\|A_2\|\leqslant\varepsilon$.

取趋于零的正数序列 ε_n,我们得有穷维算子序列 $A_1^{(\varepsilon_n)}$ 使 $\|A-A_1^{(\varepsilon_n)}\|$ 趋于零,就是说,任一全连续算子都是有穷维算子依范数收敛的极限.

注意[133] 中所述,我们可以断言,下面的全连续算子的定义与最初的定义(把任一有界集映为列紧集的线性算子) 等效.

定义 线性算子叫作全连续的,是指它是有穷维算子序列依范数收敛的极限.

135. 含全连续算子的线性方程

我们考察空间 H 中的以下形式的方程的可解性问题

$$x - Ax = y \tag{87}$$

$$x - A^* x = y \tag{88}$$

其中A是全连续算子，A^* 是它的共轭算子，y是H 中的已知元，x是未知元. 如F. 黎斯所证，积分方程论的基本定理(弗列德和蒙定理) 对于方程(87) 与(88) 不仅在空间 H 中，而且(如我们在[107] 中所指出过) 在 B 型空间中仍然正确. 我们现在研究 H 中的这些方程.

我们固定上节中作出算子 A_1 与 A_2 的 m 使 $\| A_2 \| < 1$. 从而，$\| A_2^* \| < 1$. 于是

$$\| A_2 \| = \| A_2^* \| < 1 \tag{89}$$

而方程(87) 与(88) 可改写为形式

$$(E - A_2)x - A_1 x = y \tag{90}$$

$$(E - A_2^*)x - A_1^* x = y \tag{91}$$

依(89)，算子 $E - A_2$ 与 $E - A_2^*$ 具有有界逆算子[131].

我们引入下面的记号

$$\tilde{x} = (E - A_2)x, \tilde{y} = (E - A_2^*)^{-1} y \tag{92}$$

用 $\tilde{x}$ 代x 改写方程(90)，而以算子$(E - A_2^*)^{-1}$ 作用于方程(91) 的两端. 如此，我们得到方程

$$\tilde{x} - B\tilde{x} = y \tag{93}$$

$$x - B^* x = \tilde{y} \tag{94}$$

其中 $\tilde{y}$ 是已知元，而

$$B = A_1(E - A_2)^{-1}, B^* = (E - A_2^*)^{-1} A_1^*$$

且 B^* 是与 B 共轭的算子. 方程(94) 与(91) 等价，而解方程(90) 归结为解方程(93) 与使用公式 $x = (E - A_2)^{-1}\tilde{x}$. 这样一来，解方程(90) 与(91) 归结为解方程(93) 与(94). 我们再写出相应的齐次方程

$$\begin{cases} \tilde{x} - B\tilde{x} = 0 \\ x - B^* x = 0 \end{cases} \tag{95}$$

算子 $B = P_L A(E - A_2)^{-1}$ 是有穷维的，且 Bx 由公式(84) 表示，其中的 A 应换为 $A(E - A_2)^{-1}$. l_2 中与算子 B 相应的矩阵的元是

$$a_{kl} = (P_L A(E - A_2)^{-1} z_l, z_k) = (A(E - A_2)^{-1} z_l, P_L z_k) \tag{96}$$

但当 $k > m$ 时，$P_L z_k = 0$，因此当 $k > m$ 时，$a_{kl} = 0$. 设 $\tilde{\xi}_l$ 和 η_l 是与 H 中的元 $\tilde{x}$ 与 y 对应的 l_2 中元的分量. 方程(93) 在 l_2 中具有形式

$$\tilde{\xi}_k - \sum_{l=1}^{\infty} a_{kl} \tilde{\xi}_l = \eta_k \quad (k = 1, 2, \cdots, m) \tag{97}$$

$$\tilde{\xi}_k = \eta_k \quad (k = m + 1, m + 2, \cdots) \tag{98}$$

其中 $\tilde{\xi}_k$ 是未知数，η_k 是已知数. 如此，对于 $k > m$ 的一切 $\tilde{\xi}_k$ 是已知的，而解方程

(93) 在 l_2 中归结为解具有 m 个未知数 $\tilde{\xi}_k(k=1,2,\cdots,m)$ 的 m 个方程的方程组

$$\tilde{\xi}_k-\sum_{l=1}^{m}a_{kl}\tilde{\xi}_l=\eta_k+\sum_{l=m+1}^{\infty}a_{kl}\eta_l \tag{99}$$

算子 B^* 与矩阵 $(a_{lk}^*)=(\bar{a}_{lk})$ 相应[134],因此方程(94) 在 l_2 中具有形式

$$\xi_k-\sum_{l=1}^{m}\bar{a}_{lk}\xi_l=\tilde{\eta}_k\quad(k=1,2,\cdots) \tag{100}$$

其中 ξ_l 与 $\tilde{\eta}_l$ 是和 H 中的元 x 与 $\tilde{y}$ 对应的 l_2 中元的分量.

最后这个方程组的前 m 个方程

$$\xi_k-\sum_{l=1}^{m}\bar{a}_{lk}\xi_l=\tilde{\eta}_k\quad(l=1,2,\cdots,m) \tag{101}$$

的每一组解 $(\xi_1^{(0)},\xi_2^{(0)},\cdots,\xi_m^{(0)})$ 对应着方程组(100) 在任取其余 $\tilde{\eta}_k(k=m+1,m+2,\cdots)$ 时的一组确定解 $(\xi_1^{(0)},\xi_2^{(0)},\cdots,\xi_m^{(0)},\xi_{m+1}^{(0)},\cdots)$,因此,其余未知数 ξ_k $(k=m+1,m+2,\cdots)$ 由公式

$$\xi_k=\tilde{\eta}_k+\sum_{l=1}^{m}\bar{a}_{lk}\xi_l\quad(k=m+1,m+2,\cdots) \tag{102}$$

确定.

我们指出,由(98) 与(99) 得出的 $\tilde{\xi}_k$ 和由(101) 与(102) 得出的 ξ_k 具有这样的性质:以 $|\tilde{\xi}_k|^2$ 与 $|\xi_k|^2$ 为通项的两级数收敛.关于 $\tilde{\xi}_k$,这直接由(98) 推出,关于 ξ_k 则由(102) 推出,只要留意对 k 而言通项为 $|\tilde{\eta}_k|^2$ 及 $|\bar{a}_{lk}|^2$ 的级数的收敛性.最后这个级数的收敛性则由(96) 得出

$$\bar{a}_{lk}=((E-A_2^*)^{-1}A^*P_Lz_l,z_k)$$

而推出.

对于齐次方程的情形,我们应令 $\eta_k=\tilde{\eta}_k=0$.式(99) 的齐次方程组的形式为

$$\tilde{\xi}_k-\sum_{l=1}^{m}a_{kl}\tilde{\xi}_l=0\quad(k=1,2,\cdots,m) \tag{103}$$

与 $\tilde{\xi}_k=0$(当 $k>m$);对于(101) 则有形式

$$\xi_k-\sum_{l=1}^{m}\bar{a}_{lk}\xi_l=0\quad(k=1,2,\cdots,m) \tag{104}$$

$$\xi_k=\sum_{l=1}^{m}\bar{a}_{lk}\xi_l\quad(当\ k>m) \tag{105}$$

注意,依(105),有穷齐次方程组(104) 的线性无关解生成与 H 中的无穷方程组(94) 相应的无穷齐次方程组的线性无关解.(104) 的线性相关解生成整个方程组的线性相关解.留意解方程组的基本结果,以及方程组(103) 与(104) 的系数矩阵的秩是相同的,我们有下面的定理:

定理 1 对于任意的 y,非齐次方程(87) 与(88) 可解的必要且充分条件是对应的齐次方程($y=0$) 仅有零解.在这种情形下,对于任意的 y,方程(87) 与

(88) 的解是唯一的. 齐次方程 $x - Ax = 0$ 与 $x - A^* x = 0$ 具有相同个数的线性无关解.

现在考察齐次方程有非零解时的非齐次方程(87),并且证明相应的定理.

定理 2 对于所述的情形,非齐次方程(87) 有解的必要且充分条件是:自由项 y 需与齐次方程

$$x - A^* x = 0 \tag{106}$$

的一切解正交.

必要性. 我们不必用化到 l_2 的办法来证明. 设方程(87) 有解 x_0,即 $x_0 - Ax_0 = y$,又设 z 是方程(106) 的某个解,即 $z - A^* z = 0$. 需证 $(y, z) = 0$,我们有

$$(y, z) = (x_0 - Ax_0, z) = (x_0, z - A^* z) = (x_0, 0) = 0$$

充分性. 设已知 y 与(106) 的所有解正交,我们需证方程(87) 有解. 转到空间 l_2 中,依条件我们有

$$\sum_{k=1}^{\infty} \eta_k \tilde{\xi}_k = 0 \tag{107}$$

其中$(\xi_1, \xi_2, \cdots, \xi_m)$ 是方程组(104) 的任意解,而对于 $k > m$ 的 ξ_k 由公式(105) 确定. 把 $k > m$ 时的 ξ_k 的表示式代入(107),则得

$$\sum_{k=1}^{m} (\eta_k + \sum_{l=m+1}^{\infty} a_{kl} \eta_l) \tilde{\xi}_k = 0$$

留意括号中的和就是方程(99) 的右端,而$(\xi_1, \xi_2, \cdots, \xi_m)$ 是方程组(104) 的任意解,我们可以断言方程组(99) 有解[Ⅲ$_1$;15],从而方程(87) 有解,定理得证.

现在考察方程

$$x - \mu Ax = y \tag{108}$$

其中 A 是全连续算子,μ 是复参数. μA 也是全连续算子,因此对于方程(108) 可以应用上面的定理. 特别的,若齐次方程

$$x - \mu Ax = 0 \text{ 或 } Ax = \lambda x \quad \left(\lambda = \frac{1}{\mu}\right) \tag{109}$$

仅有零解(当 $\mu = 0$ 时这是显然的),那么对于任意的 y,方程(108) 可解(并且是唯一的). 若方程(109) 有非零解,则相应的 λ 值是算子 A 的固有值. 现在证明下述定理.

定理 3 满足条件 $|\lambda| \geqslant r$(r 是任一预给的正数) 的固有值只能有有穷个.

换言之,我们需证只能存在有穷个 μ 值满足 $|\mu| \leqslant \frac{1}{r}$ 且使方程(109) 有非零解. 这个定理的证明与证定理 1 时用过的结构有直接的联系.

与那里一样,我们令

$$A = A_1 + A_2 = P_L A + P_M A$$

并且取足够大的固定 m 使不等式$\frac{1}{r}\|A_2\| = q < 1$成立. 这时当 $|\mu| \leqslant \frac{1}{r}$ 时，算子 $E - \mu A_2$ 具有有界逆算子，并且当 $|\mu| \leqslant \frac{1}{r} + \varepsilon$ 时(ε 是充分小的正数)，它可以用关于 μ 是依范数一致收敛的级数

$$(E - \mu A_2)^{-1} = E + \mu A_2 + \mu^2 A_2^2 + \cdots \tag{110}$$

来表出[131].

如果令方程组(103) 的行列式等于零，我们能得出使方程有非零解的 μ 值；这个行列式 Δ 的元是 $\delta_{kl} - a_{kl}$，其中当 $k \neq l$ 时，$\delta_{kl} = 0$，当 $k = l$ 时，$\delta_{kl} = 1$，而

$$a_{kl} = (P_L \mu A (E - \mu A_2)^{-1} z_l, z_k)$$

注意级数(110) 的收敛性和上面关于算子序列的极限运算，以及数积的连续性，我们可以断定 a_{kl} 是圆 $|\mu| \leqslant \frac{1}{r}$ 上的正则函数. 行列式 Δ 显然也有此性质，因此方程 $\Delta = 0$ 只能有有穷个满足条件 $|\mu| \leqslant \frac{1}{r}$ 的根，定理从而得证.

所证定理也可这样陈述：全连续算子的固有值 λ 只可能有极限点 $\lambda = 0$.

由上推出，满足条件 $|\lambda| \leqslant \frac{1}{r}$ 的固有值 λ 的秩不能超过使$\frac{1}{r}\|A_2\| = q < 1$的方程组(103) 中的 m. 如果 A 不是自共轭算子，那么它可能没有固有值[Ⅳ;13].

136. 全连续自共轭算子

我们在[Ⅳ;38,39] 中曾研究过全连续自共轭算子的谱的性质以及关于固有函数的展开式. 全部证明能原封不动地移到空间 H 中来. 但我们曾假设过空间 H 的完备性，而这在第 Ⅳ 卷的证明中并未用到. 因此，对于 H 我们能得新的结果. 首先我们列出可由第 Ⅳ 卷中所述结果得出的定理，这里再提醒读者，自共轭算子的固有值都是实数.

定理 1 每个异于零算子的自共轭全连续算子 A 至少有一个不等于零的固有值. A 的所有固有值的秩都是有穷的，而且在任一区间$[-\varepsilon, +\varepsilon]$($\varepsilon > 0$)之外只能有有穷个固有值. 所有形如 Ax($x \in H$) 的元能分解为关于与非零固有值相应的固有元 x_k 的规格化正交组的傅里叶级数

$$Ax = \sum_k (Ax, x_k) x_k = \sum_k (x, x_k) \lambda_k x_k \tag{111}$$

和(111) 可能含有穷个项，也可能含无穷多项. 我们再回忆，固有值 λ_k 与形成规格化正交组的固有元 x_k 可由解二次齐式(Ax, x) 的一系列极值的问题的结果而得到. 第 Ⅳ 卷中基本定理的证明就是以此为基础的.

我们假定和(111) 含有无穷多项. 设 x 是 H 的任意元. 作差

$$z=x-\sum_{k=1}^{\infty}(x,x_k)x_k \tag{112}$$

所写的级数是收敛的[121].依(111)有

$$A[x-\sum_{k=1}^{\infty}(x,x_k)x_k]=0$$

由此看出,z 满足方程

$$Az=0 \text{ 或 } Az=0z \tag{113}$$

就是说 z 是零元或者是与固有值 $\lambda=0$ 相应的 A 的固有元.设 $z_1,z_2,\cdots$ 是与固有值 $\lambda=0$ 相应的固有元组成的完备规格化正交组.若 $\lambda=0$ 不是固有值,则这种元不存在.若 $\lambda=0$ 是固有值,则它的秩可能有穷也可能无穷.留意 z 是方程(113)的解,我们可以断言

$$x-\sum_{k=1}^{\infty}(x,x_k)x_k=\sum_{l}c_l z_l \tag{114}$$

$$c_k=(x-\sum_{k=1}^{\infty}(x,x_k)x_k,z_l)$$

再注意$(x_k,z_l)=0$[128],我们得 $c_k=(x,z_l)$,而由(114)可知,任一 x 可分解为按 A 的固有元的傅里叶级数,如果我们考虑到 $\lambda=0$ 为固有值时相应的固有元.如此,我们证明了下面的定理.

定理 2 全连续自共轭算子的固有元组成的规格化正交组是一个完备组.

使用[128]中的术语,也可以说全连续自共轭算子具有纯点谱.

以上所作的全部论证对于和(111)只含有穷个项的情形也适用.若 $\lambda=0$ 不是固有值,则和(111)含无穷多项(公理 B),并且对于 H 的任何元 x 有

$$x=\sum_{k=1}^{\infty}(x,x_k)x_k \tag{115}$$

注 与[Ⅳ;29]中的积分方程情形一样,对于自共轭算子 A 有下列结果.若 $\lambda\neq 0$,又非固有值,则方程

$$Ax=\lambda x+y \tag{116}$$

对于任意的 y 有由公式

$$x=-\frac{1}{\lambda}y+\sum_{k}\frac{\lambda_k(y,x_k)}{\lambda(\lambda_k-\lambda)}x_k \tag{117}$$

所确定的唯一解 x.

如果 λ 是固有值并且方程满足可解性条件,就是说 y 与所有相应于 λ 的固有元正交,那么方程(116)的通解由公式(117)给出,这时式中所有那些与 x_k 结合而分母等于零的因子均需代以任意常数.我们假设既有正的固有值,又有负的固有值.把正负固有值分别依绝对值不增的次序排列起来,而将前者记为 λ_k^+,后者记为 λ_k^-,其相应的固有元用 x_k^+ 与 x_k^- 表示.注意分解式(111),我们得

$$(Ax,x)=\sum_k \lambda_k^+ \mid (x,x_k^+) \mid^2 + \sum_k \lambda_k^- \mid (x,x_k^-) \mid^2 \tag{118}$$

由此直接得出我们曾在以前谈到过的 λ_k 与 x_k 的极值性质的新的陈述[参照Ⅳ;26].

定理 3 固有值 λ_1^+ 是 (Ax,x) 在条件 $\|x\|=1$ 之下的最大值,并且当 $x=x_1^+$ 时达到最大值,而 $\lambda_n^+(n>1)$ 是 (Ax,x) 在条件

$$\|x\|=1 \text{ 与 } (x,x_1^+)=(x,x_2^+)=\cdots=(x,x_{n-1}^+)=0$$

之下的最大值,并且当 $x=x_n^+$ 时达到这个最大值.

相仿的,λ_1^- 是 (Ax,x) 在条件 $\|x\|=1$ 之下的最小值,并且当 $x=x_1^-$ 时达到这个最小值,而 $\lambda_n^-(n>1)$ 是 (Ax,x) 在条件

$$\|x\|=1 \text{ 与 } (x,x_1^-)=(x,x_2^-)=\cdots=(x,x_{n-1}^-)=0$$

之下的最小值,并且当 $x=x_n^-$ 时达到这个最小值.

现在对空间 H 证明柯朗定理[Ⅳ;187].

定理 4 设 $z_1,z_2,\cdots,z_{n-1}$ 是 H 中的任意固定元,而 $m(z_1,z_2,\cdots,z_{n-1})$ 是 (Ax,x) 的满足条件

$$\|x\|=1 \text{ 与 } (x,z_1)=(x,z_2)=\cdots=(x,z_{n-1})=0 \tag{119}$$

的上确界.

这时,λ_n^+ 是数 $m(z_1,z_2,\cdots,z_{n-1})$ 在取所有可能的 $z_1,z_2,\cdots,z_{n-1}$ 时的最小值. 证明与[Ⅳ;187]中的相似. 我们有 $m(x_1^+,x_2^+,\cdots,x_{n-1}^+)=\lambda_n^+$,尚需证明,对于任取的 $z_k(k=1,2,\cdots,n-1)$,有

$$m(z_1,z_2,\cdots,z_{n-1})\geqslant \lambda_n^+ \tag{120}$$

我们来求满足条件(119)的形如

$$x=\sum_{k=1}^n c_k x_k^+ \tag{121}$$

的元 x.

条件(119)可写成关于 c_k 的方程组的形式

$$\sum_{k=1}^n c_k (x_k^+,z_s)=0 \quad (s=1,2,\cdots,n-1) \tag{122}$$

$$\sum_{k=1}^n \mid c_k \mid^2 =1 \tag{123}$$

具有 n 个未知数的 $n-1$ 个方程的齐次方程组(122)有不等于零的解. 把这个解添上常数因子后可满足条件(123). 如此,我们找到了满足条件(119)的(121)形式的元. 对于这个元我们有

$$(Ax,x)=\left(\sum_{k=1}^n c_k \lambda_k^+ x_k^+,\sum_{k=1}^n c_k x_k^+\right)=\sum_{k=1}^n \lambda_k^+ \mid c_k \mid^2$$

注意 $\lambda_1^+ \geqslant \lambda_2^+ \geqslant \cdots \geqslant \lambda_n^+$ 及等式(123),可得 $(Ax, x) \geqslant \lambda_n^+$,并且 x 满足条件(119).于是在条件(119)之下 (Ax, x) 的上确界 $m(z_1, z_2, \cdots, z_{n-1})$ 更不能小于 λ_n^+.因此不等式(120)与定理得证.对于 λ_n^-,定理的陈述完全相似.

注 不难证明,(Ax, x) 在某个满足条件(119)的元 x_0 上达到它的上确界.

事实上,依条件有满足条件(119)的元序列 y_n 使

$$(Ay_n, y_n) \to m(z_1, z_2, \cdots, z_{n-1})$$

注意 $\| y_n \| = 1$,我们可以假定 y_n 弱收敛于某元 x_0,而由弱收敛性推出[132]

$$\| x_0 \| \leqslant 1 \text{ 与 } (x_0, z_1) = (x_0, z_2) = \cdots = (x_0, z_{n-1}) = 0$$

依 A 的全连续性我们有

$$(Ax_0, x_0) = m(z_1, z_2, \cdots, z_{n-1})$$

尚需证明 $\| x_0 \| = 1$.由 $m(z_1, z_2, \cdots, z_{n-1}) \geqslant \lambda_n^+$ 推出

$$m(z_1, z_2, \cdots, z_{n-1}) > 0 \text{ 与 } \| x_0 \| > 0$$

如果 $\| x_0 \| < 1$,那么引入满足条件(119)的规格化元 $y_0 = \dfrac{1}{\| x_0 \|} x_0$ 之后,我们就得到

$$(Ay_0, y_0) = \frac{1}{\| x_0 \|^2} A(x_0, x_0) = \frac{m(z_1, z_2, \cdots, z_{n-1})}{\| x_0 \|^2} > m(z_1, z_2, \cdots, z_{n-1})$$

但由 $m(z_1, z_2, \cdots, z_{n-1})$ 的定义推出

$$(Ay_0, y_0) \leqslant m(z_1, z_2, \cdots, z_{n-1})$$

所得矛盾表明 $\| x_0 \| = 1$,而 (Ax, x) 确实达到它的上确界 $m(z_1, z_2, \cdots, z_{n-1})$.如注意[132]的定理 2,我们可以断言 $y_n \Rightarrow x_0$.

本定理在对算子的固有值比较大小时有应用[参考 Ⅳ;188].

我们再指出公式(118)的一个直接的推论[参考 Ⅳ;26].全连续自共轭算子 A 为正(当 $x \in H$ 时,$(Ax, x) \geqslant 0$)的必要且充分条件是没有负的固有值.

现在我们证明,全连续自共轭算子由定理 1 与定理 2 中所写的它的谱的特征所完全确定.

定理 5 设线性自共轭算子具有下列性质:它的固有元的规格化正交组 $x_k (k = 1, 2, \cdots)$ 是完备的,所有异于零的固有值 λ_k 的秩是有限的,而且位于任一区间 $[-\varepsilon, +\varepsilon] (\varepsilon > 0)$ 之外只有有限个固有值.如此,则 A 是全连续的.

依定理的条件,我们可以把 λ_k 按其绝对值不增的次序排列起来

$$| \lambda_1 | \geqslant | \lambda_2 | \geqslant | \lambda_3 | \geqslant \cdots \tag{124}$$

并且当 $n \to \infty$ 时 $\lambda_n \to 0$.我们记得,若固有值的秩是 r,则它在序列(124)中出现 r 次(固有值 $\lambda = 0$ 的秩可以是无穷的).

由组 x_k 的完备性，对于任何 $x \in H$ 我们有傅里叶级数

$$x = \sum_{k=1}^{\infty} a_k x_k \tag{125}$$

与

$$Ax = \sum_{k=1}^{\infty} a_k \lambda_k x_k \tag{126}$$

设 U 是元 x 的有界集合，就是说，若 $x \in U$，则存在正数 l 使

$$\sum_{k=1}^{\infty} | a_k |^2 \leqslant l^2 \tag{127}$$

我们需证集合 Ax 列紧. 它的有界性由不等式 $\| Ax \| \leqslant n_A l$ 推知. 尚需证明[92]，若(127) 成立，则对于任给的 $\varepsilon > 0$，存在正整数 m_ε 使

$$\sum_{k=m_\varepsilon}^{\infty} | a_k |^2 \lambda_k^2 \leqslant \varepsilon^2$$

当 $n \to \infty$ 时 $\lambda_n \to 0$，存在 n_ε 使当 $n \geqslant n_\varepsilon$ 时 $| \lambda_n | < \frac{\varepsilon}{l}$. 如此得

$$\sum_{k=n_\varepsilon}^{\infty} | a_k |^2 \lambda_k^2 < \frac{\varepsilon^2}{l^2} \sum_{k=m_\varepsilon}^{\infty} | a_k |^2 \leqslant \frac{\varepsilon^2}{l^2} l^2 = \varepsilon^2$$

定理得证.

137. 么范算子

除了自共轭算子外，我们还要考察一类线性算子.

定义 1 线性算子

$$y = Ux \tag{128}$$

叫作么范的，如果它不改变元的范数，即 $\| Ux \| = \| x \|$，并且它把 H 映到 H 之上，就是说对于 H 中的任何元 y，存在原象 x，即存在元 x 满足公式(128).

注意，由定义推出么范算子的范数等于 1. 在下面的定理中将指出么范算子的基本性质.

定理 1 么范算子把 H 一对一地映到 H 上，并且有由公式

$$U^{-1} = U^* \tag{129}$$

确定的有界逆算子，就是说

$$UU^* = U^* U = E \tag{130}$$

而 U^{-1} 也是么范算子，并且 U 不改变数积. 条件(130) 也是 U 为么范算子的充分条件.

若 x_1 与 x_2 是 H 中的两个元，则依么范算子的定义

$$\| Ux_1 - Ux_2 \| = \| U(x_1 - x_2) \| = \| x_1 - x_2 \|$$

因此，若 $Ux_1 = Ux_2$，则 $x_1 = x_2$，就是说对于不同的元 x，公式(128) 给出不同的

y，即U决定了H映于自身的一个一一映射. 这样一来，存在有界逆算子U^{-1}定义于整个H上，又因U不改变范数，故$\| U^{-1}y \| = \| y \|$，即算子U^{-1}也是么范的. 留意范数的不变性，可写出$(Ux, Ux) = (x, x)$，由此直接推出等式

$$(U^*Ux, x) = (x, x)$$

但上面二次泛函的等式与其相应算子的等式等效，即$U^*U = E$，由此可知U^*是U的左逆，又因U有有界逆算子，故也有$UU^* = E$，因此(129)得证. 关于U不改变数积的论断由下面的等式直接推出

$$(Ux, Uy) = (U^*Ux, y) = (x, y) \tag{131}$$

最后，我们证明由(130)可知U是么范算子. 依(130)，U有由公式(129)确定的有界逆算子. 尚需证明U不改变范数，而这由(130)及$y = x$时的(131)推出.

我们再指出，若U_1与U_2是两个么范算子，则其积U_1U_2也是么范算子. 这由以下事实可直接推出：若U_1与U_2都把H一对一地映到自身之上，并且不改变范数，则其积显然也有此性质. 这样一来，么范算子的逆算子以及几个么范算子的积都是么范算子，即么范算子组成一个群.

设

$$x_1, x_2, x_3, \cdots \tag{132}$$

是封闭规格化正交组. 对它们使用么范变换U，依已证的U的性质，可得规格化正交组

$$y_1 = Ux_1, y_2 = Ux_2, y_3 = Ux_3, \cdots \tag{133}$$

对于任意元x，我们有按(132)的元的分解式

$$x = a_1x_1 + a_2x_2 + a_3x_3 + \cdots \tag{134}$$

因此它的象Ux具有同样系数的按组(133)的元的分解式

$$Ux = a_1y_1 + a_2y_2 + a_3y_3 + \cdots \tag{135}$$

元Ux可以是H中的任一元，因此组(133)也是封闭的. 反之，设有两个封闭的规格化正交组x_k与$y_k (k = 1, 2, \cdots)$，我们对任一表成(134)的元x用公式(135)定义算子U，则这个算子把H一对一地映到H上，而且不改变范数

$$\| Ux \|^2 = \| x \|^2 = \sum_{k=1}^{\infty} | a_k |^2$$

也就是说，这样的算子U是么范的. 这样，任一么范算子可用一个封闭的规格化正交组的元到另一个这种组的元的映射来决定.

设A是某一线性算子，而$y = Ax$. 我们取某个么范算子U，并令$y' = Uy$与$x' = Ux$. 由于$y = Ax$，我们可依

$$y' = (UAU^{-1})x' \tag{136}$$

用x'表出y'，并且说算子$B = UAU^{-1}$与A么范相抵. 从上面的公式可知

$A=U^{-1}BU$,由此看出,若 B 与 A 么范相抵,则 A 也与 B 么范相抵.若 P 是子空间 L_P 上的投影算子,则 UPU^{-1} 显然是在应用 U 于子空间 L_P 而得的子空间上的投影算子.如果 x_0 是与固有值 λ_0 相应的 A 的固有元,即 $Ax_0=\lambda_0x_0$,如令 $x'_0=Ux_0$,那么显然有 $(UAU^{-1})x'_0=\lambda_0x'_0$,就是说,么范相抵的算子具有相同的固有值,而这些算子的固有元互为相应的么范映象.应用(129)容易验证,若 A 是自共轭算子,则 B 也是自共轭算子.

定理 2 么范算子的固有值的绝对值等于 1,而其与不同固有值相应的固有元相互正交.

设 U 是么范算子,x_0 是与它的固有值 λ_0 相应的固有元,即 $Ux_0=\lambda_0x_0$.留意 U 不改变范数,可知

$$(x_0,x_0)=(Ux_0,Ux_0)=(\lambda_0x_0,\lambda_0x_0)=|\lambda_0|^2(x_0,x_0)$$

即 $\|x_0\|=|\lambda_0|\ \|x_0\|$,由此依 $\|x_0\|\neq 0$ 得 $|\lambda_0|=1$.设 x_0 与 x_1 是与不同的固有值 λ_0 及 λ_1 相应的固有元,即 $Ux_0=\lambda_0x_0$ 与 $Ux_1=\lambda_1x_1$.留意 U 不改变数积,可得

$$(x_0,x_1)=(Ux_0,Ux_1)=(\lambda_0x_0,\lambda_1x_1)=\lambda_0\bar{\lambda}_1(x_0,x_1).$$

假如有 $(x_0,x_1)\neq 0$,则由上面的等式得出 $\lambda_0\bar{\lambda}_1=1$.但已证 $|\lambda_0|=1$,因而 $\bar{\lambda}_1=1:\lambda_0=\bar{\lambda}_0$,即 $\lambda_1=\lambda_0$,这是不可能的,因按条件 λ_0 与 λ_1 不同.现在再引入一类算子.

定义 2 线性算子 V 叫作等距的,是指它不改变元的范数,即 $\|Vx\|=\|x\|\ (x\in H)$.

尽管每个线性算子 V 在整个 H 上定义,但并未要求 V 把 H 映到整个 H 上,因此等距算子可能不是么范的.我们给出这种例子.与上面一样,设 $x_k(k=1,2,\cdots)$ 是 H 中的封闭规格化正交组,因此所有元 x 都可以用它的傅里叶级数(134)表示.

我们用公式

$$Vx=\sum_{k=1}^{\infty}a_kx_{k+1} \tag{137}$$

定义 V.

显然,V 是线性算子,并且

$$\|Vx\|^2=\|x\|^2=\sum_{k=1}^{\infty}|a_k|^2$$

由(137)可知,V 把 H 一对一地映到与 x_1 正交的元所组成的子空间上.

138. 算子的绝对范数

我们现在介绍线性算子新的范数概念.设 A 是线性算子,而 x_k 与 $y_k(k=1,2,\cdots)$ 是两个封闭规格化正交组.作下面的非负项之和

$$\sum_{p,q=1}^{\infty}(Ax_p,y_q)(y_q,Ax_p)=\sum_{p,q=1}^{\infty}|(Ax_p,y_q)|^2 \tag{138}$$

用 $N(A;x_p,y_q)$ 表示这个和的算术平方根，它可能是 $+\infty$. 现在证明它与封闭组 x_p 及 y_q 的选择无关. 留意 (Ax_p,y_q) 是元 Ax_p 依组 y_q 展开的傅里叶系数，由于封闭性方程我们可以把(138) 改写为

$$N^2(A;x_p,y_q)=\sum_{p=1}^{\infty}\|Ax_p\|^2 \tag{139}$$

另一方面，注意 $(Ax_p,y_q)=(x_p,A^*y_q)$，可得

$$N^2(A;x_p,y_q)=N^2(A^*;y_q,x_p)=\sum_{q=1}^{\infty}\|A^*y_q\|^2 \tag{140}$$

由方程(139) 可知，$N^2(A;x_p,y_q)$ 与组 y_q 的选择无关，而由(140) 推出这个值与组 x_p 的选择无关，这样一来 $N^2(A;x_p,y_q)$ 自然可简写成 $N^2(A)$. 正数 $N(A)$ 叫作算子 A 的绝对范数，它可以等于 $+\infty$. 留意(139) 与(140)，以及 $N(A)$ 不依赖于组 x_p 与 y_q 的选择，可得

$$N(A)=N(A^*) \tag{141}$$

又由公式

$$N^2(A+B)=\sum_{p=1}^{\infty}\|Ax_p+Bx_p\|^2$$

及[59] 中的不等式(107) 可得

$$N(A+B)\leqslant N(A)+N(B) \tag{142}$$

设 U 是么范算子. 这时 $U^{-1}x_p$ 组成封闭规格化正交组，而且 $\|UAz\|=\|Az\|$. 由此依(139) 可知

$$N(UAU^{-1})=N(A) \tag{143}$$

即么范相抵的算子具有相同的绝对范数. 设 $N(A)$ 有穷，而 x 是某一规格化元. 我们可以取它作为规格化正交组的第一个元，这时由公式(139) 可得 $N^2(A)\geqslant\|Ax\|^2$，即当 $\|x\|=1$ 时

$$\|Ax\|\leqslant N(A)$$

由此推出算子的平常范数小于或等于其绝对范数.

定理 如果算子 A 的绝对范数是有穷的，那么 A 是全连续的，而如果 A 又是自共轭算子，那么有公式

$$N^2(A)=\sum_{k=1}^{\infty}\lambda_k^2 \tag{144}$$

其中 λ_k 是 A 的固有值(重固有值出现的次数等于其重数).

设 U 是某个有界集. 我们需证明，若 $N(A)<+\infty$，则集合 $Ax\ (x\in U)$ 列紧. 依条件，存在正数 l 使当 $x\in U$ 时 $\|x\|\leqslant l$. AU 的有界性由 $\|Ax\|\leqslant n_A l$

直接推得. 引入某个封闭规格化正交组 $y_k(k=1,2,\cdots)$,我们把 H 映到 l_2 中,于是就只需证明,对于任给的 $\varepsilon>0$,存在正整数 n_ε,使

$$\sum_{k=n_\varepsilon}^{\infty}|(Ax,y_k)|^2\leqslant\varepsilon^2 \tag{145}$$

我们有

$$\sum_{k=n_\varepsilon}^{\infty}|(Ax,y_k)|^2=\sum_{k=n_\varepsilon}^{\infty}|(x,A^*y_k)|^2\leqslant l^2\sum_{k=n_\varepsilon}^{\infty}\|A^*y_k\|^2$$

但由于 $N(A)<+\infty$,故级数(140)收敛并且存在 n_ε(它与 $x\in U$ 的选择无关)使

$$\sum_{k=n_\varepsilon}^{\infty}\|A^*y_k\|^2\leqslant\frac{\varepsilon^2}{l^2}$$

由此推出(145),从而 A 是全连续算子得证. 若 A 又是自共轭算子,则取它的固有元作为封闭规格化正交组 y_k,从而

$$Ay_k=\lambda_k y_k \text{ 及 } \|Ay_k\|^2=\|A^*y_k\|^2=\lambda_k^2$$

这时,依(140)可得公式(144),而 $N(A)$ 的有界性与(144)右端的级数收敛等效.

以后我们证明,如果 A 是自共轭正算子,即 $x\in H$ 时 $(Ax,x)\geqslant 0$,那么存在线性正算子 B 使 $B^2=A$. 通常我们记 $B=\sqrt{A}$. 利用这个算子,我们引入线性全连续自共轭正算子的迹的概念. 我们有

$$N^2(B)=\sum_{p=1}^{\infty}\|Bx_p\|^2=\sum_{p=1}^{\infty}(Bx_p,Bx_p)=$$
$$\sum_{p=1}^{\infty}(B^2x_p,x_p)=\sum_{p=1}^{\infty}(Ax_p,x_p)$$

由此可以看出,对于自共轭正算子,和

$$\sum_{p=1}^{\infty}(Ax_p,x_p)$$

与组 x_p 的选择无关. 这种叫作算子 A 的迹,并用记号 $Sp(A)$ 表示. 由以上讨论可知

$$Sp(A)=N^2(\sqrt{A})=\sum_{p=1}^{\infty}(Ax_p,x_p)$$

如果 A 有纯点谱,那么可取 A 的固有元组成封闭规格化正交组 x_p,于是由 $Ax_p=\lambda_p x_p$ 可得

$$Sp(A)=\sum_{p=1}^{\infty}\lambda_p$$

139. 子空间的运算

本节与下一节专门叙述子空间的运算以及投影算子的性质. 这在以后叙述自共轭算子理论时是必需的.

设 $L_k(k=1,2,\cdots,m)$ 是两两正交的子空间. 我们引入它们的和的概念[比较 122]

$$L=L_1\oplus L_2\oplus\cdots\oplus L_m \tag{146}$$

L 表示由形如

$$x=x_1+x_2+\cdots+x_m \tag{147}$$

的元 x 组成的集合,这里 $x_k\in L_k$. 由 L_k 的正交性可知 $x_k=P_{L_k}x(k=1,2,\cdots,m)$ 且等式

$$\|x\|^2=\|x_1\|^2+\|x_2\|^2+\cdots+\|x_m\|^2$$

成立.

不难证明 L 是子空间. 它叫作子空间 L_k 的正交和. 现在考察两两正交的子空间的无穷和

$$L=L_1\oplus L_2\oplus L_3\oplus\cdots \tag{148}$$

L 表示所有能表示为收敛级数之和

$$x=x_1+x_2+x_3+\cdots \tag{149}$$

的元 x 组成的集合,其中 $x_k\in L_k$. 这个等式与下面的等式同效[122]

$$\|x\|^2=\|x_1\|^2+\|x_2\|^2+\|x_3\|^2+\cdots \tag{150}$$

于此 $x_k=P_{L_k}x$. 若 x 是 H 的任意元,而 $x_k=P_{L_k}x$ 及 $s_m(x)=x_1+x_2+\cdots+x_m$,则

$$\|x-s_m(x)\|^2=\|x\|^2-\sum_{k=1}^{m}\|x_k\|^2 \tag{151}$$

等式(150)与当 $m\to\infty$ 时 $\|x-s_m(x)\|\to 0$ 等效. 不难看出 L 是线性簇. 现在证明 L 是子空间. 设 $x^{(n)}\in L$ 且当 $n\to\infty$ 时 $x^{(n)}\Rightarrow x$. 需证 $x\in L$. 我们有明显的不等式

$$\|x-s_m(x)\|\leqslant\|x-x^{(n)}\|+\|x^{(n)}-s_m(x^{(n)})\|+\|s_m(x^{(n)}-x)\|$$

但 $s_m(x^{(n)}-x)$ 是 $x^{(n)}-x$ 在子空间 $L_1\oplus L_2\oplus\cdots\oplus L_m$ 中的投影,因此

$$\|s_m(x^{(n)}-x)\|\leqslant\|x^{(n)}-x\|$$

从而得到

$$\|x-s_m(x)\|\leqslant 2\|x-x^{(n)}\|+\|x^{(n)}-s_m(x^{(n)})\| \tag{152}$$

设已给 $\varepsilon>0$. 固定 n 使 $\|x-x^{(n)}\|\leqslant\frac{\varepsilon}{3}$. 因为 $x^{(n)}\in L$,所以当 m 足够大时

$$\|x^{(n)}-s_m(x^{(n)})\|\leqslant\frac{\varepsilon}{3}$$

从而由(152)可得 $\| x-s_m(x)\| \leqslant \varepsilon$,即 $x\in L$,从而证明了 L 是子空间.对于任意的 $y\in H$,元 $P_L y$ 可以表示为形式

$$P_L y = z_1 + z_2 + \cdots \tag{153}$$

其中 $z_k = P_{L_k}(P_L y)$.但因 L_k 位于 L 中,故有 $P_L(P_{L_k}y)=P_{L_k}y$,即 $P_L P_{L_k}=P_{L_k}$,两端取共轭算子得 $P_{L_k}P_L = P_{L_k}$,因此 $z_k = P_{L_k}y$,于是公式(153)可改写成

$$P_L y = P_{L_1}y + P_{L_2}y + P_{L_3}y + \cdots \tag{154}$$

即

$$P_L = P_{L_1} + P_{L_2} + P_{L_3} + \cdots \tag{155}$$

而级数的收敛性应理解为算子序列的强收敛.

我们指出,如果 $x_1, x_2, \cdots$ 是两两正交的规格化元,并假设其中每个元 x_k 生成一维子空间,其元为 ax_k(a 为任意复数),那么我们得到这些子空间的正交和,它由形式为

$$\sum_k c_k x_k$$

的元组成,这里数 $|c_k|^2$ 组成的级数收敛,而在子空间 L 中的投影算子具有形式

$$P_L y = \sum_k a_k x_k$$

其中 $a_k x_k = P_{L_k}y$,$a_k = (y, x_k)$.

我们说子空间 M 是子空间 L 的部分($M \subsetneqq L$),如果 M 的一切元含于 L 中.这时所谓子空间的差 $L \ominus M$ 是指 L 中一切与 M 正交的元组成的集合[122].若记 $L\ominus M = M_1$,则 $L = M \oplus M_1$,于是子空间 M 与 M_1 关于 L 是互补的[122].

子空间的积 L_1L_2 是指一切同时属于 L_1 与 L_2 的元组成的集合.容易证明这个集合是子空间.积的这一定义也适用于任意有穷多个或无穷多个子空间.

140. 投影算子

我们已经知道,子空间 L 上的投影算子是范数等于 1 的自共轭算子(P_L 是零算子的情形除外[124]).由投影算子的定义直接推出

$$P_L^2 = P_L \tag{156}$$

因此

$$(P_L x, x) = (P_L^2 x, x) = (P_L x, P_L x) = \| P_L x \|^2 \geqslant 0$$

就是说 P_L 是正算子.现在证明投影算子的几个定理.

定理 1 若 A 是满足关系

$$A^2 = A \tag{157}$$

的自共轭算子,则 A 是在子空间 L 上的投影算子 P_L,而 L 是当 x 遍历 H 时由元 $y = Ax$ 组成的.

当 x 遍历 H 时，依算子 A 的分配性，一切元 $y=Ax$ 组成的集合 L 是线性簇. 现在证明 L 是子空间. 设 y_n 是 L 中的元序列，并且 $y_n \Rightarrow y$. 需证 $y \in L$. 因 $y_n \in L$，故可断定存在元 x_n 使 $y_n = Ax_n$，而依(157)，$y_n = A(Ax_n)$，即 $y_n = Ay_n$，由此取极限并利用算子 A 的连续性可得 $y=Ay$，因此 $y \in L$. 为了完成定理的证明，还需证明元 $x-Ax$ 与 L 的任意元正交，即与一切元 Az 正交，其中 z 是 H 中的任意元. 我们有

$$(x-Ax, Az)=(x, Az)-(Ax, Az)$$

依 A 的自共轭性，可以把 A 从第一个元 x 移到第二个元 z 上去，如此则得

$$(x-Ax, Az)=(x, Az)-(x, A^2 z)$$

而由(157) 可知右端等于零，即 $(x-Ax, Az)=0$，定理得证.

我们说两个投影算子 P_L 与 P_M 是相互正交的，如果条件

$$P_L P_M = 0 \tag{158}$$

成立，其中右端的记号 0 表示零算子. 在公式(158) 中取共轭算子，并注意算子的自共轭性，我们得到另一公式

$$P_M P_L = 0 \tag{159}$$

定理 2　投影算子 P_L 与 P_M 相互正交的必要且充分条件是：子空间 L 与 M 相互正交.

先证必要性. 若 L 与 M 不相互正交，则必有 M 中的元 x_0 与 L 不正交. 对于这样的元 x 必有 $P_M x = x$，从而 $P_L(P_M x)=P_L x \neq 0$，而这与(158) 矛盾. 现在证明充分性. 若 $L \perp M$，则对于任意元 x，$P_M x$ 与 L 正交，从而 $P_L(P_M x)=0$，即有公式(158).

定理 3　和 $P_L + P_M$ 是投影算子的必要且充分条件是：子空间 L 与 M 相互正交. 若这个条件满足，则 $P_L + P_M$ 是在 $L \oplus M$ 上的投影算子.

现在证明必要性. 设 $P_L + P_M$ 是投影算子. 依(156)，必有

$$(P_L + P_M)(P_L + P_M) = P_L + P_M \tag{160}$$

展开括号并注意 $P_L^2 = P_L$ 及 $P_M^2 = P_M$，可得

$$P_L P_M + P_M P_L = 0 \tag{161}$$

左端乘以 P_L 得

$$P_L P_M + P_L P_M P_L = 0 \tag{162}$$

将这个等式右乘以 P_L，我们得 $P_L P_M P_L = 0$，再由(162) 就得 $P_L P_M = 0$，由此依定理 1 推出 L 与 M 相互正交. 再证明充分性. 若 L 与 M 相互正交，则依(158) 与(159)，等式(161) 成立，从而等式

$$(P_L + P_M)^2 = P_L + P_M$$

成立，于是依定理 1，$P_L + P_M$ 是投影算子. 与这个投影算子相对应的子空间由公式

$$y=(P_L+P_M)x=P_Lx+P_Mx \tag{163}$$

确定,其中 x 遍取 H 中的元.上式中的 $P_Lx\in L$,$P_Mx\in M$.如此,由(163)确定的任一元 y 属于 $L\oplus M$.反之,如果取属于 $L\oplus M$ 的任一元 $u+v$,并且 $u\in L$,$v\in M$,那么在(163)中令 $x=u+v$,可得 $y=u+v$.这样一来,公式(163)确实定出子空间 $L\oplus M$,定理证毕.

我们说算子 P_M 是算子 P_L 的部分,如果满足条件

$$P_LP_M=P_M \tag{164}$$

在这个公式中取共轭算子,我们得到公式

$$P_MP_L=P_M \tag{165}$$

定理 4 要使 P_M 是 P_L 的部分,必须且只需子空间 M 是子空间 L 的部分.这个条件与下面的条件等效:对于所有的 x 有

$$\| P_Mx \| \leqslant \| P_Lx \| \tag{166}$$

即

$$P_M\leqslant P_L \tag{167}$$

若条件(164)满足,我们取 M 中的元 x_0,则 $P_Mx_0=x_0$,而由(164)推出 $P_Lx_0=x_0$,即 $x_0\in L$,于是 M 是 L 的部分.反之,若 M 是 L 的部分,则对于任意选择的 x,P_Mx 属于 M,从而也属于 L 时,便有 $P_L(P_Mx)=P_Mx$,即条件(164)满足.这时,根据公式(165),对于任意元 x 我们可以写出

$$\| P_Mx \| = \| P_M(P_Lx) \| \leqslant \| P_Lx \|$$

由此推出不等式(166).现证其逆,即由不等式(166)可得 M 是 L 的部分.假如不然,则存在属于 M 但不属于 L 的元 x_0.对于这个元,我们有

$$\| P_Mx_0 \| = \| x_0 \| \text{ 与 } \| P_Lx_0 \| < \| x_0 \|$$

而这与(166)矛盾.最后,依(157)我们可以把不等式(166)写成

$$(P_Lx,x)\geqslant(P_Mx,x) \text{ 或 } ((P_L-P_M)x,x)\geqslant 0$$

由此可知(167)与(166)等效,定理证毕.

定理 5 要使差 P_L-P_M 是投影算子,必须且只需 M 是 L 的部分.若这个条件满足,则 P_L-P_M 是 $L\ominus M$ 上的投影算子.

如果 P_L-P_M 是投影算子,那么必有

$$(P_L-P_M)(P_L-P_M)=P_L-P_M \tag{168}$$

展开括号则得

$$P_LP_M+P_MP_L=2P_M \tag{169}$$

先左乘以 P_L,再右乘以 P_L,我们得到两个等式

$$P_LP_M+P_LP_MP_L=2P_LP_M \text{ 与 } P_LP_MP_L+P_MP_L=2P_MP_L$$

由此可得 $P_LP_M=P_MP_L$,而依(169)则有

$$P_LP_M=P_MP_L=P_M$$

就是说条件(164) 满足,因此 M 是 L 的部分. 反之,若 M 是 L 的部分,就是说条件(164) 与(165) 满足,由此可得公式(169),从而有公式(168),所以根据定理 1 可知 $P_L - P_M$ 是投影算子. 与它相应的子空间由公式

$$y = (P_L - P_M)x = P_Lx - P_Mx \tag{170}$$

决定,其中 x 遍取 H 中的元. 元 P_Lx 与 P_Mx 均属于 L,因为依条件 M 是 L 的部分. 这样一来,公式(170) 确定的元属于 L. 现在证明 y 与 M 正交. 设 z 是 M 的任意元. 我们有 $P_Mz = z$,而

$$(P_Lx - P_Mx, z) = (P_Lx - P_Mx, P_Mz)$$

上式右端就是 $(P_M(P_Lx - P_Mx), z)$,应用条件(165) 可得

$$(P_Lx - P_Mx, z) = (P_Mx - P_Mx, z) = 0$$

就是说,确有 $P_Lx - P_Mx \perp M$. 如此,公式(170) 确定的元属于 $L \ominus M$. 若 u 是 $L \ominus M$ 的任意元,即 $u \in L$ 与 $u \perp M$,则

$$y = P_Lu - P_Mu = P_Lu = u$$

于是可得结论,公式(170) 界定子空间 $L \ominus M$,定理从而得证.

定理 6 要使积 P_LP_M 是投影算子,必须且只需 P_L 与 P_M 可交换,即

$$P_LP_M = P_MP_L \tag{171}$$

若这个条件满足,则 P_LP_M 是在子空间 LM 上的投影算子.

条件(171) 的必要性由(171) 是 P_LP_M 的自共轭性的必要且充分条件推出. 现在证明,如果条件(171) 满足,那么算子 P_LP_M 满足条件(157),即

$$(P_LP_M)(P_LP_M) = P_L^2P_M^2 = P_LP_M$$

如此,定理的第一部分得证. 若 x 是 H 中的任意元,则元

$$y = (P_LP_M)x = P_L(P_Mx) = P_M(P_Lx) \tag{172}$$

显然既属于 L 又属于 M,即 y 属于 LM. 反之,如果取 LM 中的任意元 x_0,则在公式(172) 中令 $x = x_0$ 可得 $y = x_0$. 这样一来,公式(172) 的确定义子空间 LM,因此定理得证.

定理 7 投影算子的收敛序列的极限也是投影算子.

我们有 $P_n \to P$,其中 P_n 是投影算子,而且 P 是自共轭算子[131]. 在等式 $P_n^2 = P_n$ 中取极限则得 $P^2 = P$,由此依定理 1 可知 P 是投影算子.

定理 8 投影算子的单调序列必有极限.

首先考察投影算子的不减序列

$$P_1 \leqslant P_2 \leqslant P_3 \leqslant \cdots \tag{173}$$

为了证明序列(173) 有极限,我们需证对于任意的 x,P_nx 有极限,就是说对于任给的正数 ε,必存在 N,使当 $n > m > N$ 时

$$\| P_nx - P_mx \| \leqslant \varepsilon \tag{174}$$

依(173)及定理4有

$$\| P_1x \| \leqslant \| P_2x \| \leqslant \| P_3x \| \leqslant \cdots$$

而对于任意的 n 我们有 $\| P_nx \| \leqslant \| x \|$. 这样一来,非负不减序列 $\| P_nx \|$ 有极限,于是对于任给的正数 ε,存在 N,使当 $n > m > N$ 时

$$\| P_nx \|^2 - \| P_mx \|^2 \leqslant \varepsilon^2$$

根据(157)我们可以把这个不等式写成下面的形式

$$((P_n - P_m)x, x) \leqslant \varepsilon^2, n > m > N$$

因 P_m 是 P_n 的部分,故 $P_n - P_m$ 是投影算子,而依(157),上面这个不等式蕴涵不等式(174),于是定理得证. 注意依定理7,序列(173)的极限算子 P 是投影算子,而在不等式 $((P_n-P_m)x,x)\geqslant 0$ 中令 $n\to\infty$ 取极限可得 $((P-P_m)x, x)\geqslant 0$,即 $P\geqslant P_m$. 同理可证投影算子的减序列也有极限,而且这个极限也是投影算子.

定理9 若 $L_k(k=1,2,\cdots)$ 是可数个两两正交的子空间,则和

$$\sum_k P_{L_k} \tag{175}$$

是子空间

$$L = L_1 \oplus L_2 \oplus \cdots \tag{176}$$

上的投影算子.

这个命题由[139]中所述可直接推出.

141. 主单位元分解,斯蒂尔切斯积分

自共轭算子理论的进一步发展建立在一个能给出任一自共轭算子的表示式的一般公式之上. 为了建立这个公式,我们首先需引入一个重要的新概念.

定义 所谓主单位元的分解,是指一族依赖于实参数 λ 的投影算子 $\mathscr{E}_\lambda$,而这个算子族满足下面的条件:

1) 当 λ 增加时投影算子 $\mathscr{E}_\lambda$ 不减,即若 $\mu > \lambda$,则 $\mathscr{E}_\mu \geqslant \mathscr{E}_\lambda$;

2) 存在有穷值 $\lambda = a$ 及 $\lambda = b$,使 $\mathscr{E}_a = 0$ 及 $\mathscr{E}_b = E$;

3) 投影算子 $\mathscr{E}_\lambda$ 依参数 λ 右连续,即

$$\lim_{\lambda\to\lambda'+0} \mathscr{E}_\lambda = \mathscr{E}_{\lambda'} \tag{177}$$

注意,依[140]定理7对于任意值 λ',当 λ 由左边趋于 λ' 或从右边趋于 λ' 时,$\mathscr{E}_\lambda$ 的极限存在. 这个极限仍是投影算子,用记号 $\mathscr{E}_{\lambda'-0}$ 及 $\mathscr{E}_{\lambda'+0}$ 表示. 依(177),$\mathscr{E}_{\lambda'+0} = \mathscr{E}_{\lambda'}$. 我们说 $\mathscr{E}_\lambda$ 在点 λ 处连续,如果 $\mathscr{E}_\lambda = \mathscr{E}_{\lambda-0}$. 条件(177)要求投影算子 $\mathscr{E}_\lambda$ 在每点是右连续的. 添加这一条件是为了在 $\mathscr{E}_\lambda$ 的关于 λ 的每个间断点处固定 $\mathscr{E}_\lambda$ 的值.

我们指出主单位元分解的某些性质. 设 m 是凡使 $\mathscr{E}_\lambda = 0$ 的诸 λ 值的上确界,即

$$\text{当 } \lambda < m \text{ 时 } \mathscr{E}_\lambda = 0\text{;而当 } \lambda > m \text{ 时 } \mathscr{E}_\lambda > 0 \tag{178}$$

对点 $\lambda = m$ 本身,如果 $\mathscr{E}_\lambda$ 有跃变,那么投影算子不等于零算子. 用 M 表示凡使 $\mathscr{E}_\lambda = E$ 的诸 λ 值的下确界. 由于 $\mathscr{E}_\lambda$ 右连续,可知 $\mathscr{E}_M = E$,如此则 M 的值可由下面的条件决定

$$\text{当 } \lambda < M \text{ 时 } \mathscr{E}_\lambda < E\text{;当 } \lambda \geqslant M \text{ 时 } \mathscr{E}_\lambda = E \tag{179}$$

如果 ε_0 是任意固定的正数,那么当 λ 在区间 $[m - \varepsilon_0, M]$ 中变动时,投影算子 $\mathscr{E}_\lambda$ 由 0 变到 E. 此外,依[140] 定理 5,可知当 $\mu > \lambda$ 时,差 $\mathscr{E}_\mu - \mathscr{E}_\lambda$ 是投影算子,并且下面的公式成立

$$\mathscr{E}_\lambda \mathscr{E}_\mu = \mathscr{E}_\mu \mathscr{E}_\lambda = \mathscr{E}_\lambda \quad (\mu > \lambda) \tag{180}$$

在差 $\mathscr{E}_\mu - \mathscr{E}_\lambda$ 中令数 λ 从左边趋于 μ,可知 $\mathscr{E}_\mu - \mathscr{E}_{\mu-0}$ 是投影算子. 同样可证当 $\nu > \mu$ 时 $\mathscr{E}_\nu - \mathscr{E}_{\mu-0}$ 是投影算子. 引入一种下面常用到的表示法. 设 Δ 是一个区间 $[\alpha, \beta]$. 令

$$\Delta \mathscr{E}_\lambda = \mathscr{E}_\beta - \mathscr{E}_\alpha \tag{181}$$

如果 Δ' 及 Δ'' 是两个无公共内点的区间,那么依(180) 可知

$$\Delta' \mathscr{E}_\lambda \cdot \Delta'' \mathscr{E}_\lambda = 0 \quad (\Delta' \text{ 及 } \Delta'' \text{ 无公共内点}) \tag{182}$$

应用[140] 中定理 2 可知上面的等式与下面的关系同效:对于任意元 x 及 y 有

$$\Delta' \mathscr{E}_\lambda x \perp \Delta'' \mathscr{E}_\lambda y \quad (x, y \text{ 是任意的}, \Delta' \text{ 及 } \Delta'' \text{ 无公共内点}) \tag{183}$$

如果 Δ_0 是区间 Δ' 及 Δ'' 的公共部分,那么依(180) 有

$$\Delta' \mathscr{E}_\lambda \cdot \Delta'' \mathscr{E}_\lambda = \Delta_0 \mathscr{E}_\lambda \tag{184}$$

算子可以相加,并可取算子序列的极限. 这使我们可以借助主单位元分解 $\mathscr{E}_\lambda$ 来作任意连续函数的“斯蒂尔切斯” 积分. 设在区间 $[m - \varepsilon_0, M]$ 上定义了一个连续函数 $f(\lambda)$,而 ε_0 是一个固定的正数,函数 $f(\lambda)$ 可以是复数值的. 把上面的区间分解成部分

$$m - \varepsilon_0 = \lambda_0 < \lambda_1 < \lambda_2 < \cdots < \lambda_{n-1} < \lambda_n = M \tag{185}$$

而对于区间 $[m - \varepsilon_0, M]$ 的这个分解 δ 作与它相应的“黎曼 — 斯蒂尔切斯和”

$$\sigma_\delta = \sum_{k=1}^{n} f(\nu_k) \Delta_k \mathscr{E}_\lambda = \sum_{k=1}^{n} f(\nu_k)(\mathscr{E}_{\lambda_k} - \mathscr{E}_{\lambda_{k-1}}) \tag{186}$$

其中 ν_k 是区间 $[\lambda_{k-1}, \lambda_k]$ 中的某值. 和 σ_δ 是某一线性算子. 用 η_δ 表示差 $\lambda_k - \lambda_{k-1}$ 中的最大者. 下面的基本定理成立:

定理 对于任意分解序列 δ_n,如果 $\eta_{\delta_n} \to 0$,那么算子序列 σ_{δ_n} 依算子的强收敛意义具有确定的极限.

首先证明两个辅助定理.

辅助定理 1 如果 α 及 $\alpha_k (k = 1, 2, \cdots, n)$ 是复数,而 $x = x_1 + x_2 + \cdots + x_n$,其中 x_n 是互相正交的元,那么下面的不等式成立

$$\left\|\alpha x-\sum_{k=1}^{n}\alpha_k x_k\right\|\leqslant\delta\|x\| \tag{187}$$

其中 δ 是数 $|\alpha-\alpha_k|$ 中的最大者.

因为

$$\alpha x-\sum_{k=1}^{n}\alpha_k x_k=\sum_{k=1}^{n}(\alpha-\alpha_k)x_k$$

由此依毕达哥拉斯定理得

$$\left\|\alpha x-\sum_{k=1}^{n}\alpha_k x_k\right\|^2=\sum_{k=1}^{n}|\alpha-\alpha_k|^2\|x_k\|^2\leqslant\delta^2\sum_{k=1}^{n}\|x_k\|^2 \tag{188}$$

又由毕达哥拉斯定理可得

$$\|x\|^2=\sum_{k=1}^{n}\|x_k\|^2$$

而不等式(188)直接可以引出(187)来,于是辅助定理证毕.

辅助定理 2 如果 δ 是区间$[m-\varepsilon_0,M]$的分解(185),而 δ' 是这个区间的某另一个分解

$$m-\varepsilon_0=\lambda'_0<\lambda'_1<\lambda'_2<\cdots<\lambda'_{n'-1}<\lambda'_{n'}=M$$

那么对于任意元 x,下面的不等式成立

$$\|\sigma_\delta x-\sigma_{\delta'}x\|\leqslant 2\omega\|x\| \tag{189}$$

其中 ω 是函数 $f(\lambda)$ 在区间$(\lambda_{k-1},\lambda_k)$及$(\lambda'_{k-1},\lambda'_k)$中的最大振幅,就是说 ω 是满足下列条件的最小数,即如果 α 及 β 属于同一区间$(\lambda_{k-1},\lambda_k)$或同一区间$(\lambda'_{k-1},\lambda'_k)$,那么

$$|f(\alpha)-f(\beta)|\leqslant\omega \tag{190}$$

作分解的积 $\delta\delta'$. 由分解 δ 换成分解 $\delta\delta'$ 时,分解 δ 的每个部分区间 Δ_k 分解成有穷多个区间 $\Delta_k^{(s)}$ $(s=1,2,\cdots,m_k)$. 如此,和

$$\sigma_\delta x=\sum_{k=1}^{n}f(\nu_k)\Delta_k\mathscr{E}_\lambda x \tag{191}$$

中的每项 $f(\nu_k)\Delta_k\mathscr{E}_\lambda x$ 换成和

$$\sum_{s=1}^{m_k}f(\nu_k^{(s)})\Delta_k^{(s)}\mathscr{E}_\lambda x$$

其中 $\nu_k^{(s)}$ 是区间$\Delta_k^{(s)}$ 中的某值. 诸值 ν_k 及 $\nu_k^{(s)}$ 属于分解 δ 的同一区间 Δ_k,从而依(190)可得

$$|f(\nu_k)-f(\nu_k^{(s)})|\leqslant\omega\quad(s=1,2,\cdots,m_k) \tag{192}$$

作差

$$\sigma_\delta x-\sigma_{\delta\delta'}x=\sum_{k=1}^{n}\left[f(\nu_k)\Delta_k\mathscr{E}_\lambda x-\sum_{s=1}^{m_k}f(\nu_k^{(s)})\Delta_k^{(s)}\mathscr{E}_\lambda x\right]$$

依(183),对于不同的值 k,诸元 $\Delta_k\mathscr{E}_\lambda x$ 以及诸元 $\Delta_k^{(s)}\mathscr{E}_\lambda x$ 是互相正交的,而应用毕达哥拉斯定理,我们可以写成

$$\|\sigma_\delta x-\sigma_{\delta\delta'}x\|^2=\sum_{k=1}^{n}\left\|f(\nu_k)\Delta_k\mathscr{E}_\lambda x-\sum_{s=1}^{m_k}f(\nu_k^{(s)})\Delta_k^{(s)}\mathscr{E}_\lambda x\right\|^2 \tag{193}$$

此外

$$\Delta_k\mathscr{E}_\lambda x=\sum_{s=1}^{m_k}\Delta_k^{(s)}\mathscr{E}_\lambda x$$

而元 $\Delta_k^{(s)}\mathscr{E}_\lambda x(s=1,2,\cdots,m_k)$ 也是互相正交的. 应用辅助定理 1 并留意不等式(192),可得

$$\left\|f(\nu_k)\Delta_k\mathscr{E}_\lambda x-\sum_{s=1}^{m_k}f(\nu_k^{(s)})\Delta_k^{(s)}\mathscr{E}_\lambda x\right\|\leqslant\omega\|\Delta_k\mathscr{E}_\lambda x\|$$

所以依(193) 有

$$\|\sigma_\delta x-\sigma_{\delta\delta'}x\|^2\leqslant\omega^2\sum_{k=1}^{n}\|\Delta_k\mathscr{E}_\lambda x\|^2 \tag{194}$$

留意 $\mathscr{E}_{m-\varepsilon_0}=0,\mathscr{E}_M=E$,可知

$$x=\sum_{k=1}^{n}\Delta_k\mathscr{E}_\lambda x \tag{195}$$

而右边诸元是两两相交的. 由毕达哥拉斯定理可知

$$\|x\|^2=\sum_{k=1}^{n}\|\Delta_k\mathscr{E}_\lambda x\|^2 \tag{196}$$

于是不等式(194) 可以写成下面的形式

$$\|\sigma_\delta x-\sigma_{\delta\delta'}x\|\leqslant\omega\|x\|$$

完全同样可以证明

$$\|\sigma_{\delta'}x-\sigma_{\delta\delta'}x\|\leqslant\omega\|x\|$$

而辅助定理的结论直接由不等式

$$\|\sigma_\delta x-\sigma_{\delta'}x\|\leqslant\|\sigma_\delta x-\sigma_{\delta\delta'}x\|+\|\sigma_{\delta'}x-\sigma_{\delta\delta'}x\|$$

得出.

现在回到定理的证明. 我们需证明,对于任取的元 x,元序列 $\sigma_{\delta_n}x$ 有极限,即 $\sigma_{\delta_n}x\Rightarrow y$. 如果我们能证明这一点,那么不难看出极限元 y 与序列 δ_n 的选择无关. 事实上,如果 δ_n 与 δ'_n 是满足定理中条件的两个分解序列,而 $\sigma_{\delta_n}x\Rightarrow y$, $\sigma_{\delta'_n}x\Rightarrow y'$,那么分解序列 $\delta_1,\delta'_1,\delta_2,\delta'_2,\cdots$ 也满足定理的条件,因此元序列 $\sigma_{\delta_1}x,\sigma_{\delta'_1}x,\sigma_{\delta_2}x,\sigma_{\delta'_2}x,\cdots$ 也必有极限. 由此直接可知 $y'=y$.

先来建立一个不等式. 在和 σ_δ 中出现的诸元 $\Delta_k\mathscr{E}_\lambda x$ 是两两正交的,于是依毕达哥拉斯定理有

$$\|\sigma_\delta x\|^2=\sum_{k=1}^{n}|f(\nu_k)|^2\|\Delta_k\mathscr{E}_\lambda x\|^2 \tag{197}$$

此外，连续函数 $f(\lambda)$ 依绝对值有界，就是说，存在一个正数 p，使 $|f(\lambda)| \leqslant p$. 由公式(197) 可得下面的不等式

$$\| \sigma_\delta x \|^2 \leqslant p^2 \sum_{k=1}^{n} \| \Delta_k \mathscr{E}_\lambda x \|^2 \tag{197'}$$

由此，依(196)，可知 $\| \sigma_\delta x \| \leqslant p \| x \|$，就是说，对于任意分解，算子 σ_δ 的范数不超过 p. 现在证明元序列 $\sigma_{\delta_n} x$ 对于任意元 x 都有极限. 依定理中的条件，$f(\lambda)$ 在区间 $[m-\varepsilon_0, M]$ 上是一致连续的，所以对于任意预给的正数 ε，必存在一个数 N，使当 $n > N$ 时，只要 λ' 与 λ'' 属于分解 δ_n 的同一个部分区间，那么一定有

$$|f(\lambda') - f(\lambda'')| \leqslant \varepsilon$$

应用辅助定理 2，可知当 n 与 $m > N$ 时，下面的不等式成立

$$\| \sigma_{\delta_n} x - \sigma_{\delta_m} x \| \leqslant 2\varepsilon \| x \|$$

就是说，序列 $\sigma_{\delta_n} x$ 自收敛，因此必趋于某极限元，于是定理完全得证. 为了表示当无限地细分部分区间时算子序列的极限(依算子的强收敛意义)，自然可以应用平常表示斯蒂尔切斯积分的方法

$$\lim \sum_{k=1}^{n} f(\nu_k) \Delta_k \mathscr{E}_\lambda = \int_{m-\varepsilon_0}^{M} f(\lambda) \mathrm{d} \mathscr{E}_\lambda \tag{198}$$

为了表示当无限地细分部分区间时元序列(191) 的极限元，可以应用下列表示法

$$\lim \sum_{k=1}^{n} f(\nu_k) \Delta_k \mathscr{E}_\lambda x = \int_{m-\varepsilon_0}^{M} f(\lambda) \mathrm{d} \mathscr{E}_\lambda x \tag{199}$$

完全同样可以证明，对于区间 $[m-\varepsilon_0, M]$ 的任意部分区间 $[\alpha, \beta]$，相应的积分

$$\int_{\alpha}^{\beta} f(\lambda) \mathrm{d} \mathscr{E}_\lambda \text{ 或 } \int_{\alpha}^{\beta} f(\lambda) \mathrm{d} \mathscr{E}_\lambda x \tag{200}$$

也存在. 注意，在区间 $[m-\varepsilon_0, M]$ 之外，算子 $\mathscr{E}_\lambda$ 及元 $\mathscr{E}_\lambda x$ 都保持不变值，而由此在有穷区间 $[m-\varepsilon_0, M]$ 上所取的积分可以写成无穷区间上的积分

$$\int_{m-\varepsilon_0}^{M} f(\lambda) \mathrm{d} \mathscr{E}_\lambda = \int_{-\infty}^{+\infty} f(\lambda) \mathrm{d} \mathscr{E}_\lambda \tag{201}$$

$$\int_{m-\varepsilon_0}^{M} f(\lambda) \mathrm{d} \mathscr{E}_\lambda x = \int_{-\infty}^{+\infty} f(\lambda) \mathrm{d} \mathscr{E}_\lambda x \tag{201'}$$

如果算子 $\mathscr{E}_\lambda$ 在点 $\lambda = m$ 处有跃度，那么用 $\mathscr{E}_m$ 表示它，可以把上面的积分转化成区间 $[m, M]$ 上的积分

$$\begin{cases}\int\limits_{m-\varepsilon_0}^{M} f(\lambda)\mathrm{d}\mathscr{E}_\lambda = f(m)\mathscr{E}_m + \int\limits_{m}^{M} f(\lambda)\mathrm{d}\mathscr{E}_\lambda \\ \int\limits_{m-\varepsilon_0}^{M} f(\lambda)\mathrm{d}\mathscr{E}_\lambda x = f(m)\mathscr{E}_m x + \int\limits_{m}^{M} f(\lambda)\mathrm{d}\mathscr{E}_\lambda x\end{cases} \tag{202}$$

我们指出一个与(197′)相似的积分的初步估值，即如果在$[\alpha,\beta]$上$|f(\lambda)|\leqslant p_1$，那么

$$\left\|\int\limits_{\alpha}^{\beta} f(\lambda)\mathrm{d}\mathscr{E}_\lambda x\right\| \leqslant p_1 \|(\mathscr{E}_\beta - \mathscr{E}_\alpha)x\| \tag{203}$$

在下面，将把下限$m-\varepsilon_0$换成m. 如此写出来的在区间$[m,M]$上的积分等于在区间$[m-\varepsilon_0,M]$上的积分减去$f(m)\mathscr{E}_m$或$f(m)\mathscr{E}_m x$.

142. 自共轭算子的谱函数

如果$f(\lambda)$是实值的，那么σ_δ既是投影算子借实系数的一次组合，它必仍是自共轭算子，而当无限地细分部分区间时σ_δ的极限也是自共轭算子. 令$f(\lambda)=\lambda$，可得一个自共轭算子A，即

$$A = \int\limits_{m}^{M} \lambda\,\mathrm{d}\mathscr{E}_\lambda \tag{204}$$

$$Ax = \int\limits_{m}^{M} \lambda\,\mathrm{d}\mathscr{E}_\lambda x \tag{205}$$

公式(204)是自共轭算子的全部理论中的基本公式. 我们是由某主单位元分解$\mathscr{E}_\lambda$出发得到公式(204)的. 对于每一主单位元分解必有一个依公式(204)而定义的相应自共轭算子. 我们可以证明逆定理.

定理　对于任意预给的自共轭算子A，必存在一个主单位元分解$\mathscr{E}_\lambda$，使A由公式(204)表示出来.

这个定理的证明相当复杂，为了不中断我们的叙述，我们把这个证明放在这一大节末尾[159 ～ 161]. 后面将证明一个从所给自共轭算子A来定出$\mathscr{E}_\lambda$的公式. 由这个公式可知对于不同的主单位元分解，必有不同的算子A相应. 依定理，公式(204)是有界自共轭算子的一般形式. 如果在和(191)中令$f(\lambda)=\lambda$，并取与元y的数积，而后取极限，那么可得数积(Ax,y)表示成斯蒂尔切斯积分的形式

$$(Ax,y) = \int\limits_{m}^{M} \lambda\,\mathrm{d}(\mathscr{E}_\lambda x,y) \tag{206}$$

如果$\mathscr{E}_m$不等于零，那么右边必须了解作下面的和

$$m(\mathscr{E}_m x,y)+\int_m^M \lambda\,\mathrm{d}(\mathscr{E}_\lambda x,y) \tag{207}$$

其中后一项积分是平常的斯蒂尔切斯积分.我们可以取公式(206)代替公式(204)作为基础,因为算子 A 由双线性泛函完全决定.我们记得,数积 $(\mathscr{E}_\lambda x,y)$ 可以由四个形式为 $(\mathscr{E}_\lambda z,z)=\|\mathscr{E}_\lambda z\|^2$ 的数积的一次式表示出来[125].因为当 $\mu>\lambda$ 时 $\mathscr{E}_\mu\geqslant\mathscr{E}_\lambda$,当 λ 增加时 $\|\mathscr{E}_\lambda z\|^2$ 不减,如此,在微分号下的函数(一般说来是复数值的)$(\mathscr{E}_\lambda x,y)$ 是 λ 的一个囿变函数.如果令 $y=z$,那么可以把二次泛函表示成斯蒂尔切斯积分的形式

$$(Ax,x)=\int_m^M \lambda\,\mathrm{d}(\mathscr{E}_\lambda x,x) \tag{208}$$

在这种情形下,微分号下的函数 $(\mathscr{E}_\lambda x,x)=\|\mathscr{E}_\lambda x\|^2$ 是增函数.

投影算子族 $\mathscr{E}_\lambda$ 平常叫作由公式(204)定义的自共轭算子 A 的谱函数.我们证明数 m 与 M 恰好就是在[126]中所定义的算子 A 的两界.把二次泛函 (Ax,x) 写成下面的形式

$$(Ax,x)=m\|\mathscr{E}_m x\|^2+\int_m^M \lambda\,\mathrm{d}\|\mathscr{E}_\lambda x\|^2$$

在微分号下的是 λ 的一个不减函数.首先把 λ 换成 m 再换成 M,可得不等式

$$m\|\mathscr{E}_M x\|^2\leqslant(Ax,x)\leqslant m\|\mathscr{E}_m x\|^2+M[\|\mathscr{E}_M x\|^2-\|\mathscr{E}_m x\|^2]$$

而既然 $\mathscr{E}_M x=x$,可得不等式

$$m\|x\|^2\leqslant(Ax,x)\leqslant M\|x\|^2$$

剩下的是证明 m 及 M 各是 $\|x\|=1$ 时 (Ax,x) 的下确界及上确界.例如我们来证明 M 是上确界.如果 ε 是任意预定的正数,差 $\mathscr{E}_M-\mathscr{E}_{M-\varepsilon}=E-\mathscr{E}_{M-\varepsilon}$ 是投影算子,并且不等于零算子.设规格化元 x 属于与这个投影算子相应的子空间.如此则 $(E-\mathscr{E}_{M-\varepsilon})x=x$,就是说 $\mathscr{E}_{M-\varepsilon}x=0$,因而当 $\lambda\leqslant M-\varepsilon$ 时 $\mathscr{E}_\lambda x=0$.于是在(208)中把 λ 换成 $M-\varepsilon$ 并令 $\|x\|=1$,可以写成

$$(Ax,x)>(M-\varepsilon)\|(E-\mathscr{E}_{M-\varepsilon})x\|^2=M-\varepsilon$$

由此,既然 ε 是任意的,可知 M 是当 $\|x\|=1$ 时 (Ax,x) 的上确界.

再介绍一个公式.把等式

$$\sigma_\delta=\sum_{k=1}^n \nu_k\Delta_k\mathscr{E}_\lambda=\sum_{k=1}^n \nu_k(\mathscr{E}_{\lambda_k}-\mathscr{E}_{\lambda_{k-1}}) \tag{209}$$

中两边都乘上 $\mathscr{E}_\lambda$,并设 λ 是诸分割点 λ_k 中的一个.如此,依(180),当 $\lambda<\lambda_k$ 时

$$\mathscr{E}_\lambda\cdot\Delta_k\mathscr{E}_\lambda=\Delta_k\mathscr{E}_\lambda\cdot\mathscr{E}_\lambda=0$$

而当 $\lambda\geqslant\lambda_k$ 时

$$\mathscr{E}_\lambda \cdot \Delta_k \mathscr{E}_\lambda = \Delta_k \mathscr{E}_\lambda \cdot \mathscr{E}_\lambda = \Delta_k \mathscr{E}_\lambda$$

由此可得

$$\mathscr{E}_\lambda \sigma_\delta = \sigma_\delta \mathscr{E}_\lambda = \sum_{\lambda_k \leqslant \lambda} \nu_k \Delta_k \mathscr{E}_\lambda$$

取极限可得公式

$$\mathscr{E}_\lambda A = A \mathscr{E}_\lambda = \int_m^\lambda \lambda \,\mathrm{d}\mathscr{E}_\lambda \quad (\lambda > m) \tag{210}$$

及关于双线性泛函的相似公式

$$(\mathscr{E}_\lambda A x, y) = \int_m^\lambda \lambda \,\mathrm{d}(\mathscr{E}_\lambda x, y) \tag{211}$$

143. 自共轭算子的连续函数

如果 A 是由公式(204) 定义的自共轭算子,那么对于在区间$[m,M]$上连续的任意函数 $f(\lambda)$ 可以借下面的公式定义算子 $f(A)$,即

$$f(A) = \int_m^M f(\lambda) \,\mathrm{d}\mathscr{E}_\lambda \tag{212}$$

这在连续函数 $f(\lambda)$ 与算子 $f(A)$ 间的对应是分配的,就是说与连续函数 $c_1 f_1(\lambda) + c_2 f_2(\lambda)$ 相应的是算子 $c_1 f_1(A) + c_2 f_2(A)$. 这可以直接由积分(212) 对于 $f(\lambda)$ 的分配性得出. 此外, 上面的对应是乘法的, 就是说与函数 $f_1(\lambda) f_2(\lambda)$ 对应的是算子 $f_1(A) f_2(A)$ 或与它相等的算子 $f_2(A) f_1(A)$. 为了证明这层,作函数 $f_1(\lambda)$ 及 $f_2(\lambda)$ 的和 σ_δ 而取其积

$$\sum_{k=1}^n f_1(\nu_k) \Delta_k \mathscr{E}_\lambda \cdot \sum_{k=1}^n f_2(\nu_k) \Delta_k \mathscr{E}_\lambda$$

注意(182) 及(184),可以把上面的积表示成下面的形式

$$\sum_{k=1}^n f_1(\nu_k) \Delta_k \mathscr{E}_\lambda \cdot \sum_{k=1}^n f_2(\nu_k) \Delta_k \mathscr{E}_\lambda = \sum_{k=1}^n f_1(\nu_k) f_2(\nu_k) \Delta_k \mathscr{E}_\lambda \tag{213}$$

取极限可得公式

$$\int_m^M f_1(\lambda) \,\mathrm{d}\mathscr{E}_\lambda \cdot \int_m^M f_2(\lambda) \,\mathrm{d}\mathscr{E}_\lambda = \int_m^M f_1(\lambda) f_2(\lambda) \,\mathrm{d}\mathscr{E}_\lambda \tag{214}$$

这正是所要证的. 伴随着公式(212) 也可以写出关于双线性泛函及二次泛函的相应公式

$$\begin{cases} (f(A)x, y) = \displaystyle\int_m^M f(\lambda) \,\mathrm{d}(\mathscr{E}_\lambda x, y) \\ (f(A)x, x) = \displaystyle\int_m^M f(\lambda) \,\mathrm{d} \| \mathscr{E}_\lambda x \|^2 \end{cases} \tag{215}$$

此外,与公式(210) 相似,还有公式

$$\mathscr{E}_\lambda f(A)=f(A)\mathscr{E}_\lambda=\int_m^\lambda f(\lambda)\mathrm{d}\mathscr{E}_\lambda \tag{216}$$

留意(214),关于 A 的正整数幂可得下面的公式

$$A^n=\int_m^M \lambda^n \mathrm{d}\mathscr{E}_\lambda \quad (n=1,2,\cdots) \tag{217}$$

而关于多项式则有

$$a_0A^n+a_1A^{n-1}+\cdots+a_{n-1}A+a_n=$$
$$\int_m^M (a_0\lambda^n+a_1\lambda^{n-1}+\cdots+a_{n-1}\lambda+a_n)\mathrm{d}\mathscr{E}_\lambda \tag{218}$$

在前面曾提到过,如果 $f(\lambda)$ 是实函数,那么算子 σ_δ 是自共轭算子,而 σ_δ 的极限就是 $f(A)$,也是自共轭算子. 如果在区间$[m,M]$上 $f(\lambda)\geqslant 0$,那么依公式(215),算子 $f(A)$ 是正的. 现在设 $f(\lambda)$ 是复函数 $f(\lambda)=\varphi(\lambda)+\mathrm{i}\psi(\lambda)$. 那么 $f(A)=\varphi(A)+\mathrm{i}\psi(A)$,其中 $\varphi(A)$ 及 $\psi(A)$ 都是自共轭算子. 作出算子 $F(A)=\varphi(A)-\mathrm{i}\psi(A)$ 来,并应用 $\varphi(A)$ 及 $\psi(A)$ 两算子的自共轭性,可以写成

$$(f(A)x,y)=(x,F(A)y)$$

就是说算子 $F(A)$ 是与 $f(A)$ 共轭的.

还要注意某些交换性质. 由公式(210) 可知对于任意 λ,算子 $\mathscr{E}_\lambda$ 与 A 交换. 因此对于任意值 α 及 β,算子 $\Delta\mathscr{E}_\lambda=\mathscr{E}_\beta-\mathscr{E}_\alpha$ 也与 A 交换. 于是和 σ_δ 也与 A 交换,而取极限,可知算子 $f(A)$ 与 A 交换. 现在证明下面的定理:

定理 1 算子 $f(A)$ 与一切和 A 交换的算子 B 交换.

设 ε_n 是趋于零的正数序列. 依魏尔斯特拉斯定理[Ⅱ;154] 可知有一个序列多项式 $P_n(\lambda)$ 存在,满足

$$|f(\lambda)-P_n(\lambda)|\leqslant\varepsilon_n \quad (m\leqslant\lambda\leqslant M) \tag{219}$$

作差

$$f(A)-P_n(A)=\int_m^M[f(\lambda)-P_n(\lambda)]\mathrm{d}\mathscr{E}_\lambda$$

留意公式(203) 及(219),可以写出

$$\|[f(A)-P_n(A)]x\|\leqslant\varepsilon_n\|x\| \tag{220}$$

由此,$P_n(A)\to f(A)$. 与 A 交换的算子 B 与任意多项式 $P_n(A)$ 也交换,就是说 $BP_n(A)=P_n(A)B$. 取极限可得 $Bf(A)=f(A)B$,于是定理证毕. 在下面[161] 将证明对于任意 λ,谱函数 $\mathscr{E}_\lambda$ 与任意同 A 交换的算子 B 交换. 反之,如果 B 与 $\mathscr{E}_\lambda$ 交换,那么 B 与任意同 A 交换的算子 B 交换. 反之,如果 B 与 $\mathscr{E}_\lambda$ 交换,那么 B 与任意算子 $\Delta\mathscr{E}_\lambda$ 交换,因而与和(209) 交换,而取极限可知它与算子 A 交换. 如此,

下面的定理成立.

定理 2 为了算子 B 与 A 交换,必须而且只需对于任意数 λ,它与 $\mathscr{E}_\lambda$ 交换.

我们举一个在上面[138] 曾用到过的算子函数的例子. 设 A 是正算子,即 $m \geqslant 0$,并令 $f(\lambda)=\sqrt{\lambda}\ (\lambda \geqslant 0)$,其中的根值是算术根. 我们可以定义正算子 $\sqrt{A}$ 如下

$$\sqrt{A}=\int_m^M \sqrt{\lambda}\, \mathrm{d}\mathscr{E}_\lambda$$

或

$$(\sqrt{A}x, y)=\int_m^M \sqrt{\lambda}\, \mathrm{d}(\mathscr{E}_\lambda x, y)$$

依(214) 可知 $\sqrt{A}\sqrt{A}=A$.

144. 豫解算子的公式及 λ 的正则值的特征

使用谱函数,可以写出豫解算子[130] 的公式,同时还得出 λ 的正则值的新的特征. 在下面我们只讨论对于正则值 l 的豫解算子 R_l.

定理 1 如果 l 是非实数或是在区间$[m,M]$之外的实数,那么算子 A 的豫解算子 R_l 可以由公式

$$R_l=\int_m^M \frac{1}{\lambda-l} \mathrm{d}\mathscr{E}_\lambda \tag{221}$$

决定.

依定理的条件,对于足够小的 ε_0,函数 $\frac{1}{\lambda-l}$ 在区间$[m-\varepsilon_0, M]$ 中是连续的. 应用公式(214) 可得

$$\int_m^M \frac{1}{\lambda-l} \mathrm{d}\mathscr{E}_\lambda \cdot \int_m^M \lambda-l \mathrm{d}\mathscr{E}_\lambda=\int_m^M \lambda-l \mathrm{d}\mathscr{E}_\lambda \cdot \int_m^M \frac{1}{\lambda-l} \mathrm{d}\mathscr{E}_\lambda=\int_m^M \mathrm{d}\mathscr{E}_\lambda=E \tag{222}$$

但

$$\int_m^M \lambda-l \mathrm{d}\mathscr{E}_\lambda=A-lE$$

于是可直接由(222) 推出(221) 来.

定理 2 如果 l 属于区间$[m,M]$,但在某区间$[\alpha,\beta]$ 之内,并且 $\mathscr{E}_\lambda$ 在$[\alpha,\beta]$ 上是不变的,即 $\mathscr{E}_\beta=\mathscr{E}_\alpha$,那么豫解算子 R_l 存在,并由公式(221) 表示.

分解$[m-\varepsilon_0, M]$ 成三部分:$[m-\varepsilon_0, \alpha]$,$[\alpha,\beta]$ 及$[\beta, M]$. 在区间$[m-\varepsilon_0, \alpha]$ 及$[\beta, M]$ 上函数 $1:(\lambda-l)$ 是连续的,而在区间$[\alpha,\beta]$ 上 $\mathscr{E}_\lambda$ 是不变的,且对于这个区间凡算子 $\Delta_k\mathscr{E}_\lambda$ 都是零算子. 把函数 $1:(\lambda-l)$ 由两端的区间延续到中间的区间$[\alpha,\beta]$ 上去,使它在整个区间$[m-\varepsilon_0, M]$ 上都是连续的. 用 $\varphi(\lambda)$ 表示如此

作成的函数. 积分值

$$R_l = \int_m^M \varphi(\lambda) \mathrm{d}\mathscr{E}_\lambda \tag{223}$$

显然与 $\varphi(\lambda)$ 在区间$[\alpha,\beta]$上的值无关. 应用公式(214) 可以写出

$$\int_m^M \varphi(\lambda) \mathrm{d}\mathscr{E}_\lambda \cdot \int_m^M \lambda - l \mathrm{d}\mathscr{E}_\lambda = \int_m^M \lambda - l \mathrm{d}\mathscr{E}_\lambda \cdot \int_m^M \varphi(\lambda) \mathrm{d}\mathscr{E}_\lambda = \int_m^M (\lambda - l)\varphi(\lambda) \mathrm{d}\mathscr{E}_\lambda$$

留意当 $\lambda \leqslant \alpha$ 及 $\lambda \geqslant \beta$ 时 $\varphi(\lambda) = 1 : (\lambda - l)$,而 $\mathscr{E}_\lambda$ 在区间$[\alpha,\beta]$上是不变的,可得

$$\int_m^M \varphi(\lambda)(\lambda - l) \mathrm{d}\mathscr{E}_\lambda = \int_m^\alpha \mathrm{d}\mathscr{E}_\lambda + \int_\beta^M \mathrm{d}\mathscr{E}_\lambda = \mathscr{E}_\alpha + (E - \mathscr{E}_\beta) = E$$

由此可知(223) 是豫解算子. 显然可以取积分(221) 代替积分(223),但需在前者中只取从 $m - \varepsilon_0$ 到 α 及从 β 到 M 的积分. 由证明了的定理可知如果 $\lambda = l$ 属于$[m,M]$,而它可以用一个区间覆盖,并且在这个区间上 $\mathscr{E}_\lambda$ 不变,那么 $\lambda = l$ 是正则的. 在下面的定理中将证明,这个条件对于正则点不但是充分的,而且是必要的.

定理 3 如果对于实数值 $\lambda = l$ 豫解算子 R_l 存在,那么 l 必然位于一个使 $\mathscr{E}_\lambda$ 不变的区间$[\alpha,\beta]$之内.

设$[\alpha,\beta]$是任意一个包含 l 在内的区间,而 $\Delta\mathscr{E}_\mu = \mathscr{E}_\beta - \mathscr{E}_\alpha$. 依豫解算子的定义

$$\Delta\mathscr{E}_\mu x = R_l(A - lE)\Delta\mathscr{E}_\mu x$$

但依(216),我们可以写出

$$(A - lE)\Delta\mathscr{E}_\mu x = \int_\alpha^\beta \lambda - l \mathrm{d}\mathscr{E}_\lambda x$$

如此

$$\Delta\mathscr{E}_\mu x = R_l\left[\int_\alpha^\beta \lambda - l \mathrm{d}\mathscr{E}_\lambda x\right] \quad (\alpha < l < \beta)$$

用 N 表示算子 R_l 的范数

$$\| \Delta\mathscr{E}_\mu x \| \leqslant N \left\| \int_\alpha^\beta \lambda - l \mathrm{d}\mathscr{E}_\lambda x \right\| \tag{224}$$

在区间$[\alpha,\beta]$上,$|\lambda - l| < \beta - \alpha$,依(203) 不等式(224) 变成不等式

$$\| \Delta\mathscr{E}_\mu x \| \leqslant N(\beta - \alpha) \| \Delta\mathscr{E}_\mu x \| \tag{225}$$

取包含 l 在内的区间$[\alpha,\beta]$足够小,使不等式 $N(\beta - \alpha) < 1$ 成立. 于是由不等式(225) 直接可得 $\| \Delta\mathscr{E}_\mu x \| = 0$,就是说,$\mathscr{E}_\beta = \mathscr{E}_\alpha$,于是区间$[\alpha,\beta]$就是使 $\mathscr{E}_\lambda$ 不变的区间.

总结定理 2 及定理 3，可得下面的系：

系　实数值 λ 是正则值的必要且充分条件是：λ 位于一个使 $\mathscr{E}_\lambda$ 不变的区间之内.

由这个系直接可知，如果某一实数 λ 是正则值，那么凡与这个值 λ 足够邻近的实数也必是正则的，就是说，诸正则点 λ 组成实数轴上的一个开集合，所以可得：自共轭算子的谱点在实数轴上成闭集合.

我们写出 R_l 的双线性泛函公式

$$(R_l x, y) = \int_m^M \frac{1}{\lambda - l} \mathrm{d}(\mathscr{E}_\lambda x, y) \tag{226}$$

在这个积分中，可以把积分区间取成 $(-\infty, +\infty)$[108]，而 $(\mathscr{E}_\lambda x, y)$ 是 λ 的囿变函数. 令 $\lambda = \sigma + \mathrm{i}\tau$，并引用柯西－斯蒂尔切斯反演公式[29]，可得下面的用豫解算子表现谱函数的公式

$$\frac{1}{2}[(\mathscr{E}_{\lambda-0}x, y) + (\mathscr{E}_{\lambda+0}x, y)] = \lim_{\tau \to 0^+} \frac{1}{2\pi \mathrm{i}} \int_{-\infty}^{\lambda} ((R_{\sigma+\tau\mathrm{i}} - R_{\sigma-\tau\mathrm{i}})x, y)\mathrm{d}\sigma \tag{227}$$

如果 λ 是 $\mathscr{E}_\lambda$ 的连续点，那么上面公式的左端等于 $(\mathscr{E}_\lambda x, y)$. 在间断点处的 $(\mathscr{E}_\lambda x, y)$ 值由右连续性决定. 注意，豫解算子 R_l 由算子 A 决定，而由公式(227)可知，如果已知一个预定的自共轭算子 A，那么只有一个谱函数，使 A 由公式(204) 表现出来. 再注意，依[143] 定理 1，对于不同的 l，诸 R_l 是相交换的.

145. 固有值与固有元

应用谱函数可以很简单地决定出自共轭算子的固有值及固有元来.

定理　设 A 是自共轭算子，其谱函数是 $\mathscr{E}_\lambda$，那么 $\lambda = \lambda_0$ 是 A 的固有值的必要且充分条件是：点 λ_0 是函数 $\mathscr{E}_\lambda$ 的一个间断点，即 $\mathscr{E}_{\lambda_0} - \mathscr{E}_{\lambda_0 - 0} > 0$. 这时如果 M_0 是与固有值 λ_0 相应的固有元所组成的子空间，那么 $\mathscr{E}_{\lambda_0} - \mathscr{E}_{\lambda_0 - 0}$ 就是在子空间 M_0 上的投影算子.

设 M_0 是与投影算子 $\mathscr{E}_{\lambda_0} - \mathscr{E}_{\lambda_0 - 0}$ 相应的子空间. 如果 λ_0 是 $\mathscr{E}_{\lambda_0}$ 的连续点，那么 M_0 是由零元单独组成的. 本定理的证明归结成下面两个命题：如果 $x_0 \in M_0$，那么 $(A - \lambda_0 E)x_0 = 0$，而反之，如果 $(A - \lambda_0 E)x_0 = 0$，那么 $x_0 \in M_0$. 如此，首先设 $x_0 \in M_0$，就是说 $(\mathscr{E}_{\lambda_0} - \mathscr{E}_{\lambda_0 - 0})x_0 = x_0$. 这时 $\mathscr{E}_{\lambda_0} x_0 = x_0$ 更要成立，所以 $\mathscr{E}_{\lambda_0 - 0} x_0 = 0$. 留意 $\mathscr{E}_\lambda$ 在 λ 增加时并不减，可知当 $\lambda \geqslant \lambda_0$ 时 $\mathscr{E}_\lambda x_0 = x_0$，而当 $\lambda < \lambda_0$ 时 $\mathscr{E}_\lambda x_0 = 0$. 把公式(205) 应用到元 x_0 上去

$$Ax_0 = \int_m^M \lambda \,\mathrm{d}\mathscr{E}_\lambda x_0 \tag{228}$$

而在作和 σ_δ 时可设 λ_0 是分点. 依上面所说，除去一个之外，一切差 $\Delta_k \mathscr{E}_\lambda x_0$ 都是零，而这个例外的一项是与右端为 λ_0 的那个区间相应者，就是

$$Ax_0=\lim_{\varepsilon\to 0}\nu_0(\mathscr{E}_{\lambda_0}-\mathscr{E}_{\lambda_0-\varepsilon})x_0$$

其中 $\lambda_0-\varepsilon\leqslant\nu_0\leqslant\lambda_0$. 取极限,可得

$$Ax_0=\lambda_0(\mathscr{E}_{\lambda_0}-\mathscr{E}_{\lambda_0-0})x_0$$

但依条件 $x_0\in M_0$,所以上面公式的右端等于 λ_0x_0,就是说 x_0 满足方程 $(A-\lambda_0E)x_0=0$. 反之,令 x_0 满足这个方程,可进而证明 $x_0\in M_0$. 由 $(A-\lambda_0E)x_0=0$ 可知

$$((A-\lambda_0E)^2x_0,x_0)=0 \tag{229}$$

而如用斯蒂尔切斯积分表示二次泛函,可得

$$\int_m^M(\lambda-\lambda_0)^2\mathrm{d}\|\mathscr{E}_\lambda x_0\|^2=0 \tag{230}$$

积分号下的函数 $(\lambda-\lambda_0)^2$ 是非负的,而在微分号下的函数是 λ 的不减函数. 由此可知积分(230)的一切元都是非负的,而这个积分在积分区间的任意部分上的积分值必都等于零. 取某正数 ε,可以写出

$$\int_{\lambda_0+\varepsilon}^M(\lambda-\lambda_0)^2\mathrm{d}\|\mathscr{E}_\lambda x_0\|^2=0 \tag{231}$$

被积函数 $(\lambda-\lambda_0)^2$ 在积分区间上大于或等于 ε^2,而由公式(231)更可以知道

$$\varepsilon^2\int_{\lambda_0+\varepsilon}^M\mathrm{d}\|\mathscr{E}_\lambda x_0\|^2=0$$

就是说

$$\varepsilon^2[\|x_0\|^2-\|\mathscr{E}_{\lambda_0+\varepsilon}x_0\|^2]=0$$

既然 ε 是任意的,可知当 $\lambda>\lambda_0$ 时 $\mathscr{E}_\lambda x_0=x_0$. 完全同样也可以证明当 $\lambda<\lambda_0$ 时 $\mathscr{E}_\lambda x_0=0$. 由此直接可知

$$x_0=\lim_{\varepsilon\to 0}(\mathscr{E}_{\lambda_0+\varepsilon}-\mathscr{E}_{\lambda_0-\varepsilon})x_0=(\mathscr{E}_{\lambda_0}-\mathscr{E}_{\lambda_0-0})x_0$$

而定理得证.

如果算子 A 有固有值,那么在每一个与某个固有值相应的固有元组成的子空间中,引入封闭规格化正交组后,可得算子 A 的固有元的规格化正交组[128]

$$x_1,x_2,x_3,\cdots \tag{232}$$

以及对应的固有值序列

$$\mu_1,\mu_2,\mu_3,\cdots \tag{233}$$

若 r 是某个固有值的秩,则这个固有值在序列(233)中出现 r 次. 数 r 也可能是无穷的.

用 $\lambda_k(k=1,2,\cdots)$ 表示 $\mathscr{E}_\lambda$ 的间断点,而用 L_k 表示相应的固有元子空间,我

们可以写成

$$P_{L_k}=\mathscr{E}_{\lambda_k}-\mathscr{E}_{\lambda_k-0} \tag{234}$$

作子空间 L_k 的正交和

$$H'=L_1\oplus L_2\oplus L_3\oplus\cdots \tag{235}$$

我们知道,在子空间 H' 上的投影算子由下面的公式表出

$$P_{H'}=P_{L_1}+P_{L_2}+P_{L_3}+\cdots \tag{236}$$

子空间 H' 是由凡可以借规格化正交组(232) 中的元由收敛级数

$$x=a_1x_1+a_2x_2+a_3x_3+\cdots \tag{237}$$

表示出来的元 x 所组成的子空间.

146. 纯点谱

我们说自共轭算子 A 有纯点谱,是指规格化正交组(232) 在空间 H(可分的) 中是封闭的[参照 128]. 这与下面的条件同效,即公式(235) 定义的子空间 H' 与 H 重合,这也等于说,公式(236) 定义的投影算子 $P_{H'}$ 是不变映射,就是说

$$E=\sum_k P_{L_k} \tag{238}$$

把这个公式两端乘以 $\mathscr{E}_\lambda$,并注意当 $\lambda<\lambda_k$ 时

$$(\mathscr{E}_{\lambda_k}-\mathscr{E}_{\lambda_k-0})\mathscr{E}_\lambda=0$$

而当 $\lambda\geqslant\lambda_k$ 时

$$(\mathscr{E}_{\lambda_k}-\mathscr{E}_{\lambda_k-0})\mathscr{E}_\lambda=\mathscr{E}_{\lambda_k}-\mathscr{E}_{\lambda_k-0}$$

可以用这个投影算子的跃度表示 $\mathscr{E}_\lambda$,即

$$\mathscr{E}_\lambda=\sum_{\lambda_k\leqslant\lambda}P_{L_k}=\sum_{\lambda_k\leqslant\lambda}(\mathscr{E}_{\lambda_k}-\mathscr{E}_{\lambda_k-0}) \tag{239}$$

在所考察的情形中,任意元 x 由级数(237) 表示,其中 a_k 是 x 关于组(232) 的傅里叶系数. 在公式(237) 两端使用算子 A,并留意 $Ax_k=\mu_kx_k$,可得

$$Ax=\sum_s a_s\mu_sx_s \tag{240}$$

取其与 y 的数积,并用 b_s 表示 y 的傅里叶系数,即

$$b_s=(y,x_s),\bar{b}_s=(x_s,y)$$

可得双线性泛函的表示式

$$(Ax,y)=\sum_s\mu_sa_s\bar{b}_s \tag{241}$$

令 $y=x$,可得二次泛函的公式

$$(Ax,x)=\sum_s\mu_s|a_s|^2 \tag{242}$$

这与表二次型(埃尔密特式) 为平方和形式的公式完全相类似. 如此,在纯点谱的情形中,算子 A 及其相应的双线性泛函及二次泛函都可以借规格化正交组(232) 很简单地表示出来. 现在来考察所谓的纯连续谱.

147. 简单连续谱

我们说自共轭算子 A 有纯连续谱，是指谱函数 $\mathscr{E}_\lambda$ 对于一切 λ 值都是连续的. 我们的任务是对于纯连续谱的情形作出与上节中公式相类似的公式来. 首先必须介绍一个新概念.

设 e 是 H 中的某一集合，而 $x_1, x_2, \cdots, x_n$ 是属于 e 的某些 H 的元. 用任意的系数 c_k 作它们的一次组合式 $c_1x_1 + c_2x_2 + \cdots + c_nx_n$. H 中凡可由 e 的有穷个元的这种一次组合式表示的元显然组成一个线性簇 L. 再介绍一个新概念.

定义 所谓 H 中一部分集合 e 的闭线性鞘，是指上面所说的那个线性簇 L 的闭包.

闭线性鞘是子空间，而属于它的元 x 的特征是下面的性质：对于任意预定的正数 ε，必存在属于 e 的有穷多元 $x_1, x_2, \cdots, x_n$ 及数 c_k，满足

$$\| x - (c_1x_1 + c_2x_2 + \cdots + c_nx_n) \| \leqslant \varepsilon$$

显然，凡 e 中元的有穷一次组合式都是上述子空间中的元.

设 $\mathscr{E}_\lambda$ 是具有纯连续谱的算子的谱函数. 注意，在这种情形下 $\mathscr{E}_m = 0$. 取一个不等于零元的元 x，并作元

$$\mathscr{E}_\lambda x \tag{243}$$

的集合，其中 λ 遍表从 m 到 M 的一切值. 用 C_x 表示诸元(243)的闭线性鞘. 对于 H 中的任意元 y，可以作 λ 的一个连续函数与它相应

$$\varphi_y(\lambda) = (y, \mathscr{E}_\lambda x) \tag{244}$$

这个函数显然对于 y 是分配的，就是说

$$\varphi_{ay+bz}(\lambda) = a\varphi_y(\lambda) + b\varphi_z(\lambda)$$

此外，作 λ 的下面两个连续函数

$$\rho(\lambda) = (\mathscr{E}_\lambda x, x) = \| \mathscr{E}_\lambda x \|^2, h_y(\lambda) = (\mathscr{E}_\lambda y, y) = \| \mathscr{E}_\lambda y \|^2 \tag{245}$$

我们知道，当 λ 增加时，这两个函数都不减. 如果 Δ 是任意区间$[\alpha, \beta]$，那么对于任意函数 $f(\lambda)$ 引用平常的记号

$$\Delta f(\lambda) = f(\beta) - f(\alpha) \tag{246}$$

例如

$$\Delta \rho(\lambda) = (\Delta \mathscr{E}_\lambda x, x) = ((\mathscr{E}_\beta - \mathscr{E}_\alpha)x, x)$$

就是说

$$\Delta \rho(\lambda) = \| \Delta \mathscr{E}_\lambda x \|^2 \tag{247}$$

同样

$$\Delta h_y(\lambda) = \| \Delta \mathscr{E}_\lambda y \|^2 \tag{248}$$

对于函数 $\varphi_y(\lambda)$，则

$$\Delta \varphi_y(\lambda) = (y, \Delta \mathscr{E}_\lambda x) = (y, (\Delta \mathscr{E}_\lambda)^2 x) = (\Delta \mathscr{E}_\lambda y, \Delta \mathscr{E}_\lambda x)$$

所以

$$|\Delta\varphi_y(\lambda)|^2 \leqslant \|\Delta\mathscr{E}_\lambda x\|^2 \cdot \|\Delta\mathscr{E}_\lambda y\|^2$$

就是说

$$|\Delta\varphi_y(\lambda)|^2 \leqslant \Delta\rho(\lambda)\cdot\Delta h_y(\lambda)$$

由此可以看出,下面的积分存在[81]

$$\int_m^M \frac{\mathrm{d}\varphi_y(\lambda)\,\overline{\mathrm{d}\varphi_y(\lambda)}}{\mathrm{d}\rho(\lambda)} = \int_m^M \frac{|\mathrm{d}\varphi_y(\lambda)|^2}{\mathrm{d}\rho(\lambda)} \tag{249}$$

我们在下面将证明,如果 $y\in C_x$,那么这个积分等于 $\|y\|^2$. 分解区间$[m, M]$ 成部分区间 $\Delta_k(k=1,2,\cdots,n)$,并作空间 H 中的元如下

$$\frac{\Delta_k\mathscr{E}_\lambda x}{\sqrt{\Delta_k\rho(\lambda)}} \tag{250}$$

如果在区间 Δ_k 上函数 $\rho(\lambda)$ 是常数,那么 $\Delta_k\mathscr{E}_\lambda x=0$,而相应的式(250)没有意义. 我们规定在下面诸公式中抛弃这种没有意义的项. 依(183)及(247)(250)中其余诸元是互相正交并且规格化的. 元 y 依组(250)取的傅里叶系数是

$$\frac{(y,\Delta_k\mathscr{E}_\lambda x)}{\sqrt{\Delta_k\rho(\lambda)}} = \frac{\Delta_k\varphi_y(\lambda)}{\sqrt{\Delta_k\rho(\lambda)}}$$

元 y 与其傅里叶级数之差的范数平方可以表示成[121]公式

$$\left\|y-\sum_{k=1}^n \frac{\Delta_k\varphi_y(\lambda)}{\Delta_k\rho(\lambda)}\Delta_k\mathscr{E}_\lambda x\right\|^2 = \|y\|^2 - \sum_{k=1}^n \frac{|\Delta_k\varphi_y(\lambda)|^2}{\Delta_k\rho(\lambda)} \tag{251}$$

由此得贝塞尔不等式

$$\sum_{k=1}^n \frac{|\Delta_k\varphi_y(\lambda)|^2}{\Delta_k\rho(\lambda)} \leqslant \|y\|^2 \tag{252}$$

而当诸部分区间缩小时取极限,可得

$$\int_m^M \frac{|\mathrm{d}\varphi_y(\lambda)|^2}{\mathrm{d}\rho(\lambda)} \leqslant \|y\|^2 \tag{253}$$

定理 1 如果 $y\in C_x$,那么下面的公式成立

$$\|y\|^2 = \int_m^M \frac{|\mathrm{d}\varphi_y(\lambda)|^2}{\mathrm{d}\rho(\lambda)} \tag{254}$$

如果 $y\in C_x$,那么既然 C_x 是诸 $\mathscr{E}_\lambda x$ 的闭线性鞘,对于任意预定的正数 ε,必存在 $\mathscr{E}_\lambda x$ 中的有穷多个元 $\mathscr{E}_{\lambda_s}x\,(s=1,2,\cdots,p)$ 及数 c_s,使

$$y=\sum_{s=1}^p c_s\mathscr{E}_{\lambda_s}x + z,\ \|z\| \leqslant \varepsilon \tag{255}$$

取诸点 $\lambda_s(s=1,2,\cdots,p)$ 作区间$[m,M]$的分点,并补充上 $\lambda_0=m$,$\lambda_{p+1}=M$,如果它们不在诸 λ_s 之内. 用 $\Delta'_s(s=1,2,\cdots,p+1)$ 表示如此得出的诸部分区间$[\lambda_{s-1},\lambda_s]$. 于是 $\mathscr{E}_{\lambda_0}=0$,$\mathscr{E}_{\lambda_{p+1}}=E$,并可引用平常的记号 $\Delta'_s\mathscr{E}_\lambda=\mathscr{E}_{\lambda_s}-\mathscr{E}_{\lambda_{s-1}}$ 而写成

$$\mathscr{E}_{\lambda_1}=\Delta'_1\mathscr{E}_\lambda,\mathscr{E}_{\lambda_2}=\Delta'_1\mathscr{E}_\lambda+\Delta'_2\mathscr{E}_\lambda$$
$$\mathscr{E}_{\lambda_3}=\Delta'_1\mathscr{E}_\lambda+\Delta'_2\mathscr{E}_\lambda+\Delta'_3\mathscr{E}_\lambda,\cdots$$

由此出现于(255)中的诸 $\mathscr{E}_{\lambda_s}x$ 的一次组合式可以表示成诸 $\Delta'_s\mathscr{E}_\lambda x$ 的一次组合式,而公式(255)可以表示成下面的形式

$$y=\sum_{s=1}^{p+1}b_s\Delta'_s\mathscr{E}_\lambda x+z,\ \|z\|\leqslant\varepsilon$$

其中诸 b_s 是新系数.换句话说

$$\left\|y-\sum_{s=1}^{p+1}b_s\Delta'_s\mathscr{E}_\lambda x\right\|\leqslant\varepsilon \tag{255'}$$

如果把这个式中的和换成元 y 依规格化正交组

$$\frac{\Delta'_s\mathscr{E}_\lambda x}{\sqrt{\Delta'_s\rho(\lambda)}}\quad(s=1,2,\cdots,p+1)$$

所取的傅里叶级数,那么上面的不等式更必成立[121].如此,依(251),不等式(255′)可以写成下面的形式

$$\|y\|^2-\sum_{s=1}^{p+1}\frac{|\Delta'_s\varphi_y(\lambda)|^2}{\Delta'_s\rho(\lambda)}\leqslant\varepsilon^2$$

就是说

$$\sum_{s=1}^{p+1}\frac{|\Delta'_s\varphi_y(\lambda)|^2}{\Delta'_s\rho(\lambda)}\geqslant\|y\|^2-\varepsilon^2$$

与(253)比较,并注意 ε 是任意的,可知不等式(252)中的和的上确界正是等于 $\|y\|^2$,就是说公式(254)成立.应用这个公式及公式

$$(y,z)=\frac{1}{2}\|y+z\|^2+\frac{\mathrm{i}}{2}\|y+\mathrm{i}z\|^2-\frac{1+\mathrm{i}}{2}[\|y\|^2+\|z\|^2]$$

可知对于属于 C_x 的 y 及 z,更一般的公式

$$(y,z)=\int_m^M\frac{\mathrm{d}\varphi_y(\lambda)\,\overline{\mathrm{d}\varphi_z(\lambda)}}{\mathrm{d}\rho(\lambda)} \tag{256}$$

成立,其中

$$\varphi_z(\lambda)=(z,\mathscr{E}_\lambda x) \tag{257}$$

为了推出关于双线性泛函的类似公式,我们证明一个定理.

定理 2 如果 $y\in C_x$,那么 $\mathscr{E}_\lambda y$ 及 Ay 也属于 C_x.

既然 $y\in C_x$,那么或者 y 是元 $\mathscr{E}_{\lambda_s}x$ 的一个有穷一次组合式

$$y=\sum_{s=1}^{p}c_s\mathscr{E}_{\lambda_s}x \tag{258}$$

或者 y 是如此一次组合式的极限.在第一种情形中

$$\mathscr{E}_\lambda y=\sum_{s=1}^{p}c_s\mathscr{E}_\lambda\mathscr{E}_{\lambda_s}x$$

但依(180),当 $\lambda \leqslant \lambda_s$ 时 $\mathscr{E}_\lambda \mathscr{E}_{\lambda_s} = \mathscr{E}_\lambda$,而当 $\lambda \geqslant \lambda_s$ 时,$\mathscr{E}_\lambda \mathscr{E}_{\lambda_s} = \mathscr{E}_{\lambda_s}$,就是说 $\mathscr{E}_\lambda y$ 是 C_x 中元的有穷一次组合式,于是 $\mathscr{E}_\lambda y \in C_x$. 如果 y 是 C_x 中有穷一次组合式的极限

$$y = \lim_{n \to \infty} \sum_{s=1}^{p_n} c_s^{(n)} \mathscr{E}_{\lambda_s}^{(n)} x$$

那么

$$\mathscr{E}_\lambda y = \lim_{n \to \infty} \sum_{s=1}^{p_n} c_s^{(n)} \mathscr{E}_\lambda \mathscr{E}_{\lambda_s}^{(n)} x$$

就是说,$\mathscr{E}_\lambda y$ 也是 C_x 中有穷一次组合式的极限,因此在这种情形中 $\mathscr{E}_\lambda y \in C_x$. 依(205) 知元 Ay 是 $\mathscr{E}_\lambda y$ 的有穷一次组合式的极限. 依上面证明过的,任意 $\mathscr{E}_\lambda y \in C_x$,因此凡 $\mathscr{E}_\lambda y$ 的有穷一次组合式属于 C_x,所以这些有穷一次组合式的极限也属于 C_x,就是说 $Ay \in C_x$,于是定理证毕.

如此可以在公式(256) 中把 y 换成 Ay.

如此 $\varphi_y(\lambda)$ 换成函数

$$\varphi_{Ay}(\lambda) = (Ay, \mathscr{E}_\lambda x) = \int_m^M \mu \, \mathrm{d}_\mu (\mathscr{E}_\mu y, \mathscr{E}_\lambda x) = \int_m^M \mu \, \mathrm{d}_\mu (y, \mathscr{E}_\mu \mathscr{E}_\lambda x)$$

而留意(180),可得

$$\varphi_{Ay}(\lambda) = \int_m^\lambda \mu \, \mathrm{d}_\mu \varphi_y(\mu)$$

而由公式(256) 得

$$(Ay, z) = \int_m^M \frac{\mathrm{d}\left(\int_m^\lambda \mu \, \mathrm{d}_\mu \varphi_y(\mu)\right) \overline{\mathrm{d}\varphi_z(\lambda)}}{\mathrm{d}\rho(\lambda)}$$

注意黑林格尔积分的性质[83] 可得公式

$$(Ay, z) = \int_m^M \lambda \frac{\mathrm{d}\varphi_y(\lambda) \overline{\mathrm{d}\varphi_z(\lambda)}}{\mathrm{d}\rho(\lambda)} \tag{259}$$

此外,依(254),当无限地细分诸部分区间 Δ_k 时,在公式(251) 右端的式子趋于零,所以

$$\sum_{k=1}^{n} \frac{\Delta_k \varphi_y(\lambda)}{\Delta_k \rho(\lambda)} \Delta_k \mathscr{E}_\lambda x \Rightarrow y$$

上面和的诸项都是 H 中的元,而这个和的极限自然可以写成黑林格尔积分的形式,如处理平常的和时一样

$$y = \int_m^M \frac{\mathrm{d}\varphi_y(\lambda)}{\mathrm{d}\rho(\lambda)} \mathrm{d}\mathscr{E}_\lambda x \quad (y \in C_x) \tag{260}$$

如果以 Ay 代替 y 而引用这个公式，那么，用相似的推理可以得出公式

$$Ay=\int_m^M \lambda\,\frac{\mathrm{d}\varphi_y(\lambda)}{\mathrm{d}\rho(\lambda)}\mathrm{d}\mathscr{E}_\lambda x \tag{261}$$

或写成和的极限

$$\sum_{k=1}^m \lambda_k\,\frac{\Delta_k\varphi_y(\lambda)}{\Delta_k\rho(\lambda)}\Delta_k\mathscr{E}_\lambda x\Rightarrow Ay \tag{262}$$

注意使用类似的和及在 H 中取极限，可以一般地定义 H 中元的黑林格尔积分. 现在不把公式(256) 及(260) 应用于元 Ay 上，而把它们应用于元 $\mathscr{E}_\mu y$ 上去，这个 $\mathscr{E}_\mu y$ 也属于 C_x，而 μ 是区间$[m,M]$ 中的一个定数. 那么

$$\varphi_{\mathscr{E}_\mu y}(\lambda)=(\mathscr{E}_\mu y,\mathscr{E}_\lambda x)=(y,\mathscr{E}_\mu\mathscr{E}_\lambda x)=\begin{cases}(y,\mathscr{E}_\lambda x),\text{如果 }\lambda\leqslant\mu\\(y,\mathscr{E}_\mu x),\text{如果 }\lambda>\mu\end{cases}$$

就是说

$$\varphi_{\mathscr{E}_\mu y}(\lambda)=\begin{cases}\varphi_y(\lambda),\text{当 }\lambda\leqslant\mu\text{ 时}\\\varphi_y(\mu),\text{当 }\lambda>\mu\text{ 时}\end{cases}$$

而由上面的公式直接可得

$$(\mathscr{E}_\mu y,z)=\int_m^\mu \frac{\mathrm{d}\varphi_y(\lambda)\,\overline{\mathrm{d}\varphi_z(\lambda)}}{\mathrm{d}\rho(\lambda)} \tag{263}$$

$$\mathscr{E}_\mu y=\int_m^\mu \frac{\mathrm{d}\varphi_y(\lambda)}{\mathrm{d}\rho(\lambda)}\mathrm{d}\mathscr{E}_\lambda x \tag{264}$$

留意公式(256) 与广义的封闭性方程同效，而公式(259) 及(261) 与上节的公式(241) 及(240) 同效. 在本节中的诸公式里，曾假设 y 及 $z\in C_x$. 我们说自共轭算子 A 有简单连续谱，是指 H 中存在一元 x，使 C_x 与 H 重合. 如果这个条件成立，而取 x 作为上面所论的元，那么上面的诸公式对于 H 中的任意元 y 及 z 都成立.

148. 不变子空间

为了研究非简单连续谱及混合谱(就是说固有元存在，但并不组成封闭组的情形)，我们必须首先介绍一个新概念，并证明一些事实.

定义　子空间 L 叫作算子 A 的不变子空间，是指下面的条件成立：如果 $x\in L$，那么 $Ax\in L$. 这时我们也说：L 简约 A.

这个定义的意义如下：如果 L 简约 A，那么可以单独把算子 A 看作是定义于 L 上的算子，而 L 或者是有穷维的，或者可以看作是希尔伯特空间. 换句话说，定义于整个 H 上的算子 A 诱导出一个定义于 L 上的算子，而这诱导出来的算子对于 L 中的元与 A 的作用相同. 在个别的不变子空间上考察 A 可以简化对于 A 的研究. 如果 A 是 H 上的自共轭算子，那么它显然在 H 的任意不变子空间

上也是自共轭算子.在下面将只就自共轭算子来考察不变子空间.

定理1 如果子空间 L 简约自共轭算子 A，那么其相补子空间 $H\ominus L$ 也简约 A. L 简约自共轭算子 A 的必要且充分条件是：投影算子 P_L 与 A 交换，就是说

$$P_LA=AP_L \tag{265}$$

如果 L 简约 A，那么当 $z\in L$ 时 $Az\in L$. 必须证明当 $x\perp L$ 时，$Ax\perp L$. 设 z 是 L 中的任意元. 如此 $Az\in L$，所以

$$(Ax,z)=(x,Az)=0$$

于是定理的第一部分证毕. 现在证明条件(265). 首先写出显然的等式

$$Ax=AP_Lx+A(E-P_L)x$$

如果 L 简约 A，那么 $A(P_Lx)\in L$，而依刚才证明过的

$$A[(E-P_L)x]\in H\ominus L$$

所以右端的第一项是 Ax 在 L 中的投影，就是说 $P_LAx=AP_Lx$ 对于任意 x 成立，于是(265)的必要性证毕. 反之设(265)满足，而 $x\in L$，如此

$$Ax=A(P_Lx)=P_L(Ax)$$

就是说，$Ax\in L$，于是定理完全证毕. 应用[143]定理2，可以得出上面定理的一个直接推论来：

系 子空间 L 简约 A 的必要且充分条件是：对于任意 λ，L 简约 $\mathscr{E}_\lambda$.

定理2 如果互相正交的诸子空间 $L_k(k=1,2,\cdots)$ 都简约 A，那么它们的正交和

$$L=L_1\oplus L_2\oplus L_3\oplus\cdots$$

也简约 A.

依定理的条件 A 与一切 P_{L_k} 交换，所以也与它们的和

$$P_L=P_{L_1}+P_{L_2}+P_{L_3}+\cdots$$

交换，于是定理证毕. 如果 A 是非自共轭的算子，定理2仍然成立.

现在指出与自共轭算子的不变子空间这个概念相联系的几个事实. 如果投影算子 P_M 与投影算子 P_L 交换，那么 L 简约 P_M，而算子 P_M 在 L 中诱导出在子空间 LM 上的投影算子 P_{LM}. 再设 L 简约 A，那么它也简约 A 的谱函数 $\mathscr{E}_\lambda$. 用 $A^{(1)}$ 及 $\mathscr{E}_\lambda^{(1)}$ 表示算子 A 及 $\mathscr{E}_\lambda$ 在 L 上诱导出来的算子. 不难证明 $\mathscr{E}_\lambda^{(1)}$ 是对于 $A^{(1)}$ 的主单位元分解. 如果在公式(205)中，$x\in L$，那么可以把 A 换成 $A^{(1)}$，把 $\mathscr{E}_\lambda$ 换成 $\mathscr{E}_\lambda^{(1)}$，而 $\mathscr{E}_\lambda^{(1)}$ 是定义于 L 上的算子 $A^{(1)}$ 的谱函数. 依(223)知 L 也简约算子 A 的豫解算子 R_l，而 R_l 在 L 上诱导出算子 $A^{(1)}$ 的豫解算子. 设 $A^{(1)},A^{(2)},\mathscr{E}_\lambda^{(1)},\mathscr{E}_\lambda^{(2)}$ 是自共轭算子 A 及 $\mathscr{E}_\lambda$ 在不变子空间 L 及其相补子空间 $H\ominus L$ 上诱导出来的算子，而 $x=x_1+x_2,y=y_1+y_2$ 是 x 及 y 在 L 及 $H\ominus L$ 中的分解. 显然

$$\begin{cases}Ax = A^{(1)}x_1 + A^{(2)}x_2\\ \mathscr{E}_\lambda x = \mathscr{E}_\lambda^{(1)}x_1 + \mathscr{E}_\lambda^{(2)}x_2\\ (Ax, y) = (A^{(1)}x_1, y) + (A^{(2)}x_2, y)\end{cases} \tag{266}$$

当分解 H 为有穷多或可数无穷多相互正交的子空间时，若这些子空间又都简约 A，那么有类似的公式成立. 整个空间 H 及零空间(即是由零元一个元组成的子空间) 是任意算子的不变子空间. 如果一个算子没有此外的不变子空间，那么这个算子叫作既约算子. 凡与算子 A 的某一固有值 λ_0 相应的固有元所组成的子空间是 A 的一个不变子空间，而在这个子空间中算子 A 的作用归结为对元乘以数 λ_0. 如果 x_0 是与固有值 λ_0 相应的一个固有元，那么凡取 ax_0 形式(a 是任意复数) 的元所组成的集合也是简约 A 的一个子空间. 如果 $L_k(k=1,2,\cdots)$ 是自共轭算子 A 的诸固有元所组成的一切子空间，那么其正交和 H' 也简约 A. 设 A' 及 $\mathscr{E}'_\lambda$ 各是算子 A 及 $\mathscr{E}_\lambda$ 在 H' 上诱导出来的算子. 依(234) 及(236) 有

$$\begin{cases}A'x = \sum_k A(\mathscr{E}_{\lambda_k} - \mathscr{E}_{\lambda_k - 0})x\\ \mathscr{E}'_\lambda x = \sum_k \mathscr{E}_\lambda(\mathscr{E}_{\lambda_k} - \mathscr{E}_{\lambda_k - 0})x = \sum_{\lambda_k \leqslant \lambda}(\mathscr{E}_{\lambda_k} - \mathscr{E}_{\lambda_k - 0})x\end{cases} \tag{267}$$

就是说，$\mathscr{E}'_\lambda$ 归结为函数 $\mathscr{E}_\lambda$ 在满足条件 $\lambda_k \leqslant \lambda$ 的诸点 λ_k 处的跃度和. $\mathscr{E}_\lambda$ 在与 H' 相补的子空间 H'' 上诱导出来的算子 $\mathscr{E}''_\lambda$ 是子空间 $H''M_\lambda$ 上的投影算子，而 M_λ 是与投影算子 $\mathscr{E}_\lambda$ 相应的子空间. H'' 中任意元与一切 L_k 正交，就是说，如果 $x \in H''$，$(\mathscr{E}_{\lambda_k} - \mathscr{E}_{\lambda_k - 0})x = 0$，故可对 H'' 中的任意 x 把 $\mathscr{E}''_\lambda$ 表示成差的形式

$$\mathscr{E}''_\lambda = \mathscr{E}_\lambda - \sum_{\lambda_k \leqslant \lambda}(\mathscr{E}_{\lambda_k} - \mathscr{E}_{\lambda_k - 0})$$

所以 $\mathscr{E}''_\lambda$ 对于一切 λ 是连续的. 如此，如果 A 的谱不是纯点的，那么子空间 H'' 必包含不等于零的元，而谱函数在其中是连续的，并且算子在 H'' 中完全没有固有值. 在 H' 中固有元组成封闭组，而算子 A 在 H' 中具有纯点谱.

149. 连续谱的一般情形

我们曾看到，如果元 y 属于在[147] 中所作的子空间 C_x，那么 $Ay \in C_x$，就是说 C_x 简约 A. 如果算子 A 没有点谱，就是说它的谱函数 $\mathscr{E}_\lambda$ 对于一切值 λ 都是连续的，而其连续谱不是简单的，那么，将证明空间 H 可以表示成 C_x 型的子空间的正交和. 在每个这样的子空间上算子 A 所诱导出来的算子将具有简单连续谱，而对于属于这样子空间的元，[147] 中介绍的诸公式将成立. 对于 H 中的任意元，相应的公式可以借上面诸子空间分解这个元而得出，而依(266)，这些公式将借对于个别子空间的相应公式相加而得出. 把 H 表示成上面所说的 C_x 型诸子空间之正交和，并设空间 H 是可分的. 取某一封闭规格化正交组

$$u_1, u_2, u_3, \cdots$$

设 $y_1 = u_1$，作 C_{y_1}. 元 u_2 可以表示成 $u_2 = v_2 + y_2$ 的形式，其中 $v_2 \in C_{y_1}$，$y_2 \perp C_{y_1}$. 如果 $y_2 \neq 0$，那么作 C_{y_2}. 我们证明 $C_{y_2} \perp C_{y_1}$. 依条件，对于任意 λ，$(y_2, \mathscr{E}_\lambda y_1) = 0$，因为 $\mathscr{E}_\lambda y_1 \in C_{y_1}$. 于是得

$$(\mathscr{E}_\mu y_2, \mathscr{E}_\lambda y_1) = (y_2, \mathscr{E}_\mu \mathscr{E}_\lambda y_1) = 0$$

由此可知诸元 $\mathscr{E}_\mu y_2$ 的任意一次组合式与诸元 $\mathscr{E}_\lambda y_1$ 的任意一次组合式正交，而取极限，可知 C_{y_2} 的任意元与 C_{y_1} 的任意元正交. 再取元 u_3，把它表示成 $u_3 = v_3 + y_3$ 的形式，而

$$v_3 \in C_{y_1} \oplus C_{y_2}, y_3 \perp C_{y_1} \oplus C_{y_2}$$

并作 C_{y_3}. 与以前一样，可证 $C_{y_3} \perp C_{y_1}$，$C_{y_3} \perp C_{y_2}$，等等. 如此可得有穷多或可数无穷多个两两正交的子空间 C_{y_k}，而既然 H 中每一元 x 可以依封闭组中诸元 u_k 分解，那么诸子空间 C_{y_k} 的正交和就是整个 H，即

$$H = C_{y_1} \oplus C_{y_2} \oplus C_{y_3} \oplus \cdots \tag{268}$$

在每个子空间 C_{y_k} 上[147]中的公式都成立，如此对于 H 中的任意 y 及 z，可得

$$(y, z) = \sum_k \int_m^M \frac{\mathrm{d}(y, \mathscr{E}_\lambda y_k)\mathrm{d}(\mathscr{E}_\lambda y_k, z)}{\mathrm{d}\rho_k(\lambda)} \tag{269}$$

$$(\mathscr{E}_\mu y, z) = \sum_k \int_m^\mu \frac{\mathrm{d}(y, \mathscr{E}_\lambda y_k)\mathrm{d}(\mathscr{E}_\lambda y_k, z)}{\mathrm{d}\rho_k(\lambda)} \tag{270}$$

$$(Ay, z) = \sum_k \int_m^M \lambda \frac{\mathrm{d}(y, \mathscr{E}_\lambda y_k)\mathrm{d}(\mathscr{E}_\lambda y_k, z)}{\mathrm{d}\rho_k(\lambda)} \tag{271}$$

$$y = \sum_k \int_m^M \frac{\mathrm{d}(y, \mathscr{E}_\lambda y_k)}{\mathrm{d}\rho_k(\lambda)} \mathrm{d}\mathscr{E}_\lambda y_k, Ay = \sum_k \int_m^M \lambda \frac{\mathrm{d}(y, \mathscr{E}_\lambda y_k)}{\mathrm{d}\rho_k(\lambda)} \mathrm{d}\mathscr{E}_\lambda y_k \tag{272}$$

$$\mathscr{E}_\mu y = \sum_k \int_m^\mu \frac{\mathrm{d}(y, \mathscr{E}_\lambda y_k)}{\mathrm{d}\rho_k(\lambda)} \mathrm{d}\mathscr{E}_\lambda y_k \tag{273}$$

其中 $\rho_k(\lambda) = \| \mathscr{E}_\lambda y_k \|^2$，上面的和可能是有穷或无穷的. 在无穷的情形中，对于包含 H 中元的公式(272)及(273)，级数收敛是指 H 中元的收敛.

上面作子空间 C_y 的方法可以写成下面公式的形式. 如果 v 是 H 中的任意元，那么它在 C_{y_k} 中的投影由公式(272)的第一个中的相应项决定，就是说

$$v_k = \int_m^M \frac{\mathrm{d}(v, \mathscr{E}_\lambda y_k)}{\mathrm{d}\rho_k(\lambda)} \mathrm{d}\mathscr{E}_\lambda y_k$$

而对于 $\mathscr{E}_\lambda v_k$，留意(180)可以得

$$\mathscr{E}_\lambda v_k = \int_m^\lambda \frac{\mathrm{d}(v, \mathscr{E}_\mu y_k)}{\mathrm{d}\rho_k(\mu)} \mathrm{d}\mathscr{E}_\mu y_k \tag{274}$$

由此直接可得下面的公式，与上面作子空间 C_{y_k} 的程序相应

$$\mathscr{E}_\lambda y_1=\mathscr{E}_\lambda u_1,\mathscr{E}_\lambda y_k=\mathscr{E}_\lambda u_k-\sum_{s=1}^{k-1}\int_m^\lambda \frac{\mathrm{d}(u_k,\mathscr{E}_\mu y_s)}{\mathrm{d}\rho_s(\mu)}\mathrm{d}\mathscr{E}_\mu y_s \tag{275}$$

当选择不同的初始组 u_k 时，所得的子空间 C_{y_k} 一般说来也是不同的，可能这些子空间的数目也不同. 最好开始就把这些子空间尽可能扩大.

可以证明当满足下面的条件时诸 C_{y_k} 的作法是可能的：凡依 $\rho_p(\lambda)$ 测度为零的集合依 $\rho_{p+1}(\lambda),\rho_{p+2}(\lambda),\cdots$ 测度也是零. 依[74] 的结果，这个条件与下面的同效：凡 $\rho_p(\lambda)$ 可由前面的 $\rho_k(\lambda)$ 借公式

$$\rho_p(\lambda)=\int_m^\lambda \varphi_p^{(k)}(\lambda)\mathrm{d}\rho_k(\lambda)\quad (k=1,2,\cdots,p-1)$$

表示出来，其中积分是勒贝格－斯蒂尔切斯意义的，而 $\varphi_p^{(k)}(\lambda)$ 是一个非负的依 $\rho_k(\lambda)$ 可测并可和的函数. 当这个条件满足时，我们说谱函数的分解是正常的. 可以证明在不同的正常分解中子空间的数目永远是一样的. 下面将再加到这个问题上来.

150. 混合谱的情形

以前提到过所谓一个自共轭算子有混合谱，是指算子有固有元，但这些固有元组成的规格化正交组

$$x_1,x_2,x_3,\cdots \tag{276}$$

在 H 中并不是封闭的. 与前面一样，设 L_k 是与固有值 λ_k 相应的诸固有元组成的子空间. 在[148] 中曾看到，这个算子在不变子空间

$$H'=L_1\oplus L_2\oplus L_3\oplus\cdots$$

中有纯点谱，其固有值是 λ_k，其相应固有元子空间是 L_k.(276) 中的诸元这时组成 H' 中的封闭组，是由 A 的固有元组成的.

在补子空间 H'' 中算子仅有纯连续谱. 留意[149] 中及[146] 中的诸公式，可得下面的一般公式，其中和来自 H' 中的点谱，而积分来自 H'' 中的连续谱

$$(y,z)=\sum_k a_k\bar{b}_k+\sum_k\int_m^M \frac{\mathrm{d}(y,\mathscr{E}_\lambda y_k)\mathrm{d}(\mathscr{E}_\lambda y_k,z)}{\mathrm{d}\rho_k(\lambda)} \tag{277}$$

$$(Ay,z)=\sum_k \mu_k a_k\bar{b}_k+\sum_k\int_m^M \lambda\frac{\mathrm{d}(y,\mathscr{E}_\lambda y_k)\mathrm{d}(\mathscr{E}_\lambda y_k,z)}{\mathrm{d}\rho_k(\lambda)} \tag{278}$$

$$y=\sum_k a_k x_k+\sum_k\int_m^M \frac{\mathrm{d}(y,\mathscr{E}_\lambda y_k)}{\mathrm{d}\rho_k(\lambda)}\mathrm{d}\mathscr{E}_\lambda y_k \tag{279}$$

$$Ay=\sum_k \mu_k a_k x_k+\sum_k\int_m^M \lambda\frac{\mathrm{d}(y,\mathscr{E}_\lambda y_k)}{\mathrm{d}\rho_k(\lambda)}\mathrm{d}\mathscr{E}_\lambda y_k \tag{280}$$

其中 a_k 及 b_k 各是元 y 及 z 依组(276)的傅里叶系数，而 μ_k 是与固有元 x_k 相应的 A 的固有值.

应用上面把算子分解成一个在 H' 中具有纯点谱的算子及一个在 H'' 中具有连续谱的算子的结果，可以把谱的点分类.

定义 所谓 λ_0 属于点谱，是指 λ_0 是 A 的固有值. 所谓点 λ_0 属于极限谱，是指 λ_0 是点谱的极限点，就是说在其任意的 ε 邻域中有与 λ_0 不同的固有值. 最后，所谓 λ_0 属于连续谱，是指 λ_0 属于由算子 A 在 H'' 上诱导出来的算子 A'' 的谱，就是说，是指在含 λ_0 于内部的任意区间上算子 A'' 的谱函数 $\mathscr{E}''_\lambda$ 非常量.

算子 A 的每个谱点必至少属于上述三种范畴之一，但可能一点 λ_0 同时属于三种范畴. 有时还引用谱的凝点的概念，所谓 λ_0 是谱的凝点，是指它或是无穷秩的固有值，或是极限谱的元，或是连续谱的元.

151. 微分解

考察一个具有纯连续谱的算子. 对于任意 x，诸元 $\mathscr{E}_\lambda x$ 满足某一与点谱情形中方程 $Ax=\lambda x$ 相似的方程. 设 $\Delta[\lambda_1,\lambda_2]$ 是任意区间. 应用性质(180)，可以写出与方程(213)相似的下面的方程

$$\int_m^M \lambda\,\mathrm{d}\mathscr{E}_\lambda \cdot \Delta\mathscr{E}_\lambda = \int_{\lambda_1}^{\lambda_2} \lambda\,\mathrm{d}\mathscr{E}_\lambda$$

取元 $x(\lambda)=\mathscr{E}_\lambda x$，这个元是在区间$[m,M]$上连续地依从于参数 λ 的，这就是说：当 λ_0 是$[m,M]$中任意点且 $\lambda\to\lambda_0$ 时，$\|x(\lambda_0)-x(\lambda)\|\to 0$. 由上面的等式可以看出 $x(\lambda)$ 满足方程

$$A[\Delta x(\lambda)]=\int_\Delta \lambda\,\mathrm{d}x(\lambda) \tag{281}$$

如此我们说 $x(\lambda)$ 是方程 $Ax=\lambda x$ 的微分解. 在[149]中所作的诸矢量 $y_k(\lambda)=\mathscr{E}_\lambda y_k$ 就是微分解. 对于不同的 k 值，它们位于相互正交的子空间 C_{y_k} 中，因此对于任意的区间 Δ_1 及 Δ_2 有

$$(\Delta_1 y_p(\lambda),\Delta_2 y_q(\lambda))=0 \quad (p\neq q) \tag{282}$$

如果 Δ_1 及 Δ_2 没有公共的内点，那么依(180)，有

$$(\Delta_1 y_p(\lambda),\Delta_2 y_p(\lambda))=0 \tag{283}$$

如果 Δ_1 及 Δ_2 有公共部分 $\Delta_{1,2}$，那么依(180)，有

$$(\Delta_1 y_p(\lambda),\Delta_2 y_p(\lambda))=\|\Delta_{1,2} y_p(\lambda)\|^2 \tag{284}$$

现在介绍微分解的完备组的概念. 一组依(282)意义相互正交的微分解 $y_p(\lambda)$ 叫作完备的，是指与一切 $y_p(\lambda)$ 正交的元 x 必等于零元，就是说，对于任意 p 及任意 λ，满足

$$(y_p(\lambda),x)=0 \tag{285}$$

的元是零元.不难证明上面作的解 $y_p(\lambda)=\mathscr{E}_\lambda y_p$ 是完备组.事实上,由(285)可知 x 与诸元 $y_p(\lambda)=\mathscr{E}_\lambda y_p$ 的闭线性鞘(子空间)C_{y_p} 正交,而且这是对于任意 p 都成立的.但诸 C_{y_p} 的正交和是整个 H,如此 x 与整个 H 正交,所以必是零元.

在作方程(281)的解时,曾从谱函数 $\mathscr{E}_\lambda$ 出发.现在将从方程本身出发.设以某种方式作成了方程(281)的解 $x(\lambda)$.在这个方程中 $x(\lambda)$ 只是在差分号及微分号下出现,所以由 $x(\lambda)$ 减去某一与 λ 无关的元仍得方程的解.特别是差 $x(\lambda)-x(m)$ 也是解,因此可以设 $x(m)=0$ 也无损于普遍性.在下面将证明,方程(281)的任意一个在区间$[m,M]$上连续地依从于 λ 并满足 $x(m)=0$ 的解一定取 $x(\lambda)=\mathscr{E}_\lambda x$ 的形式.设已经以某种方法作成了有穷多或可数无穷多个依(282)意义互相正交的方程(281)的解 $y_p(\lambda)$.依上面所说,它们之中的每个必是 $y_p(\lambda)=\mathscr{E}_\lambda y_p$ 的形式,而 y_p 是 H 中的一元.每个 $y_p(\lambda)$ 的闭线性鞘是一个子空间 C_{y_p},而依(282),这些子空间 C_{y_p} 是互相正交的.解 $y_p(\lambda)$ 的完备性就归结为这样的事实,即 C_{y_p} 的正交和是整个 H.如果这个完备性成立,那么可以用 $y_k(\lambda)$ 代替 $\mathscr{E}_\lambda y_k$ 而把[149]中的公式写出来.如此在作这些公式时可以从任意一个正交的连续微分解的完备组出发.这样作出来的相互正交解组的完备性可以由对于双线性泛函的公式(271)证明,或当已知谱函数 $\mathscr{E}_\mu$ 时由公式(273)证明.

还要注意,对于 $x(\lambda)=\mathscr{E}_\lambda x$ 可以作与(281)不同的方程.设区间 Δ 不包含 $\lambda=0$,依(180),写出方程

$$\int_m^M \lambda\,\mathrm{d}\mathscr{E}_\lambda\cdot\int_\Delta \frac{1}{\lambda}\mathrm{d}\mathscr{E}_\lambda=\Delta\mathscr{E}_\lambda$$

由此对于 $x(\lambda)$ 可得方程

$$A\left[\int_\Delta \frac{1}{\lambda}\mathrm{d}x(\lambda)\right]=\Delta x(\lambda)$$

或

$$\int_\Delta \frac{1}{\lambda}\mathrm{d}[Ax(\lambda)]=\Delta x(\lambda)$$

现在回来证明上面已陈述过的命题.

定理 凡方程(281)在区间$[m,M]$上连续并当 $\lambda=m$ 时等于零元的解必取 $x(\lambda)=\mathscr{E}_\lambda x(M)$ 的形式.

依条件 $x(m)=0$,由方程(281)可知

$$\int_m^\lambda \mu\,\mathrm{d}x(\mu)=Ax(\lambda)$$

而在这里以及在下面 μ 都是表示积分变数.以某种方式固定两个数 $\mu_1<\mu_2$,可得

$$\int_m^{\lambda}\mu\,\mathrm{d}(x(\mu),x(\mu_2)-x(\mu_1))=(Ax(\lambda),x(\mu_2)-x(\mu_1))$$

既然 A 是自共轭的，应用方程(281) 可以写成

$$(Ax(\lambda),x(\mu_2)-x(\mu_1))=(x(\lambda),Ax(\mu_2)-Ax(\mu_1))=\int_{\mu_1}^{\mu_2}\mu\,\mathrm{d}(x(\lambda),x(\mu))$$

所以可得等式

$$\int_m^{\lambda}\mu\,\mathrm{d}(x(\mu),x(\mu_2)-x(\mu_1))=\int_{\mu_1}^{\mu_2}\mu\,\mathrm{d}(x(\lambda),x(\mu))$$

把右端的积分分部积分，并应用中值定理于所得积分

$$\begin{aligned}&\int_m^{\lambda}\mu\,\mathrm{d}(x(\mu),x(\mu_2)-x(\mu_1))=\\&\mu_2(x(\lambda),x(\mu_2))-\mu_1(x(\lambda),x(\mu_1))-\\&(\mu_2-\mu_1)(x(\lambda),x(\mu_3))\quad(\mu_3\in[\mu_1,\mu_2])\end{aligned}$$

就是

$$\begin{aligned}&\int_m^{\lambda}\mu\,\mathrm{d}(x(\mu),x(\mu_2)-x(\mu_1))=\\&(\mu_2-\mu_1)(x(\lambda),x(\mu_2))+\mu_1(x(\lambda),\\&x(\mu_2)-x(\mu_1))-(\mu_2-\mu_1)(x(\lambda),x(\mu_3))\end{aligned}$$

而这个公式可以改写成下面的形式

$$\int_m^{\lambda}\mu-\mu_1\,\mathrm{d}\,\frac{(x(\mu),x(\mu_2)-x(\mu_1))}{\mu_2-\mu_1}=(x(\lambda),x(\mu_2)-x(\mu_3))$$

作连续函数

$$\omega(\mu)=\frac{(x(\mu),x(\mu_2)-x(\mu_1))}{\mu_2-\mu_1},f(\lambda)=(x(\lambda),x(\mu_2)-x(\mu_3))\quad(286)$$

可得

$$\int_m^{\lambda}\mu-\mu_1\,\mathrm{d}\omega(\mu)=f(\lambda)$$

其中我们设 $\lambda<\mu_1<\mu_2$，而显然 $\omega(m)=0$. 最后这个方程很容易就 $\omega(\mu)$ 求解，只需在左边应用分部积分并设 $\omega(\lambda)=f(\lambda):(\lambda-\mu_1)+u(\lambda)$，其中 $u(\lambda)$ 是新的未知函数，它当 $\lambda=m$ 时等于零

$$\omega(\lambda)=\frac{f(\lambda)}{\lambda-\mu_1}+\int_m^{\lambda}\frac{f(\mu)}{(\mu-\mu_1)^2}\mathrm{d}\mu$$

而用(286)两式代入,得

$$\frac{(x(\lambda),x(\mu_2)-x(\mu_1))}{\mu_2-\mu_1}=\frac{(x(\lambda),x(\mu_2)-x(\mu_3))}{\lambda-\mu_1}+\int_m^\lambda \frac{(x(\mu),x(\mu_2)-x(\mu_3))}{(\mu-\mu_1)^2}\mathrm{d}\mu$$

如果 $\mu_1\to\mu_2$,那么 $\mu_3\to\mu_2$,而右端第一项趋于零.同样积分项也如此,因为

$$|(x(\mu),x(\mu_2)-x(\mu_3))|\leqslant C\|x(\mu_2)-x(\mu_3)\|$$

而 C 是 $\|x(\mu)\|$ 在区间 $[m,M]$ 中的最大值.我们所考虑的是 μ_1 从较小值趋于 μ_2 的情形.同样也可以考察 $\lambda<\mu_2<\mu_1$ 及 $\mu_1\to\mu_2$ 的情形.由上面的公式可得:当 $\mu>\lambda$ 时

$$\frac{\mathrm{d}}{\mathrm{d}\mu}(x(\lambda),x(\mu))=0$$

所以当 $\mu>\lambda$ 时

$$(x(\lambda),x(\mu))=(x(\lambda),x(\lambda))=\|x(\lambda)\|^2$$

当 $\mu=M$ 时应用这个公式于方程(281)的解 $y(\lambda)=x(\lambda)-\mathscr{E}_\lambda x(M)$ 上去,则因这个解当 $\lambda=m$ 及 $\lambda=M$ 时等于零,可得 $\|y(\lambda)\|^2=0$,就是说 $x(\lambda)=\mathscr{E}_\lambda x(M)$,于是定理证毕.

152. 乘自变数的运算

回到[147]的结果,并考察依函数 $\rho(\lambda)$ 平方可积的函数 $f(\lambda)$ 所构成的函数空间 $L_2^{(x)}$,其中 $\rho(\lambda)$ 是由公式(245)定义的.类 $L_2^{(x)}$ 是凡定义于区间 $[m,M]$ 上依 $\rho(\lambda)$ 可测并且满足

$$\int_m^M |f(\lambda)|^2\mathrm{d}\rho(\lambda)<+\infty \tag{287}$$

的函数 $f(\lambda)$ 所组成的类.

空间 $L_2^{(x)}$ 是空间 H 的具体表现.在这个空间中乘自变数的算子

$$A_0[f(\lambda)]=\lambda f(\lambda) \tag{288}$$

显然是自共轭有界算子,因为

$$\|\lambda f(\lambda)\|\leqslant n\|f(\lambda)\|$$

其中 n 是两数 $|m|$ 及 $|M|$ 中的较大者,而既然 λ 是实数

$$(\lambda f(\lambda),g(\lambda))=(f(\lambda),\lambda g(\lambda))=\int_m^M\lambda f(\lambda)\overline{g(\lambda)}\mathrm{d}\rho(\lambda)$$

现在找出空间 C_x 及函数空间 $L_2^{(x)}$ 的联系来.既然黑林格尔积分(249)存在,C_x 中的任意元 y 必与 $L_2^{(x)}$ 中的一个函数 $y(\lambda)$ 相应,使[82]

$$\varphi_y(\lambda)=(y,\mathscr{E}_\lambda x)=\int_m^\lambda y(\mu)\mathrm{d}\rho(\mu) \tag{289}$$

在这个对应中，C_x 中不同的元 y 与 z 必对应 $L_2^{(x)}$ 中不同的元 $y(\lambda)$ 及 $z(\lambda)$. 事实上，如果元 y 及 z 与相抵函数 $y(\lambda)$ 及 $z(\lambda)$ 对应，那么依(289)，$(y-z, \mathscr{E}_\lambda x)=0$ 对于任意 λ 成立. 所以差 $y-z$ 必与 $\mathscr{E}_\lambda x$ 的一切一次组合式正交，而取极限可知差 $y-z$ 必与整个子空间 C_x 正交. 但 $y-z \in C_x$，所以

$$(y-z, y-z)=\| y-z \|^2=0$$

就是说 $y=z$. 反之，对于 $L_2^{(x)}$ 中两个不相抵的函数，公式(289) 中的积分不能对于一切 λ 值都有同一值[52]. 如此公式(289) 建立了在 C_x 中的元 y 与 $L_2^{(x)}$ 中某一线性簇 M 的元间的一一对应. 现在证明 M 与 $L_2^{(x)}$ 重合. 首先证明 M 是闭线性簇. 应用[82] 中勒贝格 — 斯蒂尔切斯积分的形式，可以把公式(256) 写成

$$(y,z)=\int_m^M y(\lambda)\overline{z(\lambda)}\mathrm{d}\rho(\lambda) \tag{290}$$

其中 $z(\lambda)$ 是 $L_2^{(x)}$ 中与 C_x 中的元 z 相应的元，就是说

$$(z, \mathscr{E}_\lambda x)=\int_m^\lambda z(\mu)\mathrm{d}\rho(\mu) \tag{291}$$

设 $y^{(n)}(\lambda)$ 是 M 中的元序列，而 $y^{(n)}$ 是其在 C_x 中的相应元. 在公式(290) 中令 $y=z=y^{(n)}-y^{(m)}$，可得

$$\| y^{(n)}-y^{(m)} \|^2=\int_m^M | y^{(n)}(\lambda)-y^{(m)}(\lambda) |^2 \mathrm{d}\rho(\lambda) \tag{292}$$

如果 $y^{(n)}(\lambda)$ 依中值趋于 $L_2^{(x)}$ 中的一元 $y_0(\lambda)$，那么当 n 及 $m \to +\infty$ 时，(292) 的右端趋于零，因此元序列 $y^{(n)}$ 自收敛，从而必存在一元 u，使 $y^{(n)} \Rightarrow u$，而 $u \in C_x$，因为 C_x 是子空间. 设 $u(\lambda)$ 是在 M 中与元 u 依公式(289) 相应的元. 现在证明 $u(\lambda)$ 与 $y_0(\lambda)$ 相抵. 由此可知，$y_0(\lambda) \in M$，就是说 M 是闭线性簇. 由公式(290)，当 $y=z=u-y^{(n)}$ 时，可得公式

$$\| u-y^{(n)} \|^2=\int_m^M | u(\lambda)-y^{(n)}(\lambda) |^2 \mathrm{d}\rho(\lambda)$$

由此可以看出 $y^{(n)}(\lambda)$ 依中值收敛于 $u(\lambda)$，因此函数 $u(\lambda)$ 与 $y_0(\lambda)$ 相抵，因为依中值的极限是唯一的. 现在证明闭线性簇 M 与 $L_2^{(x)}$ 重合. 如果不然，那么必存在 $L_2^{(x)}$ 中的元 $f_0(\lambda)$，与零元不相抵，并与 M 中一切元正交. 既然当 $\nu \leqslant \lambda$ 时 $\mathscr{E}_\nu \mathscr{E}_\lambda=\mathscr{E}_\nu$，而当 $\nu \geqslant \lambda$ 时，$\mathscr{E}_\nu \mathscr{E}_\lambda=\mathscr{E}_\lambda$，对于元 $y=\mathscr{E}_\nu x$，公式(289) 可以写成下面的形式

$$(\mathscr{E}_\nu x, \mathscr{E}_\lambda x)=(x, \mathscr{E}_\nu \mathscr{E}_\lambda x)=\| \mathscr{E}_\nu \mathscr{E}_\lambda x \|^2=\int_m^\nu \mathrm{d}\rho(\lambda) \quad (当 \lambda \geqslant \nu 时)$$

$$(\mathscr{E}_\nu x, \mathscr{E}_\lambda x) = \int_m^\lambda d\rho(\lambda) \quad (当 \lambda \leqslant \nu 时)$$

就是说，在 M 中与 $\mathscr{E}_\nu x$ 相应的函数 $f(\lambda)$ 与由下面的公式定义的函数相抵

$$f(\lambda) = \begin{cases} 1, 当 \lambda < \nu \\ 0, 当 \lambda > \nu \end{cases}$$

既然 $\rho(\lambda)$ 是连续的，当 $\lambda = \nu$ 时 $f(\lambda)$ 的值无关紧要. 因为 $f_0(\lambda)$ 与刚才定义的函数正交，所以对于任意 ν 有

$$\int_m^\nu f_0(\lambda) d\rho(\lambda) = 0$$

由此，由[52]，可知 $f_0(\lambda)$ 依 $\rho(\lambda)$ 与零相抵，如此子空间 M 必然与 $L_2^{(x)}$ 重合. 由上面的推理可得下面的定理：

定理 1 公式(289) 建立了 C_x 中的元 y 与 $L_2^{(x)}$ 中的元 $y(\lambda)$ 之间的一一对应.

依(290)，这个对应关系保存数积，所以相应元的范数是一样的. 此外，因为数积 $(y, \mathscr{E}_\lambda x)$ 是依 y 分配的，又因公式(289) 中积分是分配的，这个对应关系也是分配的. 如此在上面的对应中，函数空间 $L_2^{(x)}$ 是希尔伯特空间 C_x 的具体表现. 在这个空间上定义了算子 A，而 $\mathscr{E}_\lambda$ 是 A 的谱函数. 现在证明下面的定理：

定理 2 C_x 中把 y 换成 Ay 与 $L_2^{(x)}$ 中以 μ 乘 $y(\mu)$ 相应，就是说，C_x 上的算子 A 与 $L_2^{(x)}$ 中乘以自变数的算子(288) 相对应.

应用公式(206)(289) 及[75] 中勒贝格 — 斯蒂尔切斯积分的性质，当设 $y \in C_x$ 时，可得

$$(Ay, \mathscr{E}_\lambda x) = \int_m^M \mu \, d_\mu (\mathscr{E}_\mu y, \mathscr{E}_\lambda x) = \int_m^\lambda \mu \, d_\mu (y, \mathscr{E}_\mu x) =$$

$$\int_m^\lambda \mu \, d_\mu \left[\int_m^\mu y(\nu) d\rho(\nu) \right] = \int_m^\lambda \mu y(\mu) d\rho(\mu)$$

就是说

$$(Ay, \mathscr{E}_\lambda x) = \int_m^\lambda \mu y(\mu) d\rho(\mu)$$

由此，并比较公式(289)，可知以 Ay 代换 y 与以 μ 乘 $y(\mu)$ 相应. 再注意当 y 及 $z \in C_x$ 时，对于双线性泛函 (Ay, z) 的一般公式(259) 依(290) 及刚证的定理可以借助勒贝格 — 斯蒂尔切斯积分表示成

$$(Ay, z) = \int_m^M \lambda y(\lambda) \overline{z(\lambda)} d\rho(\lambda) \tag{293}$$

153. 自共轭算子的么范相抵

设 $\mathscr{E}_\lambda$ 是自共轭算子 A 的主单位元分解，U 是么范算子，而 $B=UAU^{-1}$. 不难看出，算子 $\mathscr{E}'_\lambda=U\mathscr{E}_\lambda U^{-1}$ 也是主单位元分解. 设 B' 是其相应的自共轭算子，那么 $B'x$ 由和

$$\sum_{k=1}^{n}\nu_k\Delta_k(U\mathscr{E}_\lambda U^{-1})x=U\Big(\sum_{k=1}^{n}\nu_k\Delta_k\mathscr{E}_\lambda\Big)U^{-1}x$$

的极限决定，由此可以看出 B' 与 B 重合，就是说 $\mathscr{E}'_\lambda=U\xi_\lambda U^{-1}$ 是算子 B 的谱函数. 由此可知么范相抵的自共轭算子一定有同样的谱.

在纯点谱的情形下，固有值及其秩的相同对于么范相抵性不仅是必要的，而且是充分的. 其相应么范算子 U 很容易构成，这个 U 是把 B 的固有元子空间映成 A 的与相同固有值相应的固有元子空间的算子. 关于么范相抵性的条件的问题在有连续谱的情形下远较复杂. 现在举出在这种情形下的基本结果，而不加证明(设空间是可分的).

为了两自共轭算子 $A^{(1)}$ 及 $A^{(2)}$ 么范相抵，必须而且只需满足下列条件：

(1) 这两个算子的谱属于同一类型(纯点谱、纯连续谱或混合谱)；

(2) 在有点谱的情形下，点谱是由对于两个算子有相同秩的相同值组成的；

(3) 在有连续谱的情形下，两算子的谱函数连续部分的正常分解中不变子空间的数目是一样的，而如果对于 $A^{(1)}$ 及 $A^{(2)}$ 的连续谱正常表现取函数

$$\|\mathscr{E}_\lambda^{(1)}y_k^{(1)}\|^2=\rho_k^{(1)}(\lambda),\ \|\mathscr{E}_\lambda^{(2)}y_k^{(2)}\|^2=\rho_k^{(2)}(\lambda)$$

如在[149]中所作的，那么依 $\rho_k^{(1)}(\lambda)$ 测度为零的集合依 $\rho_k^{(2)}(\lambda)$ 也是测度为零的，反之也是如此，就是说，对于一切 k 有

$$\rho_k^{(1)}(\lambda)=\int_m^\lambda\varphi_k^{(1)}(\lambda)\,\mathrm{d}\rho_k^{(2)}(\lambda)$$

$$\rho_k^{(2)}(\lambda)=\int_m^\lambda\varphi_k^{(2)}(\lambda)\,\mathrm{d}\rho_k^{(1)}(\lambda)$$

其中 $\varphi_k^{(1)}(\lambda)$ 是依 $\rho_k^{(2)}(\lambda)$ 可测的、非负的、可和的，$\varphi^{(2)}(\lambda)$ 也是满足相似条件的.

154. 么范算子的谱分解

设 A 是某个自共轭算子，而 $\mathscr{E}_\lambda$ 是它的谱函数，并且

$$\mathscr{E}_\lambda=\begin{cases}E,\text{当 }\lambda=1\\0,\text{当 }\lambda=0\end{cases}\tag{294}$$

依下面的公式作算子 U，即

$$U=\int_0^1\mathrm{e}^{2\pi\mathrm{i}\lambda}\,\mathrm{d}\mathscr{E}_\lambda=\mathrm{e}^{2\pi\mathrm{i}A}\tag{295}$$

为了作共轭算子,只需用 $e^{-2\pi i\lambda}$ 代替 $e^{2\pi i\lambda}$[143],即

$$U^{*}=\int_{0}^{1}e^{-2\pi i\lambda}\,d\mathscr{E}_{\lambda}$$

而依公式(214)可得等式 $UU^{*}=U^{*}U=\mathscr{E}$,就是说由公式(295)定义的算子 U 在条件(294)之下是么范算子.我们陈述其逆定理,但不加证明①.

定理 如果取一切可能的满足(294)的主单位元分解,那么公式(295)是么范算子的一般形式,其中不同的主单位元分解 $\mathscr{E}_{\lambda}$ 与不同的么范算子相应.

在[143]中曾定义过自共轭算子 A 与连续函数 $f(t)$ 相应的函数 $f(A)$.在下节中将把这个定义推广到更宽广的一类函数 $f(t)$ 上去.

155. 自共轭算子的函数

设 A 是某一自共轭算子,而 $\mathscr{E}_{\lambda}$ 是其谱函数.如果 $f(\lambda)$ 在区间$[m,M]$上连续,那么算子 $f(A)$ 可以由公式

$$f(A)=\int_{m}^{M}f(\lambda)\,d\mathscr{E}_{\lambda}$$

定义,或同效地用双线性泛函的公式定义

$$(f(A)x,y)=\int_{m}^{M}f(\lambda)\,d(\mathscr{E}_{\lambda}x,y) \tag{296}$$

其中$(\mathscr{E}_{\lambda}x,y)$是 λ 的复值囿变函数.但在[125]中已知,这个数积是四个呈 $\|\mathscr{E}_{\lambda}z\|^{2}$ 形式的不减函数的一次组合式,其中 z 是 H 中的元.如此,如果 $f(\lambda)$ 是任意有界函数,并对于任意 z 依不减函数

$$\|\mathscr{E}_{\lambda}z\|^{2} \tag{297}$$

是可测的,那么积分(296)对于任意的 x 及 y 都成立,从而双线性泛函$(f(A)x,y)$是定义了的.这个泛函是分配的,因为$(\xi_{\lambda}x,y)$是分配的.现在证明这个泛函的有界性,并且在证明时设 $f(\lambda)$ 是实函数,因为这一限制事实上并无关宏旨.依函数 $f(\lambda)$ 的有界性,存在一个正数 C,使 $|f(\lambda)|\leqslant C$.设 $y=x$,可得二次泛函的表示

$$(f(A)x,x)=\int_{m}^{M}f(\lambda)\,d\|\mathscr{E}_{\lambda}x\|^{2} \tag{298}$$

应当提醒,如果 $\mathscr{E}_{m}$ 不等于零,那么上面的积分与下面的和是同值的

$$f(m)\|\mathscr{E}_{m}x\|^{2}+\int_{m}^{M}f(\lambda)\,d\|\mathscr{E}_{\lambda}x\|^{2}$$

其中的最后一项积分应了解成和的平常极限.由不等式 $|f(\lambda)|\leqslant C$ 及

① 证明可见 Béla v. Sz. Nagy 书第 27 页.——译者注

$\| \mathscr{E}_M x \| = \| x \|$ 可知对于积分(298)有下面的估值

$$|(f(A)x,x)| \leqslant C\|x\|^2 \tag{298'}$$

此外,用 R 表示实数部分,可知

$$4R\int_m^M f(\lambda)\mathrm{d}(\mathscr{E}_\lambda x,y) = \int_m^M f(\lambda)\mathrm{d}(\mathscr{E}_\lambda(x+y),x+y) - \int_m^M f(\lambda)\mathrm{d}(\mathscr{E}_\lambda(x-y),x-y)$$

即

$$4R\int_m^M f(\lambda)\mathrm{d}(\mathscr{E}_\lambda x,y) = \int_m^M f(\lambda)\mathrm{d}\|\mathscr{E}_\lambda(x+y)\|^2 - \int_m^M f(\lambda)\mathrm{d}\|\mathscr{E}_\lambda(x-y)\|^2$$

而依(298′)有

$$4\left|R\int_m^M f(\lambda)\mathrm{d}(\mathscr{E}_\lambda x,y)\right| \leqslant C[\|x+y\|^2+\|x-y\|^2] = 2C[\|x\|^2+\|y\|^2]$$

像在[122]中那样来推理,由这个恒等式直接可得不带实数部分记号的公式

$$4\left|\int_m^M f(\lambda)\mathrm{d}(\mathscr{E}_\lambda x,y)\right| \leqslant 2C[\|x\|^2+\|y\|^2]$$

如果 $\|x\| = \|y\| = 1$,可得

$$|(f(A)x,y)| = \left|\int_m^M f(\lambda)\mathrm{d}(\mathscr{E}_\lambda x,y)\right| \leqslant C \tag{299}$$

如果 x 及 y 有任意的正范数,那么

$$(f(A)x,y) = \|x\| \cdot \|y\| \cdot \left(f(A)\frac{x}{\|x\|},\frac{y}{\|y\|}\right)$$

而元 $\frac{x}{\|x\|}$ 及 $\frac{y}{\|y\|}$ 的范数等于1,从而

$$|(f(A)x,y)| \leqslant C\|x\| \cdot \|y\|$$

由此可知双线性泛函 $(f(A)x,y)$ 是有界的.

如此,可得下面的基本结果:如果 $f(\lambda)$ 是有界函数,并且对于任意 z 依不减函数(297)都是可测的,那么公式(296)定义一个线性算子 $f(A)$. 注意算子 $f(A)$ 的几个性质. 如果 $f(\lambda)$ 是实数,那么由(296),当 $y=x$ 时,直接可知 $f(A)$ 是自共轭算子. 如果 $f(\lambda)$ 是复数值,那么共轭算子 $f(A)^*$ 可由公式(296)以 $f(\lambda)$ 的共轭函数代替它而得出来. 如果 $f(\lambda) \geqslant 0$,那么由(298)可知 $f(A)$ 是正算子. 考察由下面的方式定义的函数 $f_\mu(\lambda)$,即

$$f_\mu(\lambda) = \begin{cases} 1, 当\ \lambda \leqslant \mu \\ 0, 当\ \lambda > \mu \end{cases} \tag{300}$$

这个函数显然是 B 函数,我们可以作积分(296). 分解积分域成 $[m-\varepsilon_0,\mu]$ 及 $[\mu,M]$,可得

$$(f_\mu(A)x,y)=\int_m^\mu \mathrm{d}(\mathscr{E}_\lambda x,y)=(\mathscr{E}_\mu x,y)$$

由此可得

$$\mathscr{E}_\mu=f_\mu(A) \tag{301}$$

我们得到这个公式,是曾假设凡自共轭算子 A 必有谱函数 $\mathscr{E}_\lambda$,借这些谱函数 A 可以由公式(204) 表出,就是说在得公式(301) 时依靠了[142] 的定理,而这是我们未曾证明的. 这个证明实质上将归结到下面的情形:我们就任意自共轭算子 A 定义函数 $f_\mu(A)$,而不使用谱函数 $\mathscr{E}_\lambda$,并且令 $\mathscr{E}_\mu=f_\mu(A)$,然后再证基本公式(204).

应用勒贝格-斯蒂尔切斯积分的已知性质很容易求出自共轭算子 A 的函数的性质. 这时将设我们所论的一切函数 $f(\lambda)$ 都属于上面所定的类,就是说都是有界的,并且对于任意 z 都依(297) 中的函数可测.

定理 1. 函数的一次组合式 $a_1f_1(\lambda)+a_2f_2(\lambda)+\cdots+a_pf_p(\lambda)$ 与算子 $a_1f_1(A)+a_2f_2(A)+\cdots+a_pf_p(A)$ 对应.

2. $f(A)$ 与 $\mathscr{E}_\mu$ 及 A 都交换.

3. 下面的公式成立

$$(f_1(A)x,f_2(A)y)=\int_m^M f_1(\lambda)\,\overline{f_2(\lambda)}\,\mathrm{d}(\mathscr{E}_\lambda x,y) \tag{302}$$

4. 函数 $f_1(\lambda)f_2(\lambda)$ 与下面的算子相应

$$f_1(A)f_2(A)=f_2(A)f_1(A) \tag{303}$$

例如可以证明 $f(A)$ 与 $\mathscr{E}_\mu$ 交换

$$\begin{aligned}(f(A)\mathscr{E}_\mu x,y)&=\int_m^M f(\lambda)\mathrm{d}(\mathscr{E}_\lambda\mathscr{E}_\mu x,y)=\\&\int_m^M f(\lambda)\mathrm{d}(\mathscr{E}_\lambda x,\mathscr{E}_\mu y)=\\&(f(A)x,\mathscr{E}_\mu y)=(\mathscr{E}_\mu f(A)x,y)\end{aligned}$$

由此可知 $f(A)\mathscr{E}_\mu=\mathscr{E}_\mu f(A)$. 再留意,由上面的公式,依(180) 可得下面的公式

$$(f(A)\mathscr{E}_\mu x,y)=\int_m^\mu f(\lambda)\mathrm{d}(\mathscr{E}_\lambda x,y) \tag{304}$$

公式(302) 可以由下面的一串等式得出

$$(f_1(A)x,f_2(A)y)=\int_m^M f_1(\lambda)\mathrm{d}(\mathscr{E}_\lambda x,f_2(A)y)=$$

$$\int_m^M f_1(\lambda)\,\mathrm{d}\,\overline{(f_2(A)\mathscr{E}_\lambda y, x)} =$$

$$\int_m^M f_1(\lambda)\,\mathrm{d}\,\overline{\int_m^\lambda f_2(\mu)\,\mathrm{d}(\mathscr{E}_\mu y, x)} =$$

$$\int_m^M f_1(\lambda)\,\overline{f_2(\lambda)}\,\mathrm{d}(\mathscr{E}_\lambda x, y) \tag{305}$$

最后

$$(f_1(A)f_2(A)x, y) = \int_m^M f_1(\lambda)\,\mathrm{d}(\mathscr{E}_\lambda f_2(A)x, y) =$$

$$\int_m^M f_1(\lambda)\,\mathrm{d}\int_m^\lambda f_2(\mu)\,\mathrm{d}(\mathscr{E}_\mu x, y) =$$

$$\int_m^M f_1(\lambda) f_2(\lambda)\,\mathrm{d}(\mathscr{E}_\lambda x, y)$$

而对于积 $f_2(A)f_1(A)$ 也有同样的公式. 与在[143] 中完全一样,可以证明 $f(A)$ 与凡同 A 交换的算子 B 相交换. 逆命题也是正确的:如果有界线性算子 C 与任意同 A 交换的算子 B 相交换,那么必存在一个函数 $f(\lambda)$,使 $C=f(A)$. 这个重要命题的证明可参看弗雷德利克·黎斯的论文《论希尔伯特空间中埃尔密特算子的函数》(见《数学进展》,卷 9)[①].

如果在公式(305) 中令 $f_2(\lambda) \equiv f_1(\lambda)$ 及 $y=x$,可得

$$\| f_1(A)x \|^2 = \int_m^M | f_1(\lambda) |^2 \mathrm{d} \| \mathscr{E}_\lambda x \|^2 \tag{306}$$

再指出一些有关自共轭算子的函数的简单事实. 如果 $|f(\lambda)| \equiv 1$,那么 $f(A)$ 是么范算子. 如果 $f(\lambda)$ 只取值 0 及 1,那么 $f(A)$ 是投影算子. 可以证明,如果 $\lambda = \lambda_0$ 是 A 的固有值,而 x_0 是其相应的固有元,那么 $f(\lambda_0)$ 是 $f(A)$ 的固有值,其相应固有元也是 x_0. 我们知道当 $\lambda < \lambda_0$ 时 $\mathscr{E}_\lambda x_0 = 0$;当 $\lambda \geqslant \lambda_0$ 时 $\mathscr{E}_\lambda x_0 = x_0$,而由公式(296) 可知对于任意 y 有

$$(f(A)x_0, y) = f(\lambda_0)(x_0, y) = (f(\lambda_0)x_0, y)$$

由此,既然 y 是任意的,可知 $f(A)x_0 = f(\lambda_0)x_0$. 留意如果 $f(\lambda)$ 有有穷多间断点,那么它依(297) 中的一切函数可测,所以 $f(A)$ 有意义. 当 $f(\lambda)$ 是 B 函数时也是一样[47],我们在上面已经引用过了.

① 原载于 Acta Sci. Math. Szeged 卷 7(1935),147 ~ 159 页. 参照 Béla v. Sz. Nagy 书第 63 页的证明,且 $f(\lambda)$ 可取为贝尔函数. —— 译者注

156. 交换算子

考察交换的自共轭算子的问题.

定理 1 两自共轭算子 A 与 B 相交换的必要且充分条件是:它们的谱函数 $\mathscr{E}_\lambda$ 及 F_μ 对于一切 λ 及 μ 相交换.

我们知道任意自共轭算子 C 的谱函数与 C 并且与任意同 C 交换的算子交换[143]. 由此可知如果 $AB=BA$,那么 F_μ 与 A 交换,所以 $\mathscr{E}_\lambda$ 与 F_μ 交换. 反之,如果 $\mathscr{E}_\lambda$ 与 F_μ 相交换,那么算子 A 及 B 的积分表现中的两个黎曼－斯蒂尔切斯和相交换,因此这两个算子自己也相交换.

定理 2 如果自共轭算子 A,B,C 有纯点谱,并且彼此交换,那么有一个封闭规格化正交组存在,其中的元是上面那三个算子中每个的固有元.

设 $\mathscr{E}_\lambda,F_\mu$ 及 G_ν 是上面那三个算子的谱函数. 依定理 1 它们是相互交换的. 设 λ,μ,ν 各是算子 A,B,C 的固有值,而 L_λ,M_μ,N_ν 各是其相应固有元的子空间. 设

$$\Delta'_\lambda=\mathscr{E}_\lambda-\mathscr{E}_{\lambda-0},\Delta''_\mu=F_\mu-F_{\mu-0},\Delta'''_\nu=G_\nu-G_{\nu-0}$$

这些正是在这些子空间上的投影算子. 这些投影算子相互交换,因此它们的积

$$\Delta_{\lambda\mu\nu}=\Delta'_\lambda\Delta''_\mu\Delta'''_\nu$$

是在 L_λ,M_μ,N_ν 的共同部分 $R_{\lambda\mu\nu}$(也是子空间) 上的投影算子[140]. 如果取两个不同的这种子空间 $R_{\lambda\mu\nu}$ 及 $R_{\lambda'\mu'\nu'}$,那么诸数偶(λ,λ'),(μ,μ'),(ν,ν') 中至少有一个是由不同数组成的. 例如设 $\lambda\neq\lambda'$. 如此,如果 $x\in R_{\lambda\mu\nu}$,$x'\in R_{\lambda'\mu'\nu'}$,那么 x 及 x' 是 A 的固有元,并且与不同的固有值相应,因此它们是相互正交的. 如此诸子空间 $R_{\lambda\mu\nu}$ 是相互正交的. 现在证明,它们的正交和是整个 H. 关于这层,只需证明不能有一个与一切子空间 $R_{\lambda\mu\nu}$ 正交的非零元存在,就是说只需证明如果元 x_0 与零不同,那么它至少与一个 $R_{\lambda\mu\nu}$ 不正交. 对于子空间 L_λ,M_μ,N_ν,这是显然的,因为依条件 A,B,C 有纯点谱,因此谱 L_λ 的正交和是整个 H. 取一元 $x_0\neq 0$,依刚才所说过的,有一个算子 A 的固有值 λ 存在,使 $\Delta'_\lambda x_0\neq 0$. 同样必有算子 B 的一个固有值 μ 存在,使 $\Delta''_\mu(\Delta'_\lambda x_0)\neq 0$,也有算子 C 的一个固有值 ν 存在,使 $\Delta'''_\nu(\Delta''_\mu\Delta'_\lambda x_0)\neq 0$,由此可知 x_0 与 $R_{\lambda\mu\nu}$ 不正交. 如此诸 $R_{\lambda\mu\nu}$ 的正交和是 H. 如果在每个 $R_{\lambda\mu\nu}$ 中取一个封闭规格化正交组,那么可得 H 中的一个封闭规格化正交组,而且这个组中的每个元必属于某一 $R_{\lambda\mu\nu}$,所以是每个算子 A,B,C 的固有元. 对于任意有穷多相互交换的自共轭算子,定理也可以完全同样地证明. 以前曾看到同一个自共轭算子的不同函数是交换的算子[155]. 现在对于有纯点谱的算子证明逆命题.

定理 3 如果自共轭算子 A,B,C 是有纯点谱的,并且相互交换,那么它们

必是同一自共轭算子 D 的函数①.

设空间 H 是可分的. 依定理 2,有一个封闭规格化正交组

$$x_1, x_2, x_3, \cdots$$

存在,其中诸元都同时是 A,B 及 C 的固有元,就是说

$$Ax_n = \lambda_n x_n, Bx_n = \mu_n x_n, Cx_n = \nu_n x_n \quad (n=1,2,\cdots)$$

令 $\rho_m = \frac{1}{m}$,设 x 是任意元. 它可以依诸元 x_k 分解

$$x = \sum_{k=1}^{\infty} a_k x_k$$

而我们定义一个自共轭算子 D,设

$$Dx = \sum_{k=1}^{\infty} a_k \rho_k x_k$$

右端的级数显然是收敛的,因为既然数 $|a_k|^2$ 组成收敛级数,那么数 $|a_k\rho_k|^2$ 更必组成收敛级数. 由上面的定义,直接可知 x_k 是 D 的固有元,并与固有值 ρ_k 相应,就是说 D 有纯点谱. 可以作一个有界函数 $f_1(\lambda)$,令它在点 $\lambda=\rho_k$ 处等于 λ_k,并且设它在除 $\lambda=0$ 处以外到处是连续的. 同样可以作一个具有同类性质的 $f_2(\lambda)$,令它满足 $f_2(\rho_k)=\mu_k$,同样定义 $f_3(\lambda)$,使 $f_3(\rho_k)=\nu_k$. 依上节的结果,对于函数 $f_k(\lambda)$ 可以作相应的算子 $f_1(D), f_2(D), f_3(D)$. 算子 $f_1(D)$ 有固有元 x_k,其相应的固有值是 $f_1(p_k)=\lambda_k$,而 x_k 成封闭组. 算子 A 也有同样的固有值及固有元. 但如果两个具有纯点谱的算子具有同样的固有值及同样的相应固有元,那么由它们借谱函数的积分表现式可知这两个算子相同,就是说 $A=f_1(D)$. 完全同样可知 $B=f_2(D), C=f_3(D)$. 于是定理证毕. 留意对于任意有穷多个自共轭算子,定理也可以同样地证明. 如果算子的谱不是纯点的,定理也可以证明,但我们不去讨论了(见 J. von Neumann, Annals of Math.,卷 32,1931 年).

157. 自共轭算子的谱的扰动

我们记得,所谓自共轭算子 A 的谱的凝点是指点谱的极限点,或是无穷秩的固有值,或是连续谱的点. 下面我们证明几个定理.

定理 1 如果对于自共轭算子 A 添加上全连续的自共轭算子 C,那么这时谱的凝点的集合并不改变.

但是可以证明,添加上全连续算子,谱的特征能起本质的变化,即下面的定理成立:

定理 2 对于任意预给的自共轭算子 A 可以添加上一个自共轭全连续算

① 关于一般情形的证明可参看 Béla v. Sz. Nagy 书第 67 页.—— 译者注

子 C,使 $A+C$ 有纯点谱,而 C 的绝对范数不超过任意预定的正数 ε.

利用这个定理可以证明下面的定理:

定理 3 如果自共轭算子 A_1 与 A_2 具有同样的谱的凝点集合,那么必存在么范算子 U 及自共轭全连续算子 C,使 $A_2=UA_1U^{-1}+C$.

我们只证明定理 1. 首先证明两个辅助定理.

辅助定理 1 如果 $\lambda=\mu$ 是自共轭算子 A 的谱的凝点,那么存在一序列规格化的元 x_n,这个序列弱收敛于零,并且

$$\| Ax_n-\mu x_n \| \to 0 \tag{307}$$

如果 μ 是点谱的极限点或无穷秩的固有值,那么必存在一个无穷序列的正交规格化元 x_n,其相应的固有值 λ_n 趋于 μ. 如果 z 是任意元,那么其傅里叶系数 $c_n=(z,x_n)$ 趋于零,所以 $x_n \xrightarrow{\text{弱}} 0$,而在所考察的情形下,我们的结论可由下面的公式得出

$$\| Ax_n-\mu x_n \| = \| (A-\lambda_n E)x_n+(\lambda_n-\mu)x_n \| =$$
$$| \lambda_n-\mu | \cdot \| x_n \| = | \lambda_n-\mu |$$

现在设 μ 是连续谱的点,而 $\mathscr{E}'_\lambda$ 是谱函数的连续部分. 对于任意小的正数 δ,差 $\mathscr{E}'_{\mu+\delta}-\mathscr{E}'_{\mu-\delta}$ 是在某一子空间 L_δ 上的投影算子. 取正数序列 δ_n,使 $\delta_n\to 0$,并取 L_{δ_n} 中的规格化元 x_n 所组成的序列. 证明这时辅助定理的结论也成立. 依 δ_n 的定义,$(\mathscr{E}'_{\mu+\delta_n}-\mathscr{E}'_{\mu-\delta_n})x_n=x_n$,而对于任意 z 有

$$(z,x_n)=(z,(\mathscr{E}'_{\mu+\delta_n}-\mathscr{E}'_{\mu-\delta_n})x_n)=((\mathscr{E}'_{\mu+\delta_n}-\mathscr{E}'_{\mu-\delta_n})z,x_n)$$

而

$$| (z,x_n) | \leqslant \| (\mathscr{E}'_{\mu+\delta_n}-\mathscr{E}'_{\mu-\delta_n})z \|$$

但 $\mathscr{E}'_{\mu+\delta_n}-\mathscr{E}'_{\mu-\delta_n}\to 0$,所以 $x_n \xrightarrow{\text{弱}} 0$. 为了证明(307),应用下面显然的公式

$$\| Ax_n-\mu x_n \| = \int_{m-\varepsilon_0}^{M} (\lambda-\mu)^2 \mathrm{d}(\mathscr{E}'_\lambda x_n,x_n) =$$
$$\int_{m-\varepsilon_0}^{M} (\lambda-\mu)^2 \mathrm{d}(\mathscr{E}'_\lambda(\mathscr{E}'_{\mu+\delta_n}-\mathscr{E}'_{\mu-\delta_n})x_n,x_n) =$$
$$\int_{\mu-\delta_n}^{\mu+\delta_n} (\lambda-\mu)^2 \mathrm{d} \| (\mathscr{E}'_\lambda-\mathscr{E}'_{\mu-\delta_n})x_n \|^2 \leqslant$$
$$\delta_n^2 \| (\mathscr{E}'_{\mu+\delta_n}-\mathscr{E}'_{\mu-\delta_n})x_n \|^2=\delta_n^2\to 0$$

辅助定理 2 如果 $\lambda=\mu$ 不是谱的凝点,那么对于任意弱收敛于零的规格化元序列 x_n,必存在一个正数 a,使对于一切足够大的 n 有

$$\| Ax_n-\mu x_n \| \geqslant a > 0 \tag{308}$$

依辅助定理的条件,存在一个正数 d,使在区间 $\mu-d\leqslant\lambda\leqslant\mu+d$ 中,谱函

数 $\mathscr{E}_\lambda$ 或是定值的，或者它的改变是在点 $\lambda=\mu$ 处的跳跃，而与这个不连续跳跃相应的固有元子空间 L_μ 的维数有穷. 我们有

$$\|Ax_n-\mu x_n\|^2=\int_{m-\varepsilon_0}^{M}(\lambda-\mu)^2\mathrm{d}\|\mathscr{E}_\lambda x_n\|^2\geqslant$$
$$\int_{m-\varepsilon_0}^{\mu-d}(\lambda-\mu)^2\mathrm{d}\|\mathscr{E}_\lambda x_n\|^2+\int_{\mu+d}^{M}(\lambda-\mu)^2\mathrm{d}\|\mathscr{E}_\lambda x_n\|^2\geqslant$$
$$d^2[\|\mathscr{E}_{\mu-d}x_n\|^2+d^2(\|x_n\|^2-\|\mathscr{E}_{\mu+d}x_n\|^2)]=$$
$$d^2-d^2[\|\mathscr{E}_{\mu+d}x_n\|^2-\|\mathscr{E}_{\mu-d}x_n\|^2]$$

即

$$\|Ax_n-\mu x_n\|^2\geqslant d^2-d^2((\mathscr{E}_{\mu+d}-\mathscr{E}_{\mu-d})x_n,x_n) \tag{309}$$

如果 $\mathscr{E}_{\mu+d}-\mathscr{E}_{\mu-d}=0$，那么令 $a=d$ 可得(308). 现在设 $\mathscr{E}_\lambda$ 在 $\lambda=\mu$ 处有跳跃，设 $z_1,z_2,\cdots,z_m$ 是 L_μ 中的完备正交组. 如此

$$(\mathscr{E}_{\mu+d}-\mathscr{E}_{\mu-d})x_n=\sum_{s=1}^{m}(x_n,z_s)z_s$$

而既然 $x_n\xrightarrow{\text{弱}}0$，所以 $(\mathscr{E}_{\mu+d}-\mathscr{E}_{\mu-d})x_n\Rightarrow 0$，而由公式(309) 可知(308) 对于足够大的 n 满足，只要(比方说是) 令 $a=\frac{1}{2}d$ 就可以了. 由刚证明的辅助定理直接可知为使 $\lambda=\mu$ 是谱的凝点，必须且只需存在一序列规格化的元 x_n，使 $x_n\xrightarrow{\text{弱}}0$，并且(307) 成立.

现在不难证明定理1. 对于运算子 A 添加全连续自共轭算子 C，令 $A_1=A+C$. 这时 $A=A_1+(-C)$，其中 $-C$ 也是全连续自共轭算子. 设 $\lambda=\mu$ 是 A 的谱的凝点，而 x_n 是满足条件(307) 的序列. 这时既然 $x_n\xrightarrow{\text{弱}}0$，$Cx_n\Rightarrow 0$，由不等式

$$\|A_1x_n-\mu x_n\|\leqslant\|Ax_n-\mu x_n\|+\|Cx_n\|$$

可知 $\|A_1x_n-\mu x_n\|\to 0$，就是说 $\lambda=\mu$ 也是 A_1 的谱的凝点. 完全同样，由 $A=A_1+(-C)$ 可得相逆的结果：凡 A_1 的谱的凝点也是 A 的谱的凝点，于是定理证毕.

158. 正常算子

再举出一种特殊的线性算子. 这就是所谓的正常算子. 一线性算子 A 叫作正常的，是指它与它的共轭算子交换[参照 Ⅳ;41]，就是说

$$AA^*=A^*A \tag{310}$$

自共轭算子及么范算子都是正常算子的特例. 如果令

$$A_1=\frac{1}{2}(A+A^*),A_2=\frac{1}{2\mathrm{i}}(A-A^*) \tag{311}$$

那么可以把 A 及 A^* 用自共轭算子 A_1 及 A_2 表示出来

$$A=A_1+\mathrm{i}A_2, A^*=A_1-\mathrm{i}A_2 \tag{312}$$

由上面的公式直接可知:一个算子 A 是正常的必要且充分条件是自共轭算子 A_1 及 A_2 相交换.如果它们相交换,那么这两个算子的谱函数 $\mathscr{E}_\lambda^{(1)}$ 及 $\mathscr{E}_\mu^{(2)}$ 对于任意 λ 及 μ 相交换.定义一族依从于复变数 $\alpha=\lambda+\mu\mathrm{i}$ 的投影算子

$$\mathscr{E}_\alpha=\mathscr{E}_\lambda^{(1)}\mathscr{E}_\mu^{(2)} \quad (\alpha=\lambda+\mu\mathrm{i}) \tag{313}$$

这个投影算子只在复变数 α 平面的某一区间 Δ_0 上变化,而对于算子 A,有完全与自共轭算子的情形相似的公式

$$A=\iint\limits_{\Delta_0}\alpha\,\mathrm{d}\mathrm{d}\mathscr{E}_\alpha, (Ax,y)=\iint\limits_{\Delta_0}\alpha\,\mathrm{d}\mathrm{d}(\mathscr{E}_\alpha x,y) \tag{314}$$

我们来证明第二个公式作例.设区间 Δ_0 由不等式 $a\leqslant\lambda\leqslant b$ 及 $c\leqslant\mu\leqslant d$ 定义.那么

$$\iint\limits_{\Delta_0}\alpha\,\mathrm{d}\mathrm{d}(\mathscr{E}_\alpha x,y)=\iint\limits_{\Delta_0}\lambda\,\mathrm{d}_\lambda\mathrm{d}_\mu(\mathscr{E}_\lambda^{(1)}\mathscr{E}_\mu^{(2)}x,y)+\mathrm{i}\iint\limits_{\Delta_0}\mu\,\mathrm{d}_\lambda\mathrm{d}_\mu(\mathscr{E}_\lambda^{(1)}\mathscr{E}_\mu^{(2)}x,y)$$

在上面的第一个积分中,当作出黎曼-斯蒂尔切斯和之后,先依 μ 取和,因为积分号下函数与 μ 无关,而这时应当留意:$\mathscr{E}_c^{(2)}=0$,$\mathscr{E}_d^{(2)}=E$.同样在第二个积分中可以先依 λ 取和,其中 $\mathscr{E}_a^{(1)}=0$,$\mathscr{E}_b^{(1)}=E$.如此可得

$$\iint\limits_{\Delta_0}\alpha\,\mathrm{d}\mathrm{d}(\mathscr{E}_\alpha x,y)=\int_a^b\lambda\,\mathrm{d}(\mathscr{E}_\lambda^{(1)}x,y)+\mathrm{i}\int_c^d\mu\,\mathrm{d}(\mathscr{E}_\mu^{(2)}x,y)=(A_1x,y)+\mathrm{i}(A_2x,y)$$

另一方面

$$(Ax,y)=(A_1x,y)+\mathrm{i}(A_2x,y)$$

比较一下,可得(314)的第二个公式.正常算子的进一步的一般理论可以与自共轭算子理论相似地开发.

设在正常算子 A 的情形中,自共轭算子 A_1 及 A_2 有纯点谱.可以取由 A_1 及 A_2 的公共固有元组成的封闭规格化正交组 $x_k(k=1,2,\cdots)$[156],就是说

$$A_1x_k=\mu_k^{(1)}x_k, A_2x_k=\mu_k^{(2)}x_k$$

显然

$$Ax_k=(A_1+\mathrm{i}A_2)x_k=(\mu_k^{(1)}+\mu_k^{(2)}\mathrm{i})x_k$$

如此 x_k 是 A 的固有元,与固有值 $\mu_k^{(1)}+\mu_k^{(2)}\mathrm{i}$ 相应.

再考察正常算子 A 是全连续的情形.我们知道,这时算子 A^* 也是全连续的,而依(311),算子 A_1 及 A_2 也是全连续的.不难把[136]中的定理也推广到正常全连续算子上去.设 μ_k 是 A_1 的不等于零的固有值,而 x_k 是其相应固有元,就是说

$$A_1x_k=\mu_kx_k$$

留意 A_2 与 A_1 交换,在两边乘以 A_2,可得

$$A_1(A_2x_k)=\mu_kA_2x_k$$

就是说 A_2x_k 或是零元，或是与同一固有值 μ_k 相应的固有元. 设 μ_k 是 h 秩的固有值，而 $\mu_k=\mu_{k+1}=\cdots=\mu_{k+h-1}$. 此时依上面所说的，应有

$$A_2x_j=\sum_{s=k}^{k+h-1}c_{js}x_s \quad (j=k,k+1,\cdots,k+h-1)$$

$$c_{js}=(A_2x_j,x_s)=(x_j,A_2x_s)=\overline{c_{sj}}$$

就是说 c_{js} 组成有穷埃尔密特矩阵. 对于诸 x_s 作么范映射，这是无关宏旨的，于是可以把这个矩阵变成对角形，而如果仍保持原来的记号，可以写成

$$A_1x_j=\mu_jx_j, A_2x_j=\nu_jx_j \quad (j=k,k+1,\cdots,k+h-1)$$

其中某些个 ν_j 甚至于它们全体都可能等于零. 可以对于 A_1 的凡不等于零的固有值作这种映射. 经过这个映射之后，可能并不得出 A_2 的一切异于零的固有值. 如果取这些不能如此得出的 A_2 的异于零的固有元，并照着类似于前面的方式来做映射运算，但对调 A_2 及 A_1 的作用，那么最后得出有穷多或可数无穷多元 $y_k(k=1,2,\cdots)$，这些元是相互正交和规格化的，并且适合

$$A_1y_k=\mu_k^{(1)}y_k, A_2y_k=\mu_k^{(2)}y_k$$

其中的两个实数 $\mu_k^{(1)}$ 及 $\mu_k^{(2)}$ 中至少有一个不等于零，而凡与异于零的固有值相应的 A_1 的固有元，可以由有穷多个 y_k 的一次式表出，对 A_2 来说也一样. 此外，显然

$$Ay_k=(\mu_k^{(1)}+\mu_k^{(2)}\mathrm{i})y_k, A^*y_k=(\mu_k^{(1)}-\mu_k^{(2)}\mathrm{i})y_k$$

设

$$x=Ay=A_1y+\mathrm{i}A_2y$$

我们得[136]

$$A_1y=\sum_k a_ky_k, A_2y=\sum_k b_ky_k$$

如此凡可以表示成 Ay 形成的元 x 可以依诸元 y_k 分解

$$x=Ay=\sum_k(a_k+b_k\mathrm{i})y_k$$

注意，比方说如果 $\mu_k^{(1)}=0$，那么在 A_1y 的分解式中没有含 y_k 的项. 在上面曾看到[155]，如果算子 A 是自共轭算子 B 的函数，那么 A^* 也是 B 的函数，因此 A 与 A^* 交换，就是说 A 是正常算子. 如此，自共轭算子的任意函数是正常算子. 逆命题也成立：凡正常算子必是某一自共轭算子的函数. 事实上，设有正常算子 $A=A_1+\mathrm{i}A_2$. 自共轭算子 A_1 及 A_2 交换，因此，依[156]所说，它们是同一自共轭算子 B 的函数：$A_1=F_1(B)$，$A_2=F_2(B)$. 作函数 $F(\lambda)=F_1(\lambda)+\mathrm{i}F_2(\lambda)$，可得 $A=F(B)$，这正是所要证的.

159. 辅助命题

本节及下两节的任务是证明[142]中的基本定理及下面的事实：如果某算子与自共轭算子 A 交换，那么它也与 A 的谱函数 $\mathscr{E}_\lambda$（λ 任意）交换. 在讨论这个

证明时将应用在[142]以前的结果.首先应当讨论几个辅助定理.

辅助定理1 如果 A 及 B 是交换的自共轭算子,并满足关系

$$A^2=B^2 \tag{315}$$

而 P 是在子空间 L 上的投影算子,L 是由满足方程

$$(A+B)x=0 \text{ 即 } Ax=-Bx \tag{316}$$

的元所组成的,那么存在下面诸性质:

1.如果某算子 D 与 $A+B$ 交换,那么它与 P 也交换;

2.如果 $Ax=0$,那么 $x\in L$,就是说 $Px=x$;

3.算子 A 可以用下面的公式表出

$$A=(E-2P)B \tag{317}$$

1.依条件

$$D(A+B)=(A+B)D \tag{318}$$

如果 $x\in L$,依(316),$D(A+B)x=0$,因此 $(A+B)Dx=0$,就是说 $Dx\in L$.如果 z 是 H 中的任意元,那么 $Pz\in L$,而依刚才所证的,$DPz\in L$,因此对于 H 中的任意元 z 可以写成:$PDPz=DPz$,就是说

$$PDP=DP \tag{319}$$

取(318)中诸算子的共轭算子,并留意 A 及 B 是自共轭的,可得[124]

$$(A+B)D^*=D^*(A+B)$$

就是说 D^* 与 $A+B$ 交换,而对于它也可以写出公式(319),就是说

$$PD^*P=D^*P$$

取两边的共轭算子,并留意 P 是自共轭算子,可得 $PDP=PD$.把这个等式与(319)比较,可得 $DP=PD$,就是说 D 确与 P 交换,这正是我们所要证的.特别是算子 A 及 B 与 $A+B$ 交换,因此 A 及 B 与 P 交换.

2.由等式

$$\|Az\|^2=(Az,Az)=(A^2z,z),\ \|Bz\|^2=(Bz,Bz)=(B^2z,z)$$

及条件(315),可知 $\|Az\|=\|Bz\|$ 对于任意元 z 成立.如果 $Ax=0$,那么也有 $Bx=0$,所以 x 满足方程(316),就是说 $x\in L$,而 $Px=x$,这正是所要证的.

3.既然 A 与 B 交换,由条件(315)可知 $(A+B)(A-B)=0$,就是说如果 z 是 H 的任意元,那么 $(A-B)z\in L$,所以

$$P(A-B)z=(A-B)z$$

就是说

$$P(A-B)=A-B$$

此外,对于任意元 z,元 $Pz\in L$,所以 $(A+B)Pz=0$,就是

$$(A+B)P=0$$

由这个等式减去上式,并留意 A 及 B 与 P 交换,可得 $2PB=-A+B$,由此

得(317),辅助定理完全证毕.

辅助定理 2 如果自共轭算子 $C \geqslant 0$,而自共轭算子 F 与 C 交换,那么 $F^2C = CF^2 \geqslant 0$.

留意辅助定理的条件,令 $Fx = y$,可知

$$(CF^2x, x) = (FCFx, x) = (CFx, Fx) = (Cy, y) \geqslant 0$$

于是辅助定理证毕.注意本辅助定理的一个特例.如果投影算子 P 与 C 交换,那么依条件 $P^2 = P$,可知 $PC \geqslant 0$.

如果 $P(t) = a_0 + a_1 t + \cdots + a_n t^n$ 是一个多项式,而 A 是一个算子,那么可以作与多项式 $P(t)$ 相应的算子 $P(A) = a_0 E + a_1 A + \cdots + a_n A^n$.如果 A 是自共轭算子,而系数 a_k 都是实数,那么 $P(A)$ 也是自共轭算子.为了说明算子多项式的性质,必须再证两个辅助定理.

辅助定理 3 如果多项式 $P(t)$ 在区间$[0,1]$上是正的,那么对于一切足够大的 p 值,可以把它表示成下面的形式

$$P(t) = \sum_{s=0}^{p} c_s t^s (1-t)^{p-s} \tag{320}$$

其中一切系数 c_s 是正的.

对于一次多项式,这个结果由下面的公式得出

$$P(t) = c_0(1-t) + c_1 t$$

其中 $c_0 = P(0)$,$c_1 = P(1)$.

考察二次正多项式,并设它不能分解成一次实因子

$$P(t) = \alpha + 2\beta t + \gamma t^2 \quad (\alpha > 0, \gamma > 0, \alpha\gamma - \beta^2 > 0)$$

注意公式

$$[(1-t)+t]^k = \sum_{s=0}^{k} \mathrm{C}_k^s t^s (1-t)^{k-s} = 1$$

可以把上面的多项式写成下面的形式

$$P(t) = \alpha \sum_{s=0}^{p} \mathrm{C}_p^s t^s (1-t)^{p-s} + 2\beta t \sum_{s=1}^{p} \mathrm{C}_{p-1}^{s-1} t^{s-1} (1-t)^{p-s} + \gamma t^2 \sum_{s=2}^{p} \mathrm{C}_{p-2}^{s-2} t^{s-2} (1-t)^{p-s}$$

把同类项合并得

$$P(t) = \sum_{s=0}^{p} \frac{(p-2)!}{s!\,(p-s)!} t^s (1-t)^{p-s} [p(p-1)\alpha + 2s(p-1)\beta + s(s-1)\gamma] \tag{321}$$

方括号中的式子对于一切实数 s 及一切足够大的 p 值是正的.事实上,这个 s 的三项式的判别式

$$p(p-1)\alpha\gamma-\frac{1}{4}(2p\beta-2\beta-\gamma)^2=$$

$$p^2(\alpha\gamma-\beta^2)+p(2\beta^2+\beta\gamma-\alpha\gamma)-\frac{1}{4}(2\beta+\gamma)^2$$

对于一切足够大的 p 是正的，因为 $\alpha\gamma-\beta^2>0$. 如此由公式(321) 可得公式(320)，其中的 c_s 对于足够大的一切 p 值都是正的. 现在取区间$[0,1]$上的任意正多项式. 它可以表示成正一次多项式及正二次多项式的积，而这些二次多项式只有虚根. 对于每个因子，式(320) 成立. 因此对于它们的积式(320) 也成立，其中次数 p 等于其个别因子的次数之和.

注 借助变数代换 $t_1=\frac{t-a}{b-a}$，可以把任意有穷区间 $a\leqslant t\leqslant b$ 变成区间 $0\leqslant t_1\leqslant 1$，而对于在区间$[a,b]$上正的多项式可得与(320) 相类似的公式

$$P(t)=\sum_{s=0}^{p}c_s(t-a)^s(b-t)^{p-s} \tag{322}$$

辅助定理 4 如果 m 及 M 是自共轭算子 A 的界，就是说它们是二次泛函 (Ax,x) 在 $\|x\|=1$ 条件下的下确界与上确界，而 $P(t)$ 是在区间$[m,M]$上的非负多项式，那么 $P(A)$ 是正算子，就是说

$$(P(A)x,x)\geqslant 0 \tag{323}$$

只需证明在区间$[m,M]$上 $P(t)>0$ 的情形辅助定理成立. 事实上，设在这种情形下辅助定理已经证明，而设在区间$[m,M]$上 $Q(t)\geqslant 0$. 令 $P(t)=Q(t)+\varepsilon$，其中 $\varepsilon>0$，那么在区间$[m,M]$上 $P(t)>0$，所以

$$((Q(A)+\varepsilon)x,x)=(Q(A)x,x)+\varepsilon(x,x)\geqslant 0$$

令 $\varepsilon\to 0$，可得 $Q(A)$ 也满足不等式(323). 现在对于 $P(t)>0$ 证明本辅助定理. 依(322)，当 $a=m,b=M$ 时，只需证明算子

$$(A-mE)^s(ME-A)^{p-s} \tag{324}$$

是正的，而其中的 p 可以说是奇数(正算子之和仍是正的). 例如设 $s=2j$ 是偶数，而把算子(324) 表示成下面的形式

$$A_2^2A_1$$

其中

$$A_1=ME-A,A_2=(A-mE)^j(ME-A)^{\frac{p-2j-1}{2}}$$

并且 A_2 与 A_1 交换，而 A_1 是正算子，因为当 $\|x\|=1$ 时

$$(A_1x,x)=M-(Ax,x)\geqslant 0$$

依辅助定理 2 可知算子(324) 是正的. 对于奇数 s 应当取 $A_1=A-mE$.

系 1 如果在区间$[m,M]$上多项式 $P_1(t)$ 及 $P_2(t)$ 满足不等式 $P_2(t)\geqslant P_1(t)$，就是说 $P_2(t)-P_1(t)\geqslant 0$，那么 $P_2(A)\geqslant P_1(A)$. 特别是如果 $|P(t)|\leqslant\varepsilon$，就是说 $-\varepsilon\leqslant P(t)\leqslant\varepsilon$，那么 $-\varepsilon E\leqslant P(A)\leqslant\varepsilon E$，就是说 $-\varepsilon\leqslant(P(A)x,$

$x) \leqslant \varepsilon$ 对于 $\| x \| = 1$ 成立，所以 $P(A)$ 的范数不大于 ε[126].

系 2 由上系可知如果多项式序列 $P_n(t)$ 在区间$[m,M]$上一致收敛于多项式 $P(t)$，那么 $P_n(A) \to P(A)$，而差 $P(A) - P_n(A)$ 的范数趋于零.

160. 算子的幂级数

回忆一下在[131]中证明的辅助定理，其结果如下：如果算子序列 $A_n(n = 1,2,\cdots)$ 的范数不超过正数 δ_n，而 δ_n 组成一个收敛级数，那么级数

$$A = \sum_{n=1}^{\infty} A_n$$

收敛，而算子 A 的范数不超过诸数 δ_n 之和. 特别是如果有幂级数

$$\sum_{n=0}^{\infty} a_n t^n$$

而这个幂级数在区间 $|t| \leqslant k$ 中绝对收敛，并且算子 A 的范数不超过 k，那么级数

$$\sum_{n=0}^{\infty} a_n A^n$$

收敛.

下面需要用到如下的牛顿二项式公式

$$\sqrt{1+t} = \sum_{n=0}^{\infty} \binom{\frac{1}{2}}{n} t^n, \quad |t| \leqslant 1 \tag{325}$$

其中

$$\binom{\frac{1}{2}}{0} = 1, \quad \binom{\frac{1}{2}}{n} = \frac{\frac{1}{2}\left(\frac{1}{2}-1\right)\left(\frac{1}{2}-2\right)\cdots\left(\frac{1}{2}-n+1\right)}{n!} \tag{326}$$

公式(325)给出根式的算术值，并且当 $t = \pm 1$ 时仍成立[Ⅱ;138]. 分解式的系数(326)对于奇数 $n > 0$ 是正的，对于偶数 $n > 0$ 是负的. 因此，在公式(325)中设 $t = -1$，则除第一项之外都是负的，由此可得

$$0 = 1 - \sum_{n=1}^{\infty} \left| \binom{\frac{1}{2}}{n} \right| \text{ 或 } \sum_{n=1}^{\infty} \left| \binom{\frac{1}{2}}{n} \right| = 1 \tag{327}$$

而级数(325)在 $|t| \leqslant 1$ 中绝对地并一致地收敛[Ⅱ;146]. 在公式(325)中把 t 换成 $t^2 - 1$，左端可得 t^2 的平方根的绝对值，就是绝对值 $|t|$，并且它在区间 $|t| \leqslant 1$ 上可以展开成绝对收敛的级数

$$|t| = \sum_{n=0}^{\infty} \binom{\frac{1}{2}}{n} (t^2 - 1)^n \tag{328}$$

我们把这个展开式应用到自共轭算子上去.设 A 是自共轭算子,其范数是 m_A.作自共轭算子 $C=\frac{1}{m_A^2}A^2-E$,那么

$$(Cx,x)=\frac{1}{m_A^2}(A^2x,x)-\|x\|^2=\frac{1}{m_A^2}\|Ax\|^2-\|x\|^2$$

由此可知当 $\|x\|=1$ 时 $-1\leqslant(Cx,x)\leqslant 0$,而 C 的范数不超过 1.于是有可能作级数

$$B=m_A\sum_{n=0}^{\infty}\begin{pmatrix}\frac{1}{2}\\ n\end{pmatrix}C^n=m_A\sum_{n=0}^{\infty}\begin{pmatrix}\frac{1}{2}\\ n\end{pmatrix}\left(\frac{1}{m_A^2}A^2-E\right)^n \tag{329}$$

如果 $S_n(t)$ 是级数(328)的部分和,那么 $S_n^2(t)$ 在区间$[-1,+1]$上一致趋于 t^2,所以

$$S_n^2\left(\frac{1}{m_A}A\right)\to\frac{1}{m_A^2}A^2$$

而取极限,由公式(329)定义的自共轭算子 B 满足条件 $B^2=A^2$.

此外,如果算子 D 与 A 交换,那么它与级数(329)的部分和交换,所以取极限,它必与 B 交换.由此可知特别是 A 与 B 交换,即 $AB=BA$.

再证明 B 是正算子.留意 C 的范数不大于 1,可得

$$|(C^nx,x)|\leqslant\|x\|^2$$

而把(329)写成

$$B=m_A\left[E+\sum_{n=1}^{\infty}\begin{pmatrix}\frac{1}{2}\\ n\end{pmatrix}C^n\right]$$

可得不等式

$$(Bx,x)\geqslant m_A\left[(x,x)-\sum_{n=1}^{\infty}\left|\begin{pmatrix}\frac{1}{2}\\ n\end{pmatrix}\right||(C^nx,x)|\right]\geqslant$$

$$m_A\left[1-\sum_{n=1}^{\infty}\left|\begin{pmatrix}\frac{1}{2}\\ n\end{pmatrix}\right|\right]\|x\|^2$$

由此,依(327)可得$(Bx,x)\geqslant 0$.

如此最后得出下面的性质:B 是自共轭正算子,与 A 交换,并满足等式 $B^2=A^2$;凡与 A 交换的算子必与 B 也交换.在下节中将应用算子 B 及辅助定理 1 以作算子 A 的谱函数 $\mathscr{E}_\lambda$,并证明[142]中的基本公式(204).

161. 谱函数

定理 凡自共轭算子 A,必有投影算子 $\mathscr{E}_0$ 与之相应,而 $\mathscr{E}_0$ 具有下列诸性质:

(1) 如果算子 D 与 A 交换，那么它必与 $\mathscr{E}_0$ 交换；

(2) 如果 $Az=0$，那么 $\mathscr{E}_0 z=z$；

(3) 自共轭算子 $A\mathscr{E}_0$ 及 $A(E-\mathscr{E}_0)$ 满足条件

$$A\mathscr{E}_0 \leqslant 0, A(E-\mathscr{E}_0) \geqslant 0 \tag{330}$$

取辅助定理 1 的投影算子 P 作 $\mathscr{E}_0$. 如果 D 与 A 交换，那么它与 B 交换，因此与 $A+B$ 交换，而定理的前两个结论可由辅助定理 1 得出. 又由公式 $A=(E-2\mathscr{E}_0)B$，并且 $\mathscr{E}_0$ 与 A 及 B 交换，以及 $\mathscr{E}_0^2=\mathscr{E}_0$，可知

$$A\mathscr{E}_0=-B\mathscr{E}_0, A(E-\mathscr{E}_0)=B(E-\mathscr{E}_0)$$

正算子 B 与投影算子 $\mathscr{E}_0$ 及 $E-\mathscr{E}_0$ 交换，它与它们的积必也是正算子，而由上面的公式直接可得不等式(330)，于是定理证毕.

设 λ 是任意实数，对于自共轭算子 $A-\lambda E$ 可以作在刚才证明的定理中所说的投影算子；我们用 $\mathscr{E}_\lambda$ 表示它. 它具有下列性质：

(1) 如果某算子 D 与 $A-\lambda E$ 交换，也就是与 A 交换，那么它与 $\mathscr{E}_\lambda$ 也交换；

(2) 如果 $(A-\lambda E)z=0$，那么 $\mathscr{E}_\lambda z=z$；

(3) 下面的不等式成立

$$(A-\lambda E)\mathscr{E}_\lambda \leqslant 0, (A-\lambda E)(E-\mathscr{E}_\lambda) \geqslant 0 \tag{331}$$

还要注意对于任意 λ，$\mathscr{E}_\lambda$ 与 $A-\lambda E$ 交换，所以与 A 交换. 现在证明 $\mathscr{E}_\lambda$ 是主单位元分解. 凡 $\mathscr{E}_{\lambda_1}$ 都与 A 交换，因此，依刚才所证的，它与任意 $\mathscr{E}_{\lambda_2}$ 交换. 设 $\lambda<m$，我们证明这时 $\mathscr{E}_\lambda=0$. 如果不然，那么必有一元 x，其范数等于 1，而 $\mathscr{E}_\lambda x=x$，所以

$$((A-\lambda E)\mathscr{E}_\lambda x, x)=((A-\lambda E)x, x)=(Ax, x)-\lambda>0$$

因为 $\lambda<m$，而这与(331) 的第一个不等式冲突，所以当 $\lambda<m$ 时 $\mathscr{E}_\lambda=0$. 完全同样，应用(331) 中的第二个不等式，将证明当 $\lambda>M$ 时 $\mathscr{E}_\lambda=E$. 剩下的是证明当 $\lambda<\mu$ 时 $\mathscr{E}_\lambda \leqslant \mathscr{E}_\mu$，就是说当 $\lambda<\mu$ 时 $\mathscr{E}_\lambda\mathscr{E}_\mu=\mathscr{E}_\lambda$，也就是说要证明公式

$$\mathscr{E}_\lambda(E-\mathscr{E}_\mu)=0 \tag{332}$$

把上面等式的左边表示成 R，即

$$\mathscr{E}_\lambda(E-\mathscr{E}_\mu)=(E-\mathscr{E}_\mu)\mathscr{E}_\lambda=R \tag{333}$$

必须证明对于任意元 x，$Rx=0$. 令 $Rx=y$. 由公式(333) 直接可知

$$\mathscr{E}_\lambda R=\mathscr{E}_\lambda^2(E-\mathscr{E}_\mu)=\mathscr{E}_\lambda(E-\mathscr{E}_\mu)=R, (E-\mathscr{E}_\mu)R=R \tag{334}$$

依(331) 可知

$$((A-\lambda E)\mathscr{E}_\lambda y, y) \leqslant 0, ((A-\mu E)(E-\mathscr{E}_\mu)y, y) \geqslant 0 \tag{335}$$

另一方面，依(334) 有

$$\mathscr{E}_\lambda y=\mathscr{E}_\lambda Rx=Rx=y, (E-\mathscr{E}_\mu)y=(E-\mathscr{E}_\mu)Rx=Rx=y$$

不等式(335) 中的第一个可以写成 $((A-\lambda E)y, y) \leqslant 0$，而同样第二个不等式可以写成 $((A-\mu E)y, y) \geqslant 0$. 把后一个从前一个减去，可得 $((\mu-\lambda)y, y) \leqslant 0$，就

是说$(\mu-\lambda)\|y\|^2\leqslant 0$，由此依$\lambda<\mu$，可知$y=0$，即$Rx=0$，于是公式(332)证毕. $\mathscr{E}_\mu$ 的右连续性将在下面证明.

为了证明借 $\mathscr{E}_\lambda$ 表示算子A的积分式子，先介绍一个不等式. 取投影算子

$$\Delta=\mathscr{E}_\mu-\mathscr{E}_\lambda\quad(\mu>\lambda) \tag{336}$$

对于任意 x 有

$$((A-\mu E)\mathscr{E}_\mu\Delta x,\Delta x)\leqslant 0,((A-\lambda E)(E-\mathscr{E}_\lambda)\Delta x,\Delta x)\geqslant 0$$

留意显然的等式

$$\Delta^2=\Delta,\mathscr{E}_\mu\Delta=(E-\mathscr{E}_\lambda)\Delta=\Delta$$

可以把这两个不等式写成

$$((A-\mu E)\Delta x,x)\leqslant 0,((A-\lambda E)\Delta x,x)\geqslant 0$$

就是说

$$\lambda(\Delta x,x)\leqslant(A\Delta x,x)\leqslant\mu(\Delta x,x)$$

取任意一个满足条件$\lambda\leqslant\nu\leqslant\mu$的数$\nu$，可得

$$|((A-\nu E)\Delta x,x)|\leqslant(\mu-\lambda)(\Delta x,x)$$

留意$(\Delta x,x)=\|\Delta x\|^2\leqslant\|x\|^2$，可知

$$|((A-\nu E)\Delta x,x)|\leqslant(\mu-\lambda)\|x\|^2$$

由此可知[126]算子$(A-\nu E)\Delta$的范数不超过$\mu-\lambda$，就是

$$\|(A-\nu E)\Delta x\|\leqslant(\mu-\lambda)\|x\|$$

在这个不等式中把x换成Δx，并留意$\Delta^2=\Delta$，可得对于以后有基本意义的不等式

$$\|A\Delta x-\nu\Delta x\|\leqslant(\mu-\lambda)\|\Delta x\| \tag{337}$$

在这个不等式中$\lambda\leqslant\nu\leqslant\mu$，而$\Delta$由公式(336)定义. 现在证明公式(204). 取一个正数ε_0，并分解区间$[m-\varepsilon_0,M]$成部分

$$m-\varepsilon_0=\lambda_0<\lambda_1<\lambda_2<\cdots<\lambda_{n-1}<\lambda_n=M$$

然后作投影算子$\Delta_k=\mathscr{E}_{\lambda_k}-\mathscr{E}_{\lambda_{k-1}}$，那么

$$E=\sum_{k=1}^n\Delta_k,\Delta_k\Delta_l=0\quad(k\neq l) \tag{338}$$

任意元x可以分解成相互正交的项

$$x=\sum_{k=1}^n\Delta_k x=\sum_{k=1}^n x_k$$

而

$$Ax=\sum_{k=1}^n Ax_k$$

不难看出，当$k\neq l$时

$$(Ax_k,Ax_l)=0,(Ax_k,x_l)=0$$

例如第一个不等式可以证明如下

$$(Ax_k, Ax_l) = (A\Delta_k x, A\Delta_l x) = (A\Delta_l \Delta_k x, Ax)$$

而依(338),这个式子等于零. 现在作

$$Ax - \sum_{k=1}^{n} \nu_k \Delta_k x = \sum_{k=1}^{n} (Ax_k - \nu_k x_k)$$

其中 ν_k 是区间$[\lambda_{k-1}, \lambda_k]$中的任意值. 右端和的诸项是相互正交的,而应用毕达哥拉斯定理,可得

$$\| Ax - \sum_{k=1}^{n} \nu_k \Delta_k x \|^2 = \sum_{k=1}^{n} \| Ax_k - \nu_k x_k \|^2 \tag{339}$$

设 δ 是诸差值 $\lambda_k - \lambda_{k-1}$ 中的最大者. 应用不等式(337),可由(339)得

$$\| Ax - \sum_{k=1}^{n} \nu_k \Delta_k x \|^2 \leqslant \delta^2 \sum_{k=1}^{n} \| x_k \|^2$$

而依毕达哥拉斯定理

$$\| Ax - \sum_{k=1}^{n} \nu_k \Delta_k x \|^2 \leqslant \delta^2 \| x \|^2$$

由此可知当 $\delta \to 0$ 时,对于任意元 x 有

$$Ax = \lim \sum_{k=1}^{n} \nu_k \Delta_k x$$

如此可得基本公式

$$A = \int_{m}^{M} \lambda \, \mathrm{d}\mathscr{E}_\lambda$$

剩下的是证明 $\mathscr{E}_\lambda$ 右连续. 当 μ 趋于 λ 时,由公式(336)定义的投影算子 Δ 不增,并趋于某一极限 Δ_0,而我们必须证明 Δ_0 是零算子. 在(337)中取极限,可得 $(A - \lambda E)\Delta_0 x = 0$. 由此,依 $\mathscr{E}_\lambda$ 的第二性质,可知 $\mathscr{E}_\lambda \Delta_0 x = \Delta_0 x$,就是说$(E - \mathscr{E}_\lambda)\Delta_0 x = 0$. 另一方面$(E - \mathscr{E}_\lambda)\Delta = \Delta$,而取极限,可得$(E - \mathscr{E}_\lambda)\Delta_0 = \Delta_0$. 留意$(E - \mathscr{E}_\lambda)\Delta_0 x = 0$,可得 $\Delta_0 x = 0$,就是说 Δ_0 确实化任意元 x 为零. 还应注意任意与 A 交换的算子 D 必与诸 $\mathscr{E}_\lambda$ 交换.

§2 空间 l_2 及 L_2

162. 空间 l_2 上的线性算子

现在转到一般理论对空间 l_2 及 L_2 的应用. 我们在上面已经看到,在 H 中取封闭规格化正交组可以得到抽象空间 H 的元与空间 l_2 的元间的一一对应. 当然,我们也可以独立地考察 l_2,把它看作是 H 的一个表现,因为在 l_2 中对于通常定义的代数运算与数积,都能满足 H 的所有公理.

我们介绍元 x 的段的概念[比较 134]. 设 $x(\xi_1, \xi_2, \cdots)$ 是 l_2 中的某个元,而

元 $x^{(k)}(\xi_1,\xi_2,\cdots,\xi_k,0,0,\cdots)$ 的前 k 个分量与 x 的相同，其余的分量均为零. 元 $x^{(k)}$ 叫作元 x 的段. 我们有

$$\| x-x^{(k)} \|^2=\sum_{m=k+1}^{\infty} |\xi_m|^2 \to 0 \quad (\text{当 } k\to\infty) \tag{1}$$

即当 $m\to\infty$ 时 $x^{(k)}\Rightarrow x$. 用 $\varphi_1,\varphi_2,\cdots$ 记 l_2 中的坐标基，即 φ_k 的分量 $\xi_k=1$，而其余分量等于零. 对于元 x 我们有

$$x=\sum_{m=1}^{\infty}\xi_m\varphi_m \tag{2}$$

如果 A 是 l_2 上的线性算子且 $x'=Ax$，那么使用 x' 的分量 $(\xi'_1,\xi'_2,\cdots)$，可得

$$\xi'_n=(x',\varphi_n)=\sum_{m=1}^{\infty}a_{nm}\xi_m \quad (n=1,2,\cdots) \tag{3}$$

其中

$$a_{nm}=(A\varphi_m,\varphi_n) \tag{4}$$

这样一来，l_2 上的线性算子可以用矩阵表示，其元由(4)确定. 共轭算子 A^* 与下面的矩阵相应[参照 134]

$$a^*_{nm}=(A^*\varphi_m,\varphi_n)=(\varphi_m,A\varphi_n)=\overline{a}_{mn} \tag{5}$$

自共轭算子的特征是等式

$$a_{nm}=\overline{a}_{mn} \tag{6}$$

对于双线性泛函我们有公式

$$(Ax,y)=(x,A^*y)=\sum_{n=1}^{\infty}\Big(\sum_{m=1}^{\infty}a_{nm}\xi_m\Big)\overline{\eta}_n=$$

$$\sum_{m=1}^{\infty}\xi_m\Big(\sum_{n=1}^{\infty}a_{nm}\overline{\eta}_n\Big) \tag{7}$$

其中 y 的分量是 $(\eta_1,\eta_2,\cdots)$.

作元 x 与 y 的段 $x^{(k)}$ 与 $y^{(l)}$，可得

$$(Ax^{(k)},y^{(l)})=\sum_{n=1}^{l}\sum_{m=1}^{k}a_{nm}\xi_m\overline{\eta}_n$$

但当 k 及 $l\to\infty$ 时，$(Ax^{(k)},y^{(l)})\to(Ax,y)$，因此

$$\sum_{n=1}^{\infty}\Big(\sum_{m=1}^{\infty}a_{nm}\xi_m\Big)\overline{\eta}_n=\lim_{\substack{k\to\infty\\ l\to\infty}}\sum_{n=1}^{l}\sum_{m=1}^{k}a_{nm}\xi_m\overline{\eta}_n \tag{8}$$

如果 a_{pq} 及 b_{pq} 各是与算子 A 及 B 相应的矩阵的元，那么与算子 $D=BA$ 相应的是矩阵 (d_{pq})，它由下面的公式确定

$$d_{pq}=(D\varphi_q,\varphi_p)=(BA\varphi_q,\varphi_p)=(A\varphi_q,B^*\varphi_p)$$

而依 l_2 中数积的公式

$$d_{pq}=\sum_{s=1}^{\infty}(A\varphi_q,\varphi_s)\cdot\overline{(B^*\varphi_p,\varphi_s)}=\sum_{s=1}^{\infty}a_{sq}\overline{b}_{sp}^*$$

留意(5)最后可得

$$d_{pq}=\sum_{s=1}^{\infty}b_{ps}a_{sq} \tag{9}$$

用表示算子的记号 A 与 B 表示相应的无穷矩阵，而相应的矩阵元用 $\{\boldsymbol{A}\}_{pq}$ 及 $\{\boldsymbol{B}\}_{pq}$ 表示，那么可以把上面的公式写成下面的形式

$$\{\boldsymbol{BA}\}_{pq}=\sum_{s=1}^{\infty}\{\boldsymbol{B}\}_{ps}\{\boldsymbol{A}\}_{sq} \tag{10}$$

如果有三个线性有界算子 A,B 及 C，那么依结合律 $(CB)A=C(BA)$ 可以写出下面改换取和次序的结合公式

$$\sum_{t=1}^{\infty}\left(\sum_{s=1}^{\infty}\{\boldsymbol{C}\}_{ps}\{\boldsymbol{B}\}_{st}\right)\{\boldsymbol{A}\}_{tq}=$$
$$\sum_{s=1}^{\infty}\{\boldsymbol{C}\}_{ps}\left(\sum_{t=1}^{\infty}\{\boldsymbol{B}\}_{st}\{\boldsymbol{A}\}_{tq}\right) \tag{11}$$

163. 有界算子

凡有界线性算子 A 必产生一个无穷矩阵 (a_{pq})，已如上述. 我们提出逆问题：无穷矩阵的诸元 a_{pq} 应满足什么条件，才能使公式(3)表示 l_2 上的一个有界线性算子？如此，我们要求对于 l_2 中的任意元 $(\xi_1,\xi_2,\cdots)$ 级数(3)收敛，并且存在一个数 N，使任意元满足不等式

$$\sum_{n=1}^{\infty}\left|\sum_{k=1}^{\infty}a_{nk}\xi_k\right|^2\leqslant N^2\sum_{k=1}^{\infty}|\xi_k|^2 \tag{12}$$

提醒一下，对于双线性泛函，在有界算子 A 的情形下，应当有不等式

$$|(Ax,y)|\leqslant N\|x\|\cdot\|y\|$$

把这个不等式应用于各元的段，可得关于 a_{pq} 的必要条件

$$\left|\sum_{n=1}^{l}\sum_{m=1}^{k}a_{nm}\xi_m\overline{\eta}_n\right|^2\leqslant N^2\sum_{m=1}^{k}|\xi_m|^2\cdot\sum_{n=1}^{l}|\eta_n|^2 \tag{13}$$

这个条件不仅是必要的，而且是充分的，就是说下面的定理成立：

定理 1 为了 a_{pq} 是线性有界映射的矩阵的元，必须且只需对于任意正整数 k,l 及任意复数 ξ_m,η_n，可以选择一个与 k,l,ξ_m 及 η_n 无关的数 N，使条件(13)满足.

条件的必要性已经在上面证明了，现在证明其充分性. 设 $(\xi_1,\xi_2,\cdots)$ 是 l_2 中的任意元. 依条件(13)，令 $l=k$ 及

$$\eta_k=\sum_{m=1}^{k}a_{nm}\xi_m\quad(n=1,2,\cdots,k)$$

那么这就给出

$$\left(\sum_{n=1}^{k}\left|\sum_{m=1}^{k}a_{nm}\xi_m\right|^2\right)^2 \leqslant N^2\sum_{m=1}^{k}|\xi_m|^2\cdot\sum_{n=1}^{k}\left|\sum_{m=1}^{k}a_{nm}\xi_m\right|^2$$

就是

$$\sum_{n=1}^{k}\left|\sum_{m=1}^{k}a_{nm}\xi_m\right|^2 \leqslant N^2\sum_{m=1}^{k}|\xi_m|^2$$

因此

$$\sum_{n=1}^{k}\left|\sum_{m=1}^{k}a_{nm}\xi_m\right|^2 \leqslant N^2\sum_{m=1}^{\infty}|\xi_m|^2 \tag{14}$$

现在证明由这个不等式可知下面的级数收敛

$$\sum_{m=1}^{\infty}a_{nm}\xi_m \quad (n=1,2,\cdots) \tag{15}$$

其中$\{\xi_m\}$表示l_2中的任意元.假设有某一元$(\xi_1^{(0)},\xi_2^{(0)},\cdots)$及一个数$n$,使这个级数发散.这时下面的级数一定更是发散的

$$\sum_{m=1}^{\infty}|a_{nm}\xi_m^{(0)}|$$

而这个级数的有穷和

$$\sum_{m=1}^{k}|a_{nm}\xi_m^{(0)}|$$

当k增加时一定无限地增大.改变诸复数$\xi_m^{(0)}$的辐角,使乘积$a_{nm}\xi_m^{(0)}$是正数.把不等式(14)应用于如此得出的属于l_2的元,并在左端把与所论值n相应项以外的一切项除去,可得

$$\left(\sum_{m=1}^{k}a_{nm}\xi_m^{(0)}\right)^2 \leqslant N^2\sum_{m=1}^{\infty}|\xi_m^{(0)}|^2$$

无限地增大k,这个不等式的左端无限地增大,于是得出矛盾.如此一切级数(15)确实对于任意元x收敛.现在证明由(14)可得不等式

$$\sum_{n=1}^{k}\left|\sum_{m=1}^{\infty}a_{nm}\xi_m\right|^2 \leqslant N^2\sum_{m=1}^{\infty}|\xi_m|^2 \tag{16}$$

事实上,如果对于某一k及l_2中某一元x相反的不等式成立,那么对于这个k及足够大的l(显然可以设$l\geqslant k$),得

$$\sum_{n=1}^{k}\left|\sum_{m=1}^{l}a_{nm}\xi_m\right|^2 > N^2\sum_{m=1}^{\infty}|\xi_m|^2$$

从而

$$\sum_{n=1}^{l}\left|\sum_{m=1}^{l}a_{nm}\xi_m\right|^2 > N^2\sum_{m=1}^{\infty}|\xi_m|^2$$

而这与在(14)中令$k=l$所得的结果冲突.如此不等式(16)证毕.在其中无限地增大k,可得(12),定理于是证毕.

注 留意,在证明条件(13)的充分性时只应用了这个条件当$l=k$时的特

殊情形.现在证明只需就二次齐式假设这个条件就够了,就是说,矩阵表示有界算子的充分条件是对于任意 k 有

$$\left|\sum_{n,m=1}^{k} a_{nm}\xi_m\bar{\xi}_n\right| \leqslant N\sum_{m=1}^{k} |\xi_m|^2 \tag{17}$$

留意用相应二次齐式表示双线性泛函的公式,并留意(17),可得

$$\left|\sum_{n,m=1}^{k} a_{nm}\xi_m\bar{\eta}_n\right| \leqslant \frac{N}{4}\left[\sum_{m=1}^{k} |\xi_m+\eta_m|^2+\sum_{m=1}^{k} |\xi_m-\eta_m|^2+\right.$$

$$\left.\sum_{m=1}^{k} |\xi_m+\mathrm{i}\eta_m|^2+\sum_{m=1}^{k} |\xi_m-\mathrm{i}\eta_m|^2\right]$$

设元 x,y 的范数等于 1,留意 $|\alpha+\beta|^2 \leqslant 2[|\alpha|^2+|\beta|^2]$,可得

$$\left|\sum_{n,m=1}^{k} a_{nm}\xi_m\bar{\eta}_n\right| \leqslant 4N$$

而对于具有任意范数的元

$$\left|\sum_{n,m=1}^{k} a_{nm}\xi_m\bar{\eta}_n\right| \leqslant 4N\left[\sum_{m=1}^{k} |\xi_m|^2\right]^{\frac{1}{2}}\cdot\left[\sum_{m=1}^{k} |\eta_m|^2\right]^{\frac{1}{2}}$$

就是说,由(17) 可得 $k=l$ 时的条件(13),于是可知由矩阵(a_{nm}) 定义的算子是有界的.还要注意一些与条件(13) 有关的情形.如果 a_{pq} 满足条件(13),那么共轭算子的矩阵的元$\{\boldsymbol{A}^*\}_{pq}=\bar{a}_{qp}$ 显然也满足这个条件,这与在一般理论中所得的结果相符.再介绍转置算子的矩阵及复共轭算子的矩阵

$$\{\boldsymbol{A}'\}_{pq}=a_{qp},\{\overline{\boldsymbol{A}}\}=\bar{a}_{pq} \tag{18}$$

显然

$$A^*=(\overline{A})'=\overline{A'} \tag{19}$$

而如果 A 的原来矩阵的元满足条件(13),那么算子 A' 及 $\overline{A}$ 的矩阵元也必满足(13).由(13) 直接可得一切 a_{pq} 必为同一个与 p,q 无关的数所界,就是说令 $\xi_p=\eta_q=1$,其余 ξ_m 及 $\eta_n=0$,可得 $|a_{pq}|\leqslant N$.还要留意有界映射的矩阵的元所应满足的一个必要条件.由公式(4) 可知 a_{nk} 是元 $A\varphi_k$ 的分量.因此,矩阵任意列的元的绝对值平方所组成的级数一定收敛

$$\sum_{n=1}^{\infty} |a_{nk}|^2<+\infty \quad (k=1,2,\cdots) \tag{20}$$

考察 A^*,可知关于行,也有同样的结果

$$\sum_{m=1}^{\infty} |a_{km}|^2<+\infty \quad (k=1,2,\cdots) \tag{21}$$

注意与矩阵(a_{nm}) 相应的映射是有界的一个简单充分条件.

定理 2 如果存在一个与 m 及 n 无关的正数 l,使不等式

$$\sum_{m=1}^{\infty} |a_{nm}|<l \quad (n=1,2,\cdots) \tag{22}$$

$$\sum_{n=1}^{\infty} |a_{nm}| < l \quad (m=1,2,\cdots) \tag{23}$$

成立,那么矩阵(a_{nm})表现一个有界映射.

只需证明当$\|x\| \leqslant 1$及$\|y\| \leqslant 1$时,和

$$S = \sum_{n=1}^{\infty}\sum_{m=1}^{\infty} |a_{nm}||\xi_m||\eta_n| \tag{24}$$

有界.如此则条件(13)自然成立.留意$|ab| \leqslant \frac{1}{2}(|a|^2+|b|^2)$,可得

$$S \leqslant \frac{1}{2}\sum_{n=1}^{\infty}\sum_{m=1}^{\infty} |a_{nm}|(|\xi_m|^2+|\eta_n|^2) =$$

$$\frac{1}{2}\sum_{m=1}^{\infty}\left(|\xi_m|^2\sum_{n=1}^{\infty}|a_{nm}|\right)+\frac{1}{2}\sum_{n=1}^{\infty}\left(|\eta_n|^2\sum_{m=1}^{\infty}|a_{nm}|\right)$$

依(22)及(23)知

$$S \leqslant \frac{l}{2}\sum_{m=1}^{\infty}|\xi_m|^2+\frac{l}{2}\sum_{n=1}^{\infty}|\eta_n|^2 \leqslant \frac{l}{2}(\|x\|^2+\|y\|^2) \leqslant l$$

而定理证毕.在自共轭矩阵的情形中条件(23)由条件(22)得出.留意并非对于任意有界矩阵级数(24)都是收敛的.

我们考察下面两个无穷矩阵为例

$$\boldsymbol{A}=\begin{pmatrix} 0 & 0 & 0 & \cdots \\ 1 & 0 & 0 & \cdots \\ 0 & 1 & 0 & \cdots \\ 0 & 0 & 1 & \cdots \\ \vdots & \vdots & \vdots & \end{pmatrix}, \boldsymbol{B}=\begin{pmatrix} a_1 & 1 & 0 & 0 & 0 & \cdots \\ a_2 & 0 & 1 & 0 & 0 & \cdots \\ a_3 & 0 & 0 & 1 & 0 & \cdots \\ a_4 & 0 & 0 & 0 & 1 & \cdots \\ \vdots & \vdots & \vdots & \vdots & \vdots & \end{pmatrix}$$

其中的a_k是一序列的实数,它使通项为$|a_k|$的级数收敛.根据定理2,容易证明矩阵$\boldsymbol{A}$与$\boldsymbol{B}$各对应一个线性映射.依据公式(9),也容易验证,对于任选的a_k(满足上述条件),$\boldsymbol{BA}=\boldsymbol{E}$.这样一来,线性算子$A$具有无穷多左逆有界算子,从而没有右逆有界算子.如果取其共轭矩阵(依a_k是实数,只要取其转置矩阵$\boldsymbol{A}'$与$\boldsymbol{B}'$),那么可得$\boldsymbol{A}'\boldsymbol{B}'=\boldsymbol{E}$.方程$Ax=y$具有形式$\xi_1=\eta_2,\xi_2=\eta_3,\cdots$,且对于任一$y \in l_2$,在$l_2$中它有唯一的解.方程$A'x=y$具有形式$\xi_2=\eta_1,\xi_3=\eta_2,\cdots$,既然$\xi_1$是任意的,它有无穷多个解.这与$A'$没有左逆有界算子有关.

164.幺范矩阵及投影矩阵

回忆一下幺范映射U的基本特征

$$U^*U=UU^*=E$$

如果u_{pq}是与幺范算子U相应的矩阵的元,那么上面的特征可以写成下面的形式

$$\sum_{s=1}^{\infty} u_{ps}^{*} u_{sq} = \delta_{pq}, \sum_{s=1}^{\infty} u_{ps} u_{sq}^{*} = \delta_{pq} \tag{25}$$

其中当 $p \neq q$ 时 $\delta_{pq} = 0$，而 $\delta_{pp} = 1$. 留意 $u_{mn}^{*} = \overline{u}_{nm}$，可以把上面的等式写成下面的形式

$$\sum_{s=1}^{\infty} \overline{u}_{sp} u_{sq} = \delta_{pq} \tag{26}$$

$$\sum_{s=1}^{\infty} u_{ps} \overline{u}_{qs} = \delta_{pq} \tag{27}$$

就是说可得矩阵(u_{pq})行同列的正交性. 注意在有穷矩阵的情形下，条件(27)是(26)的推论[Ⅲ;28]. 在无穷矩阵的情形下，这两个条件是彼此无关的.

定理 为了诸复数 u_{pq} 组成与么范映射相应的矩阵，必须且只需条件(26)及(27)成立.

条件(26)及(27)的必要性已由前面的推理得出. 剩下的只是证明其充分性，就是说要证明在这个条件之下矩阵(u_{pq})与线性(有界)映射相应. 然后，这个映射的么范性可由以下事实推出：条件(26)及(27)与(25)同效，而后者是么范映射的特征[137].

由条件(27)可知

$$\sum_{s=1}^{\infty} | u_{ps} |^2 = 1$$

故对于任意元下面的级数收敛[59]

$$\xi'_n = \sum_{k=1}^{\infty} u_{nk} \xi_k \tag{28}$$

作

$$\sum_{p=1}^{m} \left| \sum_{q=1}^{n} u_{pq} \xi_q \right|^2 = \sum_{p=1}^{m} \sum_{s=1}^{n} \sum_{t=1}^{n} u_{ps} \overline{u}_{pt} \xi_s \overline{\xi}_t = \sum_{s=1}^{n} \sum_{t=1}^{n} \left(\sum_{p=1}^{m} u_{ps} \overline{u}_{pt} \right) \xi_s \overline{\xi}_t$$

无限地增大 m，依条件(26)可得

$$\sum_{p=1}^{\infty} \left| \sum_{q=1}^{n} u_{pq} \xi_q \right|^2 = \sum_{q=1}^{n} | \xi_q |^2$$

因此

$$\sum_{p=1}^{m} \left| \sum_{q=1}^{n} u_{pq} \xi_q \right|^2 \leqslant \sum_{q=1}^{\infty} | \xi_q |^2$$

其中 m 是任意固定的有穷数. 由此与在上节的定理 1 中完全一样，可借归谬证法而知当 $n = \infty$ 时这个不等式也成立，于是无限地增大 m，可得不等式

$$\sum_{p=1}^{\infty} \left| \sum_{q=1}^{\infty} u_{pq} \xi_q \right|^2 \leqslant \sum_{q=1}^{\infty} | \xi_q |^2 \tag{29}$$

而算子 U 的有界性证毕. 注意既然 U 是么范的,公式(29) 中自然是等号成立.

现在考察与某一子空间 L 上的投影算子 P 相应的矩阵(p_{ik}). 留意 P 是自共轭算子且 $P^2=P$,可得下面的条件

$$p_{ki}=\overline{p}_{ik}, \sum_{s=1}^{\infty} p_{is}p_{sk}=p_{ik} \tag{30}$$

与上面对于么范映射所做的一样,可以证明:为使矩阵(p_{ik}) 与投影算子相应,这个条件不仅必要,而且也是充分的. 取封闭规格化正交组为坐标基,使其中的一部分是子空间 L 中的封闭组,而另外一部分是在补空间 $H\ominus L$ 中的封闭组. 既然 P 是投影算子,第一部分中的诸坐标基不受 P 作用的影响,而第二部分中的被 P 化为零. 如此,经选择这一组坐标基后投影算子 P 与纯对角矩阵相应,其主对角线上诸元只是 1 或 0. 换句话说,投影算子的矩阵与一个纯对角矩阵么范相抵,而这个对角矩阵的主对角线上诸元只是 0 或 1.

165. 自共轭矩阵

自共轭矩阵 **A** 的特征是(13) 及(6). 这种矩阵的固有值及固有元由下面的条件决定,就是无穷组

$$\sum_{s=1}^{\infty} a_{is}\xi_s=\lambda\xi_i \quad (i=1,2,\cdots) \tag{31}$$

在 l_2 中有异于零的解. 如果诸固有元 ψ_k 成一封闭规格化正交组,并取 ψ_k 为坐标基,那么算子 A 的相应矩阵的元是

$$a_{pq}=(A\psi_q,\psi_p)=\lambda_q(\psi_q,\psi_p)=\begin{cases}0,\text{如果 } p\neq q\\ \lambda_p,\text{如果 } p=q\end{cases} \tag{32}$$

就是说可得一个纯对角矩阵,其主对角线上诸元正是 λ_p. 一般说来,为了自共轭矩阵有纯点谱,必须且只需它与一个纯对角矩阵么范相抵. 在上述取 ψ_k 为坐标基的情形下,我们有

$$(Ax,y)=\sum_{s=1}^{\infty}\lambda_s\xi_s\overline{\eta}_s, (Ax,x)=\sum_{s=1}^{\infty}\lambda_s|\xi_s|^2 \tag{33}$$

在一般情形下对于自共轭矩阵(a_{ik}) 必存在主单位元分解 $\mathscr{E}_\lambda$,就是说存在不减的投影矩阵$(l_{ik}(\lambda))$,使

$$l_{ik}(a)=0, l_{ik}(b)=\begin{cases}0,\text{如果 } i\neq k\\ 1,\text{如果 } i=k\end{cases} \tag{34}$$
$$(i,k=1,2,\cdots)$$

于是下面的公式成立

$$\xi'_i=\sum_{s=1}^{\infty}a_{is}\xi_s=(Ax,\varphi_i)=\int_a^b\lambda\,\mathrm{d}(\mathscr{E}_\lambda x,\varphi_i)=$$
$$\int_a^b\lambda\,\mathrm{d}\Big(\sum_{s=1}^{\infty}l_{is}(\lambda)\xi_s\Big)$$

就是说

$$a_{is}=\int_a^b \lambda\,\mathrm{d}l_{is}(\lambda) \tag{35}$$

及

$$(Ax,y)=\begin{cases}\int_a^b \lambda\,\mathrm{d}\left(\sum_{s,t=1}^{\infty} l_{st}(\lambda)\xi_t,\bar{\eta}_s\right)\\ \int_a^b \lambda\,\mathrm{d}\left(\sum_{s,t=1}^{\infty} l_{st}(\lambda)\xi_t,\bar{\xi}_s\right)\end{cases} \tag{36}$$

依主单位元分解的性质，如果 $\lambda_1\leqslant\lambda_2$，那么

$$\sum_{s=1}^{\infty} l_{is}(\lambda_1)l_{sk}(\lambda_2)=\sum_{s=1}^{\infty} l_{is}(\lambda_2)l_{sk}(\lambda_1)=l_{ik}(\lambda_1) \tag{37}$$

一般说来，有

$$\sum_{s=1}^{\infty}\Delta_1 l_{is}(\lambda)\cdot\Delta_2 l_{sk}(\lambda)=\Delta_1\Delta_2 l_{ik}(\lambda) \tag{38}$$

其中右端是 $l_{ik}(\lambda)$ 在区间 $\Delta_1\Delta_2$ 两端值的差，而 $\Delta_1\Delta_2$ 是两区间 Δ_1 及 Δ_2 的共同部分. 如果 $f(\lambda)$ 是区间 $[a,b]$ 上的连续函数，那么算子 $f(A)$ 与具有元

$$\{f(A)\}_{ik}=\int_a^b f(\lambda)\,\mathrm{d}l_{ik}(\lambda) \tag{39}$$

的矩阵相应.

应用(38)，可以写出

$$\sum_{s=1}^{\infty}\int_a^b f_1(\lambda)\,\mathrm{d}l_{is}(\lambda)\cdot\int_a^b f_2(\lambda)\,\mathrm{d}l_{sk}(\lambda)=$$
$$\int_a^b f_1(\lambda)f_2(\lambda)\,\mathrm{d}l_{ik}(\lambda) \tag{40}$$

留意双线性齐式

$$(\mathscr{E}_\lambda x,y)=\sum_{s,t=1}^{\infty} l_{st}(\lambda)\xi_t\bar{\eta}_s \tag{41}$$

是 λ 的囿变函数，可知函数 $l_{st}(\lambda)$ 是 λ 的囿变函数. 当 $y=x$ 时式(41) 是 λ 的不减函数，由此可知函数 $l_{ss}(\lambda)$ 是不减的. 如果把积分(39) 了解成斯蒂尔切斯－勒贝格积分，那么公式(39) 适用于很宽广的函数类 $f(\lambda)$，这个类曾于[155] 中论及. 只需设 $f(\lambda)$ 有界，并且是 B 函数就够了[47]. 这时它依任意不减函数都是可测的. 在纯连续谱的情形下，一切函数 $l_{ik}(\lambda)$ 都是连续的. 逆命题也是正确的. 在混合谱的情形下，考察子空间 L，设在 L 中算子 A 有纯点谱，而在补子空间 $H\ominus L$ 中 A 有纯连续谱. 在这些子空间中取封闭规格化正交组. 用(ξ'_1,

$\xi'_2,\cdots$) 表示 L 中的诸元,($\xi''_1,\xi''_2,\cdots$) 表示 $H\ominus L$ 中的诸元,可以把双线性型及二次型写成下面的形式

$$\begin{cases}\sum_{i,k=1}^{\infty}a_{ik}\xi_k\overline{\eta}_i=\sum_k\lambda_k\xi'_k\overline{\eta}'_k+\int_a^b\lambda\,\mathrm{d}\left(\sum_{s,t=1}^{\infty}l_{st}(\lambda)\xi''_t\overline{\eta}''_s\right)\\ \sum_{i,k=1}^{\infty}a_{ik}\xi_k\overline{\xi}_i=\sum_k\lambda_k\mid\xi'_k\mid^2+\int_a^b\lambda\,\mathrm{d}\left(\sum_{s,t=1}^{\infty}l_{st}(\lambda)\xi''_t\overline{\xi}''_s\right)\end{cases}\tag{42}$$

其中的 $l_{st}(\lambda)$ 是连续的.

考察矩阵 $\boldsymbol{A}$ 的豫解式,就是具有元$\{R(\lambda)\}_{ik}$ 的矩阵,$\{R(\lambda)\}_{ik}$ 由下面的公式定义

$$\{R(\lambda)\}_{ik}=\{(\boldsymbol{A}-\lambda\boldsymbol{E})^{-1}\}_{ik}$$

我们有

$$\{R(\lambda)\}_{ik}=\int_a^b\frac{\mathrm{d}l_{ik}(\mu)}{\mu-\lambda}\tag{43}$$

其中设 λ 不属于 $\boldsymbol{A}$ 的谱. 留意依公式(39),$\boldsymbol{A}$ 的正整数次幂可以表示成

$$\{\boldsymbol{A}^m\}_{ik}=\int_a^b\lambda^m\mathrm{d}l_{ik}(\lambda)\tag{44}$$

如果 $\lambda=0$ 不属于 $\boldsymbol{A}$ 的谱,就是说,如果一切 $l_{ik}(\lambda)$ 在 $\lambda=0$ 的某一邻域中是常数,那么存在有界逆矩阵 $\boldsymbol{A}^{-1}$,而关于其幂有下面的公式

$$\{\boldsymbol{A}^{-m}\}_{ik}=\int_a^b\lambda^{-m}\mathrm{d}l_{ik}(\lambda)\tag{45}$$

166. 连续谱的情形

我们已知,可以继续分解 $H\ominus L$ 成依 A 不变的子空间,使在每个这样的子空间中 A 有纯连续谱. 设 H_1 是如此的子空间. 在它之中取封闭正交组,并设把 H_1 看作希尔伯特空间,在其中取坐标基 $\varphi_1,\varphi_2,\cdots$,因此所有元 x 可由其分量 $(\xi_1,\xi_2,\cdots)$ 决定. 设 x 是 H_1 中的元,使诸 $\mathscr{E}_\lambda x$ 的闭线性鞘是整个 H_1,而 $a\leqslant\lambda\leqslant b$. 用 $p_k(\lambda)$ 表示元 $\mathscr{E}_\lambda x$ 的分量. 对于 H_1 中的任意元 $y(\eta_1,\eta_2,\cdots)$ 可作函数

$$\varphi_y(\lambda)=(y,\mathscr{E}_\lambda x)=\sum_{k=1}^{\infty}\overline{p_k(\lambda)}\eta_k\tag{46}$$

留意[147] 中的公式(259),可以把双线性泛函写成以下形式

$$(Ay,z)=\sum_{i,k=1}^{\infty}a_{ik}\eta_k\overline{\xi}_i=\int_a^b\lambda\frac{\mathrm{d}\sum_{k=1}^{\infty}\overline{p_k(\lambda)}\eta_k\cdot\mathrm{d}\sum_{i=1}^{\infty}p_i(\lambda)\overline{\zeta}_i}{\mathrm{d}\rho(\lambda)}$$

其中

$$\rho(\lambda)=\|\mathscr{E}_\lambda x\|^2=\sum_{s=1}^{\infty}\mid p_s(\lambda)\mid^2\tag{47}$$

所以，取上述一组坐标基之后，对确定 H_1 中映射 A 的那个矩阵来说，它的元是

$$a_{ik}=\int_a^b\lambda\,\frac{\overline{\mathrm{d}p_k(\lambda)}\,\mathrm{d}p_i(\lambda)}{\mathrm{d}\rho(\lambda)}\tag{48}$$

与 H_1 中任意元 y 相应的是依 $\rho(\lambda)$ 在 $[a,b]$ 上的 L_2 中的函数 $y(\lambda)$，适合

$$\varphi_y(\lambda)=\sum_{k=1}^{\infty}\overline{p_k(\lambda)}\,\eta_k=\int_a^{\lambda}y(\mu)\,\mathrm{d}\rho(\mu)\tag{49}$$

而反之，L_2 中的任意函数 $y(\lambda)$ 必有 H_1 中一个确定元 y 与之相应. 这时，对应关系保存范数及数积不变. 如果用 $\varphi_k(\lambda)$ 表示与坐标基 φ_k 相应的函数 $y(\lambda)$，那么可得

$$\overline{p_k(\lambda)}=\int_a^{\lambda}\varphi_k(\mu)\,\mathrm{d}\rho(\mu)\tag{50}$$

而 $\varphi_k(\lambda)(k=1,2,\cdots)$ 组成 L_2 中的一个封闭规格化正交组. H_1 上的算子 A 与 L_2 中乘 λ 的运算相应，而对于 $a_{ik}=(A\varphi_k,\varphi_i)$ 可以代替(48) 而写成公式

$$a_{ik}=\int_a^b\lambda\varphi_k(\lambda)\,\overline{\varphi_i(\lambda)}\,\mathrm{d}\rho(\lambda)\tag{51}$$

设不用 $\varphi_k(\lambda)$ 而取 L_2 中另一完备规格化正交组 $\psi_k(\lambda)$，而 $\psi_k(\lambda)(k=1,2,\cdots)$ 与 H_1 中某一完备坐标基组 ψ_k 相应. 取 H_1 中把坐标基 φ_k 变换成坐标基 ψ_k 的么范映射 U，就是说 $U\varphi_k=\psi_k$. 与 H_1 中这个么范映射 U 相应的是某一矩阵，而这个矩阵依从于坐标基的选择. 如果取坐标基 φ_k 或 ψ_k，那么可得同一矩阵，其元是

$$c_{ik}=(U\varphi_k,\varphi_i)=(\psi_k,\varphi_i)$$

或

$$c_{ik}=(U\psi_k,\psi_i)=(\psi_k,U^*\psi_i)=(\psi_k,U^{-1}\psi_i)=(\psi_k,\varphi_i)$$

既然由 H_1 变换到 L_2 时不改变数积，可以写成

$$c_{ik}=\int_a^b\psi_k(\lambda)\,\overline{\varphi_i(\lambda)}\,\mathrm{d}\rho(\lambda)\tag{52}$$

在新的坐标基中与算子 A 相应的矩阵的元由与公式(51) 相类似的公式决定

$$b_{ik}=\int_a^b\lambda\psi_k(\lambda)\,\overline{\psi_i(\lambda)}\,\mathrm{d}\rho(\lambda)\tag{53}$$

如果 $\xi_k(k=1,2,\cdots)$ 是以 φ_k 为坐标基时某元的分量，而 ξ'_k 是以 ψ_k 为坐标基时同一元的分量，那么 $\xi_k=(x,\varphi_k)$，而

$$\xi'_k=(x,\psi_k)=(x,U\varphi_k)=(U^{-1}x,\varphi_k)$$

由此看出，$(\xi'_1,\xi'_2,\cdots)$ 可以由 $(\xi_1,\xi_2,\cdots)$ 用与么范矩阵 (c_{ik}) 相逆的矩阵表示

出来.如此,如果用 $\boldsymbol{A},\boldsymbol{B},\boldsymbol{C}$ 各表示具有元 a_{ik},b_{ik},c_{ik} 的矩阵,可以写出矩阵等式

$$\boldsymbol{B}=\boldsymbol{C}^{-1}\boldsymbol{AC} \tag{54}$$

应用[147] 中的公式(263),以及(49) 与(50),可以写成

$$\{\mathscr{E}_{\mu}\}_{ik}=l_{ik}(\mu)=\int_{a}^{\mu}\varphi_{k}(\lambda)\,\overline{\varphi_{i}(\lambda)}\,\mathrm{d}\rho(\lambda) \tag{55}$$

留意(39),可以写出矩阵 $f(A)$(在坐标基 φ_k 中) 的元,其中 $f(\lambda)$ 是定义于区间$[a,b]$ 上的任意有界 B 函数

$$\{f(A)\}_{ik}=\int_{a}^{b}f(\lambda)\varphi_{k}(\lambda)\,\overline{\varphi_{i}(\lambda)}\,\mathrm{d}\rho(\lambda) \tag{56}$$

如果 $f(\lambda)=1:(\lambda-\mu)$,可得上面算子的豫解式

$$\{R(\mu)\}_{ik}=\int_{a}^{b}\frac{\varphi_{k}(\lambda)\,\overline{\varphi_{i}(\lambda)}}{\lambda-\mu}\mathrm{d}\rho(\lambda) \tag{57}$$

如果 $f(\lambda)$ 是实函数,那么 $f(A)$ 是自共轭算子,而与(55) 完全相似,可以写出算子 $f(A)$ 的谱函数 $\mathscr{E}'_{\mu}$ 的元

$$\{\mathscr{E}'_{\mu}\}_{ik}=\int_{C_{\mu}}\varphi_{k}(\lambda)\,\overline{\varphi_{i}(\lambda)}\,\mathrm{d}\rho(\lambda) \tag{58}$$

其中 C_{μ} 是由不等式 $f(\lambda)\leqslant\mu$ 定义的值 λ 的集合.我们不详述这些公式的证明. $f(A)$ 的谱可以依从于 $f(\lambda)$ 的性质而有不同的特性.

上面我们曾由已知的在 H_1 上自共轭算子 A 及这样的元 x 出发,使 $\mathscr{E}_{\lambda}x$ 的闭线性鞘是 H_1.取坐标基 φ_k,得 l_2 及无穷矩阵,且上面那些公式成立.反之,可以取区间$[a,b]$ 上任意的连续不减函数 $\rho(\lambda)$,在 $\lambda=a$ 时 $\rho(\lambda)=0$,并取一个封闭规格化正交组 $\varphi_k(\lambda)$.这时公式(51) 决定元 a_{ik},后者显然满足 $\overline{a_{ik}}=a_{ki}$.不难证明,具有元 a_{ik} 的矩阵与 l_2 上的有界算子相应.事实上,用 N 表示区间$[a,b]$ 上绝对值 $|\lambda|$ 的最大值,则依(51) 得

$$\left|\sum_{i,k=1}^{m}a_{ik}\xi_{k}\bar{\xi}_{i}\right|\leqslant N\int_{a}^{b}\left|\sum_{k=1}^{m}\varphi_{k}(\lambda)\xi_{k}\right|^{2}\mathrm{d}\rho(\lambda)$$

而留意 $\varphi_k(\lambda)$ 的规格化正交性,可知

$$\left|\sum_{i,k=1}^{m}a_{ik}\xi_{k}\bar{\xi}_{i}\right|\leqslant N\sum_{k=1}^{m}|\xi_{k}|^{2}$$

由此可知相应算子的有界性.它的自共轭性由 $\overline{a_{ik}}=a_{ki}$ 得出.公式(55) 定义依从于参数 μ 的投影算子的元,并且是主单位元分解,而显然

$$a_{ik}=\int_{a}^{b}\lambda\,\mathrm{d}\{\mathscr{E}_{\lambda}\}_{ik}$$

就是说 $\mathscr{E}_{\lambda}$ 是算子 A 的谱函数.如果在公式(50) 中取共轭量,那么得出元 $\mathscr{E}_{\lambda}x$ 的

分量 $p_k(\lambda)$，当 $\lambda=b$ 时就是元 x 的分量. 由(50)，依封闭性方程，可知 $\rho(\lambda)$ 由公式(47) 表示. 在具有连续谱的自共轭算子 A 的一般情形下，作相互正交的不变子空间 $H_1,H_2,\cdots$，在每个 H_i 上算子 A 具有简单谱. 在每个 H_k 中取其坐标基，则对于每个 H_k 可得上面形式的公式. 然后最后的式子，例如关于双线性齐式 (Ax,y) 的，可以借每个 H_k 上的双线性齐式相加而得出.

可以放弃谱函数 $\mathscr{E}_\lambda$ 连续性的要求而容易地将简单谱的概念一般化. 与以前一样，应当存在元 x，使 $\mathscr{E}_\lambda x$ 组成整个 H. 这时，由公式(47) 定义的不减函数 $\rho(\lambda)$ 不一定要是连续的. 显然我们可以设 x 是规格化元，而这时除 $\rho(a)=0$ 以外还有 $\rho(b)=1$ 成立. 如果，比方说 A 有纯点谱，而一切固有值的秩都等于 1，那么取 x 为任意元，但其依一封闭组固有元的一切傅里叶系数都不是零，我们可以断定 $\mathscr{E}_\lambda x$ 组成整个 H，而上述的谱是简单的. 在有重固有值的时候，不难看出谱不能是简单的. 如果在分解整个 H 成固有元子空间及连续谱子空间时两种子空间都有简单谱，我们得出简单谱的一般情形. 在第一子空间中谱是简单的必要且充分条件是一切固有值都是单的. 如果简单谱不是连续的，那么 $\mathscr{E}_\lambda$ 有跃度，而依公式(47) 定义的 $\rho(\lambda)$ 在 $\mathscr{E}_\lambda$ 的间断点处也应当有间断. 事实上，如果在谱函数 $\mathscr{E}_\lambda$ 的间断点 $\lambda=\lambda'$ 处函数 $\rho(\lambda)$ 是连续的，那么 $(\mathscr{E}_{\lambda'}-\mathscr{E}_{\lambda'-0})x=0$，而由 $\mathscr{E}_\lambda x$ 生成的空间中的一切元与相应于固有值 $\lambda=\lambda'$ 的固有元正交，由此可知 $\mathscr{E}_\lambda x$ 不能生成整个 H.

167. 雅可比矩阵

设在无穷维空间 H 上自共轭算子 A 有简单连续谱. 把 λ 的幂依 $\rho(\lambda)$ 在区间 $[a,b]$ 上正交化，可得一组实多项式 $P_k(\lambda)(k=0,1,2,\cdots)$，作为上节中的封闭组 $\varphi_k(\lambda)$，$P_k(\lambda)$ 的次数是 k，且

$$\int_a^b P_i(\lambda)P_k(\lambda)\mathrm{d}\rho(\lambda)=\begin{cases}0,\text{如果 } i\neq k\\1,\text{如果 } i=k\end{cases} \tag{59}$$

在每个多项式 $P_k(\lambda)$ 中最高次系数可以设为正的. 在以前的记号中诸函数 $\varphi_k(\lambda)$ 是从 $k=1$ 起编号的. 现在从 $k=0$ 起来编号诸 $P_k(\lambda)$，而 k 表示 $P_k(\lambda)$ 的次数. 如此 $P_k(\lambda)$ 代替了 $\varphi_{k+1}(\lambda)$. 在所选的坐标基中，与算子 A 相应的矩阵的元依(51) 由下面的公式决定

$$a_{ik}=\int_a^b \lambda P_i(\lambda)P_k(\lambda)\mathrm{d}\rho(\lambda)\quad(i,k=0,1,2,\cdots) \tag{60}$$

设 $k-i>1$. 这时积 $\lambda P_i(\lambda)$ 是次数低于 k 的多项式；这个积可以表示成诸 $s<k$ 的 $P_s(\lambda)$ 的一次组合式，而依(59)，这时积分(60) 等于零. 同样，当 $i-k>1$ 时，它也等于零，因为 $a_{ik}=a_{ki}$，就是说当 $|i-k|>0$ 时 $a_{ik}=0$. 采用下面的记号

$$a_k = \int_a^b \lambda P_k^2(\lambda)\mathrm{d}\rho(\lambda), b_k = \int_a^b \lambda P_k(\lambda) P_{k+1}(\lambda)\mathrm{d}\rho(\lambda) \tag{61}$$

$$(k = 0, 1, 2, \cdots)$$

数 b_k 出现于用 $P_s(\lambda)(s = 0, 1, 2, \cdots, k+1)$ 表示积 $\lambda P_k(\lambda)$ 的一次式中

$$\lambda P_k(\lambda) = b_k P_{k+1}(\lambda) + \sum_{s=0}^{k} c_s^{(k)} P_s(\lambda) \tag{62}$$

而由于多项式 $P_m(\lambda)$ 的最高项系数是正的，可知 $b_k > 0$. 由(60) 及上面所说的可知

$$a_{k,k} = a_k, a_{k,k+1} = a_{k+1,k} = b_k \tag{63}$$

$$a_{ik} = 0 \quad (\text{当 } |i-k| > 1 \text{ 时})$$

如此，在所选的坐标基系中，映射的矩阵表示成下面的形式

$$\begin{pmatrix} a_0 & b_0 & 0 & 0 & 0 & \cdots \\ b_0 & a_1 & b_1 & 0 & 0 & \cdots \\ 0 & b_1 & a_2 & b_2 & 0 & \cdots \\ 0 & 0 & b_2 & a_3 & b_3 & \cdots \\ \vdots & \vdots & \vdots & \vdots & \vdots & \end{pmatrix} \tag{64}$$

其中 $b_k > 0$. 满足条件(63) 的实自共轭矩阵叫作雅可比矩阵. 如此当适当地选择坐标基时，具有简单连续谱的自共轭算子的矩阵是雅可比矩阵.

应用公式(59) 及记号(61)，不难计算展开式(62) 中的系数，只需先在两端乘上 $P_m(\lambda)\mathrm{d}\rho(\lambda)$ 并依 λ 积分. 当 $m < k-1$ 时，与以前一样，乘积 $\lambda P_k(\lambda) P_m(\lambda)\mathrm{d}\rho(\lambda)$ 的积分等于零，所以当 $m < k-1$ 时 $c_m^{(k)} = 0$. 当计算其余系数时，使用记号(61) 并得出下面关于诸多项式 $P_m(\lambda)$ 间的关系

$$\lambda P_k(\lambda) = b_k P_{k+1}(\lambda) + a_k P_k(\lambda) + b_{k-1} P_{k-1}(\lambda) \tag{65}$$

而

$$P_{-1}(\lambda) = 0, P_0(\lambda) = 1 \tag{66}$$

上面曾指出，可以设 $\rho(b) = 1$，从而可以得出上面的公式，而第一个可以取作定义. 与在上节中一样，可以从连续不减函数 $\rho(\lambda)$ 出发，作依 $\rho(\lambda)$ 正交的多项式组，及依公式(60) 作雅可比矩阵的诸元. 依[163] 中所述，矩阵(64) 中的诸元应当是依绝对值以同一数为界的. 这也可以由(61) 很容易得出. 上面的推理可以引导到下面的结果：

定理 凡与具有简单连续谱的有界算子相应的一切自共轭矩阵必与某一取(64) 形式的雅可比矩阵么范相抵，这个矩阵的元有界，而 $b_k > 0$. 我们可以依(60) 得出一切这样的矩阵来，其中$[a, b]$ 是任意有穷区间，$\rho(\lambda)$ 是这个区间上的不减连续函数，遵守条件 $\rho(a) = 0$ 及 $\rho(b) = 1$(后一条件是无关宏旨的)，$P_i(\lambda)$ 是依 $\rho(\lambda)$ 的规格化正交多项式组.

将从预知的雅可比矩阵出发，并设在这个矩阵中 $a_{ik}=\overline{a_{ki}}$ 当 $|i-k|=1$ 时不是零. 如果由出发的坐标基组转变到新的组，以 $e^{i\omega_k}$ 形式的式子乘每一坐标基，那么不难证明，当适当地选择诸 ω_k 时可以得出一个与原来矩阵么范相抵的雅可比矩阵来，其中当 $|i-k|=1$ 时 a_{ik} 是正数. 如此，可以设预知的雅可比矩阵是取(64) 的形式，其中显然 a_k 是实数，而 $b_k>0$. 留意[163] 中的定理 2 及定理 1 的一个系，可以断定要使矩阵(64) 表现一个线性有界映射，必须且只需诸数 a_k 及 b_k 由同一个与 k 无关的数 N 所界

$$|a_k|\leqslant N,\ |b_k|\leqslant N \tag{67}$$

在下面将作如此的假设. 令

$$\psi_0,\psi_1,\psi_2,\cdots \tag{68}$$

是基本的坐标基组. 用 A 表示与(64) 的矩阵相应的自共轭算子，可以写成

$$A\psi_k=b_{k-1}\psi_{k-1}+a_k\psi_k+b_k\psi_{k+1}\quad(k=0,1,\cdots;\psi_{-1}=0) \tag{69}$$

如果取由关系(65) 及(66) 决定的多项式 $P_k(\lambda)$，那么应用上面的公式，可以用第一坐标基 ψ_0 表示任意坐标基 ψ_k 如下

$$\psi_k=P_k(A)\psi_0 \tag{70}$$

令 $\mathscr{E}_\lambda$ 是算子A 的谱函数，就是说是矩阵(64) 的谱函数. 由公式(70) 直接可知诸元 $\mathscr{E}_\lambda\psi_0$ 组成整个 H. 事实上，依(70) 知

$$\psi_k=\int_a^b P_k(\lambda)\,\mathrm{d}\mathscr{E}_\lambda\psi_0$$

其中 a 及 b 是算子(64) 的界，就是说 ψ_k 是诸元 $\mathscr{E}_\lambda\psi_0$ 的一次组合式的极限，而凡元都可以依诸坐标基展开. 如此，雅可比矩阵与简单谱相应(谱不一定是连续的)，而第一坐标基矢 ψ_0 可以起基本元 x 的作用. 依(70) 可以写

$$(\psi_i,\psi_k)=(P_i(A)\psi_0,P_k(A)\psi_0)=(P_i(A)P_k(A)\psi_0,\psi_0)$$
$$(A\psi_i,\psi_k)=(AP_i(A)P_k(A)\psi_0,\psi_0)$$

而作函数

$$\rho(\lambda)=(\mathscr{E}_\lambda\psi_0,\psi_0)=\|\mathscr{E}_\lambda\psi_0\|^2 \tag{71}$$

依这些等式可以写出

$$(\psi_i,\psi_k)=\int_a^b P_i(\lambda)P_k(\lambda)\,\mathrm{d}\rho(\lambda)=\begin{cases}0,\text{如果 } i\neq k\\1,\text{如果 } i=k\end{cases}$$

$$(A\psi_i,\psi_k)=\int_a^b \lambda P_i(\lambda)P_k(\lambda)\,\mathrm{d}\rho(\lambda)$$

由此直接可知诸多项式 $P_i(\lambda)$ 组成依 $\rho(\lambda)$ 的规格化正交组，而矩阵(64) 的诸元依公式(60) 由它们表示出来. 如果函数 $\mathscr{E}_\lambda$ 有间断，那么如在上节中所看到的，凡如此的间断点与一个秩等于 1 的固有值相应. 由此看出函数 $\mathscr{E}_\lambda$ 不能简化成有穷多个跃度，而关于 $\rho(\lambda)$ 也可以作同样的结论. 反之，可以依公式(60) 作

任意雅可比矩阵，其中 $\rho(\lambda)$ 不必是连续的，而只是不能简化成有穷多个跃度的不减函数.

168. 微分解

考察具有纯连续谱的自共轭算子(矩阵). 如以前所看到的，可以作一序列互相正交的规格化元 $y^{(s)}(s=1,2,\cdots)$，使 $\mathscr{E}_\lambda y^{(s)}$ 组成子空间 H_s，而这些子空间是互相正交的，其正交和是整个 H. 诸元 $y^{(s)}$ 的数目是有穷或无穷的. 令 $p_k^{(s)}(\lambda)(k=1,2,\cdots)$ 是元 $\mathscr{E}_\lambda y^{(s)}$ 的分量. 函数 $p_k^{(s)}(\lambda)$ 是囿变函数，而对任一 s，在含于区间 $[a,b]$ 之中的任一区间上，它们满足方程

$$\sum_{k=1}^{\infty} a_{ik}\Delta\, p_k^{(s)}(\lambda)=\int_{\Delta}\lambda\,\mathrm{d}p_i^{(s)}(\lambda)\quad(i=1,2,\cdots)\tag{72}$$

可以断言下面关于解 $p_k^{(s)}(\lambda)$ 的正交性[151]

$$\sum_{k=1}^{\infty}\Delta_1 p_k^{(s)}(\lambda)\cdot\overline{\Delta_2 p_k^{(t)}(\lambda)}=0\tag{73}$$

$(s\neq t$；区间 Δ_1 及 Δ_2 是任意的$)$

$$\sum_{k=1}^{\infty}\Delta_1 p_k^{(s)}(\lambda)\cdot\overline{\Delta_2 p_k^{(s)}(\lambda)}=0\tag{73'}$$

$(\Delta_1$ 与 Δ_2 无公共内点$)$

由[149]的基本公式可以推出下面包含微分解的作法的公式

$$\sum_s\int_a^b\frac{\overline{\mathrm{d}p_k^{(s)}(\lambda)}\mathrm{d}p_i^{(s)}(\lambda)}{\mathrm{d}\rho_s(\lambda)}=\begin{cases}0,若\ k\neq i\\1,若\ k=i\end{cases}\tag{74}$$

$$a_{ik}=\sum_s\int_a^b\lambda\,\frac{\overline{\mathrm{d}p_k^{(s)}(\lambda)}\mathrm{d}p_i^{(s)}(\lambda)}{\mathrm{d}\rho_s(\lambda)}\tag{75}$$

$$l_{ik}(\lambda)=\sum_s\int_a^\lambda\frac{\overline{\mathrm{d}p_k^{(s)}(\mu)}\mathrm{d}p_i^{(s)}(\mu)}{\mathrm{d}\rho_s(\mu)}\tag{76}$$

其中 $l_{ik}(\lambda)$ 是谱矩阵的元. 如果以某种方式作出组(72)的满足正交条件(73)及(73′)的解，并证明了公式(76)对任意 λ 成立，那么我们可以肯定所得的解组是完备的，并且其余公式都成立. 令 y 及 z 是 l_2 中的元，而

$$y^{(s)}(\lambda)=\sum_{k=1}^{\infty}\eta_k\,\overline{p_k^{(s)}(\lambda)},z^{(s)}(\lambda)=\sum_{k=1}^{\infty}\zeta_k\,\overline{p_k^{(s)}(\lambda)}$$

[149] 中的公式(271)可以写成下面的形式

$$(Ay,z)=\sum_s\int_a^b\lambda\,\frac{\mathrm{d}y^{(s)}(\lambda)\,\overline{\mathrm{d}z^{(s)}(\lambda)}}{\mathrm{d}\rho_s(\lambda)}\tag{76'}$$

这是(75)的直接推论. 同样也可以写出[149]中的其余公式. 不难证明，如果某微分解 $v_k(\lambda)(k=1,2,\cdots)$ 与上面所述的一切微分解正交，而后面诸解组成微分解的完备组，那么一切 $v_k(\lambda)$ 是常数. 常数 $v_k(\lambda)$ 的情形是组(72)的寻常

解，因为这时 $\Delta v_k(\lambda)=0$，$dv_k(\lambda)=0$. 在排去点谱之后所得的微分解 $p_k^{(s)}(\lambda)$ 显然与算子 A 的一切固有元正交. 回到组(72)，并令 $p_k(\lambda)(k=1,2,\cdots)$ 是这个组的某一微分解

$$\sum_{k=1}^{\infty} a_{ik}\Delta\, p_k(\lambda)=\int_{\Delta}\lambda\, dp_i(\lambda)\,(i=1,2,\cdots)$$

设一切函数 $p_k(\lambda)$ 有连续导函数 $p'_k(\lambda)$. 这时上面那些斯蒂尔切斯积分都变成连续函数的平常积分，而把中值定理应用于其上，并用 λ' 及 λ'' 表示区间 Δ 的端点，可得

$$\sum_{k=1}^{\infty} a_{ik}[p_k(\lambda'')-p_k(\lambda')]=\lambda_i p'_i(\lambda_i)(\lambda''-\lambda') \tag{77}$$

其中 $\lambda'<\lambda_i<\lambda''$. 应用拉格朗日公式于左端，在两端除以 $\lambda''-\lambda'$，并令 λ' 及 λ'' 趋于公共极限值，可得

$$\sum_{k=1}^{\infty} a_{ik}p'_k(\lambda)=\lambda p'_i(\lambda)\quad (i=1,2,\cdots) \tag{78}$$

这时设在(77) 左端的无穷和中可以逐项取极限. 如果这个和是有穷的，也就是说如果矩阵(a_{ik}) 在其每行及每列中只有有穷多个不等于零的元，那么这毫无问题. 由公式(78) 可以看出在所述条件下，就连续谱的情形来说，$p'_k(\lambda)$ $(k=1,2,\cdots)$ 对于任意 λ 都满足关于固有元的方程，但 $p'_k(\lambda)$ 不属于 l_2，就是说，由 $|p'_k(\lambda)|^2$ 组成的和等于 $+\infty$，因为在纯连续谱的情形不存在固有元. 在有混合谱的情形下，微分解可加到 l_2 中给出固有元的平常解上.

169. 例

1. 在区间$[-1,+1]$上，令

$$\rho(\lambda)=\frac{2}{\pi}\int_{-1}^{\lambda}\sqrt{1-\lambda^2}\,d\lambda$$

关于多项式 $P_i(\lambda)$ 的条件(59) 可以写成下面的形式

$$\frac{2}{\pi}\int_{-1}^{+1}\sqrt{1-\lambda^2}\,P_i(\lambda)P_k(\lambda)\,d\lambda=\begin{cases}0, \text{如果 } i\neq k\\ 1, \text{如果 } i=k\end{cases} \tag{79}$$

不难证明，下面诸多项式满足这个条件

$$P_n(\lambda)=\frac{\sin(n+1)\theta}{\sin\theta}\quad (\text{其中 } \cos\theta=\lambda)$$

使用棣莫佛公式，容易证明上面写的分式是 $\cos\theta$ 的 n 次多项式. 如果换 λ 成新变数，令 $\lambda=\cos\theta$，条件(79) 直接可以验证. 矩阵(64) 中的数 a_k 及 b_k 由下面的公式定义

$$a_k=\frac{2}{\pi}\int_{-1}^{+1}\lambda\sqrt{1-\lambda^2}\,P_k^2(\lambda)\,d\lambda,\ b_k=\frac{2}{\pi}\int_{-1}^{+1}\lambda\sqrt{1-\lambda^2}\,P_k(\lambda)P_{k+1}(\lambda)\,d\lambda$$

取变数θ，并计算所得的诸积分，对于任意k，可知$a_k=0,b_k=\frac{1}{2}$，就是说，相应矩阵的元由公式$a_{k,k+1}=a_{k+1,k}=\frac{1}{2}$定义，而其他的$a_{ik}=0$. 这个矩阵有简单纯连续谱. 依(50)，这个组的唯一微分解由下面的公式决定

$$p_n(\lambda)=\frac{2}{\pi}\int_{-1}^{\lambda}\sqrt{1-\lambda^2}P_{n-1}(\lambda)\mathrm{d}\lambda=-\frac{2}{\pi}\int_{\pi}^{\theta}\sin\theta\sin n\theta\,\mathrm{d}\theta$$

由此

$$p'_n(\lambda)=\frac{2}{\pi}\sqrt{1-\lambda^2}P_{n-1}(\lambda)=\frac{2}{\pi}\sin n\theta$$

去掉因子$\frac{2}{\pi}$，可以看出组(34)

$$\frac{1}{2}x_2=\lambda x_1,\frac{1}{2}x_1+\frac{1}{2}x_3=\lambda x_2,\cdots,\frac{1}{2}x_{n-1}+\frac{1}{2}x_{n+1}=\lambda x_n,\cdots$$

有解$x_n=\sin(n\arccos\lambda)$，其中$-1\leqslant\lambda\leqslant+1$.

2. 考察在区间$[-\pi,+\pi]$上封闭规格化正交组$\frac{1}{\sqrt{2\pi}}\mathrm{e}^{ikx}(k=0,\pm 1,\pm 2,\cdots)$. 当$\rho(\lambda)=\lambda$时公式(51)给出下列关于相应矩阵的元：$a_{pq}=\frac{1}{2\pi}\int_{-\pi}^{+\pi}\lambda\mathrm{e}^{\mathrm{i}(p-q)\lambda}\mathrm{d}\lambda=\frac{(-1)^{p-q}}{\mathrm{i}(p-q)}$(如果$p\neq q$)，而$a_{pp}=0$，其中$p$与$q$均由$-\infty$取到$+\infty$. 依(50)得

$$p_k(\lambda)=\frac{1}{\sqrt{2\pi}}\int_{-\pi}^{\lambda}\mathrm{e}^{-\mathrm{i}k\lambda}\mathrm{d}\lambda,p'_k(\lambda)=\frac{1}{\sqrt{2\pi}}\mathrm{e}^{-\mathrm{i}k\lambda}$$

而由公式(78)可得等式

$$\sum_{k=-\infty}^{\infty}{}'\frac{(-1)^{s-k}}{\mathrm{i}(s-k)}\cdot\frac{1}{\sqrt{2\pi}}\mathrm{e}^{-\mathrm{i}k\lambda}=\lambda\cdot\frac{1}{\sqrt{2\pi}}\mathrm{e}^{-\mathrm{i}s\lambda}$$

其中求和号上的一撇表明在和中除掉$k=s$那一项.

上面的公式可以改写成下面的形式

$$\sum_{k=-\infty}^{\infty}{}'\frac{(-1)^{s-k}}{\mathrm{i}(s-k)}\mathrm{e}^{\mathrm{i}(s-k)\lambda}=\lambda$$

也就是

$$\sum_{j=-\infty}^{\infty}{}'\frac{(-1)^{j}}{\mathrm{i}j}\mathrm{e}^{\mathrm{i}j\lambda}=\lambda$$

其中除去值$j=0$. 最后的公式正是展开λ成傅里叶级数的平常展开式，其中所写的级数在区间的端点$\lambda=\pm\pi$是发散的. 上面结论的得出，是由于把展开式写成复变数的形式. 现在应用公式(56)，令$\lambda<0$时$f(\lambda)=-\pi-\lambda$，而$\lambda>0$时

$f(\lambda)=\pi-\lambda$. 如此得出矩阵

$$b_{pq}=\frac{1}{2\pi}\int_{-\pi}^{0}(-\pi-\lambda)\mathrm{e}^{\mathrm{i}(p-q)\lambda}\mathrm{d}\lambda+\frac{1}{2\pi}\int_{0}^{\pi}(\pi-\lambda)\mathrm{e}^{\mathrm{i}(p-q)\lambda}\mathrm{d}\lambda$$

或

$$b_{pq}=\frac{\mathrm{i}}{p-q}(p\neq q),b_{pp}=0 \tag{80}$$

留意区间$[-\pi,+\pi]$与$|f(\lambda)|\leqslant\pi$,对于二次齐式[155]可得下面的估值

$$\left|\sum_{p,q=-s}^{+t}{}'\frac{\xi_p\bar{\xi}_q}{p-q}\mathrm{i}\right|\leqslant\pi\sum_{k=-s}^{+t}|\xi_k|^2 \tag{81}$$

在这个估值中,左端的因子 i 显然是可以去掉的. 如果当 $p\leqslant 0$ 时令 $\xi_p=0$,而令其他 ξ_p 是实数,可得下面的估值,这是由希尔伯特给出的

$$\left|\sum_{p,q=1}^{n}{}'\frac{\xi_p\xi_q}{p-q}\right|\leqslant\pi\sum_{k=1}^{n}\xi_k^2 \tag{82}$$

不难证明,如果当 $p\neq q$ 时 $a_{pq}=1:|p-q|$,而 $a_{pp}=0$,则矩阵(a_{pq})不与有界算子相应. 事实上,如果令 $1\leqslant k\leqslant n$ 时的 $\xi_k=1:\sqrt{n}$,而 $k>n$ 时的 $\xi_k=0$,那么元$(\xi_1,\xi_2,\xi_3,\cdots)$的范数等于 1,而相应的二次齐式是

$$\sum_{p,q=1}^{n}\frac{\xi_p\xi_q}{|p-q|}=\frac{2}{n}\sum_{q<p}^{1,2,\cdots,n}\frac{1}{p-q}=\frac{2}{n}\sum_{p=2}^{n}\left(\frac{1}{1}+\frac{1}{2}+\cdots+\frac{1}{p-2}+\frac{1}{p-1}\right)=$$

$$\frac{2}{n}\left(\frac{n-1}{1}+\frac{n-2}{2}+\cdots+\frac{n-(n-1)}{n-1}\right)=$$

$$2\left(1+\frac{1}{2}+\cdots+\frac{1}{n-1}-\frac{n-1}{n}\right)$$

当 n 增大时最后一式无限地增大,因为和 $1+\frac{1}{2}+\frac{1}{3}+\cdots+\frac{1}{n-1}$ 无限地增大,而分式$\frac{n-1}{n}$趋于 1. 在情形(80)中无穷的二重级数不绝对收敛,但可以断定,对于 l_2 中的任意两元,极限

$$\lim_{\substack{n\to\infty\\ m\to\infty}}\sum_{p=1}^{m}{}'\sum_{q=1}^{n}{}'\frac{\xi_p\bar{\eta}_q}{p-q}\mathrm{i}=\sum_{q=1}^{\infty}{}'\left[\sum_{p=1}^{\infty}{}'\frac{\xi_p}{p-q}\mathrm{i}\right]\bar{\eta}_q$$

存在,而在内部依 p 的和中除掉 $p=q$,在左端除去 $p=q$ 的项.

3. 现在代替组 $\mathrm{e}^{\mathrm{i}k\lambda}$ 而考察实封闭规格化正交组

$$\varphi_k(\lambda)=\frac{1}{\sqrt{2\pi}}(\sin k\lambda+\cos k\lambda)\quad(k=0,\pm1,\pm2,\cdots)$$

应用公式(56),可得矩阵

$$b_{pq}=\frac{1}{2\pi}\int_{-\pi}^{+\pi}f(\lambda)(\sin p\lambda+\cos p\lambda)(\sin q\lambda+\cos q\lambda)\mathrm{d}\lambda$$

即

$$b_{pq}=\frac{1}{2\pi}\int_{-\pi}^{+\pi}f(\lambda)\cos(p-q)\lambda\mathrm{d}\lambda+\frac{1}{2\pi}\int_{-\pi}^{+\pi}f(\lambda)\sin(p+q)\lambda\mathrm{d}\lambda$$

与以前一样，当 $\lambda<0$ 时令 $f(\lambda)=-\pi-\lambda$，而当 $\lambda>0$ 时令 $f(\lambda)=\pi-\lambda$，可得下面的矩阵

$$b_{pq}=\begin{cases}\dfrac{1}{p+q},\text{如果 } p+q\neq 0\\ 0,\text{如果 } p+q=0\end{cases}$$

与不等式(81)相似，可得下面的不等式

$$\left|\sum_{p,q=-s}^{+t}{}'\frac{\xi_p\bar{\xi}_q}{p+q}\right|\leqslant\pi\sum_{k=-s}^{+t}|\xi_k|^2 \tag{83}$$

其中一撇表示在和中必须取消使 $p+q=0$ 的诸项．不等式(83)与下面的不等式相应

$$\left|\sum_{p,q=1}^{n}\frac{\xi_p\xi_q}{p+q}\right|\leqslant\pi\sum_{k=1}^{n}\xi_k^2 \tag{84}$$

一切数都可以设是正的，而所写的二重级数对于 l_2 中的任意元是绝对收敛的，于是可以写

$$\sum_{p,q=1}^{\infty}\frac{\xi_p\xi_q}{p+q}\leqslant\pi\sum_{k=1}^{\infty}\xi_k^2 \tag{85}$$

170. l_2 中的弱收敛

设有元的序列 $x^n(\xi_1^{(n)},\xi_2^{(n)},\cdots)(n=1,2,\cdots)$ 强收敛于元 $x(\xi_1,\xi_2,\cdots)$，即 $x^{(n)}\Rightarrow x$．这个关系可以写作

$$\sum_{k=1}^{\infty}|\xi_k-\xi_k^{(n)}|^2\to 0\quad(\text{当 } n\to\infty \text{ 时}) \tag{86}$$

由此可知

$$\sum_{k=1}^{\infty}|\xi_k^{(n)}|^2\to\sum_{k=1}^{\infty}|\xi_k|^2 \tag{87}$$

而 $\|x^{(n)}\|$ 以数 l(和 n 无关)为界．

由(86)直接可知

$$\xi_k^{(n)}\to\xi_k\quad(k=1,2,\cdots) \tag{88}$$

但由(88)不能推出(86)[①]．

① 例如，令 $x_k^{(n)}=1$，若 $n=k$，则 $x_k^{(n)}=0$；若 $n\neq k$，则

$$x_k^{(n)}\to 0\quad(k=1,2,\cdots)$$

但 $\sum_{k=1}^{\infty}|0-x_k^{(n)}|^2=1$ 不趋于 0．—— 译者注

现在证明由元 $x^{(n)}$ 的范数有界，即

$$\sum_{k=1}^{\infty} |\xi_k^{(n)}|^2 \leqslant l^2 \tag{89}$$

和条件(88) 合在一起与弱收敛 $x^{(n)} \xrightarrow{\text{弱}} x$ 等效.

如果 $x^{(n)}$ 弱收敛于 x，那么 $\| x^{(n)} \|$ 必有界，也就是说，对于某个 l 条件(89) 成立，此外必有$(x^{(n)},\varphi_k) \to (x,\varphi_k)$，其中 φ_k 是上文所指的坐标基，由此即得(88).

反之，如果条件(88) 与(89) 成立，那么由[132] 中所述可知 $x^{(n)}$ 弱收敛于 x.

如此，我们有下面的定理.

定理 条件(88) 与(89) 是元序列 $x^{(n)}(\xi_1^{(n)},\xi_2^{(n)},\cdots)$ 有弱极限的必要且充分条件，如果这两个条件满足，那么极限元的分量为$(\xi_1,\xi_2,\cdots)$.

171. l_2 **上的全连续算子**

我们在前面[108] 曾得到无穷矩阵确定 l_2 上全连续算子的充分条件，这就是，如果二重级数

$$\sum_{n,m=1}^{\infty} |a_{nm}|^2 \tag{90}$$

收敛，那么矩阵(a_{nm}) 确定 l_2 上的全连续算子.

级数(90) 的收敛只是矩阵(a_{nm}) 所确定的算子是全连续的充分条件. 可以证明必要且充分条件是：在公式(8) 中的极限过程，对于范数不超过 1 的一切 x 与 y 是一致的. 方程$(E-\mu A)x=y$ 在 l_2 中具有以下形式

$$\xi_n - \mu \sum_{m=1}^{\infty} a_{nm}\xi_m = \eta_n \tag{91}$$

其中$(\eta_1,\eta_2,\cdots)$ 与$(\xi_1,\xi_2,\cdots)$ 分别是 l_2 中的已知元与未知元. 如果 A 是全连续算子，那么[135] 中所述的一切对于方程组(91) 都适用. 设 A 是自共轭全连续算子，而 $\psi_k(k=1,2,\cdots)$ 是 l_2 中元的完备规格化正交组. 又设 U 是 l_2 上由条件 $\psi_k=U\varphi_k$ 所确定的么范算子，其中 φ_k 是 l_2 中原来的坐标基. 如果取 ψ_k 作为 l_2 中新的坐标基，那么算子 A 在新坐标基中为 $B=UAU^{-1}$. 它的分量由公式$\{B\}_{nm}=(B\psi_m,\psi_n)=\lambda_m(\psi_m,\psi_n)$ 确定，因为 $B\psi_m=\lambda_m\psi_m$.

从而有

$$\{B\}_{nm} = \begin{cases} \lambda_m, \text{当 } m=n \\ 0, \text{当 } m \neq n \end{cases} \tag{92}$$

即在新坐标基 ψ_k 中，算子 B 与对角形矩阵相应，其对角线上的元是算子的固有值. 这对于任一线性自共轭算子或具有纯点谱[146] 的么范算子也成立.

算子 A 与 B 是么范相抵的，即 $A=U^{-1}BU$. 注意上文所述，可以断定相应于

l_2 上的全连续自共轭算子的矩阵与对角形矩阵么范相抵，后者对角线上的元 λ_m 满足[136] 中所述的条件.

172. L_2 上的积分算子

我们已考察过 L_p 上的积分算子. 现在更详细地研究 L_2 上的这种算子

$$\varphi(x)=\int_a^b K(x,y)f(y)\mathrm{d}y \tag{93}$$

其中 $K(x,y)$ 是区间 $\Delta_0(a\leqslant x\leqslant b;a\leqslant y\leqslant b)$ 上的可测函数，因此它对于$[a,b]$ 中殆遍的 x 值都是 y 的可测函数，反之亦然. 再假设对于殆遍的 x，它是属于 L_2 的 y 的函数，反之亦然，就是说

$$K^2(x)=\int_a^b |K(x,y)|^2\mathrm{d}y<+\infty \tag{94}$$

$$K_1^2(y)=\int_a^b |K(x,y)|^2\mathrm{d}x<+\infty \tag{95}$$

而 $K(x)$ 与 $K_1(y)$ 是非负可测函数[67,68]. 由(94) 可知对于任意 $f(y)\in L_2$，积分(93) 对于殆遍的 x 存在，并且函数 $\varphi(x)$ 是可测的[67,68]. 为了在条件(94) 之下映射(93) 是线性有界的，必须且只需对于 L_2 中的任意函数 $f(x)$，存在正数 N，使

$$\int_a^b |\varphi(x)|^2\mathrm{d}x=\int_a^b\left|\int_a^b K(x,y)f(y)\mathrm{d}y\right|^2\mathrm{d}x\leqslant N^2\int_a^b |f(y)|^2\mathrm{d}y \tag{96}$$

现在指出与核 $K(x,y)$ 相应的算子为有界的简单的充分条件(它与矩阵为有界的条件完全相似)：存在一个正数 l，使

$$\int_a^b |K(x,y)|\mathrm{d}y\leqslant l \text{ 及}\int_a^b |K(x,y)|\mathrm{d}x\leqslant l \tag{97}$$

只需证明相应的双线性泛函是有界的. 在表现这个泛函的累次积分中把一切函数换成绝对值，可以把累次积分换成二重积分

$$\int_a^b\int_a^b |K(x,y)||f_1(y)||f_2(x)|\mathrm{d}x\mathrm{d}y\leqslant$$

$$\frac{1}{2}\int_a^b\int_a^b |K(x,y)|[|f_1(y)|^2+|f_2(x)|^2]\mathrm{d}x\mathrm{d}y=$$

$$\frac{1}{2}\int_a^b\left[\int_a^b |K(x,y)|\mathrm{d}x\right]|f_1(y)|^2\mathrm{d}y+$$

$$\frac{1}{2}\int_a^b\left[\int_a^b |K(x,y)|\mathrm{d}y\right]|f_2(x)|^2\mathrm{d}x\leqslant$$

$$\frac{l}{2}\left[\int_a^b |f_1(y)|^2 \mathrm{d}y + \int_a^b |f_2(x)|^2 \mathrm{d}x\right]$$

但最后一式等于 l，如果 $\|f_1\| = \|f_2\| = 1$. 用完全同样的证明方法可以得出算子(93) 为有界的更一般的充分条件，就是存在正数 l 及 $[a,b]$ 上的正连续函数 $\omega(x)$，使

$$\int_a^b |K(x,y)| \omega(y)\mathrm{d}y \leqslant l\omega(x)$$

$$\int_a^b |K(x,y)| \omega(x)\mathrm{d}x \leqslant l\omega(y) \tag{98}$$

173. 共轭算子

在有界算子的情形中，如果非负函数 $K(x)$ 由公式(94) 定义，积分

$$\int_a^b K(x)\tau(x)\mathrm{d}x \tag{99}$$

可能对 L_2 中的某些 $\tau(x)$ 没有意义. 凡 L_2 中能使上面的积分有意义的函数 $\tau(x)$ 的集合显然是 L_2 中的一个线性簇 l.

定理 1 线性簇 l 在 L_2 中到处稠密.

必须证明，l 的闭包是整个 L_2. 如果不然，那么会存在 L_2 中一个非零元 $\pi(x)$，与 l 的闭包中一切元正交，于是与 l 中一切元正交. 如此，只需证明如果 $\pi(x) = \pi_1(x) + \mathrm{i}\pi_2(x)$ 与 l 中一切 $\tau(x)$ 正交，就是说

$$\int_a^b \tau(x)\overline{\pi(x)}\mathrm{d}x = 0 \tag{100}$$

那么 $\pi(x)$ 与 0 相抵. 以一种特殊方式取 l 中的 $\tau(x)$. 设 m 是某一有穷正数，e_m 是使 $K(x) \leqslant m$ 的那些 x 所组成的集合，e'_m 是 e_m 中测度小于或等于 m 的任意部分. 定义 $\tau(x)$，使当 $x \in e'_m$ 时 $\tau(x) = 1$，对于其他 x，$\tau(x) = 0$. 如此的 $\tau(x)$ 属于 l，而应用(100)，可得

$$\int_{e'_m} \overline{\pi(x)}\mathrm{d}x = \int_{e'_m} [\pi_1(x) - \mathrm{i}\pi_2(x)]\mathrm{d}x = 0 \tag{101}$$

这个等式对于 e'_m 的任意部分也必正确，因此

$$\int_{e'_m} \pi_1^+(x)\mathrm{d}x = 0 \tag{102}$$

而 $\pi_1^+(x)$ 是 $\pi_1(x)$ 的正部分，就是说 $\pi_1^+(x)$ 在 e'_m 上必与零相抵. 无限地增大 m，并留意(94′)，可知 $\pi_1^+(x)$ 在 $[a,b]$ 上与零相抵. 同样可证 $\pi_1^-(x)$，$\pi_2^+(x)$ 及 $\pi_2^-(x)$ 也在 $[a,b]$ 上与零相抵，于是定理证毕. 留意在证明这个定理时只应用了 $K(x)$ 的下面几个性质：$K(x)$ 是任意非负的，在 $[a,b]$ 上几乎到处取有穷值，并

且是可测的函数.下面将用 l_1 表示与乘积 $K_1(x)\tau(x)$ 相应的同样线性簇.它也是在 L_2 中到处稠密的.

定理 2 如果公式(93)定义一个有界算子,那么其共轭算子是积分算子,其核是

$$K^*(x,y)=\overline{K(y,x)} \tag{103}$$

用 A 表示算子(93),并留意共轭算子的定义 $(Ax,y)=(x,A^*y)$,可以写成

$$\int_a^b\left[\int_a^b K(x,y)\tau(y)\mathrm{d}y\right]\overline{g(x)}\mathrm{d}x=\int_a^b\tau(y)\overline{g^*(y)}\mathrm{d}y \tag{104}$$

而 $g^*(x)=A^*g(x)$,并且我们设 $\tau(y)\in l_1$.

留意不等式

$$\int_a^b|K(x,y)\overline{g(x)}|\mathrm{d}x\leqslant\left(\int_a^b|K(x,y)|^2\mathrm{d}x\right)^{\frac{1}{2}}\cdot\left(\int_a^b|g(x)|^2\mathrm{d}x\right)^{\frac{1}{2}}=K_1(y)\cdot\|g\|$$

以及 $\tau(x)\in l_1$ 这一事实,可知 $|K(x,y)\overline{g(x)}\tau(y)|$ 的累次积分之一存在,所以在(104)左端的积分中可以改变积分次序,从而把公式(104)改写成下面的形式

$$\int_a^b\tau(y)\left[\int_a^b K(x,y)\overline{g(x)}\mathrm{d}x-\overline{g^*(y)}\right]\mathrm{d}y=0$$

重复定理 1 的证明可知在方括号中的差与零相近,所以取其共轭量,可知

$$g^*(y)=\int_a^b\overline{K(x,y)}g(x)\mathrm{d}x \tag{105}$$

由此可得定理的结论.依所证的定理,等式 $(Ax,y)=(x,A^*y)$ 对于积分算子可以写成下面的形式

$$\int_a^b\left[\int_a^b K(x,y)f(y)\mathrm{d}y\right]\overline{g(x)}\mathrm{d}x=$$

$$\int_a^b\left[\int_a^b K(x,y)\overline{g(x)}\mathrm{d}x\right]f(y)\mathrm{d}y \tag{106}$$

这正是说明积分次序颠倒的可能性.相应重积分可以不存在.如果除上述条件外核还满足条件

$$K(x,y)=\overline{K(y,x)} \tag{107}$$

那么算子(105)与算子(93)重合,就是说算子(93)是自共轭的.

174. 全连续算子

我们已于上文知道,如果在正方形 Δ_0 上可测的函数 $K(x,y)$ 满足条件

$$\iint_{\Delta_0} |K(x,y)|^2 \mathrm{d}x\mathrm{d}y < +\infty \tag{108}$$

那么算子(93)在 L_2 上全连续.[135]中所述的内容,对于积分方程

$$\int_a^b K(x,y)f(y)\mathrm{d}y = \lambda f(x) + \psi(x) \tag{109}$$

有效,这里的 $\psi(x)$ 与 $f(x)$ 分别是$[a,b]$上的 L_2 中的已知函数与待求函数.

如果算子(93)是自共轭的,即 $K(x,y)$ 与 $\overline{K(y,x)}$ 是相抵的,那么[136]中所述的内容可以应用于方程(109).我们证明,积分(108)等于算子(93)的绝对范数的平方.首先证明一个辅助定理.

辅助定理 如果 $\varphi_n(x)(n=1,2,\cdots)$ 是区间$[a,b]$上的封闭规格化正交组,那么 $\varphi_{m,n}(x,y)=\varphi_m(x)\varphi_n(y)$ 是正方形 Δ_0 上的封闭规格化正交组.

依条件

$$\int_a^b \varphi_i(x)\overline{\varphi_k(x)}\mathrm{d}x = \begin{cases} 0, 当\ i \neq k \\ 1, 当\ i = k \end{cases}$$

函数 $\varphi_{m,n}(x)$ 显然属于 $L_2(\Delta_0)$,而依富比尼定理

$$\iint_{\Delta_0} \varphi_{m,n}(x,y)\overline{\varphi_{p,q}(x,y)}\mathrm{d}x\mathrm{d}y = \int_a^b \varphi_m(x)\overline{\varphi_p(x)}\mathrm{d}x\int_a^b \varphi_n(y)\overline{\varphi_q(y)}\mathrm{d}y$$

由此可知 $\varphi_{m,n}(x,y)$ 是 Δ_0 上的规格化正交组.为了证明这个组的封闭性,只需证明,如果 f 与一切 $\varphi_{m,n}$ 正交,那么 f 在 Δ_0 上与零相抵[58].

设

$$\iint_{\Delta_0} f(x,y)\overline{\varphi_m(x)}\varphi_n(y)\mathrm{d}x\mathrm{d}y = 0$$

就是说

$$\int_a^b \left[\int_a^b f(x,y)\varphi_n(y)\mathrm{d}y\right]\overline{\varphi_m(x)}\mathrm{d}x = 0$$

而依组 $\varphi_m(x)$ 的封闭性,取共轭量,可知对于$[a,b]$上的殆遍 x 值

$$\int_a^b \overline{f(x,y)}\ \overline{\varphi_n(y)}\mathrm{d}y = 0$$

而既然组 $\varphi_n(y)$ 是封闭的,可知 $f(x,y)=0$ 在 Δ_0 上殆遍成立,于是辅助定理得证.设 b_{mn} 是核 $K(x,y)$(依(108),$K(x,y)$ 属于 Δ_0 上的 L_2)的傅里叶系数

$$b_{mn} = \iint_{\Delta_0} K(x,y)\overline{\varphi_m(x)}\varphi_n(y)\mathrm{d}x\mathrm{d}y$$

我们来研究与这个核相应的算子 A 的绝对范数的平方[138]

$$N^2(A)=\sum_{m,n}|(A\varphi_n,\varphi_m)|^2=$$

$$\sum_{m,n}\left|\int_a^b\left[\int_a^b K(x,y)\varphi_n(y)\mathrm{d}y\right]\overline{\varphi_m(x)}\mathrm{d}x\right|^2=$$

$$\sum_{m,n}\left|\iint_{\Delta_0}K(x,y)\ \overline{\varphi_m(x)}\varphi_n(y)\mathrm{d}x\mathrm{d}y\right|^2=$$

$$\sum_{m,n}|b_{mn}|^2$$

但最后的和依封闭性方程等于积分(108). 如果条件(108) 满足且 A 是自共轭算子,那么

$$\iint_{\Delta_0}|K(x,y)|^2\mathrm{d}x\mathrm{d}y=\sum_k\lambda_k^2 \tag{110}$$

其中 λ_k 是固有值.

[135] 与[136] 中所述的一切,对于无穷区间的情形以及多维积分算子

$$\varphi(x)=\int_D K(x,y)f(y)\mathrm{d}y \tag{111}$$

仍然有效,这里的 $x(x_1,x_2,\cdots,x_n)$ 与 $y(y_1,y_2,\cdots,y_n)$ 是 n 维空间 R_n 中的点;$\mathrm{d}y=\mathrm{d}y_1\mathrm{d}y_2\cdots\mathrm{d}y_n$,而 D 是 R_n 中的某个域.

175. 谱函数

我们用 K 表示算子(93),同时假定这个算子全连续并且自共轭. 现在对这个算子作谱函数 $\mathscr{E}_\lambda$ 及豫解式 $R_l=(A-lE)^{-1}$.

我们不用 $\mathscr{E}_\lambda$ 而引用另外的函数,以便把它表现成积分算子的形式,就是说,设

$$\theta_\lambda=\begin{cases}\mathscr{E}_\lambda,当\ \lambda<0\\ \mathscr{E}_\lambda-E,当\ \lambda>0\\ 0,当\ \lambda=0\end{cases} \tag{112}$$

留意谱是纯点的,可知 $\mathscr{E}_\lambda$ 是在凡与 $\lambda_k\leqslant\lambda$ 相应的固有函数 $\varphi_k(x)$ 所组成的子空间上的投影算子. 函数 $f(x)$ 在固有函数 $\varphi_k(x)$ 所生成的一维子空间中的投影可以表示成乘积 $a_k\varphi_k(x)$ 的形式,其中 a_k 是 $f(x)$ 的傅里叶系数

$$a_k\varphi_k(x)=\int_a^b\varphi_k(x)\ \overline{\varphi_k(y)}f(y)\mathrm{d}y$$

如此在上述一维子空间上的投影算子是积分算子,其核是 $\varphi_k(x)\ \overline{\varphi_k(y)}$,我们可以写成:当 $\lambda<0$ 时

$$\theta_\lambda f(x)=\int_a^b\sum_{\lambda_k\leqslant\lambda}\varphi_k(x)\ \overline{\varphi_k(y)}f(y)\mathrm{d}y$$

其中和是就合乎$\lambda_k \leqslant \lambda$的那些$k$值来取的，而依全连续算子的谱的性质可知上面的和只包括有穷多项. 如此当$\lambda < 0$时算子θ_λ是积分算子，其核是

$$\theta(x,y;\lambda)=\sum_{\lambda_k \leqslant \lambda}\varphi_k(x)\overline{\varphi_k(y)} \quad (\lambda<0) \tag{113}$$

留意公式(112)及在上面关于$\mathscr{E}_\lambda$所说的，可知当$\lambda > 0$时θ_λ是积分算子，其核是

$$\theta(x,y;\lambda)=-\sum_{\lambda_k > \lambda}\varphi_k(x)\overline{\varphi_k(y)} \quad (\lambda>0) \tag{114}$$

其中的和也是只包括有穷多项. 当λ经过一个固有值时，这个核必有一个跳跃的改变. 由公式(112)直接可知当$\lambda < 0$时$\theta_\lambda^2 = \theta_\lambda$，而当$\lambda > 0$时$\theta_\lambda^2 = -\theta_\lambda$，从而可以写成下面的形式

$$\int_a^b \theta(x,t;\lambda)\theta(t,y;\lambda)\mathrm{d}\theta = \pm\theta(x,y;\lambda)\begin{cases}+,\text{当 }\lambda<0\text{ 时}\\-,\text{当 }\lambda>0\text{ 时}\end{cases} \tag{115}$$

函数$R_l f(x)$显然是方程(109)当$\lambda = l$时的解，并且假设$l \neq 0$又不与任何λ_k相等. 关于豫解式可以由公式

$$R_l f(x)=\int_{-\infty}^{+\infty}\frac{\mathrm{d}\mathscr{E}_\lambda f(x)}{\lambda - l} \tag{116}$$

出发而得出另一个公式，其中积分事实上是依包含算子的谱的有穷区间而取的.

设$\lambda=0$不是固有值. 依(112)把$\mathscr{E}_\lambda$换成θ_λ，并考虑θ_λ的补充跃度(当过$\lambda = 0$时等于$-E$)，可以把上面的公式写成下面的形式

$$R_l f(x) = -\frac{1}{l}f(x) + \lim_{\substack{\varepsilon_1\to 0^+\\ \varepsilon_2 \to 0^+}}\left[\int_{-\infty}^{-\varepsilon_1}\frac{\mathrm{d}_\lambda\left[\int_a^b\theta(x,y;\lambda)f(y)\mathrm{d}y\right]}{\lambda - l} + \int_{\varepsilon_2}^{+\infty}\frac{\mathrm{d}_\lambda\left[\int_a^b\theta(x,y;\lambda)f(y)\mathrm{d}y\right]}{\lambda - l}\right] \tag{117}$$

176. 谱函数(续)

卡勒曼(T. Carleman) 在他的著作 *Sur les équations intégrales singuliéres à noyau réel et symétrique*(1932) 中，对极一般的积分算子引入谱函数. 在斯通(M. H. Stone) 的 *Linear transformations in Hilbert space and their applications to analysis*(1932) 一书与阿希叶泽尔(H. И. Ахиезер) 的文章 *Интегральные операторы с ядрами Карлемана*(《数学进展》,1947) 中，从现代的观点叙述了这一理论. 在这些著作中研究比我们就要谈及的有界自共轭算子更一般的类型的积分算子. 希尔伯特、黑林格尔以及其他一些数学家曾研究

过有界自共轭算子的情形.

对于后一类算子我们概略地给出一些结果. 有界自共轭算子 K 的核 $K(x,y)$ 可以用相应于全连续自共轭算子的核 $K^{(n)}(x,y)(n=1,2,\cdots)$ 来逼近. 借此可以证明,公式(112)所定义的算子 θ_λ 当 $\lambda\neq 0$ 时是积分算子(其中 $\mathscr{E}_\lambda$ 是算子 K 的谱函数),并且公式

$$\theta_\lambda f(x)=\int_a^b \theta(x,y;\lambda)f(y)\mathrm{d}y \tag{118}$$

$$\int_a^b K(x,y)f(y)\mathrm{d}y=\int_{-\infty}^{+\infty}\lambda\,\mathrm{d}_\lambda\left[\int_a^b \theta(x,y;\lambda)f(y)\mathrm{d}y\right] \tag{119}$$

以及公式(115)成立. 公式(119)中右端的积分应理解为关于 $\lambda=0$ 的广义积分.

我们假定算子(93)没有点谱,并对它引出[149]中的一般理论公式. 设 $\omega_k(x)$ 是与[149]中的 y_k 相应的 L_2 中的元,而且不妨假定 $\omega_k(x)$ 组成规格化正交组. 利用 $\theta(x,y;\lambda)$ 可以得到完备微分解组

$$\pi_k(x,\lambda)=\int_a^b \theta(x,y;\lambda)\omega_k(y)\mathrm{d}y \quad (\lambda<0)$$

$$\pi_k(x,\lambda)=\int_a^b \theta(x,y;\lambda)\omega_k(y)\mathrm{d}y+\omega_k(x) \quad (\lambda>0)$$

在点 $\lambda=0$ 处,算子 θ_λ 具有等于 $-E$ 的跃度.

我们有

$$\rho_k(\lambda)=\int_a^b |\pi_k(x,\lambda)|^2\mathrm{d}x \tag{120}$$

但若 $\varphi(x)$ 与 $\psi(x)$ 是 L_2 的某两个元,则令

$$g_k(\lambda)=\int_a^b \pi_k(x,\lambda)\overline{\varphi(x)}\mathrm{d}x \tag{121}$$

$$h_k(\lambda)=\int_a^b \pi_k(x,\lambda)\overline{\psi(x)}\mathrm{d}x \tag{122}$$

可以把[149]中的公式写成下面的形式

$$\int_a^b \varphi(x)\overline{\psi(x)}\mathrm{d}x=\sum_k\int_m^M \frac{\mathrm{d}g_k(\lambda)\overline{\mathrm{d}h_k(\lambda)}}{\mathrm{d}\rho_k(\lambda)} \tag{123}$$

$$\int_a^b\int_a^b K(x,y)\varphi(y)\overline{\psi(x)}\mathrm{d}x\mathrm{d}y=\sum_k\int_m^M \lambda\frac{\mathrm{d}g_k(\lambda)\overline{\mathrm{d}h_k(\lambda)}}{\mathrm{d}\rho_k(\lambda)} \tag{124}$$

$$\int_a^b \mathscr{E}_\lambda\varphi(x)\overline{\psi(x)}\mathrm{d}x=\sum_k\int_m^\lambda \frac{\mathrm{d}g_k(\mu)\overline{\mathrm{d}h_k(\mu)}}{\mathrm{d}\rho_k(\mu)} \tag{125}$$

其中 m 与 M 是算子的界，而公式(124) 左端的积分应当看作是依某种次序的累次积分. 如果 $\varphi(x)$ 属于线性簇 l，而在 l 上积分(99) 有意义，那么上面的积分作为重积分是存在的. [149] 中其余公式取以下形式

$$\varphi(x)=\sum_k\int_m^M\overline{\frac{\mathrm{d}g_k(\lambda)}{\mathrm{d}\rho_k(\lambda)}}\mathrm{d}\pi_k(x,\lambda)\tag{126}$$

$$\int_a^b K(x,y)\varphi(y)\mathrm{d}y=\sum_k\int_m^M\lambda\overline{\frac{\mathrm{d}g_k(\lambda)}{\mathrm{d}\rho_k(\lambda)}}\mathrm{d}\pi_k(x,\lambda)\tag{127}$$

$$\mathscr{E}_\lambda\varphi(x)=\sum_k\int_m^\lambda\overline{\frac{\mathrm{d}g_k(\mu)}{\mathrm{d}\rho_k(\mu)}}\mathrm{d}\pi_k(x,\mu)\tag{128}$$

在有无穷多项的情形，级数应当均值收敛于左端的相应量.

微分解 $\pi(x,\lambda)$ 满足方程

$$\int_a^b K(x,y)\pi(y,\lambda)\mathrm{d}y=\int_m^\lambda\mu\,\mathrm{d}\pi(x,\mu)\tag{129}$$

并且仍然假定 $\pi(x,m)=0$. 这种解的正交性由公式

$$\int_a^b\Delta_1\pi_p(x,\lambda)\cdot\overline{\Delta_2\pi_q(x,\lambda)}\mathrm{d}x=0\quad(p\neq q)$$

表示.

在作上述的公式时可以从任一完备正交微分解 $\pi_k(x,\lambda)$ 组出发. 在下面几节中将考察 L_2 上积分算子的一些例子.

177. L_2 上的么范变换

并不是所有 L_2 上的么范变换 $\varphi(x)=Uf(x)$ 都可以表示成积分形式.

我们举恒等变换 $\varphi(x)=f(x)$ 为例. 如果转到原函数，那么它可以写成积分形式

$$\int_0^x\varphi(y)\mathrm{d}y=\int_{-\infty}^{+\infty}K(x,y)f(y)\mathrm{d}y$$

并且我们取$(-\infty,+\infty)$ 作为基本区间，对于 $x>0$，当 $0\leqslant y\leqslant x$ 时 $K(x,y)=1$，而当 $y<0$ 与 $y>x$ 时 $K(x,y)=0$，当 $x<0$ 时 $K(x,y)$ 的定义与此相似. 对任一有界算子 A 也有类似的结果. 设$(-\infty,+\infty)$ 为基本区间. 我们固定某个 x 值，并考察 $Af(x)$ 的原函数

$$l(f)=\int_0^x[Af(t)]\mathrm{d}t$$

$l(f)$ 是分配的，而依布尼亚柯夫斯基不等式可得估值

$$|\,l(f)\,|\leqslant\left[\int_0^x|\,Af(t)\,|^2\mathrm{d}t\right]^{\frac{1}{2}}\left[\int_0^x\mathrm{d}t\right]^{\frac{1}{2}}\leqslant\|\,A\,\|\sqrt{x}\,\|\,f\,\|\quad(x>0)$$

从而可把 $l(f)$ 作为依赖于参数 x 的线性有界泛函来考察，而依[123]的定理我们有

$$\int_0^x [Af(t)]\mathrm{d}t = \int_{-\infty}^{+\infty} K(x,y)f(y)\mathrm{d}y$$

并且对 y 而言，$K(x,y) \in L_2(-\infty,+\infty)$（对于任一 $x \in (-\infty,+\infty)$）且

$$\int_{-\infty}^{+\infty} |K(x,y)|^2\mathrm{d}y \leqslant \|A\|^2 |x|$$

现在证明一个借助于求原函数而给出么范变换的一般解析表示的定理. 这个定理首先由博赫纳(S. Bochner)得证(《美国数学年报》，35 卷第 1 期，1934)，而他考察的区间是 $0 \leqslant x < +\infty$. 定理的证明与区间的选择无关. 为确定起见我们取区间 $(-\infty,+\infty)$ 并以 L_2 记 $(-\infty,+\infty)$ 上的 L_2 的全体函数族（参考 F. 黎斯等著的《泛函分析讲义》俄译本 316 页）.

定理　设 $K(x,y)$ 与 $L(x,y)$ 对于 $(-\infty,+\infty)$ 中的任一固定的 x 关于 y 属于 L_2，并且对于 $(-\infty,+\infty)$ 中的任意 a 与 b，公式

$$\left.\begin{aligned}&\int_{-\infty}^{+\infty} K(a,y)\overline{K(b,y)}\mathrm{d}y\\&\int_{-\infty}^{+\infty} L(a,y)\overline{L(b,y)}\mathrm{d}y\end{aligned}\right\} = \begin{cases}\min\{|a|,|b|\}, & 当\ ab>0\\0, & 当\ ab\leqslant 0\end{cases} \tag{130}$$

与

$$\int_0^b K(a,y)\mathrm{d}y = \int_0^a \overline{L(b,y)}\mathrm{d}y \tag{131}$$

成立.

那么公式

$$\int_0^a \varphi(y)\mathrm{d}y = \int_{-\infty}^{+\infty} \overline{L(a,y)}f(y)\mathrm{d}y \tag{132}$$

$$\int_0^a f(y)\mathrm{d}y = \int_{-\infty}^{+\infty} \overline{K(a,y)}\varphi(y)\mathrm{d}y \tag{133}$$

定义么范变换 $\varphi(x)=Uf(x)$ 及其逆变换.

反之，如果有么范变换 $\varphi(x)=Uf(x)$，那么存在具有上述性质的函数 $K(x,y)$ 与 $L(x,y)$ 使算子 U 与 U^{-1} 由公式(132)与(133)来表示.

先证定理的前半部分.

引入函数 $f_a(x)$，即

$$f_a(x) = \begin{cases}1, & 当\ 0<x\leqslant a\\0, & 当\ x\leqslant 0\ 与\ x>a\end{cases}\quad (a>0)$$

$$f_a(x)=\begin{cases}1, 当 a\leqslant x<0\\0, 当 x<a 与 x\geqslant 0\end{cases}\quad(a<0)$$

$$f_0(x)\equiv 0$$

再定义算子 U_0 与 V_0 如下

$$K(a,x)=U_0 f_a(x), L(a,x)=V_0 f_a(x)\tag{134}$$

对于不同的 a 作所有可能的函数 $f_a(x)$ 的有穷线性组合，我们得到由逐段定值的函数（即在有穷个有界区间上取常数值，而在它们之外取零值的函数）组成的线性簇 l. 因此，函数在区间端点上取什么值是无关紧要的，因为我们把相抵的函数看作是相同的. 根据 U_0 与 V_0 的分配性，我们把 U_0 与 V_0 延展到线性簇 l 上. 不难看出，这个延展是唯一的. 我们用 Uf 与 Vf 记所得的在 l 上的分配算子.

公式(130)(131) 与(134) 给出

$$(U_0 f_a, U_0 f_b)=(f_a, f_b), (V_0 f_a, V_0 f_b)=(f_a, f_b)\tag{135}$$

$$(U_0 f_a, f_b)=(f_a, V_0 f_b)\tag{136}$$

利用分配性，可以对 l 上的 U 与 V 写出这些公式

$$(Uf, Ug)=(f, g), (Vf, Vg)=(f, g)\tag{137}$$

$$(Uf, g)=(f, Vg)\tag{138}$$

其中 f 与 $g\in l$. 由(137) 推得算子 U 与 V 在 l 上并不改变元的范数，既然线性簇 l 在 L_2 中稠密[60]，我们得到算子 U 与 V 到整个 L_2 上的唯一延展（根据连续性）. 依数积的连续性，在 L_2 上公式(137) 与(138) 仍成立，且算子 U 与 V 在 L_2 上不改变元的范数与数积. 由(138) 推出 $V=U^*$. 用 Vf 替换(138) 中的 f 并应用(137) 可得 $UU^*=E$，类似的，以 Ug 代替 g 可得 $U^*U=E$. 由此可知 U 是么范变换，而 V 是它的逆变换[137]. 尚需获得公式(132) 与(133). 若令 $g(x)=f_a(x)$，则由(138) 可得(132)，如令 $f(x)=f_a(x)$ 并取共轭值就得(133).

现在来证定理的第二部分. 设已给么范算子 U 与 $V=U^{-1}=U^*$. 作函数

$$K(a,x)=Uf_a(x), L(a,x)=U^{-1}f_a(x)\tag{139}$$

与上面一样，引用记号 $\varphi(x)=Uf(x)$ 并根据 U 的么范性，我们得

$$(\varphi, f_a)=(Uf, f_a)=(f, U^{-1}f_a)$$

$$(f, f_a)=(U^{-1}\varphi, f_a)=(\varphi, Uf_a)$$

于是依(139) 可得(132) 与(133). 公式(137) 与(138) 对于上面给定的 U 与 V 成立. 在这两式中令 $f(x)=f_a(x)$ 及 $g(x)=f_b(x)$ 我们得到(130) 与(131). 定理证毕.

178. 傅里叶变换

对于区间 $0\leqslant x<+\infty$，瓦特松(Watson) 考察过下面形式的核

$$K(a,x)=\frac{\chi(ax)}{x}, L(a,x)=\frac{\overline{\chi(ax)}}{x}$$

并且假定 $\chi(0)=0$ 及 $\dfrac{\chi(x)}{x}\in L_2(0,+\infty)$.

条件(130)取以下形式

$$\int_0^{\infty}\frac{\chi(ax)\overline{\chi(bx)}}{x^2}\mathrm{d}x=\min\{a,b\}\quad(a>0,b>0)$$

而条件(131)自然满足.

我们来考察基本区间为$(-\infty,+\infty)$,而

$$K(a,x)=\frac{1}{\sqrt{2\pi}}\frac{\mathrm{e}^{-\mathrm{i}ax}-1}{-\mathrm{i}x}\text{ 与 }L(a,x)=\frac{1}{\sqrt{2\pi}}\frac{\mathrm{e}^{\mathrm{i}ax}-1}{\mathrm{i}x}\tag{140}$$

的傅里叶变换.

上两式中分子的模不超过 2,并且这两个函数均属于 L_2. 容易证明条件(131)是满足的.现在验证条件(130).与上面一样,这两个条件可归结为一个

$$I=\frac{1}{2\pi}\int_{-\infty}^{+\infty}\frac{(\mathrm{e}^{-\mathrm{i}ax}-1)(\mathrm{e}^{\mathrm{i}bx}-1)}{x^2}\mathrm{d}x=\begin{cases}\min\{|a|,|b|\},\text{当 }ab>0\\0,\text{当 }ab\leqslant 0\end{cases}\tag{141}$$

对参数 α 微分,不难得到公式

$$\int_{-\infty}^{+\infty}\frac{\sin^2\alpha x}{x^2}\mathrm{d}x=\pi|\alpha|\quad(\alpha\text{ 是实数})\tag{142}$$

积分 I 容易变换为形式

$$I=\frac{1}{\pi}\int_{-\infty}^{+\infty}\frac{\sin^2\frac{a}{2}x+\sin^2\frac{b}{2}x-\sin^2\frac{a-b}{2}x}{x^2}\mathrm{d}x$$

而应用公式(142)可得

$$I=\frac{1}{2}(|a|+|b|-|a-b|)$$

由此推出公式(141).如此我们得出么范傅里叶变换为以下形式

$$\int_0^a F(x)\mathrm{d}x=\frac{1}{\sqrt{2\pi}}\int_{-\infty}^{+\infty}\frac{\mathrm{e}^{-\mathrm{i}ax}-1}{-\mathrm{i}x}f(x)\mathrm{d}x$$

$$\int_0^a F(x)\mathrm{d}x=\frac{1}{\sqrt{2\pi}}\int_{-\infty}^{+\infty}\frac{\mathrm{e}^{\mathrm{i}ax}-1}{\mathrm{i}x}F(x)\mathrm{d}x\tag{143}$$

这个变换我们用符号 T 表示:$F(x)=Tf(x)$.

傅里叶变换还可以有另外的形式,我们已于前面用到过[Ⅱ;160].

首先设 $f(x)$ 在某一有穷区间$[-n,+n]$之外等于零.依条件 $f(x)$ 属于$[-n,+n]$上的 L_2,因而属于$[-n,+n]$上的 L_1,所以对于任何实值 y 存在积分

$$F_1(y)=\frac{1}{\sqrt{2\pi}}\int_{-n}^{+n}e^{-iyx}f(x)dx \tag{144}$$

不难证明,$F_1(y)$ 连续且可微.我们有

$$|e^{-iyx}f(x)|=|f(x)|$$

并且可以在有穷区间上关于 y 在积分号下求积分

$$\int_0^a F_1(y)dy=\frac{1}{\sqrt{2\pi}}\int_{-n}^{+n}\frac{e^{-iax}-1}{-ix}f(x)dx$$

把这个公式与(143) 比较,并注意 a 的任意性以及依条件 $f(x)$ 在区间 $[-n,+n]$ 之外等于零,可以断定 $F_1(y)$ 与 $F(y)$ 是相抵的,就是说在所考察的情形下的傅里叶变换可以写成形式

$$F(y)=\frac{1}{\sqrt{2\pi}}\int_{-n}^{+n}e^{-iyx}f(x)dx \tag{145}$$

在一般情形下,积分

$$\frac{1}{\sqrt{2\pi}}\int_{-\infty}^{+\infty}e^{-iyx}f(x)dx \tag{146}$$

可能没有意义,因为由 $f(x)$ 属于$(-\infty,+\infty)$ 上的 L_2 这一事实不能推出它属于 L_1.考察函数 $f_{nm}(x)$:当 $-n\leqslant x\leqslant m$ 时 $f_{nm}(x)=f(x)$,而当 $x>m$ 及 $x<-n$ 时 $f_{nm}(x)=0$.如所已知,这个函数的傅里叶变换由下面的公式表出

$$F_{nm}(y)=\frac{1}{\sqrt{2\pi}}\int_{-n}^{m}e^{-iyx}f_{nm}(x)dx \tag{147}$$

但在 L_2 中,当 $n\to\infty$ 及 $m\to\infty$ 时 $f_{nm}(x)\Rightarrow f(x)$,因此 $Tf_{nm}(x)\Rightarrow Tf(x)$.以符号 lm 表示依均值的极限(在 L_2 中),那么 L_2 中的任一函数的傅里叶变换可写成形式

$$F(y)=Tf=\underset{\substack{n\to\infty\\ m\to\infty}}{\mathrm{lm}}\frac{1}{\sqrt{2\pi}}\int_{-n}^{m}e^{-iyx}f(x)dx \tag{148}$$

如果函数 $f(x)$ 不仅属于 $L_2(-\infty,+\infty)$,而且还属于 $L_1(-\infty,+\infty)$,则对于任意实值 y,积分(146) 存在并且是积分(147) 当 m 与 $n\to\infty$ 时的极限.如果处处存在依均值的极限与极限,则二者相等,从而在所考察情形下的傅里叶变换可写成形式

$$F(y)=Tf=\frac{1}{\sqrt{2\pi}}\int_{-\infty}^{+\infty}e^{-iyx}f(x)dx\quad(f(x)\in L_2\text{ 及 }L_1) \tag{149}$$

上文所述的一切对于共轭(逆) 变换也正确.这时令 $m=n$,代替(148) 的是

$$f(y)=T^*F=\underset{n\to\infty}{\mathrm{lm}}\frac{1}{\sqrt{2\pi}}\int_{-n}^{+n}e^{iyx}F(x)dx \tag{150}$$

而代替(149)的是

$$f(y)=T^{*}F=\frac{1}{\sqrt{2\pi}}\int_{-\infty}^{+\infty}\mathrm{e}^{\mathrm{i}yx}F(x)\mathrm{d}x\quad (F(x)\in L_2\text{ 及 }L_1)\tag{151}$$

对于傅里叶变换,卷积公式成立,现在就来推导[比较 Ⅳ;45]. 设 $g(t)$ 与 $f(t)\in L_2$. 对于任意实数 x, $g(x-t)$ 作为 t 的函数显然属于 L_2. 定义 $T[g(x-t)]$ 如下

$$T[g(x-t)]=\lim_{a\to\infty}\frac{1}{\sqrt{2\pi}}\int_{-a}^{+a}g(x-t)\mathrm{e}^{-\mathrm{i}yt}\mathrm{d}t=$$

$$\lim_{a\to\infty}\frac{1}{\sqrt{2\pi}}\int_{x-a}^{x+a}g(u)\mathrm{e}^{-\mathrm{i}y(x-u)}\mathrm{d}u$$

$$\mathrm{e}^{-\mathrm{i}yx}\lim_{a\to\infty}\frac{1}{\sqrt{2\pi}}\int_{x-a}^{x+a}g(x)\mathrm{e}^{\mathrm{i}yt}\mathrm{d}t$$

即 $T[g(x-t)]=\mathrm{e}^{-\mathrm{i}yx}T^{*}[g(t)]$,而留意么范变换不改变数积,可以写成

$$\int_{-\infty}^{+\infty}g(x-t)f(t)\mathrm{d}t=\int_{-\infty}^{+\infty}\mathrm{e}^{-\mathrm{i}yx}T^{*}[g(t)]\,\overline{T[\overline{f(t)}]}\mathrm{d}y$$

其中

$$T^{*}[g(t)]=\lim_{n\to\infty}\frac{1}{\sqrt{2\pi}}\int_{-n}^{+n}g(t)\mathrm{e}^{\mathrm{i}yt}\mathrm{d}t$$

$$\overline{T[\overline{f(t)}]}=\lim_{n\to\infty}\frac{1}{\sqrt{2\pi}}\int_{-n}^{+n}f(t)\mathrm{e}^{\mathrm{i}yt}\mathrm{d}t=T^{*}f$$

最后得

$$\int_{-\infty}^{+\infty}g(x-t)f(t)\mathrm{d}t=\int_{-\infty}^{+\infty}G_1(y)F_1(y)\mathrm{e}^{-\mathrm{i}yx}\mathrm{d}y\tag{152}$$

其中 $G_1(y)=T^{*}g$, $F_1(y)=T^{*}f$.

对于多变数函数的情形也可以完全同样地证明基本定理. 这时么范变换由下面的公式定义

$$Tf=\lim_{m_k\to\infty}\frac{1}{(2\pi)^{\frac{n}{2}}}\int_{-m_1}^{+m_1}\cdots\int_{-m_n}^{+m_n}f(x_1,\cdots,x_n)\mathrm{e}^{-\mathrm{i}(x_1y_1+\cdots+x_ny_n)}\mathrm{d}x_1\cdots\mathrm{d}x_n\tag{153}$$

而逆变换由以下公式定义

$$T^{*}(F)=\lim_{m_k\to\infty}\frac{1}{(2\pi)^{\frac{n}{2}}}\int_{-m_1}^{+m_1}\cdots\int_{-m_n}^{+m_n}F(y_1,\cdots,y_n)\mathrm{e}^{\mathrm{i}(x_1y_1+\cdots+x_ny_n)}\mathrm{d}y_1\cdots\mathrm{d}y_n\tag{154}$$

回到一个变数的情形,再注意几个关于傅里叶变换的性质. 如果在(148)

中把 x 换成 $-x$，并与(150)比较，留意 $T^{*}=T^{-1}$ 可得 $T^{2}f(x)=f(-x)$，同样 $T^{*2}F(y)=F(-y)$. 如果 $f(x)$ 是偶函数，那么变换 T 给出与偶函数相抵的函数，并且

$$F(y)=\lim_{n\to\infty}\sqrt{\frac{2}{\pi}}\int_{0}^{n}f(x)\cos xy\mathrm{d}x, f(x)=\lim_{n\to\infty}\sqrt{\frac{2}{\pi}}\int_{0}^{n}F(y)\cos xy\mathrm{d}y$$

这些公式给出在区间 $(0,+\infty)$ 上的 L_2 中函数的么范变换. 改变正负号并乘上 i(这些运算显然都是么范变换)，在奇函数的情形，得到下面区间 $(0,+\infty)$ 上的一对互逆么范变换

$$F(y)=\lim_{n\to\infty}\sqrt{\frac{2}{\pi}}\int_{0}^{n}f(x)\sin xy\mathrm{d}x, f(x)=\lim_{n\to\infty}\sqrt{\frac{2}{\pi}}\int_{0}^{n}F(y)\sin xy\mathrm{d}y$$

179. 傅里叶变换与埃尔密特函数

现在来证明，傅里叶变换具有四个固有值 ± 1 与 $\pm \mathrm{i}$，它们与区间 $(-\infty,+\infty)$ 上的封闭规格化正交固有函数组也就是埃尔密特函数组[Ⅲ$_2$;156]相应. 我们来回忆关于埃尔密特函数的基本公式. 埃尔密特多项式由公式

$$\mathrm{H}_n(x)=(-1)^n\mathrm{e}^{x^2}\frac{\mathrm{d}^n}{\mathrm{d}x^n}(\mathrm{e}^{-x^2})$$

定义，而埃尔密特函数为

$$\psi_n(x)=\mathrm{e}^{-\frac{x^2}{2}}\mathrm{H}_n(x)$$

它们在区间 $(-\infty,+\infty)$ 上是正交的. 规格化埃尔密特函数为

$$\varphi_n(x)=\frac{1}{2^{\frac{n}{2}}\sqrt{n!}\sqrt[4]{\pi}}\psi_n(x)$$

它们构成封闭规格化正交组. 现在证明 $\varphi_n(x)$ 是算子 T 的同固有值 $(-\mathrm{i})^n$ 相应的固有函数，即

$$T\varphi_n=(-\mathrm{i})^n\varphi_n(y) \tag{155}$$

换言之，我们需证公式

$$I_n=\frac{1}{\sqrt{2\pi}}\int_{-\infty}^{+\infty}\mathrm{e}^{-\mathrm{i}yx+\frac{x^2}{2}}\frac{\mathrm{d}^n}{\mathrm{d}x^n}(\mathrm{e}^{-x^2})\mathrm{d}x=(-\mathrm{i})^n\mathrm{e}^{\frac{y^2}{2}}\frac{\mathrm{d}^n}{\mathrm{d}y^n}(\mathrm{e}^{-y^2})$$

分部积分并留意非积分项变为零可得

$$I_n=\frac{(-1)^n}{\sqrt{2\pi}}\int_{-\infty}^{+\infty}\mathrm{e}^{-x^2}\frac{\mathrm{d}^n}{\mathrm{d}x^n}(\mathrm{e}^{-\mathrm{i}xy+\frac{x^2}{2}})\mathrm{d}x$$

在积分号外面乘以 $\mathrm{e}^{\frac{y^2}{2}}$，而在积分号下乘以 $\mathrm{e}^{-\frac{y^2}{2}}$ 得

$$I_n=\frac{(-1)^n}{\sqrt{2\pi}}\mathrm{e}^{\frac{y^2}{2}}\int_{-\infty}^{+\infty}\mathrm{e}^{-x^2}\frac{\mathrm{d}^n}{\mathrm{d}x^n}\mathrm{e}^{\frac{1}{2}(x-\mathrm{i}y)^2}\mathrm{d}x=$$

$$\frac{(-1)^n \mathrm{i}^n}{\sqrt{2\pi}} \mathrm{e}^{\frac{y^2}{2}} \int_{-\infty}^{+\infty} \mathrm{e}^{-x^2} \frac{\mathrm{d}^n}{\mathrm{d}y^n} \mathrm{e}^{\frac{1}{2}(x-\mathrm{i}y)^2} \mathrm{d}x =$$

$$(-\mathrm{i})^n \mathrm{e}^{\frac{y^2}{2}} \frac{\mathrm{d}^n}{\mathrm{d}y^n} \frac{1}{\sqrt{2\pi}} \int_{-\infty}^{+\infty} \mathrm{e}^{-\frac{x^2}{2}-\frac{y^2}{2}-\mathrm{i}xy} \mathrm{d}x$$

对参数 y 求导数,易证上式最后一积分等于 $\mathrm{e}^{-\frac{y^2}{2}}$,如此公式(155)得证.注意到埃尔密特函数组的封闭性,可以证明点 $\lambda=\pm 1$ 与 $\lambda=\pm \mathrm{i}$ 是算子 T 的全部谱点.

180. 乘法运算

现在考察在有穷区间上乘以自变数的乘法运算,而在区间的左端取 $x=0$.如此考察有穷区间 $[0,a]$ 上的空间 L_2 及乘自变数的运算

$$Af(x)=xf(x) \tag{156}$$

我们有

$$(Af,g)=\int_0^a xf(x)\overline{g(x)}\mathrm{d}x,(Af,f)=\int_0^a x\mid f(x)\mid^2 \mathrm{d}x$$

由此看出,A 是自共轭算子,而其范数不超过 a.如果取 $f(x)$ 只在 $x=a$ 的小邻域中不等于零,那么不难得知 A 的范数确实等于 a.在 $\|f\|=1$ 的条件下,二次齐式 (Af,f) 的界为 $m=0$ 及 $M=a$.关于固有值及固有元的方程式为下面的形式:$xf(x)=\lambda f(x)$,即 $(x-\lambda)f(x)=0$,由此看出 $f(x)$ 与零相抵,就是说没有固有值,而谱是纯连续的.预解式显然取下面的形式:$R_\lambda f(x)=f(x):(x-\lambda)$.如果 λ 在区间 $[0,a]$ 之外,那么 $R_\lambda f(x)\in L_2$.如果 λ 在区间 $[0,a]$ 之中,那么 $R_\lambda f(x)$ 并不对于一切 $f(x)$ 仍属于 L_2.这时算子 $(A-\lambda E)f(x)=(x-\lambda)f(x)$ 把 L_2 一对一地映在线性簇 M_λ 上,而 M_λ 是由凡满足 $\varphi(x):(x-\lambda)\in L_2$ 的函数 $\varphi(x)=(x-\lambda)f(x)$ 所组成的.我们来确定谱函数 $\mathscr{E}_\lambda$,其中 λ 需设属于区间 $[0,a]$.留意

$$\lim_{\tau\to 0^+}\int_{-\infty}^{\lambda}\frac{2\tau\mathrm{i}}{(\sigma-x)^2+\tau^2}\mathrm{d}\sigma=$$

$$2\mathrm{i}\lim_{\tau\to 0^+}\left(\arctan\frac{\lambda-x}{\tau}+\frac{\pi}{2}\right)=\begin{cases}0,\text{当 }\lambda<x\\2\pi\mathrm{i},\text{当 }\lambda>x\end{cases}$$

对于任意元 $f(x)$ 及 $\psi(x)$ 可得[144]

$$(\mathscr{E}_\lambda f,\psi)=\lim_{\tau\to 0^+}\frac{1}{2\pi\mathrm{i}}\int_{-\infty}^{\lambda}\left[\int_0^a\frac{2\tau\mathrm{i}}{(x-\sigma)^2+\tau^2}f(x)\overline{\psi(x)}\mathrm{d}x\right]\mathrm{d}\sigma=$$

$$\int_0^{\lambda}f(x)\overline{\psi(x)}\mathrm{d}x$$

由此得知

$$\mathscr{E}_\lambda f(x)=\begin{cases}f(x),\text{如果 } x\leqslant\lambda\\0,\text{如果 } x>\lambda\end{cases}\tag{157}$$

取 $f(x)\equiv 1$，可得微分解：当 $x\leqslant\lambda$ 时 $\pi(x,\lambda)=1$；当 $x>\lambda$ 时 $\pi(x,\lambda)=0$. 应用公式(157) 及[52] 中的性质 11 不难看出与它正交的解不存在.

考察更一般的自共轭算子

$$Bf(x)=\omega(x)f(x)\tag{158}$$

其中 $\omega(x)$ 是区间$[0,a]$上的实值可测有界函数. 关于固有值及固有元的方程取下面的形式：$[\omega(x)-\lambda]f(x)=0$. 设 K_λ 是凡满足方程$\omega(x)=\lambda$ 的x 值集合. 如果 K_λ 的测度等于零，那么 λ 不是固有值. 如果 K_λ 的测度大于零，那么 λ 是固有值，而在集合 K_λ 上的任意完备正交函数组都是与上面那个固有值相应的完备固有函数组，而在 K_λ 之外这些函数应当算作等于零. 如果对于任意 λ，K_λ 的测度等于零，那么算子(158) 有纯连续谱. 完全与(157) 相似，它的谱函数由下面的公式决定

$$\mathscr{E}_\lambda f(x)=\begin{cases}f(x),\text{如果 } \omega(x)\leqslant\lambda\\0,\text{如果 } \omega(x)>\lambda\end{cases}\tag{159}$$

凡上面所述都很容易推广到多变数函数的情形. 例如对于属于某有穷区间 $a_s\leqslant x_s\leqslant b_s(s=1,2,\cdots,n)$ 上的 L_2 的函数 $f(x_1,x_2,\cdots,x_n)$，可以定义乘自变数 x_k 的自共轭算子：$Af=x_kf$. 这个算子在区间 $a_k\leqslant\lambda\leqslant b_k$ 上有纯连续谱，而其谱函数依下面的方式定义

$$\mathscr{E}_\lambda f(x_1,x_2,\cdots,x_n)=\begin{cases}f(x_1,x_2,\cdots,x_n),\text{如果 } x_k\leqslant\lambda\\0,\text{如果 } x_k>\lambda\end{cases}\tag{160}$$

回到一个变数的情形. 在无穷区间上乘自变数的算子已经不是有界算子了. 我们在将来再考察它. 如果取算子(158)，而设函数 $\omega(x)$ 在无穷区间上有界，那么得一个有界线性算子. 如此，取区间$(-\infty,+\infty)$ 上的空间 L_2 为基础，并设 $\omega(x)$ 是在这个区间上实值可测有界函数. 如此公式(158) 决定一自共轭有界算子. 如果 $\omega(x)$ 在区间$(-\infty,+\infty)$ 与 $-\infty,+\infty$ 上是连续的，那么算子的界与 $\omega(x)$ 的最大值及最小值相等.

181. 依从于差的核

利用在区间$(-\infty,+\infty)$ 上的算子(158)，借助映射 T 转变到么范相抵的算子，很容易作出具有依从于差的核的有界自共轭积分算子.

我们来指出这个作法的梗概. 与(158) 么范相抵的算子 $B'=T^*BT$ 显然由下面的公式表示

$$B'f(x)=\frac{1}{2\pi}\int_{-\infty}^{+\infty}\left[\omega(y)\int_{-\infty}^{+\infty}f(t)\mathrm{e}^{-\mathrm{i}ty}\mathrm{d}t\right]\mathrm{e}^{\mathrm{i}xy}\mathrm{d}y$$

这里以及以后，我们都用具有无穷限的积分来代替 $\underset{n\to\infty}{\mathrm{lm}}$. 设 $\omega(y)$ 不只有界，

而且在区间$(-\infty,+\infty)$上可和，而L_2中的$f(t)$也可和，可以调换积分次序，得出

$$B'f(x)=\int_{-\infty}^{+\infty}\left[\frac{1}{2\pi}\int_{-\infty}^{+\infty}\omega(y)\mathrm{e}^{\mathrm{i}y(x-t)}\,\mathrm{d}t\right]f(t)\,\mathrm{d}y$$

或者，引入函数

$$g(u)=\frac{1}{\sqrt{2\pi}}\int_{-\infty}^{+\infty}\omega(y)\mathrm{e}^{\mathrm{i}yu}\,\mathrm{d}y=T^*\omega \tag{161}$$

可以把算子B'写成下面的形式

$$B'f(x)=\frac{1}{\sqrt{2\pi}}\int_{-\infty}^{+\infty}g(x-t)f(t)\,\mathrm{d}t \tag{162}$$

B'的谱函数由公式$\mathscr{E}'_\lambda=T^*\mathscr{E}_\lambda T$表现（我们在以前已经知道了），其中$\mathscr{E}_\lambda$是$B$的谱函数.如果像在下例中那样核满足[172]的条件(97)，就是说

$$\int_{-\infty}^{+\infty}|g(u)|\,\mathrm{d}u<+\infty \tag{163}$$

那么公式(162)不仅适用于在区间$(-\infty,+\infty)$上可和的函数$f(x)$，而在整个L_2上都适用.考察应用上述程序来作积分算子的例.

1.设

$$Bf(x)=\frac{2}{1+x^2}f(x) \tag{164}$$

这个算子的界是$m=0,M=2$.对于区间$[0,2]$中的任意λ，方程$2:(1+x^2)=\lambda$至多有两个根，于是算子(164)有纯连续谱.

算子B'的核由下面的公式定义

$$g(u)=\sqrt{\frac{2}{\pi}}\int_{-\infty}^{+\infty}\frac{\mathrm{e}^{\mathrm{i}yu}}{1+y^2}\mathrm{d}y=\sqrt{\frac{2}{\pi}}\int_{-\infty}^{+\infty}\frac{\cos yu}{1+y^2}\mathrm{d}y=\sqrt{2\pi}\,\mathrm{e}^{-|u|}$$

而

$$B'f(x)=\int_{-\infty}^{+\infty}\mathrm{e}^{-|x-y|}f(y)\,\mathrm{d}y \tag{165}$$

所得的核满足[172]中的条件(97)

$$\int_{-\infty}^{+\infty}|K(x,y)|\,\mathrm{d}y=\int_{-\infty}^{x}\mathrm{e}^{y-x}\,\mathrm{d}y+\int_{x}^{+\infty}\mathrm{e}^{x-y}\,\mathrm{d}y=2$$

依(159)，算子(164)的谱函数可能这样来确定：$\mathscr{E}_\lambda f(x)=f(x)$，如果$2:(1+x^2)\leqslant\lambda$；$\mathscr{E}_\lambda f(x)=0$，如果$2:(1+x^2)>\lambda$.就是说

$$\mathscr{E}_\lambda f(x)=\begin{cases}f(x),\text{如果 }|x|\geqslant\mu\\0,\text{如果 }|x|<\mu\end{cases}$$

其中 $\mu=\sqrt{(2-\lambda):\lambda}$，而

$$\mathscr{E}'_{\lambda}f(x)=T^{*}\mathscr{E}_{\lambda}Tf(x)=\frac{1}{2\pi}\left(\int_{-\infty}^{-\mu}+\int_{\mu}^{+\infty}\right)\left[\int_{-\infty}^{+\infty}f(t)\mathrm{e}^{-\mathrm{i}ty}\mathrm{d}t\right]\mathrm{e}^{\mathrm{i}xy}\mathrm{d}y$$

就是说

$$\mathscr{E}'_{\lambda}f(x)=\frac{1}{2\pi}\int_{-\infty}^{+\infty}\left[\int_{-\infty}^{+\infty}f(t)\mathrm{e}^{-\mathrm{i}ty}\mathrm{d}t\right]\mathrm{e}^{\mathrm{i}xy}\mathrm{d}y-$$
$$\frac{1}{2\pi}\int_{-\mu}^{+\mu}\left[\int_{-\infty}^{+\infty}f(t)\mathrm{e}^{-\mathrm{i}ty}\mathrm{d}t\right]\mathrm{e}^{\mathrm{i}xy}\mathrm{d}y$$

上述具有无穷限的广义积分应当了解成依中值平方逼近的意义. 在最后积分中交换积分次序(这个交换的可能性很容易证明)，并留意 $T^{*}T=E$，可知

$$\mathscr{E}'_{\lambda}f(x)=f(x)-\frac{1}{\pi}\int_{-\infty}^{+\infty}\frac{\sin\mu(x-t)}{x-t}f(t)\mathrm{d}t\tag{166}$$

算子 B' 有纯连续谱，而 $\mathscr{E}'_{\lambda}f(x)$ 当 $\lambda\to 0$ 时依均值趋于零，就是说

$$\operatorname*{lm}_{\mu\to\infty}\frac{1}{\pi}\int_{-\infty}^{+\infty}\frac{\sin\mu(x-t)}{x-t}f(t)\mathrm{d}t=f(x)\tag{167}$$

作算子(165)的微分解. 容易看出，齐次方程 $B'f(x)=\lambda f(x)$ 有不属于 L_2 的解 $\cos\mu x$ 及 $\sin\mu x$，就是说

$$\int_{-\infty}^{+\infty}\mathrm{e}^{-|x-y|}\cos\mu y\mathrm{d}y=\lambda\cos\mu x,\quad\int_{-\infty}^{+\infty}\mathrm{e}^{-|x-y|}\sin\mu y\mathrm{d}y=\lambda\sin\mu x$$

上式两边乘 $\mathrm{e}^{-\mu}\frac{\mathrm{d}\mu}{\mathrm{d}\lambda}$，而对 λ 从 $\lambda=0$ 到 λ 积分，或者同样的，对 μ 从 $\mu=\infty$ 到 μ 积分，可得下面两微分解

$$\begin{cases}\pi_1(x,\lambda)=\displaystyle\int_{\infty}^{\mu}\mathrm{e}^{-\mu}\cos\mu x\,\mathrm{d}\mu=-\mathrm{e}^{-\mu}\left(\frac{\cos\mu x}{1+x^2}-\frac{x\sin\mu x}{1+x^2}\right)\\ \pi_2(x,\lambda)=\displaystyle\int_{\infty}^{\mu}\mathrm{e}^{-\mu}\sin\mu x\,\mathrm{d}\mu=-\mathrm{e}^{-\mu}\left(\frac{x\cos\mu x}{1+x^2}+\frac{\sin\mu x}{1+x^2}\right)\end{cases}\tag{168}$$

这些函数属于 L_2，而由它们的作法本身就可得知它们满足方程(129)，而当 $\lambda=0$ 时变成零，就是说当 $\mu=\infty$ 时变成零. 添加上因子 $\mathrm{e}^{-\mu}$ 是为了有可能从 $\mu=\infty$ 起积分，如此得出一直到 $\lambda=0$ 连续的解. 解(168)在基本区间$(-\infty,+\infty)$中相互正交[176]，因为其中一个是偶函数，另一个是奇函数.

写出[176]中的公式(120)及(121). 由简单的计算可得

$$\rho_1(\lambda)=\rho_2(\lambda)=\frac{\pi}{2}\mathrm{e}^{-2\mu}$$

而

$$g_1(\lambda)=\int_{-\infty}^{+\infty}\left[\int_{\infty}^{\mu}\mathrm{e}^{-\mu}\cos\mu y\,\mathrm{d}\mu\right]\overline{\varphi(y)}\,\mathrm{d}y$$

$$g_2(\lambda)=\int_{-\infty}^{+\infty}\left[\int_{\infty}^{\mu}\mathrm{e}^{-\mu}\sin\mu y\,\mathrm{d}\mu\right]\overline{\varphi(y)}\,\mathrm{d}y$$

解组(168)的完备性可借[176]的公式(128)证明.如果使用公式(123)于 L_2 中的实值函数 $\varphi(x)$ 及在区间 $[0,x]$ 上等于 1 而在其外等于 0 的函数 $\psi(x)$,那么经过初等变换之后可得

$$\int_0^x\varphi(x)\,\mathrm{d}x=$$

$$\frac{1}{\pi}\int_0^{\infty}\left[\frac{\sin\mu x}{\mu}\int_{-\infty}^{+\infty}\varphi(y)\cos\mu y\,\mathrm{d}y+\left(\frac{1}{\mu}-\frac{\cos\mu x}{\mu}\right)\int_{-\infty}^{+\infty}\varphi(y)\sin\mu y\,\mathrm{d}y\right]\mathrm{d}\mu$$

这在某些补充条件之下就变成平常的傅里叶公式.留意解(168)应当借应用算子 $\mathscr{E}'_\lambda$ 于函数 $\pi_k(x,2)$ 上而得出,就是说将 $\mathscr{E}'_\lambda$ 应用于 $1:(1+x^2)$ 及 $x:(1+x^2)$ 上得出,这是很容易验证的.如果在积分时不添加因子 $\mathrm{e}^{-\mu}$,而从 $\mu=0$ 积分,那么得出简单的微分解 $\sin\mu x:x$ 及 $(1-\cos\mu x):x$,这些当 $\lambda=0$ 时失去意义,而其范数当 $\lambda\to0$ 时无限地增大.

考察映射(162)的一般情形,设 $g(y)$ 是满足条件(163)的实值偶函数.这时算子(162)定义于整个 L_2 上,并且是有界自共轭算子.可以作

$$G_1(t)=\frac{1}{\sqrt{2\pi}}\int_{-\infty}^{+\infty}g(u)\mathrm{e}^{\mathrm{i}tu}\,\mathrm{d}u,\ F_1(t)=\frac{1}{\sqrt{2\pi}}\int_{-\infty}^{+\infty}f(u)\mathrm{e}^{\mathrm{i}tu}\,\mathrm{d}u\tag{169}$$

而

$$|G_1(t)|\leqslant\frac{1}{\sqrt{2\pi}}\int_{-\infty}^{+\infty}|g(u)|\,\mathrm{d}u$$

就是说 $G_1(t)$ 是有界函数,而 $F_1(t)\in L_2$,$G_1(t)F_1(t)\in L_2$.可以证明在这种情形公式(122)成立,这可以写成下面的形式

$$\varphi(x)=\frac{1}{\sqrt{2\pi}}\int_{-\infty}^{+\infty}g(x-t)f(t)\,\mathrm{d}t=\frac{1}{\sqrt{2\pi}}\int_{-\infty}^{+\infty}G_1(t)F_1(t)\mathrm{e}^{-\mathrm{i}xt}\,\mathrm{d}t=$$
$$T[G_1(t)F_1(t)]$$

由此可知 $G_1(t)F_1(t)=T^*[\varphi(x)]$,并留意公式(169)中的第二个,可以看出算子(162)与乘有界函数 $G_1(t)$ 的算子么范相抵.

举出一类核,可以化为依从于差的核.设区间 $(0,+\infty)$ 上的实对称核 $K(x,y)$ 是负一次的齐次函数.如果在具有这样的核的积分算子

$$\varphi(x)=\int_0^{\infty}K(x,y)f(y)\,\mathrm{d}y\tag{170}$$

中代替 x 及 y 引入新的自变数 $x=\mathrm{e}^s, y=\mathrm{e}^t$，而代替函数 $\varphi(x)$ 及 $f(y)$ 引入新的函数 $\varphi_1(s)=\mathrm{e}^{\frac{s}{2}}\varphi(\mathrm{e}^s)$ 及 $f_1(t)=\mathrm{e}^{\frac{t}{2}}f(\mathrm{e}^t)$，那么可得积分算子

$$\varphi_1(s)=\int_{-\infty}^{+\infty}K_1(s,t)f_1(t)\mathrm{d}t$$

其核依从于 $|s-t|$. 事实上，依齐次性 $K(x,y)=x^{-1}K\left(1,\frac{y}{x}\right)$，而令 $K(1,z)=\omega(z)$，可以写成

$$K_1(s,t)=\mathrm{e}^{\frac{s+t}{2}}\mathrm{e}^{-s}\omega(\mathrm{e}^{t-s})=\mathrm{e}^{\frac{t-s}{2}}\omega(\mathrm{e}^{t-s})$$

依 $K(x,y)$ 的对称性，上式是 $t-s$ 的偶函数. 留意 $\mathrm{d}s=\mathrm{d}x:x$，可以看出在上述的变数代换之下区间 $(0,+\infty)$ 上的函数空间 L_2 变到区间 $(-\infty,+\infty)$ 上的函数空间 L_2. 可以借下面的简单定理直接确定出算子(170) 的范数：

定理 如果 $K(x,y)$ 是非负的，-1 次齐次的，而

$$\int_0^{\infty}K(x,1)x^{-\frac{1}{2}}\mathrm{d}x=\int_0^{\infty}K(1,y)y^{-\frac{1}{2}}\mathrm{d}y=k \tag{171}$$

那么

$$|I|=\left|\int_0^{\infty}\int_0^{\infty}K(x,y)f(x)g(y)\mathrm{d}x\mathrm{d}y\right|\leqslant k\|f\|\cdot\|g\| \tag{172}$$

留意由于核的齐次性，公式(171) 的积分相等. 把积分号下的函数写成形式 $f(x)\sqrt{K}\left(\frac{x}{y}\right)^{\frac{1}{4}}g(y)\sqrt{K}\left(\frac{y}{x}\right)^{\frac{1}{4}}$，并引用布尼亚柯夫斯基不等式，可得 $|I|\leqslant\sqrt{A}\sqrt{B}$，而

$$A=\int_0^{\infty}|f(x)|^2\left[\int_0^{\infty}K(x,y)\left(\frac{x}{y}\right)^{\frac{1}{2}}\mathrm{d}y\right]\mathrm{d}x=k\|f\|^2$$

完全同样 $B=k\|g\|^2$，由此得(172). 由(172) 可得具有核 $K(x,y)$ 的算子的范数不超过 k. 特别是如果 $K(x,y)=1:(x+y)$，依

$$\int_0^{\infty}\frac{x^{-\frac{1}{2}}}{1+x}\mathrm{d}x=\pi$$

可得

$$\left|\int_0^{\infty}\int_0^{\infty}\frac{f(x)\overline{g(y)}}{x+y}\mathrm{d}x\mathrm{d}y\right|\leqslant\pi\|f\|\cdot\|g\|$$

完成上述的变数代换，可以证明具有核 $1:(x+y)$ 的算子在区间 $[0,\pi]$ 上有连续谱.

182. 弱收敛

我们已在前面研究过 L_p 中的弱收敛. 我们来回忆对于 $p=2$ 的情形的基本

结果. 如果考察 $L_2(\mathscr{E})$(其中 $\mathscr{E}$ 是任一固定的可测集合),那么弱收敛 $\varphi_n(x)\xrightarrow{\text{弱}}\varphi(x)$ 由下面的等式定义:对于任何函数 $\psi(x)\in L_2(\mathscr{E})$ 得

$$\lim_{n\to\infty}\int_{\mathscr{E}}\psi(x)\varphi_n(x)\mathrm{d}x=\int_{\mathscr{E}}\psi(x)\varphi(x)\mathrm{d}x \tag{173}$$

弱收敛的必要且充分条件是:

1) $L_2(\mathscr{E})$ 中的范数 $\|\varphi_n\|$ 有界;

2) 对于线性鞘在 $L_2(\mathscr{E})$ 中稠密的函数 $\psi(x)\in L_2(\mathscr{E})$ 的集合上,条件(173)成立.

对于一维的情形,如果 $\mathscr{E}$ 是有穷或无穷区间,那么第二个条件可用下式代替

$$\lim_{n\to\infty}\int_c^{\xi}\varphi_n(x)\mathrm{d}x=\int_c^{\xi}\varphi(x)\mathrm{d}x$$

其中 c 是所述区间中任一固定数,而 ξ 则为这个区间中的任意数.

可以证明下面的命题:如果 $L_2(\mathscr{E})$ 中的函数序列 $\varphi_n(x)$ 弱收敛于某函数 $\varphi(x)$,而在 $\mathscr{E}$ 上殆遍收敛于某函数 $\omega(x)\in L(\mathscr{E})$,那么 $\varphi(x)$ 与 $\omega(x)$ 相抵.

183. 空间 H 的其他实现

除 l_2 与 L_2 以外,还可指出希尔伯特空间一系列有用的其他实现. 设 $\mathscr{E}$ 是 n 维空间中某一可测集合,而 L_2 是 $\mathscr{E}$ 上可测并平方可和的函数所组成的空间,而关于测度可以取勒贝格测度或是某另一个正常的集合函数. 在后一情形将有勒贝格-斯蒂尔切斯积分. 定义空间 $L_{2,m}$ 如下. $L_{2,m}$ 中的元是 L_2 中的 m 个函数所构成的序列:$(f_1,f_2,\cdots,f_m)$,其中 $f_k\in L_2(k=1,2,\cdots,m)$. 零元是其中每个 f_k 与零相抵的元. 用数相乘及加法都自然地定义如下

$$a(f_1,f_2,\cdots,f_m)=(af_1,af_2,\cdots,af_m)$$
$$(f_1,f_2,\cdots,f_m)+(g_1,g_2,\cdots,g_m)=$$
$$(f_1+g_1,f_2+g_2,\cdots,f_m+g_m)$$

而数积由下面的公式定义

$$(x,y)=\int_{\mathscr{E}}(f_1\overline{g}_1+f_2\overline{g}_2+\cdots+f_m\overline{g}_m)\mathrm{d}\omega$$

其中 $\mathrm{d}\omega$ 在勒贝格积分的情形是 R_n 中的体积元素,而在勒贝格-斯蒂尔切斯积分的情形是正常函数的微分. 容易证明 $L_{2,m}$ 是可分的希尔伯特空间的表现. $L_{2,m}$ 上的线性算子 $y=Ax$ 与 L_2 上 m^2 个线性算子 $A_{ik}(i,k=1,2,\cdots,m)$ 同效,而 y 的分量由 x 的分量表示如下

$$g_i=\sum_{k=1}^{m}A_{ik}f_k$$

上面希尔伯特空间的表现是由已知的希尔伯特空间 $H_1,H_2,\cdots,H_m$ 作希

尔伯特空间 H 的抽象作法的特例. 空间 H 中的元 x 是指元序列$(x_1,x_2,\cdots,x_m)$,其中 $x_k\in H_k$. 元 x 叫作零,是指每个 x_k 是 $H_k(k=1,2,\cdots,m)$ 中的零元. 乘以数及元的相加两运算定义如下

$$a(x_1,x_2,\cdots,x_m)=(ax_1,ax_2,\cdots,ax_m)$$
$$(x_1,x_2,\cdots,x_m)+(y_1,y_2,\cdots,y_m)=$$
$$(x_1+y_1,x_2+y_2,\cdots,x_m+y_m)$$

而数积的定义如下

$$(x,y)=\sum_{k=1}^{m}(x_k,y_k)$$

本身与它的前 l 阶广义导数均属于 $L_2(D)$(D 是 n 维空间中的某个域)的函数 $\varphi(x)$ 组成的每个空间 $W_2^{(l)}(D)$[112],是具有数积

$$(\varphi,\psi)=\int_D\left[\varphi(x)\,\overline{\psi(x)}+\sum_{1\leqslant\alpha\leqslant l}D^{\alpha}\varphi(x)\cdot\overline{D^{\alpha}\psi(x)}\right]\mathrm{d}x \tag{174}$$

的完备希尔伯特空间,上式中的求和是对所有前 l 阶的导数取的. 于此还假定域对于它自己某个点是星形的,因此[111] 中所述的广义导数的性质于此成立.

我们来考察空间 $W_2^{(1)}(D)$. 属于这个空间的函数 $\varphi(x)$ 在域 D 的分界面 S 上有边界值(S 假定是充分光滑的). 不难验证,满足边值条件

$$\varphi(x)\mid_S=0$$

的函数 $\varphi(x)\in W_2^{(1)}(D)$ 组成的集合是具有数积

$$(\varphi,\psi)=\int_D\sum_{k=1}^{n}\frac{\partial\varphi(x)}{\partial x_k}\cdot\overline{\frac{\partial\psi(x)}{\partial x_k}}\mathrm{d}x \tag{175}$$

的完备希尔伯特空间.

如果把差值与常数相抵的函数看成是相同的函数,也就是把这些函数看成空间的同一个元,那么 $W_2^{(1)}(D)$ 中的以(175) 作为数积而没有任何边值条件的函数组成的集合也是完备希尔伯特空间.

§3 无界算子

184. 闭算子

现在来考察这样的分配算子,它们不一定在整个 H 上定义,并且对于它们不假定有界性(范数的有穷性). 我们引入将要用到的记号. 设 A 是分配算子,$D(A)$ 表示 A 的定义域,并且总假定它是线性簇,而 $R(A)$ 表示 A 的值域. 依 A 的分配性,A 的值域也是线性簇. 若 A 建立 $D(A)$ 与 $R(A)$ 的元间的一一对应,

则在 $R(A)$ 上定义逆算子 A^{-1}.

A^{-1} 存在的必要且充分条件是方程 $Ax=0$(在 $D(A)$ 上) 仅有零解[127].

所谓算子 A 与 B 重合(相等),写作 $A=B$,是指它们的定义域相同,并且对于这个域上的所有元 x,$Ax=Bx$.算子 B 叫作算子 A 的扩张,写作 $A\subseteq B$,是指 $D(A)$ 含于 $D(B)$ 中,并且对于 $x\in D(A)$,$Ax=Bx$.记号 $A\subseteq B$ 可以包括等式 $A=B$ 的情形.如果对于 $x\in D(A)$,$Ax=Bx$,而线性簇 $D(B)$ 真大于 $D(A)$,那么写成 $A\subsetneqq B$.还要注意,如果 x 既属于 $D(A)$ 又属于 $D(B)$,那么 $(A+B)x=Ax+Bx$ 有意义,而如果 $x\in D(B)$,$Bx\in D(A)$,那么 $(AB)x=A(Bx)$ 有意义.因为我们并不假定算子处处有定义以及依范数有界,所以不能断定它的连续性.然而分析一下对有界算子证明过的基本性质,就可以知道其中许多性质不是这种算子的连续性的结果,而是由它的较弱的性质,即所谓闭性推出的.现在转到线性算子的这个极其重要的性质的定义并进行分析.

定义 算子 A 叫作闭的,是指它满足下列条件:如果 $x_n\in D(A)(n=1,2,\cdots)$,且序列 x_n 与 Ax_n 有极限 $x_n\Rightarrow x_0$ 及 $Ax_n\Rightarrow y_0$,那么 $x_0\in D(A)$,$Ax_0=y_0$.

如果算子不是闭的,那么会发生它是否具有闭的扩展的问题.如果 $D(A)$ 中存在具有相同极限的两个元序列 x_n 与 x'_n,而 Ax_n 与 Ax'_n 的极限不同,那么算子 A 显然没有闭的扩展.如果当 x_n 与 x'_n 有相同的极限时,Ax_n 与 Ax'_n 总不会有不同的极限,那么算子 A 容有闭的扩展,并且其中有一个最小的、闭的扩展,我们用 $\overline{A}$ 表示.我们来叙述 $\overline{A}$ 的构造.如果 $x_n\in D(A)$,$x_n\Rightarrow x_0$,而 $Ax_n\Rightarrow y_0$,那么我们把 x_0 归入 $\overline{A}$ 的定义域,并令 $\overline{A}x_0=y_0$.依上文所述条件,$\overline{A}$ 是唯一确定的.应用三角形不等式,容易证明 $\overline{A}$ 是闭算子.所述的 A 的扩展运算叫作封闭 A①.若 B 是 A 的任一闭的扩展,则不准看出 $\overline{A}\subseteq B$.

定理 1 若 A 是闭算子,B 是在 $D(A)$ 上的有界算子,则 $A+B$ 也是闭算子;A^{-1} 如果存在,也是闭算子,而且方程 $Ax=0$ 的解的集合是一个子空间.

定理中所有的结论由算子的闭性定义直接推出.

定理 2 如果 A 容有封闭并在 $R(A)$ 上有有界逆算子 A^{-1},则 $\overline{A}$ 有逆算子 $\overline{A}^{-1}$,它在子空间 $\overline{R(A)}$ 上定义而且是有界的.

若 $R(A)$ 是子空间,则 A^{-1} 是闭算子.若 $R(A)$ 不是子空间,我们可以把有界算子 A^{-1} 从线性簇 $R(A)$ 延展到子空间 $\overline{R(A)}$ 上.以 B 记所得的有界算子:$R(B)=\overline{R(A)}$.不难看出,方程 $Bx=0$ 在 $\overline{R(B)}$ 上仅有零解.不然的话,存在序列 $x_n\in D(A)$,使 $x_n\Rightarrow 0$,而 $Ax_n\Rightarrow y\neq 0$.但这与 A 容有封闭相矛盾,因为若取

① 以下也称封闭 A 而得的算子为 A 的封闭.—— 译者注

$x'_n = 0 (n=1,2,\cdots)$，则 $Ax'_n = 0$. 算子 $A_1 = B^{-1}$ 显然是 A 的封闭. 定理证毕.

注　我们看出，在所考察的情形中，A 的封闭与有界算子 A^{-1} 的按连续性扩张的联系是一意的.

系　若 A 是闭算子，且在 $R(A)$ 上存在有界逆算子 A^{-1}，则 $R(A)$ 是子空间.

185. 共轭算子

先给出一个简单的注：若元 z 与在 H 中稠密的线性簇 l 正交，则 z 是零元.

事实上，若 $x \in l$，则 $(x,z)=0$，并设 y 是 H 的任意元. 由于 l 在 H 中稠密，故存在 l 中的元序列 x_n 使 $x_n \Rightarrow y$. 依 z 的性质我们有 $(x_n,z)=0$，而于极限情形 $(y,z)=0$，即 z 与 H 中的任一元正交，于特例，z 与本身正交，即 $(z,z) = \|z\|^2 = 0$，从而 $z=0$. 若 l 在 H 中不稠密，则显然存在与 l 正交的元 z.

以后我们都假定算子是分配的.

我们假定算子 A 在线性簇 $D(A)$ 上定义，而 $D(A)$ 在 H 中稠密. 作 (Ax, y)，其中 $x \in D(A)$，y 是 H 的任意元. 存在元 y，使对于 $D(A)$ 中的任意元 x，(Ax,y) 可以表示为下面的形式

$$(Ax,y)=(x,y^*) \quad (x \in D(A)) \tag{1}$$

其中 y^* 是 H 中的某元. 例如，若 $y=0$，则对于 $D(A)$ 中的任一 x，$(Ax,0)=(x,0)$. 若对于某一 y，表示式(1) 成立，则在这个表示式中的 y^* 是唯一确定的. 事实上，若对于某一 y，我们有

$$(Ax,y)=(x,y_1^*) \text{ 及 } (Ax,y)=(x,y_2^*) \quad (x \in D(A))$$

那么两式相减就得 $(x, y_1^* - y_2^*)=0$，即 $y_1^* - y_2^*$ 与线性簇 $D(A)$ 正交，由此可知 $y_1^* = y_2^*$. 能够使 (Ax,y) 表示成式(1) 的所有 y 组成的集合显然是一个线性簇，且在其上定义一个把 y 映为 y^* 的分配算子. 这个算子叫作与 A 共轭的算子，并记为 A^*. 因此 $y^* = A^* y$，l^* 是 $D(A^*)$，公式(1) 可以改写为

$$(Ax,y)=(x,A^*y) \quad (x \in D(A), y \in D(A^*)) \tag{2}$$

由以上所论可知：A^* 存在的必要且充分条件是线性簇 $D(A)$ 在 H 中稠密. 如上面所指出，A^* 是分配算子. 对于有界算子 A，前面已有 A^* 的定义. 现在来叙述共轭算子的一系列性质.

定理 1　算子 A^* 是闭的.

设 $x_n \in D(A^*)$，且 $x_n \Rightarrow x_0$，$A^* x_n \Rightarrow y_0$. 依 A^* 的定义，我们有 $(Ax, x_n) = (x, A^* x_n)$，其中 $x \in D(A)$，取极限得 $(Ax, x_0)=(x, y_0)$，由此依 A^* 的定义，可知 $x_0 \in D(A^*)$，而 $A^* x_0 = y_0$. 定理得证.

定理 2　若 $D(A)$ 与 $D(B)$ 在 H 中稠密，且 $A \subsetneqq B$，则 $B^* \subseteq A^*$.

线性簇 $D(B^*)$ 是由凡对于任一 $x \in D(B)$ 等式 $(Bx,y)=(x,y^*)$ 成立的元 y 组成的，并且 $y^* = B^* y$. 但依 $A \subsetneqq B$，由 $(Bx,y)=(x,y^*)(x \in D(B))$ 可

知对于 $x \in D(A)$，$(Ax,y)=(x,y^*)$，这就是说，如果 $y \in D(B^*)$，那么 $y \in D(A^*)$ 及 $B^*y=A^*y=y^*$，而这正意味着 $B^* \subseteq A^*$.

定理 3 若 $D(A)$ 在 H 中稠密且 A 容有封闭，则 $(\overline{A})^*=A^*$.

我们有 $A \subseteq \overline{A}$，因此 $(\overline{A})^* \subseteq A^*$，剩下要证明的是：凡 $D(A^*)$ 的元 y 也是 $D(\overline{A}^*)$ 的元. 根据条件，对于 $x \in D(A)$，$(Ax,y)=(x,A^*y)$，而我们需证对于 $x \in D(\overline{A})$，$(\overline{A}x,y)=(x,A^*y)$. 若 $x \in D(\overline{A})$，则有 $D(A)$ 中的元序列 x_n，使 $x_n \Rightarrow x$ 及 $Ax_n \Rightarrow \overline{A}x$. 依条件，$(Ax_n,y)=(x_n,A^*y)$，而于极限情形 $(\overline{A}x,y)=(x,A^*y)$. 这就是所要证的.

定理 4 如果存在 A^* 与 $(A^*)^*=A^{**}$，那么 $A \subseteq A^{**}$.

线性簇 $D(A^{**})$ 的元 z 由对于凡 $y \in D(A^*)$ 成立的等式：$(A^*y,z)=(y,z^{**})$ 定义，并且其中的 $z^{**}=A^{**}z$. 但由 A^* 的定义，我们有 $(A^*y,z)=(y,Az)$，其中 $y \in D(A^*)$，$z \in D(A)$，由此可知 $A \subseteq A^{**}$.

由定理 1，A^{**} 是闭算子，故由 $A \subseteq A^{**}$ 可知 A 容有闭的扩展，即 A^{**} 的存在是 A 有闭的扩展的充分条件. 下面我们将看到，这个条件还是必要的. 我们记得，A^{**} 的存在与 $D(A^*)$ 在 H 中稠密是等效的.

定理 5 若 $D(A)$ 与 $R(A)$ 在 H 中稠密，且逆算子 A^{-1} 存在，那么算子 A^*，$(A^{-1})^*$ 及 $(A^*)^{-1}$ 存在，并且

$$(A^*)^{-1}=(A^{-1})^* \tag{3}$$

A^* 与 $(A^{-1})^*$ 的存在由 $D(A)$ 与 $R(A)$ 在 H 中稠密直接推出. 设 $x \in D(A^*)$，$y \in D(A^{-1})=R(A)$. 我们有

$$(x,y)=(x,AA^{-1}y)=(A^*x,A^{-1}y)$$

由此推出 $A^*x \in D((A^{-1})^*)$ 及

$$(A^{-1})^*A^*x=x \quad (x \in D(A^*)) \tag{4}$$

这说明方程 $A^*x=0$ 仅有零解(在 $D(A^*)$ 中)，即算子 $(A^*)^{-1}$ 存在. 其次，由(4)可知

$$(A^*)^{-1} \subseteq (A^{-1})^* \tag{5}$$

现在设 $x \in D(A)$ 及 $y \in D((A^{-1})^*)$. 我们有

$$(x,y)=(A^{-1}Ax,y)=(Ax,(A^{-1})^*y)$$

由此可得 $(A^{-1})^*y \in D(A^*)$ 及

$$A^*(A^{-1})^*y=y \quad (y \in D((A^{-1})^*))$$

由这个等式推出

$$(A^{-1})^* \subseteq (A^*)^{-1}$$

与(5)结合即得(3). 定理证毕.

方程

$$Ax=y \tag{6}$$

的可解性与共轭算子的概念有着联系.

定义域 $D(A)$ 在 H 中稠密的闭算子 A 叫作正规可解的,是指方程(6) 可解(不必是唯一的解) 的必要且充分条件是 y 与方程

$$A^* z=0 \tag{7}$$

的解所组成的子空间正交.

定理 6 定义域 $D(A)$ 在 H 中稠密的闭算子 A 为正规可解的必要且充分条件是 $R(A)$ 为子空间.

算子 A^* 是闭的,从而方程(7) 的解的集合是某个子空间 l. 不难看出,凡 l 的元都与 $R(A)$ 正交. 事实上,如果 $y \in R(A)$,那么 $y=Ax$,且

$$(y,z)=(Ax,z)=(x,A^* z)=(x,0)=0$$

因此,依数积的连续性,l 与子空间 $\overline{R(A)}$ 正交. 现在证明,若某元 w 与 $R(A)$ 正交,则它属于 l. 事实上,由 $(Ax,w)=0$ 可知

$$(Ax,w)=(x,0)=(x,A^* w)$$

即 $A^* w=0$,所以 $w \in l$. 由所述可知,整个 H 是两个正交子空间的直接和

$$H=\overline{R(A)} \oplus l$$

而 A 为正规可解的必要且充分条件是 $R(A)$ 与 $\overline{R(A)}$ 重合,即 $R(A)$ 是子空间.

186. 算子的图像

除空间 H 外,我们再考察空间 $\vec{H}$,这个空间的元是由 H 中的元 x 与 y 组成的元偶 $\{x,y\}$,而 $\vec{H}$ 中的元乘以数与元的相加运算由等式

$$\alpha\{x,y\}=\{\alpha x,\alpha y\} \text{ 与 } \{x_1,y_1\}+\{x_2,y_2\}=\{x_1+x_2,y_1+y_2\} \tag{8}$$

定义.

数积由等式

$$(\{x_1,y_1\},\{x_2,y_2\})=(x_1,x_2)+(y_1,y_2) \tag{9}$$

定义.

不难验证希尔伯特空间的所有公理是满足的. 如果 A 是 H 上的算子,那么空间 $\vec{H}$ 的元 $\{x,Ax\}$ $(x \in D(A))$ 所组成的集合 $F(A)$ 叫作算子 A 的图像. 这个集合中的每个元由它的横坐标(元偶中的第一个元) 所唯一确定. 反之,若 $\vec{H}$ 中某个集合 F 的一切元都被其横坐标所唯一确定,则在 H 上存在算子(不一定是分配的),它的图像就是集合 F. 不难看出,算子 A 的闭性与集合 $F(A)$ 在 $\vec{H}$ 中是闭的等效. 若 A 是在线性簇上定义的分配算子,则 $F(A)$ 是 $\vec{H}$ 中的线性簇. 与前面一样,下面我们只讨论在线性簇上定义的分配算子.

我们用下面的等式定义整个 $\vec{H}$ 上的算子 U

$$U\{x,y\}=\{\mathrm{i}y,-\mathrm{i}x\} \tag{10}$$

不难看出,U 是么范算子,而且 $U^{-1}=U$. 设 A 是 H 上的某个算子. 作集合 $UF(A)$ 的某个元与任一元 $\{x,y\}$ 的数积

$$(\{\mathrm{i}Az, -\mathrm{i}z\}, \{x, y\}) = \mathrm{i}[(Az, x) - (z, y)] \quad (z \in D(A)) \tag{11}$$

设 A 是 H 上的闭算子，而 $D(A)$ 在 H 中稠密. 现在证明 $\overrightarrow{H}$ 分解为两个正交子空间的公式

$$\overrightarrow{H} = UF(A) \oplus F(A^*) \tag{12}$$

若元 $\{x,y\}$ 与 $UF(A)$ 正交，则由(11) 可知对于 $z \in D(A)$，$(Az,x) = (z,y)$，即 $x \in D(A^*)$，$y = A^*x$，换句话说，$\{x,y\} \in F(A^*)$. 反之，由(11) 推出，若 $\{x,y\} \in F(A^*)$，则元 $\{x,y\}$ 与 $UF(A)$ 正交. 为了证明(12)，尚需注意，由 A 与 A^* 的闭性能推出 $UF(A)$ 与 $F(A^*)$ 是空间 $\overrightarrow{H}$ 的子空间.

若算子 A 非闭，但 $D(A)$ 仍在 H 中稠密，则(12) 换作

$$\overrightarrow{H} = \overline{UF(A)} \oplus F(A^*) \tag{13}$$

再者，差 $\overrightarrow{H} \ominus \overline{UF(A)}$ 是那些与 $\overline{UF(A)}$ 或者同样的与 $UF(A)$ 正交的元 $\{x, y\}$ 所组成的集合 $\mathfrak{M}$，也就是说依(11)，集合 $\mathfrak{M}$ 是由满足条件 $(Az,x) = (z,y)$ $(z \in D(A))$ 的元偶 $\{x,y\}$ 所组成的，因此算子 A^* 的存在与集合 $\mathfrak{M}$ 的元由其横坐标唯一决定是同效的.

由所述可知下面的辅助定理成立.

辅助定理 算子 A^* 存在的必要且充分条件是集合

$$\overrightarrow{H} \ominus \overline{UF(A)}$$

的元由它的横坐标唯一确定.

现在证明下面的定理.

定理 1 若算子 A 在稠密集合上定义，并且容有封闭，则 A^* 与 A^{**} 存在，而且

$$A^{**} = \overline{A} \tag{14}$$

首先假设 A 是闭算子. 由公式(12) 及 $U^{-1} = U$ 可得

$$\overrightarrow{H} = F(A) \oplus UF(A^*)$$

就是说集合 $F(A) = \overrightarrow{H} \ominus UF(A^*)$ 的元由它的横坐标唯一确定，而依辅助定理，这个集合确定与 A^* 共轭的算子的图像，即 A^{**} 的图像. 但这个集合是 $F(A)$，从而 $A^{**} = A$.

设 A 非闭，但容有封闭. 依上面所证可知 $(\overline{A})^{**} = \overline{A}$. 而另一方面有[185]：$(\overline{A})^{**} = ((\overline{A})^*)^* = (A^*)^* = A^{**}$，由此得(14).

系 若 A^* 与 A^{**} 存在，则 A 容有封闭[185]，并且由(14) 推出

$$(A^{**})^* = A^{***} = A^* \tag{15}$$

定理 2 若 A 是闭算子且 $D(A) = H$，则 A 是有界算子.

由本定理的条件以及定理 1，可知 $D(A^*)$ 在 H 中稠密且 $A = A^{**}$. 首先证明存在正数 N，使 $\|A^*x\| \leqslant N\|x\|$ $(x \in D(A^*))$.

为此我们考察数积

$$(Ay,x)=(y,A^*x)\quad (x\in D(A^*),y\in H)$$

对于 $D(A^*)$ 中固定的 x，它界定 H 上的某个线性(有界)泛函 $l_x(y)$. 若 $x_n\in D(A^*)$ 且 $x_n\Rightarrow 0$，则泛函序列 $l_{x_n}(y)$ 在 H 中的任一元 y 上趋于零，因此存在正数 N_1 使[100]

$$|l_{x_n}(y)|=|(y,A^*x_n)|\leqslant N_1\|y\| \tag{16}$$

如果算子 A 的范数不是有穷的，那么存在属于 $D(A^*)$ 的序列 $x_n\Rightarrow 0$，而 $\|A^*x_n\|\to\infty$. 但这与(16)矛盾，因为在(16)中令 $y=A^*x_n$，可得 $\|A^*x_n\|^2\leqslant N_1\|A^*x_n\|$，即 $\|A^*x_n\|\leqslant N_1$. 因此，在 $D(A^*)$ 上 $\|A^*\|\leqslant N$. 于是 A^* 可以拓展到整个 H 上，而因 A^* 是闭算子，故 $D(A^*)=H$. 算子 $A^{**}=A$(与有界算子 A^* 共轭)是有界的，定理从而得证.

我们还要指出，若 λ 是某个数，而 A^* 存在，则 $(A-\lambda E)^*=A^*-\bar{\lambda}E$ 也存在. 若 B 是在整个 H 上定义的有界线性算子，而 A 有 A^*，则 $(A+B)^*$ 存在且等于 A^*+B^*.

187. 对称算子及自共轭算子

以后我们主要研究所谓对称的以及自共轭的算子.

定义 1 算子 A 叫作对称的，是指 $D(A)$ 在 H 中稠密，且对于 $D(A)$ 中的任意 x 与 y 有

$$(Ax,y)=(x,Ay) \tag{17}$$

由(17)可知，$D(A)$ 中的任一 y 也属于 $D(A^*)$，且对于这些 y，$A^*y=Ay$，就是说

$$A\subseteq A^* \tag{18}$$

对称算子叫作下半有界的，是指存在有穷的

$$m_A=\inf(Ax,x)\quad (x\in D(A)\text{ 且 }\|x\|=1)$$

由此推出

$$(Ax,x)\geqslant m_A(x,x)\quad (x\in D(A)) \tag{19}$$

而数 m_A 不能换为较大的数.

如果 $m_A>0$，那么算子 A 叫作正定的，而如果 $m_A\geqslant 0$，那么 A 叫作正的[比较 126].

再注意，如果线性簇 $D(A)$ 在 H 中稠密，而 (Ax,x) 对于凡 $x\in D(A)$ 是实数，那么 A 是对称算子，即对于 x 与 $y\in D(A)$，$(Ax,y)=(x,Ay)$. 它的证明与[124]中的定理 2 完全一样.

定义 2 对称算子 A 叫作自共轭的，如果 $A^*=A$.

由上文所述可知，要证对称算子是自共轭的，只需证明：如果某个元 $x\in D(A^*)$，那么 $x\in D(A)$. 依(18)，对称算子 A 容有封闭，并且有下面的关系式

$$\bar{A}=A^{**}\subseteq A^*,A^{***}=\bar{A}^*=A^* \tag{20}$$

自共轭算子显然是闭的.

再注意,若λ是实数,则当A为对称算子时,算子$A-\lambda E$也对称,而当A为自共轭算子时,算子$A-\lambda E$也自共轭.

定理 1 若自共轭算子A有逆算子A^{-1},则A的值域$R(A)$在H中稠密,且A^{-1}是$R(A)$上的自共轭算子.

如果线性簇$R(A)$在H中不稠密,那么会有异于零的元z与$R(A)$正交,即

$$(Ax,z)=0 \quad (x\in D(A))$$

也就是$(Ax,z)=(x,0)$. 而这就是表示$z\in D(A^*)$与对于非零元z,$A^*z=Az=0$,这与存在逆算子A^{-1}矛盾. 因此,我们证明了线性簇$R(A)$在H中稠密.

由[185]定理5推出$(A^{-1})^*=(A^*)^{-1}$,再由A的自共轭性得$(A^{-1})^*=A^{-1}$,即A^{-1}确是自共轭算子.

定理 2 如果对于对称算子A存在数λ,使形如$(A-\lambda E)x$及$(A-\bar{\lambda}E)x$ $(x\in D(A))$的元都填满整个H,那么A是$D(A)$上的自共轭算子.

我们需证明,如果$y\in D(A^*)$,那么$y\in D(A)$. 对于$x\in D(A)$,我们有$(Ax,y)=(x,y^*)$,从而

$$((A-\bar{\lambda}E)x,y)=(x,y^*-\lambda y)$$

依条件,至少存在一个元$z\in D(A)$,使$y^*-\lambda y=(A-\lambda E)z$,而由$A$的对称性,可得

$$((A-\bar{\lambda}E)x,y)=(x,(A-\lambda E)z)=((A-\bar{\lambda}E)x,z)$$

但形如$(A-\bar{\lambda}E)x$的元遍取整个H中的元,因此由上面的等式可得$y=z\in D(A)$. 定理得证.

系 设A是对称算子,$R(A)=H$,那么A是自共轭算子.

要证明这个系,只需对于$\lambda=0$应用定理2.

在[189]中我们要证明一个依一定意义与定理2的结果相反的命题.

就是说,若A是自共轭算子,而λ不是实数,则算子$A-\lambda E$具有在整个H上定义的有界逆算子.

定理 3 若对称算子A具有在$R(A)$上为有界的逆算子A^{-1},则$R(A^*)=H$.

依对称算子的封闭仍是对称算子以及等式$A^*=\bar{A}^*$,所以在证明时可以假定A是闭算子. 应用[184]中的定理2,可以断言$R(A)$是子空间. 我们需证明,对于任意固定的$y^*\in H$及任意的$x\in D(A)$,数积(x,y^*)可以写成(Ax,y)的形式. 记$Ax=z$,则得$(x,y^*)=(A^{-1}z,y^*)$,而因算子A^{-1}在$R(A)$上有界,所以可以把表示式$(A^{-1}z,y^*)$看作是子空间$R(A)$上的线性(有界)泛函$l_{y^*}(z)$,并且可以写成(z,y)的形式[123],其中$y\in R(A)$,因此可得

$$(x, y^*) = (z, y) = (Ax, y).$$

这个等式表明,任一 $y^* \in H$ 可以表示成 $A^* y$ 的形式. 于是定理得证.

系 如果 A 是自共轭正定算子,那么 A^{-1} 存在并且在整个 H 上定义且有界.

依 A 的正定性,也就是

$$(Ax, x) \geqslant \alpha(x, x) \quad (\alpha > 0)$$

可得 $\alpha \| x \| \leqslant \| Ax \|$,由此推出在 $R(A)$ 上存在 A^{-1},而且它的范数 $\| A^{-1} \|$ 不大于 α^{-1}. 根据上面的定理,可以断定 $R(A^*) = H$,而因为 $R(A^*) = R(A)$,所以 A^{-1} 在整个 H 上定义.

最后,注意下面的事实:对于对称算子 A 的任一对称扩展 $\widetilde{A}$,关系式 $\widetilde{A} \subseteq A^*$ 成立;自共轭算子没有对称扩展.

这两个结论由对称算子与自共轭算子的定义直接推出.

定理 4 如果闭线性算子 A 的值域在 H 中稠密,那么乘积 $A^* A$ 是正自共轭算子.

$A^* A$ 的正性由等式

$$(A^* Ax, x) = (Ax, Ax) \geqslant 0 \quad (x \in D(A^* A))$$

推出.

由等式

$$(A^* Ax, y) = (Ax, Ay) = (x, A^* Ay)$$

即知 $A^* A$ 在 $D(A^* A)$ 上具有对称性.

现在证明方程

$$(A^* A + E)x = y \tag{21}$$

对于 H 中的任一 y 有(唯一的)解. 考察[186]中引入的空间 $\overrightarrow{H}$,以及它的分解

$$\overrightarrow{H} = F(A) \oplus UF(A^*)$$

由上式推出,元 $\{y, 0\}$ 可以唯一地表示成

$$\{y, 0\} = \{x, Ax\} + \mathrm{i}\{A^* z, -z\}$$

的形式.

因此,$y = x + \mathrm{i}A^* z$,$z = -\mathrm{i}Ax$,从而

$$y = x + A^* Ax \quad (x \in D(A^* A))$$

就是说方程(21)对于任一 $y \in H$ 有解. 现证 $D(A^* A)$ 在 H 中稠密. 如果不然,则必有异于零的元 z 与 $D(A^* A)$ 正交. 依上面所述,它可以写成 $z = (A^* A + E)x_0$ 的形式,其中 $x_0 \in D(A^* A)$,并且对于任一 $x \in D(A^* A)$ 有

$$0 = (z, x) = ((A^* A + E)x_0, x) = (x_0, (A^* A + E)x)$$

再令 $x = x_0$,可得

$$\| x_0 \|^2 + (x_0, A^* Ax_0) = \| x_0 \|^2 + \| Ax_0 \|^2 = 0$$

即 $x_0=0$,这与上文矛盾.这样一来,$D(A^*A)$ 在 H 中是稠密的,从而 A^*A 与 $E+A^*A$ 是对称算子.因为 $R(A^*A+E)=H$,所以算子 A^*A+E 是自共轭的(定理 2).这表示 A^*A 也是自共轭算子.

188. 无界算子的例

在这一小节中,我们从算子的一般理论的观点来考察各种微分算子.它们都是无界算子.我们对实变元的复值函数组成的复希尔伯特空间 L_2 进行研究.在这个空间中的分部积分公式在下面要起基本的作用,它与实空间中的分部积分公式具有同样的形式,就是说对于 $W_2^{(1)}(D)$ 中的任两个函数 $\varphi(x)$ 与 $\psi(x)$,在域 D 的边界 S 为逐段光滑的情形下我们有[113]

$$\int_D \frac{\partial\varphi(x)}{\partial x_i}\overline{\psi(x)}\mathrm{d}x=-\int_D \varphi(x)\overline{\frac{\partial\psi(x)}{\partial x_i}}\mathrm{d}x+\int_S \varphi(x)\overline{\psi(x)}\cos(n,x_i)\mathrm{d}s \quad (22)$$

其中的 n 是 S 的外法线.

我们从最简单的微分算子 $D=\mathrm{i}\frac{\mathrm{d}}{\mathrm{d}x}$ 开始.

1) 空间 $H=L_2[0,1]$ 上的算子 $D=\mathrm{i}\frac{\mathrm{d}}{\mathrm{d}x}$.

如上面所看到的,在抽象理论中,算子 A 由它的定义域 $D(A)$ 与 A 作用于 $D(A)$ 的元的计算规律所确定.

我们所取的算子 D 自然可以定义于 $L_2[0,1]$ 中凡具有属于 $L_2[0,1]$ 的广义导数函数的集合上.但 D 在如此宽广的函数类上定义时就不再具有例如当它在紧支光滑函数集上定义时所具有的一系列性质.因此在所举各例中,我们首先考察微分算子是定义于满足某些边界条件的光滑函数的集合上,并且研究它的一些性质,如对称性、正定性、可逆性等,以后再提出它是否有保持原来算子所具种种性质的扩张的问题.

原微分算子的定义域的选择不是唯一的.为了着重指出这一点,在下面所举的例子中我们选择不同的定义域.

我们以 A 表示在 $\dot{C}^{(1)}[0,1]$ 上考察的算子 D,$\dot{C}^{(1)}[0,1]$ 是一切在$[0,1]$上连续可微的紧支函数的集合(参考[113]中的记号).对于 $D(A)$ 中的元 φ,$A\varphi$ 依公式

$$A\varphi=\mathrm{i}\frac{\mathrm{d}\varphi(x)}{\mathrm{d}x} \quad (23)$$

计算,而 $D(A)$ 在 $L_2[0,1]$ 中稠密.

算子 A 是对称的,因为由(23)推出,对于 $D(A)$ 中的 $\varphi(x)$ 与 $\psi(x)$ 有

$$(A\varphi,\psi)=\int_0^1 \mathrm{i}\frac{\mathrm{d}\varphi(x)}{\mathrm{d}x}\overline{\psi(x)}\mathrm{d}x=-\int_0^1 \mathrm{i}\varphi(x)\overline{\frac{\mathrm{d}\psi(x)}{\mathrm{d}x}}\mathrm{d}x=(\varphi,A\psi)$$

由 A 的对称性可知,A 容有封闭,并且有共轭算子以及关系式 $A \subseteq \overline{A} \subseteq A^*$. 我们阐明 $D(A)$ 与 $D(A^*)$ 是由哪些函数所组成的. 设

$$\varphi_m(x) \in D(A), \varphi_m(x) \Rightarrow \varphi(x), A\varphi_m = \psi_m(x) \Rightarrow \psi(x)$$

于是

$$\varphi(x) \in D(\overline{A}), \psi(x) = \overline{A}\varphi(x)$$

由广义导数理论可知 A 的这个封闭是由 $D(A)$ 到 $D(\overline{A}) = \mathring{W}_2^{(1)}[0,1]$ 的扩张[113].

$\mathring{W}_2^{(1)}[0,1]$ 中的每个 $\varphi(x)$ 是绝对连续函数,它在区间端点上等于零,并具有属于 $L_2[0,1]$ 的一阶广义导数. 我们可以证明,凡这样的函数也属于 $\mathring{W}_2^{(1)}[0,1]$. 对于 $D(\overline{A})$ 中的 $\varphi(x)$,$\overline{A}\varphi$ 也由公式(23) 计算,所不同的只是 $\frac{\mathrm{d}}{\mathrm{d}x}$ 这时表示求广义导数而非平常导数. 现在研究 $D(A^*)$ 由什么函数组成. 若函数 $\psi(x) \in L_2[0,1]$ 满足 $(A\omega, \varphi) = (\omega, \psi)$,即对于凡 $D(A)$ 中的 $\omega(x)$ 有

$$\int_0^1 \mathrm{i} \frac{\mathrm{d}\omega(x)}{\mathrm{d}x} \overline{\varphi(x)} \mathrm{d}x = \int_0^1 \omega(x) \overline{\psi(x)} \mathrm{d}x \tag{24}$$

那么 $\varphi(x) \in D(A^*)$. 而这就是说[109],$\varphi(x)$ 具有广义导数 $\frac{\mathrm{d}\varphi(x)}{\mathrm{d}x} = -\mathrm{i}\psi(x)$,也就是 $\varphi(x) \in W_2^{(1)}[0,1]$,$\mathrm{i}\frac{\mathrm{d}\varphi(x)}{\mathrm{d}x} = \psi(x)$,并且 $W_2^{(1)}[0,1]$ 中任一函数 $\varphi(x)$ 满足(24),其中 $\psi(x) = \mathrm{i}\frac{\mathrm{d}\varphi(x)}{\mathrm{d}x}$. 因此我们证明了,$D(A^*) = W_2^{(1)}[0,1]$ 且 $A^*\varphi = \mathrm{i}\frac{\mathrm{d}\varphi(x)}{\mathrm{d}x}$. 显然,$W_2^{(1)}[0,1]$ 比 $\mathring{W}_2^{(1)}[0,1]$ 宽广. 易知 A^* 在 $D(A^*)$ 上不是对称的.

我们证明,在 $R(A)$ 上存在有界逆算子(由此推出 $R(\overline{A})$ 是子空间). 设 $\varphi(x) \in D(A)$. 于是 $\varphi(x) = \frac{1}{\mathrm{i}}\int_0^x A\varphi(x)\mathrm{d}x$,而依布尼亚柯夫斯基不等式,我们得

$$\|\varphi\|^2 = \int_0^1 \left| \int_0^x A\varphi(x)\mathrm{d}x \right|^2 \mathrm{d}x \leqslant \|A\varphi\|^2$$

从而可知在 $R(A)$ 上存在 A^{-1},并且 $\|A^{-1}\| \leqslant 1$.

我们来叙述算子 A 的各种可能的不同自共轭扩张. 我们知道,对于任一对称扩张 $\widetilde{A}$ 必成立关系 $A \subsetneqq \widetilde{A} \subseteq A^*$,就是说,在作这种扩张时,我们需补充 $D(A^*)$ 中的一些元到 $D(A)$ 中去,而且在这些补充元 z 上设 $\widetilde{A}z = A^*z$. 同时应注意使扩张不破坏算子的对称性.

我们把 H 表示成

$$H = R(\overline{A}) \oplus U$$

依[185]中的定理,U 是由经 A 的共轭算子映为零元的 $u(x)$ 所组成的. 但 $A^* u = \mathrm{i}\dfrac{\mathrm{d}u(x)}{\mathrm{d}x}$,因此 $u(x)=$常数. 我们试把 A 由 $R(A)$ 扩张到 H,并且保持算子的对称性. 为此,我们需要取方程 $A^*\varphi=$常数的一切解,再从其中挑出使算子 D 在其上对称的那些元素.

显然,$\varphi(x)$ 具有形式 $\varphi(x)=C_1(x+C)$. 取常数 C 与 C_1,使 D 在 $\varphi(x)$ 上是对称的,即满足

$$0=(D\varphi,\varphi)-(\varphi,D\varphi)=\mathrm{i}\varphi(x)\overline{\varphi(x)}\Big|_{x=0}^{x=1}=$$
$$\mathrm{i}\,|C_1|^2[(1+C)\cdot(1+\overline{C})-C\overline{C}]=\mathrm{i}\,|C_1|^2[1+C+\overline{C}]$$

由此知 C_1 可以任意,而 $C=-\dfrac{1}{2}+\beta\mathrm{i}$,其中 β 是任意的实数. 我们把元 $\varphi(x)=C_1\left(x-\dfrac{1}{2}+\beta\mathrm{i}\right)$ 加到 $D(\overline{A})$ 中去,这里 β 是固定的实数,而 C_1 是任意的复数. 记所得的集合为 $D(A)$,而定义于其上的算子则记为 $\widetilde{A}$. 易证 $\widetilde{A}$ 是 A 的对称扩张.

另一方面,由 $\widetilde{A}$ 的构造可知它的值域为整个 H,因此 $\widetilde{A}$ 是 A 的自共轭扩张[187]. 容易看出,添加到 $D(A)$ 中的元满足边界条件

$$\varphi(1)=\frac{\dfrac{1}{2}+\beta\mathrm{i}}{-\dfrac{1}{2}+\beta\mathrm{i}}\varphi(0)$$

即

$$\varphi(1)=\mathrm{e}^{\mathrm{i}\theta}\varphi(0)\quad(0<\theta<2\pi) \tag{25}$$

显然,$D(\overline{A})$ 的元也满足这个条件. 另一方面,对于满足条件(25)的 $D(A^*)$ 中的任一元 $\varphi(A)$,以下恒等式成立

$$\int_0^1 \mathrm{i}\frac{\mathrm{d}\varphi(x)}{\mathrm{d}x}\overline{\omega(x)}\mathrm{d}x=\int_0^1\varphi(x)\overline{\mathrm{i}\frac{\mathrm{d}\omega(x)}{\mathrm{d}x}}\mathrm{d}x$$

其中 $\omega(x)$ 是 $D(\widetilde{A})$ 中的任意元. 因此这种 $\varphi(x)\in D(\widetilde{A}^*)$ 并且 $\widetilde{A}^*\varphi=\mathrm{i}\dfrac{\mathrm{d}\varphi(x)}{\mathrm{d}x}$. 但 $\widetilde{A}$ 是 A 的自共轭扩张,即 $A^*=\widetilde{A}$,从而 $D(\widetilde{A})$ 是由所有满足条件(25)的 $D(A^*)$ 中的元所组成的. 由所述可知,$\mathring{W}_2^{(1)}[0,1]=D(\overline{A})$ 是由绝对连续而在区间端点上等于零且具有 $\dfrac{\mathrm{d}\varphi(x)}{\mathrm{d}x}\in L_2[0,1]$ 的所有函数 $\varphi(x)$ 组成的.

我们已经作出了 $R(\widetilde{A})=H$ 的 A 的所有可能的自共轭扩张. 任一实参数 β 都确定一个这种扩张,或者同样的,这些扩张由在范围 $0<\theta<2\pi$ 内变动的实

数 θ 所确定.

我们再阐明算子 A 可能有满足 $R(A')=R(\overline{A})$ 的自共轭扩张 A'.

如果这种扩张存在,那么 $D(\overline{A})$ 只补充进经 A^* 映为零元的元 $\varphi(x)$,即 $\varphi(x)=$ 常数. 在集合"$D(A)+$ 常数"上的算子 D 就是 $\overline{A}$ 的对称扩展 A'. 集合 $D(A')$ 可以描述为:它由满足 $\varphi(0)=\varphi(1)$ 的所有元 $\varphi(x)\in D(A^*)$ 所组成.

我们证明 $D(A'^*)=D(A')$. 设 $\varphi(x)\in D(A'^*)$,即对任意的 $\omega(x)\in D(A')$ 有

$$0=(A'\omega,\varphi)-(\omega,\psi) \tag{26}$$

但 $D(A'^*)\subseteq D(A^*)$,因而

$$(A'\omega,\varphi)=\int_0^1 \mathrm{i}\,\frac{\mathrm{d}\omega(x)}{\mathrm{d}x}\,\overline{\varphi(x)}\,\mathrm{d}x=\int_0^1 \omega(x)\,\mathrm{i}\,\overline{\frac{\mathrm{d}\varphi(x)}{\mathrm{d}x}}\,\mathrm{d}x+\mathrm{i}\omega(x)\,\overline{\varphi(x)}\Big|_{x=0}^{x=1}$$

由此,依 $\omega(x)\in D(A')$ 与(26),我们有 $\psi(x)=\mathrm{i}\,\dfrac{\mathrm{d}\varphi(x)}{\mathrm{d}x}$ 与 $\varphi(0)=\varphi(1)$,即 $\varphi(x)\in D(A')$. 因此,我们证明了 A' 是 A 的自共轭扩张. 如果把 $D(A')$ 中的函数所满足的边界条件 $\varphi(0)=\varphi(1)$ 和前面已得的扩张所满足的条件(25)作一比较,那么可以看出,A' 与值 $\theta=0$(或者一样的与值 $\beta=\infty$)相应.

这样一来,我们列举了算子 A 的所有可能的自共轭扩张. 除此之外,A 还有各种不同的非自共轭扩张,但我们不拟去研究了.

与 $\theta\neq 0$ 相应的自共轭扩张 $\widetilde{A}$ 具有有界逆算子 $\widetilde{A}^{-1}$. 事实上,如果 $\widetilde{A}\varphi=\mathrm{i}\,\dfrac{\mathrm{d}\varphi(x)}{\mathrm{d}x}=0$, 则 $\varphi(x)=C$,而依(25),必有 $C=\mathrm{e}^{\mathrm{i}\theta}C$,即 $C=0$. 由此可知,$\widetilde{A}^{-1}$ 存在,又因它在整个 H 上定义,而且是自共轭算子,从而是有界的[186].

算子 A' 在 $R(A')=R(A)$ 上却没有逆算子.

2) 空间 $H=L_2(-\infty,+\infty)$ 上的算子 $D=\mathrm{i}\,\dfrac{\mathrm{d}}{\mathrm{d}x}$.

我们用 A 表示对连续可微的紧支函数 $\varphi(x)$ 定义的微分算子 D. 容易证明,它是对称算子,且 $D(A)$ 在 H 中稠密.

我们来研究共轭算子 A^*. 若对于任一 $\varphi(x)\in D(A)$ 成立关系式

$$\int_{-\infty}^{+\infty} \mathrm{i}\,\frac{\mathrm{d}\varphi(x)}{\mathrm{d}x}\,\overline{\psi(x)}\,\mathrm{d}x=\int_{-\infty}^{+\infty} \varphi(x)\,\overline{\psi^*(x)}\,\mathrm{d}x \tag{27}$$

那么 $\psi(x)\in D(A^*)$,并且 $\psi^*(x)\in L_2(-\infty,+\infty)$,$\psi^*(x)=A^*\psi(x)$. 但由广义导数的第一个定义,直接推出 $D(A^*)$ 就是集合 $W_2^{(1)}(-\infty,+\infty)$,即由凡在每个有穷区间上绝对连续并且导数属于 $L_2(-\infty,+\infty)$ 的 $L_2(-\infty,+\infty)$ 中的函数所组成,因此 $\psi^*(x)=D\psi(x)$. 现在证明,如果 $\varphi(x)\in W_2^{(1)}(-\infty,+\infty)$,那么当 $x\to\pm\infty$ 时 $\varphi(x)\to 0$. 由明显的公式

$$|\varphi(x)|^2=|\varphi(a)|^2+\int_a^x \frac{\mathrm{d}\varphi(x)}{\mathrm{d}x}\overline{\varphi(x)}\mathrm{d}x+\int_a^x \varphi(x)\overline{\frac{\mathrm{d}\varphi(x)}{\mathrm{d}x}}\mathrm{d}x$$

以及 $\varphi(x)$ 与 $\frac{\mathrm{d}\varphi(x)}{\mathrm{d}x}\in L_2(-\infty,+\infty)$，可知当 $x\to\pm\infty$ 时 $|\varphi(x)|$ 具有有穷的极限且必等于零.

现在来研究 A^{**}. 如果对于凡 $\varphi(x)\in D(A^*)$，关系式(27) 成立，那么 $\psi(x)\in D(A^{**})$，并且 $\psi^*(x)\in L_2(-\infty,+\infty)$ 及 $\psi^*(x)=A^{**}\psi(x)$.

留意 $A\subsetneqq A^*$ 与 $A^{**}\subseteq A^*$，我们可以断言，凡 $D(A^{**})$ 中的函数 $\psi(x)$ 必属于 $D(A^*)$，即属于 $W_2^{(1)}(-\infty,+\infty)$，而 $A^{**}\psi(x)=D\psi(x)$. 另一方面，如设 $\varphi(x)\in D(A^*)$，$\psi(x)\in W_2^{(1)}(-\infty,+\infty)$ 以及 $\psi^*(x)=\mathrm{i}\frac{\mathrm{d}\psi(x)}{\mathrm{d}x}$，我们容易验证关系式(27). 事实上，在任意有穷区间上取分部积分可得

$$\int_a^b \mathrm{i}\frac{\mathrm{d}\varphi(x)}{\mathrm{d}x}\overline{\psi(x)}\mathrm{d}x=\int_a^b\varphi(x)\mathrm{i}\overline{\frac{\mathrm{d}\psi(x)}{\mathrm{d}x}}\mathrm{d}x+\mathrm{i}\varphi(x)\overline{\psi(x)}\Big|_{x=a}^{x=b}$$

留意当 $x\to\pm\infty$ 时，$\varphi(x)$ 与 $\psi(x)\to 0$，那么令 $a\to+\infty$ 与 $b\to-\infty$ 就得关系式(27). 由所述可知 $A^{**}=A^*$，即 A^* 是自共轭算子. 但我们知道 $A^{**}=\overline{A}$，因此封闭算子 $\overline{A}$ 得到自共轭算子 A^*.

3) 空间 $H=L_2(0,+\infty)$ 上的算子 $D=\mathrm{i}\frac{\mathrm{d}}{\mathrm{d}x}$.

设 A 是定义于所有在无穷远处及点 $x=0$ 的邻域中为紧支的连续可微的函数集合上的算子 D. 利用与上面完全相似的验证，可以证明，A^* 是算子 D，$D(A^*)$ 是由 H 中的在任一有穷区间$[0,a]$上绝对连续并且导数属于 $L_2(0,+\infty)$ 的函数 $\varphi(x)$ 所组成的，而 $D(\overline{A})=D(A^{**})$ 是满足条件 $\varphi(0)=0$ 的 $D(A^*)$ 中的函数 $\varphi(x)$ 的集合，并且 $\widetilde{A}\varphi(x)=\mathrm{i}\frac{\mathrm{d}\varphi(x)}{\mathrm{d}x}$. 因此，$D(A^*)$ 比 $D(\overline{A})$ 广，而 $\overline{A}$ 不是自共轭算子，因为$(\overline{A})^*=A^*$. 现在证明 $\overline{A}$ 没有自共轭扩张. 设 $\widetilde{A}$ 是这种扩张. 我们有：$\widetilde{A}\varphi=\mathrm{i}\frac{\mathrm{d}\varphi(x)}{\mathrm{d}x}$，因为 $\widetilde{A}\subseteq A^*$，而 $D(\widetilde{A})$ 应比 $D(\overline{A})$ 广. 下面要证明，如果 $\varphi(x)\in D(\widetilde{A})$，那么 $\varphi(x)\in D(\overline{A})$，而这个矛盾证明 A 没有自共轭扩张.

设 $\varphi(x)\in D(\widetilde{A})$，从而 $\varphi(x)\in D(A^*)$. 由公式$(\widetilde{A}\varphi,\varphi)=(\varphi,\widetilde{A}\varphi)$ 可得等式

$$\int_0^{+\infty}\mathrm{i}\frac{\mathrm{d}\varphi}{\mathrm{d}x}\overline{\varphi(x)}\mathrm{d}x=\int_0^{+\infty}\varphi(x)\overline{\frac{\mathrm{d}\varphi(x)}{\mathrm{d}x}}\mathrm{d}x$$

由此，依 $x\to+\infty$ 时 $\varphi(x)\to 0$，推出 $\varphi(0)=0$，即 $\varphi(x)\in D(\overline{A})$.

4) 空间 $L_2(0,1)$ 上的算子 $-\frac{\mathrm{d}^2\varphi(x)}{\mathrm{d}x^2}+q(x)\varphi(x)$.

设 $q(x)$ 是区间$[0,1]$上的实连续函数，而 A 是算子 $-\frac{\mathrm{d}^2}{\mathrm{d}x^2}+q(x)$，它在满足下面条件的函数 $\varphi(x)$ 的集合 $D(A)$ 上定义：对于 $x\in[0,1]$，$\varphi(x)$ 与 $\frac{\mathrm{d}\varphi(x)}{\mathrm{d}x}$ 绝对连续，$\varphi(0)=\varphi(1)=0$，$\frac{\mathrm{d}^2\varphi(x)}{\mathrm{d}x^2}\in L_2(0,1)$. 不难验证 A 是对称算子，而 $D(A)$ 在 H 中稠密.

我们假定 $q(x)$ 具有这样的性质：方程 $-y''+q(x)y=0$ 除平凡解 $y\equiv 0$ 之外，没有其他的当 $x=0$ 及 $x=1$ 时等于零的函数满足它. 我们需证明，这时 $R(A)=H$，从而推出 A 是自共轭算子.

设 $f(x)\in L_2(0,1)$. 我们需证明，存在 $D(A)$ 中的函数 $\varphi(x)$ 使 $A\varphi(x)=f(x)$.

引入函数

$$\psi(x)=-\int_0^x\left[\int_0^t f(\tau)\mathrm{d}\tau\right]\mathrm{d}t+x\int_0^1\left[\int_0^t f(\tau)\mathrm{d}\tau\right]\mathrm{d}t$$

它显然属于 $D(A)$，并且 $-\psi''(x)=f(x)$. 再设 $\omega(x)$ 是方程

$$-\omega''(x)+q(x)\omega(x)=-q(x)\psi(x)$$

的满足条件 $\omega(0)=\omega(1)=0$ 的解. 这样的解（具有前二阶连续导数）是存在的[Ⅳ;173]. 不难直接验证，函数 $\varphi(x)=\psi(x)+\omega(x)$ 属于 $D(A)$，而 $A\varphi(x)=f(x)$. 这就是所要证的. 这样一来，A 是自共轭算子. 算子 A 具有有界逆算子[Ⅳ;173]

$$A^{-1}f(x)=-\int_0^1 G(x,t)f(t)\mathrm{d}t$$

其中 $G(x,t)$ 是在边值条件 $\omega(0)=\omega(1)=0$ 之下的算子 A 的格林函数. 例如取 $q(x)\geqslant 0$，那么上文所作的关于方程 $-y''+q(x)y=0$ 的解的假定（在 $x=0$ 及 $x=1$ 时解为零）是满足的.

5) 空间 $H=L_2(D)$ 上的算子 $D^k=(\mathrm{i})^k\frac{\partial^k}{\partial x_{l_1}\cdots\partial x_{l_k}}$，这里 D 是 R_n 中的有界域.

设 A 是对所有在 D 上 k 次连续可微的紧支函数定义的算子 D^k. 我们知道 $D(A)$ 在 H 中稠密. 而借[109]中的(123)容易验证 A 是对称的. 共轭算子 A^* 的定义域由 $L_2(D)$ 中的所有在 D 的内部具有形如 D^k 的广义导数（由广义导数的定义可知它属 $L_2(D)$）的函数 $\varphi(x)$ 所组成. 显然，$D(A^*)$ 比 $D(A)$ 广. 在 $R(A)$ 上存在有界逆算子. 事实上，设 $\varphi(x)\in D(A)$，在 D 外令 $\varphi(x)=0$，并置

D 于正方体 $-a \leqslant x_i \leqslant a$ 之中. 于是 $\varphi(x)$ 可表示为形式

$$\varphi(x)=\int_{-a}^{x_{l_1}}\cdots\int_{-a}^{x_{l_k}}(-\mathrm{i})^k A\varphi(x_1,\cdots,x_n)\mathrm{d}x_{l_1}\cdots\mathrm{d}x_{l_k}$$

由此,应用布尼亚柯夫斯基不等式容易得到

$$\|\varphi\|_{L_2(D)} \leqslant C\|A\varphi\|_{L_2(D)}$$

因此在 $R(A)$ 上存在 A^{-1}, $\|A^{-1}\| \leqslant C$,而 $R(\overline{A})$ 是 H 的子空间. 如下面算子扩张理论中将证明的,对于这样的对称算子至少有一个自共轭扩张.

6) 空间 $H=L_2(D)$ 上的算子 $-\Delta=-\sum\limits_{k=1}^{n}\frac{\partial^2}{\partial x_k^2}$,其中 D 是 R_n 中的有界域.

设 A 是对于所有在 D 上二次连续可微的紧支函数定义的算子 $-\Delta$,即设 $D(A)=\dot{C}^{(2)}(D)$. 集合 $\dot{C}^{(2)}(D)$ 在 H 中稠密. 如果 $\varphi(x) \in D(A)$,那么

$$\int_D -\Delta\varphi(x)\overline{\varphi(x)}\mathrm{d}x=\int_D\sum_{k=1}^{n}\left|\frac{\partial\varphi(x)}{\partial x_k}\right|^2\mathrm{d}x \tag{28}$$

即 A 是正的,从而也是对称算子. 此外我们知道[114],对于凡 $\varphi(x) \in D(A)$ 有

$$\|\varphi\|_{L_2(D)} \leqslant C\left[\int_D\sum_{k=1}^{n}\left|\frac{\partial\varphi(x)}{\partial x_k}\right|^2\mathrm{d}x\right]^{\frac{1}{2}} \tag{29}$$

其中 C 是对凡 $\varphi(x) \in D(A)$ 都相同的仅与 D 的范围有关的常数. 由(28) 与(29) 推出

$$\|\varphi\|_{L_2(D)} \leqslant C^2\|A\varphi\|_{L_2(D)} \tag{30}$$

就是说 A 是正定的,而在 $R(A)$ 上存在 $\|A^{-1}\| \leqslant C^2$ 的有界逆算子 A^{-1},且 $R(\overline{A})=\overline{R(A)}$.

如以后要证明的,这样的算子 A 容有自共轭扩张,并且每个扩张与拉普拉斯算子的某个边值问题相应. 这里我们还要叙述 $D\overline{A}$ 与 $D(A^*)$ 的构造. 取 $\varphi(x) \in D(A)$,进行分部积分,容易证明等式

$$\int_D|\Delta\varphi(x)|^2\mathrm{d}x=\int_D\sum_{i,k=1}^{n}\left|\frac{\partial^2\varphi(x)}{\partial x_i\partial x_k}\right|^2\mathrm{d}x \tag{31}$$

成立,由此再注意(28) 与(29) 可得

$$\|\varphi\|_{W_2^{(2)}(D)} \leqslant C_1\|\Delta\varphi(x)\|_{L_2(D)} \tag{32}$$

这里 C_1 是仅与域有关的一个常数. 现在设 $\varphi_m(x) \in D(A)$, $\varphi_m(x) \Rightarrow \varphi(x)$ 及 $A\varphi_m(x) \Rightarrow \overline{A}\varphi(x)$. 由(32) 推出,这里 $\varphi_m(x)$ 依 $W_2^{(2)}(D)$ 中的范数收敛于 $\varphi(x)$,因此 $\varphi(x)$ 属于 $W_2^{(2)}(D)$,且 $A\varphi=-\Delta\varphi(x)$. $D(A)$ 的这个完备化我们用 $\mathring{W}_2^{(2)}(D)$ 表示它[113],因此 $D(\overline{A})=\mathring{W}_2^{(2)}(D)$.

现设 $\varphi(x) \in D(A^*)$. 这就是说,有函数 $\psi(x) \in H$,使恒等式

$$\int_D -\Delta\omega(x)\overline{\varphi(x)}\mathrm{d}x=\int_D\omega(x)\overline{\psi(x)}\mathrm{d}x \tag{33}$$

对所有 $\omega(x) \in D(A)$ 成立. 作牛顿势函数

$$u(x) = \frac{1}{k_n}\int_D \frac{\psi(y)}{|x-y|^{n-2}}\mathrm{d}y \tag{34}$$

其中 k_n 是 R_n 中的单位球面的面积.

我们知道[Ⅱ;201],若 $\psi(y)$ 是连续可微函数,那么 $u(x)$ 在 D 上二次连续可微,且

$$-\Delta u(x) = \psi(x) \tag{35}$$

现在证明,若 $\psi(y) \in L_2(D)$,则 $u(x) \in W_2^{(2)}(D)$. 为此,我们令 $\psi(y)$ 在 D 外等于零,作 $\psi(y)$ 的中值函数 $\psi_\rho(y)$ 并考察函数

$$u_\rho(x) = \frac{1}{k_n}\int_{R_n} \frac{\psi_\rho(y)}{|x-y|^{n-2}}\mathrm{d}y$$

这个函数二次连续可微,且满足方程

$$-\Delta u_\rho(x) = \psi_\rho(x) \tag{36}$$

当 $\rho \to 0$ 时,$u_\rho(x)$ 与 $\dfrac{\partial u_\rho(x)}{\partial x_k}$ 依 $L_2(D_1)$ 中的范数收敛于 $u(x)$ 与 $\dfrac{\partial u(x)}{\partial x_k}$[115],这里的 D_1 是任一有界域. 我们假定 D 是严格位于 D_1 内的. 依(36)可以断定,对于 $v(x) = u_\rho(x) - u_{\rho'}(x)$ 等式

$$\int_{R_n} |\Delta v(x)|^2 \zeta(x)\mathrm{d}x = \int_{R_n} |\psi_\rho(x) - \psi_{\rho'}(x)|^2 \zeta(x)\mathrm{d}x \tag{37}$$

成立,其中 $\zeta(x)$ 是固定的二次连续可微的非负函数,且在 D 中等于 1,在 D 外等于 0,又处处满足条件(易证这样的函数是存在的)

$$\zeta_{x_k}^2(x) \leqslant C_2\zeta(x) \tag{38}$$

应用分部积分公式,可以把(37)变成形式

$$\int_{D_1} |\psi_\rho(x) - \psi_{\rho'}(x)|^2 \zeta(x)\mathrm{d}x = \int_{D_1} \sum_{i,k=1}^n \left|\frac{\partial^2 v(x)}{\partial x_i \partial x_k}\right|^2 \zeta(x)\mathrm{d}x +$$
$$\int_{D_1}\left[\sum_{i,k=1}^n \frac{\partial v(x)}{\partial x_i}\overline{\frac{\partial^2 v(x)}{\partial x_i \partial x_k}}\frac{\partial \zeta(x)}{\partial x_k} - \sum_{i=1}^n \frac{\partial v(x)}{\partial x_i}\overline{\Delta v(x)}\frac{\partial \zeta(x)}{\partial x_i}\right]\mathrm{d}x$$

由此,应用不等式 $|2ab| \leqslant \varepsilon |a|^2 + \dfrac{1}{\varepsilon}|b|^2 (\varepsilon > 0)$ 与不等式(38),可得

$$\int_{D_1} \sum_{i,k=1}^n \left|\frac{\partial^2 v(x)}{\partial x_i \partial x_k}\right|^2 \zeta(x)\mathrm{d}x \leqslant \int_{D_1} |\psi_\rho(x) - \psi_{\rho'}(x)|^2 \zeta(x)\mathrm{d}x +$$
$$C_3\int_{D_1}\left[\varepsilon \sum_{i,k=1}^n \left|\frac{\partial^2 v(x)}{\partial x_i \partial x_k}\right|^2 \zeta(x) + \frac{1}{\varepsilon}\sum_{i,k=1}^n \left|\frac{\partial v(x)}{\partial x_k}\right|^2\right]\mathrm{d}x$$

取 $\varepsilon=\frac{1}{2C_3}$，于是由上式可得

$$\frac{1}{2}\int_{D_1}\sum_{i,k=1}^{n}\left|\frac{\partial^2 v(x)}{\partial x_i\partial x_k}\right|^2\zeta(x)\mathrm{d}x\leqslant\int_{D_1}|\psi_\rho(x)-\psi_{\rho'}(x)|^2\zeta(x)\mathrm{d}x+2C_3^2\int_{D_1}\sum_{k=1}^{n}\left|\frac{\partial v(x)}{\partial x_k}\right|^2\mathrm{d}x$$

由此可得结论：当 ρ 与 $\rho'\to 0$ 时，函数 $v(x)=u_\rho(x)-u_{\rho'}(x)$ 连同它的一阶及二阶导数依 $L_2(D)$ 中的范数均趋于零.

因此，由公式(34)定义的 $u_\rho(x)$ 的极限函数 $u(x)$ 属于 $W_2^{(2)}(D)$ 并且满足方程(35). 所以下面的恒等式成立：对于凡 $\omega(x)\in D(A)$ 有

$$\int_D-\Delta\omega(x)\overline{u(x)}\mathrm{d}x=\int_D\overline{\omega(x)\psi(x)}\mathrm{d}x$$

由(33)减去上式，我们得到关于 $\varphi(x)$ 的恒等式

$$\int_D-\Delta\omega(x)\overline{[\varphi(x)-u(x)]}\mathrm{d}x=0$$

在[119]中我们证明了，从这个恒等式推出 $\varphi(x)-u(x)$ 是调和函数，并且对于 D 上的任意调和函数，相应的恒等式成立.

这样一来，对于 $\varphi(x)\in D(A^*)$，我们有以下表示式

$$\varphi(x)=\frac{1}{k_n}\int_D\frac{\psi(y)}{|x-y|^{n-2}}\mathrm{d}y+v(x)$$

其中 $\psi(x)\in L_2(D)$，而 $v(x)$ 是 D 上的调和函数. 又因 $\varphi(x)$ 及上式中的积分属于 $L_2(D)$，故 $v(x)$ 也属于 $L_2(D)$. 容易验证，凡这种形式的函数 $\varphi(x)$ 都属于 $D(A^*)$，并且

$$A^*\varphi=-\Delta\varphi(x)=\psi(x)$$

7) 空间 $H=L_2(R_n)$ 上的算子 $-\Delta=-\sum_{k=1}^{n}\frac{\partial^2}{\partial x_k^2}$.

我们先不考察算子 $-\Delta$ 本身，而考察 λ 取某一实数时的算子 $-\Delta+\lambda E$. 我们取 λ 为正数，例如等于 1. 如下面将看到的，这时 $-\Delta+E$ 必有逆算子，从而使解决算子的自共轭扩张问题变得简单了.

设 A 是对一切二次连续可微的紧支函数 $\varphi(x)$ 定义的算子 $-\Delta+E$. 我们知道 $D(A)$ 在 H 中稠密，并且容易看出 $-\Delta+E$ 是对称的. 由上面所考察的例子可知，$D(\overline{A})$ 与 $D(A^*)$ 的元具有直至二阶的各广义导数，且在 R_n 中的任一有界域上是平方可和的. 算子 A^* 在 $D(A^*)$ 上作为微分算子 $-\sum_{k=1}^{n}\frac{\partial^2\varphi(x)}{\partial x_k^2}+\varphi(x)$ 来运算.

我们证明 $D(\overline{A})=W_2^{(2)}(R_n)$. 首先有 $D(\overline{A})\subseteq W_2^{(2)}(R_n)$，因为如果 $\varphi_m(x)\in$

$D(A)$ 与 $\varphi_m(x)\Rightarrow\varphi(x)$，$A\varphi_m(x)\Rightarrow\overline{A}\varphi(x)$，那么由(28)与(31)推出，当 l 与 $m\to\infty$ 时

$$\int\limits_{R_n}\left[\sum_{k=1}^{n}\left|\frac{\partial(\varphi_l(x)-\varphi_m(x))}{\partial x_k}\right|^2+\sum_{i,k=1}^{n}\left|\frac{\partial^2(\varphi_l(x)-\varphi_m(x))}{\partial x_i\partial x_k}\right|^2\right]\mathrm{d}x=$$

$$\int\limits_{R_n}[-\Delta(\varphi_l(x)-\varphi_m(x))(\overline{\varphi_l(x)}-\overline{\varphi_m(x)})+|\Delta(\varphi_l(x)-\varphi_m(x))|^2]\mathrm{d}x\leqslant$$

$$\|A(\varphi_l-\varphi_m)\|_{L_2(R_n)}\cdot\|\varphi_l-\varphi_m\|_{L_2(R_n)}+\|A(\varphi_l-\varphi_m)\|_{L_2(R_n)}^2\to 0$$

现证相反的包含关系，即 $W_2^{(2)}(R_n)\subseteq D(\overline{A})$. 设 $\varphi(x)\in W_2^{(2)}(R_n)$. 作函数序列 $\psi_m(x)=\varphi_{\frac{1}{m}}(x)\zeta_m(r)$，其中 $\varphi_{\frac{1}{m}}(x)$ 是半径为 $\frac{1}{m}$ 的 $\varphi(x)$ 的中值函数，而函数 $\zeta_m(r)$ 是二次连续可微的紧支函数，当 $r\geqslant 0$ 时定义如下

$$\zeta_m(r)=\begin{cases}1,\text{当 } 0\leqslant r\leqslant m\\ 0,\text{当 } r\geqslant m+1\\ \xi_{m-1}(r-1),\text{当 } m\leqslant r\leqslant m+1\end{cases}$$

而 $\xi_0(r)\leqslant 1$ 是非负光滑函数，当 $r\geqslant 1$ 时它等于零. 每个 $\psi_m(x)\in D(A)$. 现在证明当 $m\to\infty$ 时，$\psi_m(x)$ 依 $W_2^{(2)}(R_n)$ 的范数趋于 $\varphi(x)$. 把 $W_2^{(2)}(R_n)$ 的范数表示式中对 R_n 的积分分成两部分：一部分对 $|x|\leqslant l$ 积分，另一部分对 $|x|\geqslant l$ 积分，我们得到

$$\|\varphi-\psi_m\|_{W_2^{(2)}(R_n)}=\|\varphi-\psi_m\|_{W_2^{(2)}(|x|\leqslant l)}+\|\varphi-\psi_m\|_{W_2^{(2)}(|x|\geqslant l)}$$

设预定 $\varepsilon>0$. 取 l 足够大，可使对于一切 m 值第二项小于或等于 $\frac{\varepsilon}{2}$. 这由 $\|\varphi\|_{W_2^{(2)}(R_n)}<+\infty$ 与函数 $\zeta_m(x)$ 的构造以及 $\varphi(x)$ 的中值函数及其广义导数的性质推出. 我们依上法把 l 固定下来. 当 $m>l$ 时我们有：$\psi_m(x)=\varphi_{\frac{1}{m}}(x)$(当 $|x|\leqslant l$) 与依 $W_2^{(2)}(|x|\leqslant l)$ 的范数 $\varphi_{\frac{1}{m}}(x)\to\varphi(x)$.

由此可知，对于一切足够大的 m，下面的不等式成立

$$\|\varphi-\psi_m\|_{W_2^{(2)}(|x|\leqslant l)}\leqslant\frac{\varepsilon}{2}\text{ 与 }\|\varphi-\psi_m\|_{W_2^{(2)}(R_n)}\leqslant\varepsilon$$

由所述推得 $W_2^{(2)}(R_n)\subseteq D(\overline{A})$，因此 $D(\overline{A})=W_2^{(2)}(R_n)$ 得证. 现证 $\overline{A}=A^*$，也就是 $\overline{A}$ 是自共轭算子. 为此，只要验证算子 $\overline{A}$ 的值域是整个 $L_2(R_n)$ 就够了. 为简单起见假定 $n=3$. 任取一个连续可微的紧支函数 $\varphi(x)\in L_2(R_n)$. 如我们于[Ⅳ;231]所知，函数

$$u(x)=\frac{1}{4\pi}\int\limits_{R_n}\frac{\mathrm{e}^{-|x-y|}\varphi(y)}{|x-y|}\mathrm{d}y$$

二次连续可微并适合方程 $-\Delta u+u=\varphi$，而当 $|x|\to\infty$ 时，连同它的导数依指数律递减，因此显然 $u(x)\in W_2^2(R_n)$. 所以，$Au=\varphi(u(x)\in D(\overline{A}))$ 且算子 $\overline{A}$ 的

值域 $R(\overline{A})$ 在 H 中稠密.

我们证明在 $R(A)$ 上存在有界逆算子 A^{-1}，而由此就可得出，$R(\overline{A})$ 是子空间，从而 $R(\overline{A})=H$.

为此，设 $v(x)\in D(A)$，$-\Delta v(x)+v(x)=\psi(x)$. 以 $v(x)$ 乘这个等式并对 R_n 求积分，然后利用分部积分把它变换为

$$\int_{R_n}\psi(x)\overline{v(x)}\mathrm{d}x=\int_{R_n}\left[\sum_{k=1}^{n}\left|\frac{\partial v(x)}{\partial x_k}\right|^2+|v(x)|^2\right]\mathrm{d}x$$

由此，依柯西不等式，我们有

$$\|v\|_{L_2(R_n)}\leqslant\|\psi\|_{L_2(R_n)}=\|Av\|_{L_2(R_n)}$$

也就是在 $R(A)$ 上确实存在 A^{-1}，而 $\|A^{-1}\|\leqslant 1$. 由此证明了 $A=A^*$，或者同样的，封闭算子 A，得出它的自共轭扩张（唯一的），并且 $D(\overline{A})=W_2^{(2)}(R_n)$. 这对算子 $-\Delta=A-E$ 也正确，就是说算子 $-\Delta$ 在 $W_2^{(2)}(R_n)$ 上是自共轭的. 然而，与算子 $-\Delta+E$ 不同，算子 $-\Delta$ 没有有界逆算子（不难证明，$-\Delta$ 有逆算子，但不有界）.

189. 自共轭算子的谱

与[128]中一样，可以证明自共轭算子的固有值是实数，而与不同固有值相应的固有元相互正交，因此自共轭算子生成固有元的正交规格化组. 我们指出，由于自共轭算子的闭性，与固定的固有值相应的固有元（包括零元）组成子空间.

算子的正则点及谱点的定义与[128]中的相同. 现证一些与[129]相仿的关于自共轭算子的定理.

定理 1 若 λ 不是自共轭算子 A 的固有值，则线性簇 $R(A-\lambda E)$ 在 H 中稠密.

若 λ 是实数，则 $A-\lambda E$ 是自共轭算子，而定理的结论是[187]中定理 1 的推论. 设 λ 不是实数. 假如 $\overline{R(A-\lambda E)}\neq H$，则有非零元 z 与 $R(A-\lambda E)$ 正交，即

$$((A-\lambda E)x,z)=0\text{ 或 }((A-\lambda E)x,z)=(x,0)$$

由此推得，$z\in D(A)$ 与 $(A-\lambda E)^*z=(A-\overline{\lambda}E)z=0$，就是说 $Az=\overline{\lambda}z$，但这是不可能的，因为 A 只能有实固有值.

定理 2 λ 是自共轭算子 A 的正则点的必要且充分条件是存在正数 p，使

$$\|(A-\lambda E)x\|\geqslant p\|x\|\quad(x\in D(A))\tag{39}$$

虚数 λ 是自共轭算子的正则点.

证明与[129]中的一样，只有一点不同，A 的连续性应换为它的闭性.

与[129]中一样，由所证可得下面的系：谱点组成闭集合.

下面将看到，每个自共轭算子至少有一个谱点.

虚数 λ 是自共轭算子 A 的正则点，因此以后我们只讨论 λ 是实数的情形. 在

这种情形下,算子 $A-\lambda E$ 是自共轭的.

设 λ 不是固有值. 如果 $R(A-\lambda E)=H$,那么在整个 H 上定义的闭算子 $(A-\lambda E)^{-1}$ 有界,即 λ 是正则点.

反之,若 $R(A-\lambda E)$ 不是整个 H,则由[187] 的定理 3 可知 $(A-\lambda E)^{-1}$ 是 $R(A-\lambda E)$ 上的无界算子. 于是我们得到下面的定理:

定理 3 设实数 λ 不是固有值. 如果 $R(A-\lambda E)=H$,那么 λ 是正则点,而若线性簇 $R(A-\lambda E)$ 不是整个 H(这个线性簇在 H 中稠密),则 λ 是谱点.

现在考察当 λ 是固有值的情形,而以 P_λ 记相应固有元(包括零元)组成的子空间. 存在唯一的算子满足 $P_\lambda=H$,这就是乘以数 λ 的算子:对于凡 $x\in H$, $Ax=\lambda x$. 在其余的情形,子空间 P_λ 是 H 的真部分.

现证 P_λ 是由一切与线性簇 $(A-\lambda E)z\ (z\in D(A))$ 正交的元所组成的集合.

事实上,依 $A-\lambda E$ 的自共轭性,由 $((A-\lambda E)z,x)=0$ 推出 $x\in D(A)$ 与 $(A-\lambda E)x=0$, 反之,若 $x\in D(A)$ 且 $(A-\lambda E)x=0$,则 $((A-\lambda E)z,x)=0$. 由此可知,与子空间 P_λ 相补的子空间,即

$$H=P_\lambda\oplus Q_\lambda$$

中的子空间 Q_λ 是由公式

$$y=(A-\lambda E)z\quad(z\in D(A))$$

定义的元 y 所组成的线性簇的闭包,即 $Q_\lambda=\overline{R(A-\lambda E)}$. 我们把 $D(A)$ 中的元 z 表示成形式 $z=z_1+z_2$,其中 $z_1\in P_\lambda$, $z_2\in Q_\lambda$. 由 P_λ 的定义可知 $z_1\in D(A)$ 及 $Az_1=\lambda z_1$,所以 $z_2=z-z_1\in D(A)$,即线性簇 $D(A)$ 在 Q_λ 上的投影是 $D(A)$ 中的线性簇. 我们记此为 $D_\lambda(A)$. 这显然是 Q_λ 的那些属于 $D(A)$ 的元组成的线性簇. 算子 A 在此线性簇上定义,而且不难看出,如果 $y\in D_\lambda(A)$,那么 $Ay\in Q_\lambda$. 事实上,依条件 $(y,x)=0$,如果 $x\in D(A)$ 且满足方程 $Ax=\lambda x$,那么 $(Ay,x)=(y,Ax)=(y,\lambda x)=0$. 依上文所述,我们可以把 A 作为子空间 Q_λ 上的算子来考察, Q_λ 可认为是新的空间 H. 我们用 A_λ 表示这个算子,于是如果 $y\in D_\lambda(A)$,那么 A_λ 在 $D_\lambda(A)$ 上定义且 $A_\lambda y=Ay$. 仿通常的记法,可写 $D(A_\lambda)$ 代替 $D_\lambda(A)$.

由[191]中要证明的一个一般定理推出 $D(A_\lambda)$ 在 Q_λ 中稠密,而 A_λ 是 Q_λ 上的自共轭算子. 依 Q_λ 本身的构造,值 λ 不可能是 A_λ 的固有值,但既可能是 A_λ 的正则点又可能是它的谱点. 在第一种情形, $(A_\lambda-\lambda E)z\ (z\in D(A_\lambda))$ 把 $D(A_\lambda)$ 映到完备空间 Q_λ 之中,而在第二种情形,把 $D(A_\lambda)$ 映到在 Q_λ 中稠密的线性簇中. 我们可写 $(A-\lambda E)z$ 代替 $(A_\lambda-\lambda E)z$. 对于 P_λ 中的一切 z,我们有 $(A-\lambda E)z=0$.

由上所述,得出值 λ 的以下分类.

Ⅰ. 正则值 λ,其特征是: $R(A-\lambda E)=H$,且存在有界逆运算子 $(A-\lambda E)^{-1}$.

Ⅱ. 使 $R(A-\lambda E)$ 是异于 H 的线性簇,而 $\overline{R(A-\lambda E)}=H$ 的值 λ,在 $R(A-$

λE）上有无界逆算子$(A-\lambda E)^{-1}$. 通常称这样的 λ 属于连续谱.

Ⅲ. λ 是 A 的固有值，又是 A_λ 的正则点. 对于这种 λ 值，$R(A-\lambda E)$ 是与 H 不重合的子空间. 关于这种 λ 值，通常称为只属于点谱.

Ⅳ. λ 是 A 的固有值，又是 A_λ 的点谱. 对于这种 λ 值，$R(A-\lambda E)$ 不是子空间，而是一个线性簇，其闭包$\overline{R(A-\lambda E)}$ 是与 H 不重合的子空间. 关于这种 λ 值，通常称为同时属于点谱和连续谱.

在自共轭算子 A 的谱中可能缺少某些类型的 λ 值. 对于有界自共轭算子，我们已证明过，它的谱至少包含一个点. 不难看出，对于无界自共轭算子 A 亦然. 事实上，我们假设对于每个实数 λ 算子 $A-\lambda E$ 具有有界逆算子. 我们有明显的等式

$$\frac{1}{\lambda}(A-\lambda E)A^{-1}=\frac{1}{\lambda}E-A^{-1}\quad(\lambda\neq 0)$$

并且等式两端各是自共轭有界算子. 由上述假设及写出的等式可知，对于任一实数 μ，$R(\mu-A^{-1})$ 是整个 H，而这与有界算子 A^{-1} 有点谱矛盾.

下面将证明，无界自共轭算子有无穷多个分布在轴 λ 的任一固定的区间外的点谱.

如果 λ 不是 A 的固有值，那么算子

$$R_\lambda=(A-\lambda E)^{-1}\tag{40}$$

如我们所知叫作算子 A 的豫解式. 它在 $R(A-\lambda E)$ 上定义，并且把这个线性簇一对一地映到 $D(A)$ 中. 由逆算子的定义推出，若 $x\in D(A)$ 且 $R_\lambda x=0$，则 $x=0$（比较[130]）. 与有界算子一样，下面的公式成立

$$R_\lambda=R_{\bar\lambda}^{*}\tag{41}$$

若 λ 是实数，则上式由 R_λ 的自共轭性推出. 对于复数 λ，则它由公式$(A-\lambda E)^*=A-\bar\lambda E$ 与$[(A-\lambda E)^{-1}]^*=[(A-\lambda E)^*]^{-1}$ 推出. 若 λ 与 μ 为正则值，即与有界算子完全一样，可以证明公式[130]

$$R_\mu-R_\lambda=(\mu-\lambda)R_\mu R_\lambda\tag{42}$$

190. 点谱的情形

我们称自共轭算子 A 具有点谱，如果它的固有元的规格化正交组在 H 中是完备的. 设 $x_k(k=1,2,\cdots)$ 是依某一方式编号的这样的组，而 λ_k 是相应的固有值：$Ax_k=\lambda_k x_k$. 依条件，任一元 $x\in H$ 可表作它的傅里叶级数

$$x=\sum_{k=1}^{\infty}a_k x_k\tag{43}$$

定理 1 $x\in D(A)$ 的必要且充分条件是级数

$$\sum_{k=1}^{\infty}\lambda_k^2\mid a_k\mid^2\tag{44}$$

收敛.如果这个条件满足,那么

$$Ax=\sum_{k=1}^{\infty}\lambda_k a_k x_k \tag{45}$$

若 $x\in D(A)$,则元 Ax 的傅里叶系数是

$$(Ax,x_k)=(x,Ax_k)=(x,\lambda_k x_k)=\lambda_k a_k$$

由此推出级数(44)是收敛的.反之,我们假定级数(44)收敛而证明 $x\in D(A)$.由级数(44)的收敛性推出,我们可以构作元

$$x'=\sum_{k=1}^{\infty}\lambda_k a_k x_k \tag{46}$$

并且如果 y_n 表示级数(43)的部分和,就有 $y_n\in D(A)$,$y_n\Rightarrow x$ 与 $Ay_n\Rightarrow x'$,由此依算子 A 的闭性可知 $x\in D(A)$ 及 $Ax=x'$.定理得证.

我们已于上面看到,全连续自共轭算子具有纯点谱,并且不论如何编号,固有值 λ_k 当 $k\to\infty$ 时趋于 0.我们再指出自共轭算子具有点谱的一个重要情形.设 A 是具有全连续逆算子 A^{-1} 的自共轭算子.由逆算子的定义推出方程 $A^{-1}x=0$ 除不足道的解 $x=0$ 之外,不再有其他的解.全连续自共轭算子 A^{-1} 具有点谱,它的固有值 $\mu_k(k=1,2,\cdots)$ 可以按它的绝对值排列成不增的序列:$|\mu_1|\geqslant|\mu_2|\geqslant\cdots$,且由上文所述,对于一切 k,$\mu_k\neq 0$.用 x_k 表示组成规格化正交组(在 H 中完备)的相应固有元,我们可写出 $A^{-1}x_k=\mu_k x_k$,由此直接可知 $Ax_k=\lambda_k x_k$,其中 $\lambda_k=\dfrac{1}{\mu_k}$.留意[136]中所述,可得下面的定理.

定理 2 如果自共轭算子 A 具有全连续的逆算子 A^{-1},那么 A 有点谱,它的所有固有值具有有穷的秩,并在任一有穷的区间中只能有有限个 A 的固有值.

由所述可知,这种算子 A 的固有值 λ_k 可以按其绝对值排成不减的次序 $|\lambda_1|\leqslant|\lambda_2|\leqslant\cdots$,且当 $k\to\infty$ 时 $|\lambda_k|\to+\infty$.

具有点谱的算子的谱可能不只有固有值.例如,若 λ 是凝点 λ_k,则它必然属于谱,因为正则点组成开集合.我们证明,其余的 λ 值不属于谱.

定理 3 若自共轭算子 A 具有点谱,则每个不是固有值又不是固有值的凝点的实数 λ 是 A 的正则点.

依条件,有正数 m,使对于所有的 k,$|\lambda_k-\lambda|\geqslant m$.设 $x\in D(A)$.由(43)与(45)推出

$$\|(A-\lambda E)x\|^2=\sum_{k=1}^{\infty}|\lambda_k-\lambda|^2|a_k|^2\geqslant m^2\sum_{k=1}^{\infty}|a_k|^2=m^2\|x\|^2$$

由此推出点 λ 的正则性.有时称在所考察情形下的 A 具有纯点谱.

若自共轭算子 A 没有固有值,则说它具有纯连续谱.在这种情形下,对于任一 H 中的元 x,不再有(43)那样的傅里叶级数表示式,但有积分和的表示式[参照 149].下面将证明,对于任一自共轭算子可以从纯连续谱中区分出点谱

来，它与我们在[189]中把一个固有值和谱的其余部分区别出来相似. 为此，我们需引进一些新概念，它们在算子论中具有独立的兴趣.

191. 不变子空间与算子的简约

在介绍不变子空间的概念前，我们先引进在整个 H 上定义的有界算子 B 与不是在整个 H 上定义的算子 A 交换的概念.

定义 1 所谓处处有定义的有界算子 B 与算子 A 是交换的，是指它们满足以下条件：1) 若 $x \in D(A)$，则 $Bx \in D(A)$；2) 若 $x \in D(A)$，则 $BAx = ABx$.

若 A 是处处有定义的有界算子，则第一个条件不起作用，我们得到与以前一样的交换算子的定义.

定理 1 B 与自共轭算子 A 交换的必要条件是，对于任一正则值 λ，B 与豫解算子 R_λ 可交换，而充分条件是只要对于一个正则值 λ，B 与 R_λ 可交换.

B 与 R_λ（对于正则值 λ）的交换就是我们在前面定义过的平常的交换（当 $x \in H$ 时 $BR_\lambda x = R_\lambda Bx$）. 设 B 与 A 交换，λ 是任意的正则值，而 y 是 H 中的任意元. 这时 $R_\lambda y$ 与 $BR_\lambda y$ 均属于 $D(A)$，此外还有

$$ABR_\lambda y = BAR_\lambda y \tag{47}$$

但 $(A - \lambda E)R_\lambda y = y$，从而 $AR_\lambda y = (\lambda R_\lambda + E)y$，而(47)可改写为

$$ABR_\lambda y = \lambda BR_\lambda y + By \text{，或} (A - \lambda E)BR_\lambda y = By \tag{48}$$

应用算子 R_λ 到上式的两端，就得 $BR_\lambda y = R_\lambda By$，定理的必要条件得证.

现在假设存在正则值 λ 使 $BR_\lambda y = R_\lambda By$. 由式子右端的形式可知，对于凡 $y \in H$，式子两端均属于 $D(A)$. 如果 y 遍历整个 H，则 $x = R_\lambda y$ 遍历整个 $D(A)$，而由上面的等式推知，若 $x \in D(A)$，则 Bx 也属于 $D(A)$. 应用算子 $A - \lambda E$ 到所述的等式两端，可得(48)与(47)，而(47)对于 $x \in D(A)$ 可改写为 $ABx = BAx$ 的形式，充分性也证明了.

系 若对某一正则值 λ，B 与 R_λ 是交换的，则对一切正则值 λ，B 与 R_λ 也是交换的.

现在给出不变子空间的定义.

定义 2 子空间 L 叫作对于算子 A 的不变子空间，是指满足以下条件：若 $x \in D(A)$ 及 $x \in L$，则 $Ax \in L$.

若 L 是对于 A 的不变子空间，而 $D_L(A)$ 是由那些同时属于 $D(A)$ 与 L 的元 x 所组成的线性簇，则 A 在 L 上诱导出算子 A_1，它在 $D_L(A)$ 上定义，并且当 $x \in D_L(A)$ 时 $Ax = A_1 x$. 子空间 L 可以作为希尔伯特空间（也可能是有穷维的）来考察. 如我们于下面将看到的，重要的是不只 L 而且相补子空间 $H \ominus L$ 关于 A 也是不变的，并且任一元 $x \in D(A)$ 在 L 上的投影也属于 $D(A)$. 由这导致下面的定义.

定义 3 我们说子空间 L 简约算子 A，如果以下条件满足：1) L 及 $M = H \ominus$

L 对于 A 是不变子空间;2) 若 $x \in D(A)$,则 x 在 L 上的投影也属于 $D(A)$.

下面我们用 P_K 表示到子空间 K 上的投影算子. 我们有

$$x = P_L x + P_M x \tag{49}$$

若 $x \in D(A)$,则由定义可知,$P_L x \in D(A)$,从而 $P_M x \in D(A)$,就是说若 L 简约 A,则 M 也简约 A. 设 A_1 与 A_2 是算子 A 在 L 与 M 上诱导出来的算子. 于是对于凡 $x \in D(A)$,有

$$Ax = A_1(P_L x) + A_2(P_M x) \tag{50}$$

这样我们把 A 分解为作用于 L 与 M 上的两个算子 A_1 与 A_2.

定理 2 为使子空间 L 简约算子 A,必须且只需 P_L 与 A 是交换的.

先证必要性. 设 L 简约 A. 如此,由简约的定义可知,若 $x \in D(A)$,则 $P_L x \in D(A)$. 尚需证明,对于 $x \in D(A)$,$P_L A x = A P_L x$. 我们有公式(50),并且 $A_1(P_L x) \in L$ 与 $A_2(P_M x) \in M$. 把算子 P_L 作用到(50) 的两端,可得

$$P_L A x = A_1(P_L x) = A P_L x$$

这就是所要证的.

现在转到充分性的证明. 由 P_L 与 A 的可交换条件推出,如果 $x \in D(A)$,那么 $P_L x \in D(A)$. 尚需证明,如果 $x \in D(A)$ 及 $x \in L$,那么 $Ax \in L$,对于 M 也似此. 前一个结论由公式 $P_L A x = A P_L x$ 直接推出,这个等式的左端显然属于 L,而右端可以表示成 $A P_L x = Ax$ 的形式,因为 x 是属于 L 的. 同样的结论对于 M 也正确,因为若 A 与 P_L 交换,则 A 与 P_M 也交换.

现在转到当 A 是自共轭算子的情形.

定理 3 对自共轭算子 A 为不变的子空间 L 简约 A 的充分条件是 $x \in D(A)$ 蕴涵 $P_L x \in D(A)$.

我们需证明,由定理的条件能推出:若 $y \in D(A)$ 及 $y \in M$,则 $Ay \in M$.

对于这样的元 y 与任一 $x \in D(A)$,我们有$(P_L A y, x) = (y, A P_L x)$. 但由条件,$A P_L x \in L$,由此得$(y, A P_L x) = 0$,从而对于凡 $x \in D(A)$,$(P_L A y, x) = 0$. 但线性簇 $D(A)$ 在 H 中稠密,由此知 $P_L A y = 0$,即 $Ay \in M$,这就是所要证的.

如上一样,我们用 $D_L(A)$ 记 $D(A)$ 在 L 中的投影,即 $D_L(A)$ 是由 L 中那些使算子 A 在它上面有定义的元所组成的线性簇,而用 A_L 表示由 A 在 L 上所诱导出的算子.

定理 4 若子空间 L 简约自共轭算子 A,则 $D_L(A)$ 在 L 中稠密,而 A_L 是 L 上的自共轭算子.

设 y 为 L 中的给定元,而 $\varepsilon > 0$ 为预定的数. 我们需证明,存在元 $x \in D_L(A)$ 使 $\| y - x \| \leqslant \varepsilon$. 线性簇 $D(A)$ 在 H 中稠密,因此存在元 $z \in D(A)$ 使 $\| y - z \| \leqslant \varepsilon$. 更有 $\| P_L y - P_L z \| \leqslant \varepsilon$. 但 $P_L y = y$,而 $P_L z \in D_L(A)$,因此

定理的第一个结论证毕. 尚需证明,若对任一 $x \in D_L(A)$ 成立等式

$$(A_L x, y) = (x, y^*) \tag{51}$$

其中 y 与 $y^* \in L$,则 $y \in D_L(A)$ 及 $y^* = A_L y$. 我们可设 $x = P_L z$,其中 z 是 $D(A)$ 的任意元,因此得 $(AP_L z, y) = (P_L z, y^*)$,或依定理 2,$(P_L Az, y) = (P_L z, y^*)$,由此得 $(Az, P_L y) = (z, P_L y^*)$ 及 $(Az, y) = (z, y^*)$,因为 y 与 $y^* \in L$. 依 A 的自共轭性,从最后一个等式可得 $y \in D_L(A)$ 与 $y^* = Ay = A_L y$,定理得证. 在[189] 中我们已应用过这个定理.

设 $L_k(k=1,2,\cdots)$ 是两两正交的子空间,而 L 是它们的正交和[139]

$$L = L_1 \oplus L_2 \oplus \cdots$$

定理 5 若两两正交的子空间 L_k 简约闭算子 A,则它们的正交和也简约 A.

我们对无穷个子空间的情形进行证明. 需证算子 P_L 与 A 可交换. 设 Q_n 是等于前 n 个 P_{L_k} 之和的投影算子. 若 $x \in D(A)$,则因 L_k 简约 A,故有 $Q_n x \in D(A)$ 与 $AQ_n x = Q_n Ax$. 但 $Q_n x \Rightarrow P_L x$,而 $AQ_n x = Q_n Ax \Rightarrow P_L Ax$,从而依 A 的闭性知 $P_L x \in D(A)$,而 $AP_L x = P_L Ax$,这就是所要证的. 设 A 是自共轭算子,λ_k 是其互不相同的固有值,L_k 是与 λ_k 相应的固有元(包括零元)组成的子空间. 这些子空间的个数可能是有穷的. 每个 L_k 显然简约 A. 我们作所有 L_k 的正交和 L. 若 L 与 H 重合,则 A 有点谱. 如果不然,则有 H 的正交分解

$$H = L \oplus M, 而\ x = P_L x + P_M x \quad (x \in H) \tag{52}$$

并且 L 与 M 简约 A,而这个算子在 L 与 M 上诱导出算子 A_1 与 A_2,满足 $Ax = A_1(P_L x) + A_2(P_M x)$, 并且对于 $x \in D(A)$,$A_1(P_L x) = A(P_L x)$ 与 $A_2(P_M x) = A(P_M x)$. 算子 A_1 在 L_1 中有点谱,而 A_2 在 M 中有纯连续谱.

192. 主单位元分解,斯蒂尔切斯积分

现在来叙述自共轭算子的谱函数(主单位元分解)的理论. 它在许多方面与有界自共轭算子的情形相似. 我们将着重指出需要考虑算子的无界性的地方.

在区间$(-\infty, +\infty)$上依从于实参数 λ,而且满足下列条件的投影算子族 $\mathscr{E}_\lambda$ 叫作主单位元分解:1) 若 $\mu > \lambda$,则 $\mathscr{E}_\mu \geqslant \mathscr{E}_\lambda$;2) 当 $\lambda \to -\infty$ 时 $\mathscr{E}_\lambda$ 收敛于零算子,而当 $\lambda \to +\infty$ 时 $\mathscr{E}_\lambda \to E$;3) ε_λ 是右连续的,即当 $\lambda \to \lambda' + 0$ 时 $\mathscr{E}_\lambda \to \mathscr{E}_{\lambda'}$. 这时当 $\lambda < \mu$ 时 $\mathscr{E}_\lambda \mathscr{E}_\mu = \mathscr{E}_\mu \mathscr{E}_\lambda = \mathscr{E}_\lambda$,而如果 Δ 是某区间$[\alpha, \beta]$,那么用 $\Delta\mathscr{E}_\lambda$ 表示 $\mathscr{E}_\beta - \mathscr{E}_\alpha$,与以前一样,我们得

$$\Delta' \mathscr{E}_\lambda x \perp \Delta'' \mathscr{E}_\lambda x \tag{53}$$

(Δ' 与 Δ'' 没有公共的内点)

$$\Delta' \mathscr{E}_\lambda \cdot \Delta'' \mathscr{E}_\lambda = \Delta_0 \mathscr{E}_\lambda \tag{54}$$

(Δ_0 是 Δ' 与 Δ'' 的公共部分).

设 δ 是区间$(-\infty, +\infty)$的某个分割

$$\cdots<\lambda_{-2}<\lambda_{-1}<\lambda_0<\lambda_1<\lambda_2<\cdots$$

并且差 $\lambda_k-\lambda_{k-1}(k=0,\pm 1,\pm 2,\cdots)$ 的上界 ω_δ 是有穷的. 作无穷和

$$\sum_{k=-\infty}^{+\infty}\lambda'_k\Delta_k\mathscr{E}_\lambda x=\sum_{k=-\infty}^{+\infty}\lambda'_k(\mathscr{E}_{\lambda_k}-\mathscr{E}_{\lambda_{k-1}})x \tag{55}$$

其中 $\lambda_{k-1}\leqslant\lambda'_k\leqslant\lambda_k$，而 x 为 H 中的某个元. 依(53)，这个和是由两两正交的元所组成的，它收敛的必要且充分条件是级数[121]

$$\sum_{k=-\infty}^{+\infty}\lambda'^2_k\|\Delta_k\mathscr{E}_\lambda x\|^2=\sum_{k=-\infty}^{+\infty}\lambda'^2_k\Delta_k\|\mathscr{E}_\lambda x\|^2 \tag{56}$$

收敛.

这个级数正是与积分

$$\int_{-\infty}^{+\infty}\lambda^2\mathrm{d}(\mathscr{E}_\lambda x,x)=\int_{-\infty}^{+\infty}\lambda^2\mathrm{d}\|\mathscr{E}_\lambda x\|^2 \tag{57}$$

相应的和 σ_δ[3]，从[5]知道，若级数(56)对于某一分割 δ 与某些选择的 λ'_k 收敛，则它对任一分割与任意选择的 λ'_k 收敛. 这时当 $\omega_\delta\to 0$ 和(56)的极限等于积分(57)，而作为广义积分，它的存在与级数(56)的收敛是等效的. 这样一来，我们完全可以对那些使级数(56)收敛的元 x 来考察和(55)，或者同样的，对那些使积分(57)具有有穷值的元 x 来考察和(55). 用 l 表示这些 x 所组成的集合. 留意

$$\|\Delta_k\mathscr{E}_\lambda(x+y)\|^2\leqslant(\|\Delta_k\mathscr{E}_\lambda x\|+\|\Delta_k\mathscr{E}_\lambda y\|)^2\leqslant 2\|\Delta_k\mathscr{E}_\lambda x\|^2+2\|\Delta_k\mathscr{E}_\lambda y\|^2$$

可以断定，若 $x\in l$ 与 $y\in l$，则 $x+y\in l$. 此外，显然的，若 $x\in l$ 且 a 是复数，则 $ax\in l$，即 l 是一个线性簇. 若 x 属于算子 $\mathscr{E}_\beta-\mathscr{E}_\alpha$ 所投影出来的那个子空间，则和(56)中那些满足 $\lambda_{k-1}>\beta$ 或 $\lambda_k<\alpha$ 的项等于零，就是说所述的这些 $x\in l$. 如注意当 $\alpha\to-\infty$ 与 $\beta\to+\infty$ 时 $\mathscr{E}_\beta-\mathscr{E}_\alpha\to E$，可断言线性簇 l 在 H 中处处稠密，并且，如果 $x\in l$，那么与[141]中完全一样，可以证明和(55)当 $\omega_\delta\to 0$ 时具有确定的极限(依 H 中的收敛意义). 这个极限很自然地表示成斯蒂尔切斯积分的形式，且它界定某个在 l 上的分配算子 Ax，即

$$Ax=\int_{-\infty}^{+\infty}\lambda\,\mathrm{d}\mathscr{E}_\lambda x \tag{58}$$

我们仍记线性簇 l 为 $D(A)$. 注意，它是由使积分(57)具有有穷值的那些元 x 所组成的. 取和(55)与其本身的数积，注意(54)并取极限，可得

$$\int_{-\infty}^{+\infty}\lambda^2\mathrm{d}\|\mathscr{E}_\lambda x\|^2=\|Ax\|^2\quad(x\in D(A)) \tag{59}$$

而这个积分是和(56)当 $\omega_\delta\to 0$ 时的极限，或者它也可以了解为具有无穷限的

广义积分.作任意元 y 与(56)的数积并取极限,可得双线性泛函表示式

$$(Ax,y)=\int_{-\infty}^{+\infty}\lambda\,\mathrm{d}(\mathscr{E}_\lambda x,y)\quad(x\in D(A),y\in H)\tag{60}$$

而这个积分是当 $\omega_\delta\to 0$ 时相应的和 σ_δ 的极限.如以 $(\mathscr{E}_\beta-\mathscr{E}_\alpha)y$ 代替 y,则依(54)得

$$(Ax,(\mathscr{E}_\beta-\mathscr{E}_\alpha)y)=\int_\alpha^\beta\lambda\,\mathrm{d}(\mathscr{E}_\lambda x,y)$$

再令 $\alpha\to-\infty$ 与 $\beta\to+\infty$ 取极限,可得

$$(Ax,y)=\lim_{\substack{\alpha\to-\infty\\ \beta\to+\infty}}\int_\alpha^\beta\lambda\,\mathrm{d}(\mathscr{E}_\lambda x,y)\tag{61}$$

即积分(60)可了解为通常的广义斯蒂尔切斯积分,而 $(\mathscr{E}_\lambda x,y)$ 是囿变函数.

我们指出,无穷区间 $(-\infty,+\infty)$ 关于不减函数 $\|\mathscr{E}_\lambda x\|^2$ 具有有穷的测度,且积分(57)也可解释作无界非负函数 λ^2 在有穷测度集合上的勒贝格-斯蒂尔切斯积分[50].

设 x 是 H 的任一元.这时 $(\mathscr{E}_\beta-\mathscr{E}_\alpha)x$ 属于 $\mathscr{E}_\beta-\mathscr{E}_\alpha$ 所投影出来的那个子空间,如于上文所见,由此可知,对于任选的元 x,$(\mathscr{E}_\beta-\mathscr{E}_\alpha)x\in D(A)$.对于 $\mathscr{E}_\mu x$ 却不能有此结论.但如 $x\in D(A)$,就是说级数(56)收敛,则由

$$\|\Delta_k\mathscr{E}_\lambda(\mathscr{E}_\mu x)\|=\|\mathscr{E}_\mu\Delta_k\mathscr{E}_\lambda x\|\leqslant\|\Delta_k\mathscr{E}_\lambda x\|$$

可知当 x 由 $\mathscr{E}_\mu x$ 代替时,级数(56)仍收敛,也就是,如果 $x\in D(A)$,那么对于任意 μ,$\mathscr{E}_\mu x$ 也属于 $D(A)$.假定 $x\in D(A)$,把 μ 当作一个分割点($\mu=\lambda_p$),在和(55)中以 $\mathscr{E}_\mu x$ 代替 x.这时,对于所有 $k>p$ 的项均变为零元,而对于 $k\leqslant p$ 的项仍旧不变,取极限就得

$$A\mathscr{E}_\mu x=\int_{-\infty}^{\mu}\lambda\,\mathrm{d}\mathscr{E}_\lambda x\tag{62}$$

这个积分是当分割区间 $(-\infty,\mu)$ 为部分而作的(55)形式的和的极限.另一方面,若我们对和(55)应用算子 $\mathscr{E}_\mu$(这个算子是有界的,从而是连续的),则上面关于诸项所说的仍然成立.当 $\omega_\delta\to 0$ 时取极限,并注意 $\mathscr{E}_\mu$ 的连续性,得

$$\mathscr{E}_\mu Ax=\int_{-\infty}^{\mu}\lambda\,\mathrm{d}\mathscr{E}_\lambda x\quad(x\in D(A))\tag{62'}$$

与(62)比较,可以写出

$$\mathscr{E}_\mu Ax=A\mathscr{E}_\mu x\quad(x\in D(A))\tag{63}$$

完全同样的,对于任意的 x,可得

$$A(\mathscr{E}_\beta-\mathscr{E}_\alpha)x=\int_\alpha^\beta\lambda\,\mathrm{d}\mathscr{E}_\lambda x\quad(x\in H)\tag{64}$$

此外，若 $x \in D(A)$，则由(62) 可得

$$(\mathscr{E}_\beta - \mathscr{E}_\alpha)Ax = \int_\alpha^\beta \lambda \, \mathrm{d}\mathscr{E}_\lambda x \quad (x \in D(A)) \tag{64'}$$

再令 α 趋于 $-\infty$，β 趋于 $+\infty$，可得

$$\int_\alpha^\beta \lambda \, \mathrm{d}\mathscr{E}_\lambda x \Rightarrow Ax \tag{65}$$

即积分(58) 与(57) 一样可了解为广义积分. 由上面的诸公式直接可知

$$(A\mathscr{E}_\mu x, y) = (\mathscr{E}_\mu Ax, y) = \int_{-\infty}^{\mu} \lambda \, \mathrm{d}(\mathscr{E}_\lambda x, y) \quad (x \in D(A), y \in H) \tag{66}$$

$$(A(\mathscr{E}_\beta - \mathscr{E}_\alpha)x, y) = \int_\alpha^\beta \lambda \, \mathrm{d}(\mathscr{E}_\lambda x, y) \quad (x \in H, y \in H) \tag{66'}$$

如果不仅 x 而且 y 也属于 $D(A)$，则在(58) 中以 y 代替 x，并取以 x 为左端的数积，可得

$$(x, Ay) = \int_{-\infty}^{+\infty} \lambda \, \mathrm{d}(x, \mathscr{E}_\lambda y)$$

与(60) 比较，并注意 $(x, \mathscr{E}_\lambda y) = (\mathscr{E}_\lambda x, y)$，我们得 $(Ax, y) = (x, Ay)$，即 A 是对称算子. 现证 A 是自共轭算子. 为此只需证明，若 $z \in D(A^*)$，则 $z \in D(A)$. 设 δ 是区间 $(-\infty, +\infty)$ 的某个分割，而 P_j 是由投影算子 $\mathscr{E}_{\lambda_j} - \mathscr{E}_{\lambda_{-j}}$ 所确定的子空间. 如果 $x \in P_j$，那么和(55) 与(56) 中对于 $k \geqslant j+1$ 与 $k \leqslant -j$ 的一切项均等于零，元 $x \in D(A)$，而对于 $j+1 > k > -j$ 由投影算子 $\Delta_k \mathscr{E}_\lambda$ 所确定的子空间位于 P_j 中，因此和(55) 及其极限 Ax 属于 P_j. 由此可知，$Ax \in D(A)$ 及 $A^2 x \in P_j$. 我们设 $z \in D(A^*)$，证明 $z \in D(A)$. 设 z_j 是 z 在 P_j 中的投影，从而 $z_j \in D(A)$，所以 $z_j \in D(A^*)$. 如此，元 $z - z_j$ 也属于 $D(A^*)$ 且与 P_j 正交. 依 A^* 的定义，我们有 $(A^2 z_j, z - z_j) = (Az_j, A^*(z - z_j))$. 但 $A^2 z_j \in P_j$ 及 $z - z_j$ 与 P_j 正交，因此

$$(Az_j, A^*(z - z_j)) = 0$$

注意显然的等式

$$\begin{aligned}(A^* z, A^* z) = {} & (A^*(z - z_j), A^*(z - z_j)) + (A^* z_j, A^* z_j) + \\ & (A^*(z - z_j), A^* z_j) + (A^* z_j, A^*(z - z_j))\end{aligned}$$

以及上面的公式与 $A^* z_j = Az_j$，我们得

$$\| A^* z \|^2 = \| A^*(z - z_j) \|^2 + \| Az_j \|^2 \tag{67}$$

由此

$$\| Az_j \|^2 \leqslant \| A^* z \|^2$$

对于 $x = z_j$ 考察和(56)，其中对于凡 $k \geqslant j+1$ 与 $k \leqslant -j$ 的项均等于零，而

其余的项，依(54) 为

$$\Delta_k \mathscr{E}_\lambda z_j = (\mathscr{E}_{\lambda_k} - \mathscr{E}_{\lambda_{k-1}})(\mathscr{E}_{\lambda_j} - \mathscr{E}_{\lambda_{-j}})z = (\mathscr{E}_{\lambda_k} - \mathscr{E}_{\lambda_{k-1}})z = \Delta_k \mathscr{E}_\lambda z$$

这样一来，依(59)，和(56) 在极限情形给出

$$\| Az_j \|^2 = \int_{\lambda_{-j}}^{\lambda_j} \lambda^2 \mathrm{d} \| \mathscr{E}_\lambda z \|^2$$

再依(67) 得

$$\int_{\lambda_{-j}}^{\lambda_j} \lambda^2 \mathrm{d} \| \mathscr{E}_\lambda z \|^2 \leqslant \| A^* z \|^2$$

无限地增大 j，我们可以看出当 $x = z$ 时积分(57) 取有穷值，即 $z \in D(A)$，所以 A 是自共轭算子.

由上面的论证可得出下面的定理：

定理 1 任一主单位元分解 $\mathscr{E}_\lambda$ 都对应着一个对于凡使积分(57) 取有穷值的元 x 有定义的自共轭算子 A. 算子 A 本身定义为和(55) 的极限，或者同样的，定义为积分(58). 与其相应的双线性泛函由公式(60) 表示.

还可以证明它的逆定理.

定理 2 对于任一给定的自共轭算子，都有一个主单位元分解 $\mathscr{E}_\lambda$，使 A 由公式(58) 表示.

这个定理的证明将在以后进行. 下面要证明一个按 A 定义 $\mathscr{E}_\lambda$ 的公式[比较 144]，并且与不同的 A 相应的 $\mathscr{E}_\lambda$ 不同. $\mathscr{E}_\lambda$ 叫作自共轭算子 A 的谱函数. 与[144] 中完全相同，可以证明，$\lambda = \mu$ 为正则点的特征是：存在一个含 μ 于其内部的使 $\mathscr{E}_\lambda$ 不变的区间. 这时应注意到，对于任意的 $x \in H$ 及任意有穷值 α 与 β，$(\mathscr{E}_\beta - \mathscr{E}_\alpha)x \in D(A)$. $\lambda = \nu$ 为固有值的特征是：当 $\lambda = \nu$ 时 $\mathscr{E}_\lambda$ 具有跃度，而差 $\mathscr{E}_\nu - \mathscr{E}_{\nu-0}$ 是与固有元(包括零元) 相应的子空间上的投影算子[145].

我们假定自共轭算子 A 是半有界的，并设 m_A 是它的下确界：

对于 $x \in D(A)$ 与 $\| x \| = 1$，$m_A = \inf(Ax, x)$.

对于任意实数 λ 有

$$((A - \lambda E)x, x) \geqslant (m_A - \lambda)(x, x) \quad (x \in D(A))$$

由此得

$$\| (A - \lambda E)x \| \cdot \| x \| \geqslant (m_A - \lambda) \| x \|^2$$

及

$$\| (A - \lambda E)x \| \geqslant (m_A - \lambda) \| x \|$$

于是可知，凡满足条件 $\lambda < m_A$ 的值 λ 都是 A 的正则点. 现证 $\lambda = m_A$ 是 A 的谱点. 如果不然，则有 $m_1 > m_A$，使一切小于或等于 m_1 的 λ 成为 A 的正则点，而当 $\lambda \leqslant m_1$ 时 $\mathscr{E}_\lambda$ 是零算子，因此

$$(Ax,x)=\int_{m_1}^{+\infty}\lambda\,\mathrm{d}(\mathscr{E}_\lambda x,x)\quad (x\in D(A))$$

由此可知，对于 $x\in D(A)$，$(Ax,x)\geqslant m_1(x,x)$，但这与 m_A 的定义矛盾. 值 $\lambda=m_A$ 也叫作 A 的谱的下界.

算子 $\mathscr{E}_\lambda$ 叫作自共轭算子 A 的谱函数. 现在来简短地复述一下与有界自共轭算子的性质完全相似的一般自共轭算子的一些性质.

193. 自共轭算子的连续函数

设 $f(\lambda)$ 是在区间 $(-\infty,+\infty)$ 上的有界一致连续函数(例如 $f(\lambda)$ 在区间 $(-\infty,+\infty)$ 以及 $-\infty,+\infty$ 上是连续的). 作与(55) 相似的和

$$\sum_{k=-\infty}^{+\infty} f(\lambda'_k)\Delta_k\mathscr{E}_\lambda x \tag{68}$$

其中 x 是 H 中的任意元. 不难看出，这个由相互正交的项所组成的级数对于任意 x 都收敛. 事实上，依条件 $|f(\lambda)|\leqslant k$，k 是定数，而

$$\left\|\sum_{k=-\infty}^{+\infty} f(\lambda'_k)\Delta_k\mathscr{E}_\lambda x\right\|^2=\sum_{k=-\infty}^{+\infty}|f(\lambda'_k)|^2\|\Delta_k\mathscr{E}_\lambda x\|^2\leqslant$$
$$k^2\sum_{k=-\infty}^{+\infty}\|\Delta_k\mathscr{E}_\lambda x\|^2=k^2\|x\|^2 \tag{69}$$

如此与级数(56) 类似的级数收敛. 与在[141] 中完全一样，可以证明对于 H 中的一切 x，当 $\omega_\delta\to 0$ 时和(68) 有确定的极限. 这个极限给出定义于全 H 上的一个分配算子 $f(A)$. 由(69) 直接可知 $\|f(A)x\|\leqslant k\|x\|$，就是说 $f(A)$ 是有界算子. 很自然地可以把和(68) 的极限写成斯蒂尔切斯积分的形式

$$f(A)x=\int_{-\infty}^{+\infty} f(\lambda)\,\mathrm{d}\mathscr{E}_\lambda x\quad (x\in H) \tag{70}$$

$$(f(A)x,y)=\int_{-\infty}^{+\infty} f(\lambda)\,\mathrm{d}(\mathscr{E}_\lambda x,y)\quad (x\in H,y\in H) \tag{71}$$

最后的积分可以看作是在[4] 中定义的平常斯蒂尔切斯积分.

与公式(62) 及(66) 完全同样，有

$$\mathscr{E}_\mu f(A)x=f(A)\mathscr{E}_\mu x=\int_{-\infty}^{\mu} f(\lambda)\,\mathrm{d}\mathscr{E}_\lambda x \tag{72}$$

及

$$(\mathscr{E}_\mu f(A)x,y)=(f(A)\mathscr{E}_\mu x,y)=\int_{-\infty}^{\mu} f(\lambda)\,\mathrm{d}(\mathscr{E}_\lambda x,y)\quad (x\in H,y\in H) \tag{73}$$

也可以把上面 $f(A)$ 的定义应用到任一在区间 $(-\infty,+\infty)$ 上有界且连续的函数的情形，而不必要求其一致连续性. 在下面将指出有可能把自共轭算子

的函数概念推广到更宽广的函数类 $f(\lambda)$ 上去.

对于算子 $A-lE$(其中 l 为任一数),我们有明显的公式

$$(A-lE)x=\int_{-\infty}^{+\infty}\lambda-l\mathrm{d}\mathscr{E}_\lambda x$$

$$((A-lE)x,y)=\int_{-\infty}^{+\infty}\lambda-l\mathrm{d}(\mathscr{E}_\lambda x,y)\quad(x\in D(A),y\in H)\tag{74}$$

194. 豫解式

现在来给出用谱函数表示豫解式的表示式.

若 l 非实数,则 $1:(\lambda-l)$ 是在区间$(-\infty,+\infty)$ 以及 $+\infty,-\infty$ 上 λ 的连续函数,并可以作有界算子

$$R_l x=\int_{-\infty}^{+\infty}\frac{1}{\lambda-l}\mathrm{d}\mathscr{E}_\lambda x\tag{75}$$

兹证它具有当 $\lambda=l$ 时的豫解式的一切性质,这样也就证明了上面将它记为 R_l 的合法性.对于任意 x,元$(\mathscr{E}_\beta-\mathscr{E}_\alpha)R_l x\in D(A)$,而依(66′) 得

$$((A-lE)(\mathscr{E}_\beta-\mathscr{E}_\alpha)R_l x,y)=\int_\alpha^\beta\lambda-l\mathrm{d}(\mathscr{E}_\lambda R_l x,y)$$

另一方面,依(73) 与(75) 得

$$(\mathscr{E}_\lambda R_l x,y)=\int_{-\infty}^{\lambda}\frac{1}{\mu-l}\mathrm{d}(\mathscr{E}_\mu x,y)$$

代入上面的公式中,并应用斯蒂尔切斯积分的性质[9],可得

$$((A-lE)(\mathscr{E}_\beta-\mathscr{E}_\alpha)R_l x,y)=\int_\alpha^\beta\mathrm{d}(\mathscr{E}_\lambda x,y)=((\mathscr{E}_\beta-\mathscr{E}_\alpha)x,y)$$

而因 y 是任意的,故

$$(A-lE)(\mathscr{E}_\beta-\mathscr{E}_\alpha)R_l x=(\mathscr{E}_\beta-\mathscr{E}_\alpha)x\tag{76}$$

作两数列 α_n 及 β_n,使 $\alpha_n\to-\infty$,$\beta_n\to+\infty$,并作元序列 $y_n=(\mathscr{E}_{\beta_n}-\mathscr{E}_{\alpha_n})R_l x$.这样,$y_n\in D(A)$,$y_n\Rightarrow R_l x$,于是依(76),$(A-lE)y_n\Rightarrow x$.既然 A 是闭的,由此可知对于任意 x,$R_l x\in D(A)$,而$(A-lE)R_l x=x$.

尚需证明,当 $x\in D(A)$ 时,$R_l(A-lE)x=x$.这直接由公式

$$(R_l(A-lE)x,y)=\int_{-\infty}^{+\infty}\frac{1}{\lambda-l}\mathrm{d}(\mathscr{E}_\lambda(A-lE)x,y)$$

及

$$(\mathscr{E}_\lambda(A-lE)x,y)=\int_{-\infty}^{\lambda}\mu-\lambda\mathrm{d}(\mathscr{E}_\mu x,y)$$

得出,这两式由公式(71) 与(66) 得出.

由豫解式决定谱函数的公式仍旧有效

$$\frac{1}{2}[(\mathscr{E}_{\lambda-0}x,y)+(\mathscr{E}_{\lambda}x,y)]=\lim_{\tau\to 0^+}\frac{1}{2\pi}\mathrm{i}\int_{-\infty}^{\lambda}((R_{\sigma+\tau\mathrm{i}}-R_{\sigma-\tau\mathrm{i}})x,y)\mathrm{d}\sigma \tag{77}$$

与自共轭算子相应的是确定的谱函数 $\mathscr{E}_\lambda$，而算子有界的必要且充分条件是 $\mathscr{E}_\lambda$ 只在有穷区间上变化.

在[191] 中我们曾证明，为了有界并到处有定义的算子 B 与自共轭算子 A 交换，必须且只需对于任意 l(对于这 l 豫解式存在) 下式成立

$$BR_l=R_lB \tag{78}$$

现在证明下面的定理.

定理 B 与 A 交换的必要且充分条件是，对于凡实数 λ 下面的条件满足

$$B\mathscr{E}_\lambda=\mathscr{E}_\lambda B \tag{79}$$

只需证明条件(78) 与(79) 等效. 依(75)，对于任意的 x 与 y 有

$$(BR_lx,y)=(R_lx,B^*y)=\int_{-\infty}^{+\infty}\frac{1}{\lambda-l}\mathrm{d}(\mathscr{E}_\lambda x,B^*y)$$

即

$$\begin{cases}(BR_lx,y)=\displaystyle\int_{-\infty}^{+\infty}\frac{1}{\lambda-l}\mathrm{d}(B\mathscr{E}_\lambda x,y)\\(R_lBx,y)=\displaystyle\int_{-\infty}^{+\infty}\frac{1}{\lambda-l}\mathrm{d}(\mathscr{E}_\lambda Bx,y)\end{cases} \tag{80}$$

如果条件(79) 满足，那么等式(80) 的右端是相同的，因此左端也相同，而既然 x 与 y 是任意的，可知条件(78) 满足. 反之，若条件(78) 满足，则依柯西—斯蒂尔切斯积分反演的唯一性[29]，$(B\mathscr{E}_\lambda x,y)$ 与 $(\mathscr{E}_\lambda Bx,y)$ 只能相差常数项，而且在间断点处也是这样. 但当 $\lambda\to-\infty$ 时，上面两函数都趋于零，而在间断点处是右连续的，所以对于任意 x 及 y，$(B\mathscr{E}_\lambda x,y)=(\mathscr{E}_\lambda Bx,y)$，即条件(79) 满足，定理得证.

注意，依[156] 的结果，对于一切 μ，$\mathscr{E}_\mu$ 与 A 是交换的. 这由已证定理得出. 由同一定理及(70) 可知，$f(A)$ 与 A 交换.

195. 固有值

如我们所指出，$\lambda=\lambda'$ 是 A 的固有值的必要且充分条件是，$\lambda=\lambda'$ 是 $\mathscr{E}_\lambda$ 的间断点，而这时 $\mathscr{E}_{\lambda'}-\mathscr{E}_{\lambda'-0}$ 是其固有元(包括零元) 子空间上的投影算子. 与一向所做的一样，设 H 是可分的，我们可以断定：如果存在固有值，那么它的个数是有穷或可数的. 固有值的秩与以前一样地定义，并可以假设一切固有元组成规格化正交组 $x_1,x_2,\cdots$. 设 λ_k 是 $\mathscr{E}_\lambda$ 的间断点，L_k 是相应的固有元子空间，而 $P_{L_k}=\mathscr{E}_{\lambda_k}-\mathscr{E}_{\lambda_k-0}$ 是这个子空间上的投影算子.

作正交和

$$H' = L_1 \oplus L_2 \oplus L_3 \oplus \cdots \tag{81}$$

子空间 H' 简约 A，而 A' 是 H' 上的由 A 诱导出来的具有纯点谱的自共轭算子.

若在 H 上算子具有纯点谱，则

$$\mathscr{E}_\lambda = \sum_{\lambda_k \leqslant \lambda} (\mathscr{E}_{\lambda_k} - \mathscr{E}_{\lambda_k - 0}) \tag{82}$$

设 $x_1, x_2, \cdots$ 是 H 中任一完备规格化正交组，而 $\mu_1, \mu_2, \cdots$ 是某个实数序列，其中可以有相等的项，并把 μ_k 与 x_k 称作相应的. 再设 $\lambda_1, \lambda_2, \cdots$ 是从 μ_s 中取出的互不相同的数，L_k 是与等于 λ_k 的 μ_s 相应的元 x_s 组成的子空间，而 P_{L_k} 是 L_k 上的投影算子.

我们定义投影算子

$$\mathscr{E}_\lambda = \sum_{\lambda_k \leqslant \lambda} P_{L_k}$$

这个算子是与具有纯点谱的自共轭算子 C 对应的主单位元分解. C 的固有值是 λ_k，而 $x_1, x_2, \cdots$ 是固有函数的完备组. 若一切 λ_k 属于有穷区间，则 C 是有界算子.

196. 混合谱的情形

我们首先对[191]中讨论过的关于自共轭算子分解为具有纯点谱的与纯连续谱的算子问题作些补充. 设某个子空间 H' 简约 A. 这时它也简约 $\mathscr{E}_\lambda$，并用 A' 与 $\mathscr{E}'_\lambda$ 表示 A 与 $\mathscr{E}_\lambda$ 在 H' 上诱导出来的算子. 可以断定，$\mathscr{E}'_\lambda$ 是 H' 上的主单位元分解，且

$$A'x = \int_{-\infty}^{+\infty} \lambda \, \mathrm{d}\mathscr{E}'_\lambda x \quad (x \in D(A')) \tag{83}$$

即 $\mathscr{E}'_\lambda$ 是 A' 的谱函数. 设 A'' 与 $\mathscr{E}''_\lambda$ 是 A 与 $\mathscr{E}_\lambda$ 在子空间 $H'' = H \ominus H'$ 上诱导出来的算子. 若 $x = x' + x''$ 与 $y = y' + y''$ 是 x 与 y 在 H' 与 H'' 中的分解，并且 $x \in D(A)$，则[191]

$$Ax = A'x' + A''x'', \mathscr{E}_\lambda y = \mathscr{E}'_\lambda y' + \mathscr{E}''_\lambda y''$$
$$(Ax, y) = (Ax', y') + (Ax'', y'') \tag{84}$$

类似的公式对于有穷或无穷多个两两正交的简约 A 的子空间的情形也成立. 现在回到[191]中的记号，并假定 H' 不是整个 H. 算子 A' 在 H' 上有纯点谱，而在 H'' 上算子 A'' 有纯连续谱. 这时

$$\mathscr{E}'_\lambda = \sum_{\lambda_k \leqslant \lambda} (\mathscr{E}_{\lambda_k} - \mathscr{E}_{\lambda_k - 0})$$

而算子 A'' 的谱函数 $\mathscr{E}''_\lambda$ 由公式 $\mathscr{E}''_\lambda = \mathscr{E}_\lambda - \mathscr{E}'_\lambda$ 表示，并且没有间断点. 若 A 是无界算子，则算子 A' 及 A'' 中有一个可能是有界的. 例如，如果 $\mathscr{E}_\lambda$ 的一切间断点位

于有穷区间上，那么 A' 是有界算子. 设 A 有纯连续谱，并与在[147] 中一样，用 C_x 表示诸元 $\mathscr{E}_\lambda x$ 的闭线性鞘. 我们说 A 有简单连续谱，是指存在元 x，使 C_x 与 H 重合. 这时[147] 中的公式(254) 与(256) 都成立，不过其中的黑林格尔积分是在无穷区间上取的. 这些积分是把无穷区间分解成有穷多部分区间所得相应和的极限. 若 $y \in D(A)$，则[147] 中的公式(259) 与(261) 也成立. 相应的积分可以看作是具有无穷积分区间的广义积分. 应用不等式[147]

$$|\Delta \varphi_y(\lambda)|^2 \leqslant \Delta \rho(\lambda) \cdot \Delta \| \mathscr{E}_\lambda y \|^2$$

与[192] 中一样，可以证明关于和(55)，与[147] 中积分(261) 相应的相互正交元的无穷和是收敛级数，因为 $y \in D(A)$. 在连续谱的一般情形中，由[147] 中定理 2 的证明可知对于任意 λ，C_x 简约 $\mathscr{E}_\lambda$，因此它简约 A. 算子 A 在 C_x 中诱导出来的算子有简单连续谱，而与在[147] 中完全一样，可以把具有纯连续谱的算子分解成在相互正交的子空间上具有简单连续谱的算子，而这些子空间的正交和是整个 H. 在所有公式中，出现一个黑林格尔积分的地方变成几个这样的积分之和. 与在[152] 中完全一样，可以找出 C_x 及 $L_2^{(x)}$ 间的联系.

设 A 是自共轭算子，U 是么范的. 算子 $A' = UAU^{-1}$ 定义于线性簇 $D(A')$ 上，而 $D(A')$ 是由 $D(A)$ 经使用 U 而得来的. 我们证明 A' 是自共轭算子. 事实上，设对于 $D(A')$ 中的一切 x 有

$$(UAU^{-1}x, y) = (x, y^*)$$

应当证明，$y \in D(A')$，而 $y^* = UAU^{-1}y$. 上面的等式可以改写成$(Ax', U^{-1}y) = (Ux', y^*)$ 的形式，其中 $x' = U^{-1}x$ 是$D(A)$ 的任意元，或者，写成$(Ax', U^{-1}y) = (x', U^{-1}y^*)$ 的形式，由此，既然 A 是自共轭的，可知 $U^{-1}y \in D(A)$，而 $U^{-1}y^* = AU^{-1}y$，就是说 $y \in D(A')$，而 $y^* = UAU^{-1}y$，这正是所要证的.

令 $\mathscr{E}_\lambda$ 是算子 A 的谱函数. 这时，$\mathscr{E}'_\lambda = U\mathscr{E}_\lambda U^{-1}$ 具有主单位元分解的一切属性，而 $\| \mathscr{E}'_\lambda x \| = \| \mathscr{E}_\lambda U^{-1} x \|$. 如果 $x \in D(A')$，那么 $U^{-1}x \in D(A)$，所以级数

$$\sum_{k=-\infty}^{+\infty} \lambda'^2_k \Delta_k \| \mathscr{E}'_\lambda x \|^2$$

收敛，而与在[192] 中一样，和

$$\sum_{k=-\infty}^{+\infty} \lambda'_k \Delta_k \mathscr{E}'_\lambda x$$

有极限 $A'x = UAU^{-1}x$，由此看出 $\mathscr{E}'_\lambda = U\mathscr{E}_\lambda U^{-1}$ 是 A' 的谱函数. 在[153] 中所述关于算子么范相抵的鉴别法也依然有效.

微分解及微分解的完备组的概念也没有改变. 凡(在空间 H 中) 连续的微分解 $x(\lambda)$ 必取 $\mathscr{E}_\lambda x$ 的形式，其中 $x \in D(A)$；这时设 $\lambda \to -\infty$ 时，$x(\lambda) \Rightarrow 0$.

197. 自共轭算子的函数

如果 $\mathscr{E}_\lambda$ 是自共轭算子 A 的谱函数，而 $f(x)$ 是区间 $-\infty<\lambda<+\infty$ 上的有界函数，并依所有不减函数 $\|\mathscr{E}_\lambda z\|^2$ 都是可测的，那么与[155]中完全一样，公式

$$(f(A)x,y)=\int_{-\infty}^{+\infty} f(\lambda)\mathrm{d}(\mathscr{E}_\lambda x,y)\quad (x\in H,y\in H) \tag{85}$$

决定一个定义于整个 H 上的有界算子 $f(A)$，这后者具有[155]中所举的一切性质. 留意 $f(\lambda)$ 在依一切 $\|\mathscr{E}_\lambda z\|^2$ 测度为零的集合上的值并不影响积分(85)，也更不影响 $f(A)$ 的值. 现在把算子函数 $f(A)$ 的概念推广到具有有穷值且仍依一切 $\|\mathscr{E}_\lambda z\|^2$ 可测的然而是无界的实值函数 $f(\lambda)$ 上去. 用 $f_N(\lambda)$ 表示截函数，就是说由下面等式定义的函数：当 $|f(\lambda)|\leqslant N$ 时 $f_N(\lambda)=f(\lambda)$，当 $f(\lambda)>N$ 时 $f_N(\lambda)=N$，而当 $f(\lambda)<-N$ 时 $f_N(\lambda)=-N$. 对于有界函数 $f_N(\lambda)$，我们可以作有界算子 $f_N(A)$. 这时，依[155]的公式(302)，当 $y=x$ 与 $f_1(A)=f_2(A)$ 时，我们有

$$\|f_N(A)x-f_M(A)x\|^2=\int_{-\infty}^{+\infty}|f_N(\lambda)-f_M(\lambda)|^2\mathrm{d}\|\mathscr{E}_\lambda x\|^2 \tag{86}$$

如果 $f(\lambda)$ 属于依 $\|\mathscr{E}_\lambda x\|^2$ 的 L_2，那么，由于 $|f_N(\lambda)|\leqslant|f(\lambda)|$，$f_N(\lambda)\to f(\lambda)$ 依 $\|\mathscr{E}_\lambda x\|^2$ 殆遍成立，当 N 及 $M\to+\infty$ 时右端趋于零，就是说，序列 $f_N(A)x$ 自收敛，从而有一个极限元，我们用 $f(A)x$ 表示，就是说，当 $N\to+\infty$ 时 $f_N(A)x\Rightarrow f(A)x$，如果

$$\int_{-\infty}^{+\infty} f^2(\lambda)\mathrm{d}\|\mathscr{E}_\lambda x\|^2<+\infty \tag{87}$$

凡满足这个条件的元 x 的集合很自然地表示成 $D[f(A)]$. 我们举出一些与此有关的结果，不详述其证明.

线性簇 $D[f(A)]$ 在 H 中到处稠密，$f(A)$ 是自共轭算子，并且下面的公式成立

$$(f(A)x,y)=\int_{-\infty}^{+\infty} f(\lambda)\mathrm{d}(\mathscr{E}_\lambda x,y)\quad (x\in D[f(A)],y\in H) \tag{88}$$

对于复值函数 $f(\lambda)=f_1(\lambda)+f_2(\lambda)\mathrm{i}$，我们使用 $f(A)=f_1(A)+f_2(A)\mathrm{i}$，而线性簇 $D[f(A)]$ 与以前一样依条件(87)以 $|f(\lambda)|^2$ 代换 $f^2(\lambda)$ 而定义. 与在[156]中一样，下面的结论成立：为使一个算子是自共轭算子 A 的函数，必须且只需它是闭的，而且它与任意与 A 交换的有界算子交换.

现在回到两自共轭算子相交换的问题. 如果回忆一下[156]中的定理，自然地得出下面的定义：我们说两自共轭算子 A 与 B 相交换，是指它们的谱函数

$\mathscr{E}_\lambda$ 及 F_μ(都是有界算子)对于任意 λ 及 μ 都是交换的. 由于上面提到的定理,这个定义当 A 及 B 是有界算子时与平常定义同效. 如果 A 是无界而 B 是有界的算子,那么有[191]中的交换定义. 不难看出,如果 A 及 B 是自共轭算子,这个定义与刚才的同效. 事实上,依[191]中的定理,以前的交换性意义与下面的性质同效,即 B 与对于有任意 λ 的 $\mathscr{E}_\lambda$ 交换,而这一事实又与下面的性质同效[143],即对于任意 μ,F_μ 与一切 $\mathscr{E}_\lambda$ 交换,就是说得到新的交换性定义.

从自共轭算子交换性的新定义出发,可以证明同一自共轭算子 A 的诸实函数相互交换,而如果诸自共轭算子 $A_1,A_2,\cdots$ 两两交换,那么它们是同一算子 A 的函数(比较[156]).

考察无界算子的和与乘积的概念. 算子 $(A+B)x=Ax+Bx$ 对所有既属于 $D(A)$ 又属于 $D(B)$ 的元 x 都有定义. 算子 $(AB)x=A(Bx)$ 定义于凡使 $x\in D(B)$ 及 $Bx\in D(A)$ 的 x 处. 如果 a 是任意复数,那么算子 $(aA)x=a(Ax)$ 定义于 $D(A)$ 上. 令 A 及 B 是交换的自共轭算子,而 B 是定义于整个 H 上的有界算子. 这时算子 ABx 定义于凡使 $Bx\in D(A)$ 的 x 所组成的线性簇 l' 上. 依交换性定义,如果 $x\in D(A)$,那么 $Bx\in D(A)$,就是说 $D(A)$ 含于 l' 中,但 l' 可能较 $D(A)$ 宽广. 我们证明 AB 是 l' 上的自共轭算子. 设当 $x\in l'$ 时 $(ABx,y)=(x,y^*)$,因而这个等式对于 $x\in D(A)$ 时更成立. 我们应当证明,$y\in l'$,而 $y^*=ABy$. 设 $x\in D(A)$,可以把上述等式换成:$(BAx,y)=(x,y^*)$ 对于凡 $x\in D(A)$ 者成立,而由于 B 是自共轭有界算子,对于凡 $x\in D(A)$,$(Ax,By)=(x,y^*)$;由此,既然 A 是自共轭的,可知 $By\in D(A)$,而 $y^*=ABy$,这正是所要证的. 留意如果 A 及 B 是无界的交换自共轭算子,那么 AB 可能是非自共轭的,但与它共轭的算子 $(AB)^*$ 则永远是自共轭的.

应用和及乘积的定义于算子 A 的幂上. 线性簇 $D(A^2)$ 由凡使 $x\in D(A)$ 及 $Ax\in D(A)$ 的 x 所组成,就是说,$D(A^2)$ 含于 $D(A)$ 中,也可能便是 $D(A)$. 同样 $D(A^3)$ 由凡使 $x\in D(A^2)$ 及 $A^2x\in D(A)$ 的 x 所组成,所以 $D(A^3)$ 含于 $D(A^2)$ 中. 作 $a_0E+a_1A+a_2A^2+\cdots+a_nA^n$ 形式的多项式显然定义于线性簇 $D(A^n)$ 上. 可以证明,这一多项式与前面取 $f(\lambda)=a_0+a_1\lambda+a_2\lambda^2+\cdots+a_n\lambda^n$ 时算子 A 的函数的定义相同,并且对一切多项式有定义的那些元组成的集合是一个在 H 中稠密的线性簇.

如果自共轭算子 A 是正的,也就是它的谱的下界 $m_A\geqslant 0$,那么与[143]中一样,可以作出平方等于 A 的正自共轭算子 $A^{\frac{1}{2}}$,即

$$A^{\frac{1}{2}}=\int_{m_A}^{+\infty}\sqrt{\lambda}\,\mathrm{d}\mathscr{E}_\lambda$$

不难看出,只存在一个正自共轭算子 B,其平方等于 A. 事实上,设 $\mathscr{E}'_\mu$ 是 B 的主单位元分解. 我们应有

$$B = \int_0^{+\infty} \mu \mathrm{d}\mathscr{E}'_\mu \text{ 与 } A = B^2 = \int_0^{+\infty} \mu^2 \mathrm{d}\mathscr{E}'_\mu$$

或

$$A = B^2 = \int_0^{+\infty} \lambda \mathrm{d}\mathscr{E}'_{\sqrt{\lambda}}$$

与参数 λ 相关的算子族 $\mathscr{E}'_{\sqrt{\lambda}}$ 是主单位元分解，而由谱函数 $\mathscr{E}'_{\sqrt{\lambda}} = \mathscr{E}_\lambda$ 的唯一性，可知算子 B 必与 $A^{\frac{1}{2}}$ 相同.

198. 谱的微小扰动

我们来研究，对自共轭算子添加上另一个自共轭算子时，其谱的变动情形. 首先注意，对于无界自共轭算子，[157] 中的定理 1 正确. 我们再证两个定理.

设 L 是某个子空间. L 中完备规格化正交组的元的个数 r 叫作子空间 L 的维数. 这个数 r 可以是有穷的也可以是无穷的. 容易证明它与 L 中完备规格化正交组的选取无关.

辅助定理 1 设 L_1 与 L_2 是维数为 r_1 与 r_2 的两个子空间. 若 $r_1 < r_2$，则在 L_2 中存在非零元与 L_1 中的一切元正交.

我们指出，由于 H 是可分的，数 r_1 有穷，而 r_2 可以有穷也可以无穷. 用反证法证明辅助定理. 假定 L_2 中没有一个异于零的元与 L_1 正交. 设 $x_1, x_2, \cdots, x_{r_1}$ 是 L_1 中的完备规格化正交组(L_1 中的基)，而 P 是 L_2 上的投影算子. 对于任意元 $v \in L_2$，我们有

$$(v, Px_k) = (Pv, x_k) = (v, x_k)$$

L_2 中的诸元 Px_k 决定一个子空间 L_3，其维数 $r_3 \leqslant r_1$(若 Px_k 线性相关，则取不等号"$<$"). 现证 L_3 必与 L_2 重合. 事实上，如果不然，则有异于零元的 $y \in L_2$ 与 L_3 正交，因而有 $(y, Px_k) = 0$，于是依上面的公式，$(y, x_k) = 0 (k = 1, 2, \cdots, r_1)$，即 y 与 L_1 正交. 但依假定，这样的 y 是不会有的. 于是证明了 L_3 与 L_2 重合，也即 $r_2 = r_3$. 但我们已知 $r_3 \leqslant r_1$，因而 $r_2 \leqslant r_1$，这就与辅助定理的条件矛盾.

辅助定理 2 设 A 是自共轭算子(有界或无界的)，B 是有界自共轭算子，$\mathscr{E}_\lambda$ 是 A 的谱函数，而 $\mathscr{E}'_\lambda$ 是和 $A' = A + B$ 的谱函数. 再设 Δ 是有穷区间 $[a, b]$，$\Delta_{B,\varepsilon}$ 是区间 $[a - \|B\| - \varepsilon, b + \|B\| + \varepsilon]$，其中 ε 是任意正数. 于是子空间 $L_1 = (\Delta_{B,\varepsilon}\mathscr{E}'_\lambda)x (x \in H)$ 的维数不比子空间 $L_2 = (\Delta\mathscr{E}_\lambda)x (x \in H)$ 的维数小.

首先注意，我们应用了 [141] 中的记号(例如 $\Delta\mathscr{E}_\lambda = \mathscr{E}_b - \mathscr{E}_a$). 我们用反证法证明辅助定理. 假定子空间 L_1 的维数比 L_2 的维数小. 依辅助定理 1，有异于零的元 $y \in L_2$ 与 L_1 正交. 我们不妨假定 $\|y\| = 1$. 留意 $y \in L_2$，并为书写简单起见令 $\alpha = \dfrac{a + b}{2}$，可得

$$\| Ay - \alpha y \|^2 = \int_a^b (\lambda - \alpha)^2 \mathrm{d}(\mathscr{E}_\lambda y, y) \leqslant \left(\frac{b-a}{2}\right)^2$$

与

$$\| A'y - \alpha y \| \leqslant \| Ay - \alpha y \| + \| By \| \leqslant \frac{b-a}{2} + \| B \| \tag{89}$$

另一方面，注意 $y \perp L_1$，可得

$$\| A'y - \alpha y \|^2 = \int_{-\infty}^{+\infty} (\lambda - \alpha)^2 \mathrm{d}(\mathscr{E}'_\lambda y, y) = \int_{-\infty}^{a - \| B \| - \varepsilon} + \int_{b + \| B \| + \varepsilon}^{+\infty}$$

由此再注意 y 与 L_1 正交，就得

$$\| A'y - \alpha y \| \geqslant \left(\frac{b-a}{2} + \| B \| + \varepsilon\right) \int_{-\infty}^{+\infty} \mathrm{d}(\mathscr{E}'_\lambda y, y)$$

即

$$\| A'y - \alpha y \| \geqslant \frac{b-a}{2} + \| B \| + \varepsilon \tag{90}$$

辅助定理由不等式(89)与(90)的矛盾而得证.

定理 1 设在区间 Δ 内有自共轭算子 A 的谱的有穷个固有值，其重数之和等于 k，k 是有穷数，又设 A 的谱的其余部分到 Δ 的距离大于 $2\| B \|$.

如此，A' 在区间 $\Delta_{B,0} = [a - \| B \|, b + \| B \|]$ 中的谱由重数之和等于 k 的那些固有值所组成.

根据辅助定理 2，对于任一 $\varepsilon > 0$，L_1 的维数大于或等于 k. 如果不等号“$>$”成立，那么再应用辅助定理 2 以及等式 $A = A' - B$，可以断定子空间 $\Delta_{2B,2\varepsilon}\mathscr{E}_\lambda x$ $(x \in H)$ 的维数大于 k. 但依定理的条件，对于充分接近零的 ε，这是不可能的，也就是说，对于这样的 ε，L_1 的维数等于 k，由此推得定理.

注 对 $k = 1$ 应用上面的定理，我们可以对于微小的摄动观察孤立的简单固有值的变动.

定理 2 如果在 Δ 内至少有算子 A 的谱的一个凝点，那么在区间 $\Delta_{B,0}$ 内就至少有算子 A' 的谱的一个凝点.

在这种情形 $k = \infty$，而定理由辅助定理 2 推出.

注 如果 λ_0 是 A 的谱的凝点，那么在区间 $[\lambda_0 - \| B \|, \lambda_0 + \| B \|]$ 内至少有 A' 的谱的一个凝点.

199. 乘法算子

考察区间 $(-\infty, +\infty)$ 上的空间 L_2，以及乘自变数的算子

$$Af(x) = xf(x) \tag{91}$$

线性簇 $D(A)$ 由 L_2 中凡使 $xf(x) \in L_2$ 的函数 $f(x)$ 所组成，特别是凡只在有穷区间上异于零的函数都属于 $D(A)$，由此可知线性簇 $D(A)$ 在 H 中到处

稠密.我们证明算子 A 是自共轭的.我们应当证明,如果 $(Ax,y)=(x,y^*)$ 对于凡 $x\in D(A)$ 成立,那么 $y\in D(A)$,而 $y^*=Ay$.在现在的情形中对于凡 $f(x)\in D(A)$ 及 L_2 中的某 $\varphi(x)$ 及 $\varphi^*(x)$ 有

$$\int_{-\infty}^{+\infty} xf(x)\overline{\varphi(x)}\mathrm{d}x=\int_{-\infty}^{+\infty} f(x)\overline{\varphi^*(x)}\mathrm{d}x \tag{92}$$

而应当证明 $\varphi(x)\in D(A)$,$\varphi^*(x)=x\varphi(x)$.应用(92)于 L_2 中的 $f(x)$,设 $f(x)$ 只在有穷区间 $(-a,+a)$ 上异于零,而留意这样的函数属于 $D(A)$

$$\int_{-a}^{+a} f(x)\overline{[\varphi^*(x)-x\varphi(x)]}\mathrm{d}x=0$$

而既然 $f(x)$ 是任意的,由此直接可知[52] $\varphi^*(x)-x\varphi(x)$ 在区间 $(-a,+a)$ 上与零相抵,而既然 a 是任意的,可知这个函数在整个区间 $(-\infty,+\infty)$ 上与零相抵,就是说,可以设 $\varphi^*(x)-x\varphi(x)=0$.但 $\varphi^*(x)\in L_2$,因此 $x\varphi(x)\in L_2$ 且 $\varphi^*(x)=x\varphi(x)$,这正是所要证明的.与在[180]中一样,算子(91)的谱函数由下面的公式表示

$$\mathscr{E}_\lambda f(x)=\begin{cases}f(x),\text{如果 } x\leqslant\lambda\\0,\text{如果 } x>\lambda\end{cases} \tag{93}$$

而这个算子有分布于区间 $-\infty<\lambda<+\infty$ 上的纯连续谱.

算子(91)显然是无界算子.再留意,凡 $D(A)$ 中的函数 $f(x)$ 在区间 $(-\infty,+\infty)$ 上可和.事实上,令 $xf(x)=\omega(x)$,其中 $\omega(x)\in L_2$.可以写成 $f(x)=\frac{1}{x}\omega(x)$;既然 $\frac{1}{x}$ 及 $\omega(x)$ 属于任意区间 $(-\infty,-a)$ 及 $(a,+\infty)$ 上的 L_2,而 $a>0$,那么由此可知 $f(x)$ 在区间 $(-\infty,+\infty)$ 上也是可和的.

与在[180]中完全一样,可以考察乘以实值可测函数的算子

$$A'f(x)=\omega(x)f(x) \tag{94}$$

而在 $\omega(x)$ 无界的情形所得的是无界算子.设为确定起见,$\omega(x)$ 在整个区间 $(-\infty,+\infty)$ 上有界,但可能在有穷多点的任意小邻域除外.这时,取任意不含上述诸点的闭区间,并与以前一样推理,可知对于 $\omega(x)f(x)$ 仍属于 L_2 的 L_2 中的函数 $f(x)$,(94)是自共轭算子.与在[180]一样,它的谱函数由下面的公式表示

$$\mathscr{E}'_\lambda f(x)=\begin{cases}f(x),\text{如果 } \omega(x)\leqslant\lambda\\0,\text{如果 } \omega(x)>\lambda\end{cases} \tag{95}$$

例如 $\omega(x)\in L_2$,那么线性簇 $D(A)$ 包含 L_2 中的一切有界函数,而 A' 也是自共轭算子.留意,对于[197]所举的函数类 $\omega(x)$,算子 A' 可以看作是乘以自变数的算子 A 的函数 $\omega(A)$.

以 B 表示下面的自共轭算子

$$B\Phi(x) = \mathrm{i}\,\frac{\mathrm{d}\Phi(x)}{\mathrm{d}x} = \mathrm{i}\varphi(x) \tag{96}$$

它在 $H = L_2(-\infty, +\infty)$ 中的函数 $\Phi(x)$ 组成的集合 $D(B)$ 上定义，这些函数 $\Phi(x)$ 在任一有穷区间上绝对连续并且具有属于 $L_2(-\infty, +\infty)$ 的导数[188]. 应用傅里叶变换，我们建立线性簇 $D(A)$ 与 $D(B)$ 的对应.

记

$$\Psi_N(x) = \frac{1}{\sqrt{2\pi}}\int_{-N}^{+N}\Phi(t)\mathrm{e}^{\mathrm{i}xt}\,\mathrm{d}t,\ \psi_N(x) = \frac{1}{\sqrt{2\pi}}\int_{-N}^{+N}\mathrm{i}\varphi(t)\mathrm{e}^{\mathrm{i}xt}\,\mathrm{d}t \tag{97}$$

其中 $\Phi(t)$ 是 $D(B)$ 中的任意函数，并分部积分，可得

$$x\Psi_N(x) - \psi_N(x) = \frac{1}{\sqrt{2\pi}\,\mathrm{i}}[\Phi(N)\mathrm{e}^{\mathrm{i}xN} - \Phi(-N)\mathrm{e}^{-\mathrm{i}xN}] \tag{98}$$

其中右端当 $N \to \infty$ 时在整个无穷区间上依 x 一致收敛于零[188]. 函数 $\psi_N(x)$ 及 $\Psi_N(x)$ 在无穷区间上依均值趋于 L_2 中的函数 $\psi(x)$ 及 $\Psi(x)$[178]. 因而在凡有穷区间$[-a, +a]$上一定更是如此，此外，在这样的区间上 $x\Psi_N(x)$ 依均值收敛于 $x\Psi(x)$. 由公式(98) 可知对于一切足够大的 N 及任意预知的正数 ε，不等式

$$\int_{-a}^{+a} |\, x\Psi_N(x) - \psi_N(x)\,|^2\,\mathrm{d}x \leqslant \varepsilon$$

满足，留意在范数号下取极限的可能性

$$\int_{-a}^{+a} |\, x\Psi(x) - \psi(x)\,|^2\,\mathrm{d}x \leqslant \varepsilon$$

由此，既然 ε 及 a 是任意的，可得

$$\int_{-\infty}^{+\infty} |\, x\Psi(x) - \psi(x)\,|^2\,\mathrm{d}x = 0$$

就是说，$x\Psi(x) = \psi(x)$，即

$$x\,\frac{1}{\sqrt{2\pi}}\int_{-\infty}^{+\infty}\Phi(t)\mathrm{e}^{\mathrm{i}xt}\,\mathrm{d}t = \frac{1}{\sqrt{2\pi}}\int_{-\infty}^{+\infty}\mathrm{i}\varphi(t)\mathrm{e}^{\mathrm{i}xt}\,\mathrm{d}t \tag{99}$$

这可以写成下面的形式

$$T^*(\Phi) = \frac{1}{x}T^*(\mathrm{i}\varphi) = f \tag{100}$$

而既然 $T^*(\mathrm{i}\varphi) \in L_2$，我们看出不只是 $f(x) \in L_2$，而且 $xf(x) \in L_2$，就是说 $f(x) \in D(A)$.

现在证明，如果 $f(x)$ 是 $D(A)$ 中的任意函数，那么 $T(f) \in D(B)$. 既然 $f(x)$ 及 $xf(x)$ 属于 L_2，可以作 $T(f)$ 及 $T(xf)$. 留意(100)，令

$$\begin{cases}\Phi(x)=T(f)=\dfrac{1}{\sqrt{2\pi}}\displaystyle\int_{-\infty}^{+\infty}f(t)\mathrm{e}^{-\mathrm{i}xt}\,\mathrm{d}t\\ \mathrm{i}\varphi(x)=T(xf)=\dfrac{1}{\sqrt{2\pi}}\displaystyle\int_{-\infty}^{+\infty}tf(t)\mathrm{e}^{-\mathrm{i}xt}\,\mathrm{d}t\end{cases}\tag{101}$$

我们有[178]

$$\mathrm{i}\int_0^N\varphi(t)\,\mathrm{d}t=\frac{1}{\sqrt{2\pi}}\int_{-\infty}^{+\infty}tf(t)\,\frac{1}{\mathrm{i}t}(1-\mathrm{e}^{-\mathrm{i}Nt})\,\mathrm{d}t$$

留意(101)中第一个公式,由它依 $f(t)$ 在区间$(-\infty,+\infty)$上的可和性推出

$$\Phi(0)=\frac{1}{\sqrt{2\pi}}\int_{-\infty}^{+\infty}f(t)\,\mathrm{d}t$$

我们可以把上述公式改写成下面的形式

$$\mathrm{i}\int_0^N\varphi(t)\,\mathrm{d}t=\frac{1}{\mathrm{i}}\Phi(0)-\frac{1}{\mathrm{i}}\Phi(N)$$

由此可知 $\Phi(x)\in D(B)$ 及 $\mathrm{i}\varphi(x)=B\Phi(x)$.我们于上文知道,$T^*$ 把 $D(B)$ 中的任一元 Φ 映成 $D(A)$ 中的元 f,而刚才我们证明了 T 把 $D(A)$ 中的任意元 f 映成 $D(B)$ 中的元 Φ.如此,在 $D(A)$ 与 $D(B)$ 之间建立了一一对应关系,其中 T 把 $D(A)$ 映到 $D(B)$ 中,而映射前由 $f(x)$ 到 $xf(x)$ 的变换与映射后由 $\Phi(x)$ 到 $B\Phi(x)=\mathrm{i}\varphi(x)$ 的变换相对应,就是说

$$B=TAT^*\tag{102}$$

于是得到下面的定理:

定理 自共轭算子 A 与 B 么范相抵,并且公式(102)成立,其中 T 是傅里叶变换.

对于算子 B 的谱函数 $\mathscr{E}'_\lambda$,我们有公式 $\mathscr{E}'_\lambda=T\mathscr{E}_\lambda T^*$,其中 $\mathscr{E}_\lambda$ 由公式(93)定义,即

$$\mathscr{E}'_\lambda f(x)=\frac{1}{\sqrt{2\pi}}\int_{-\infty}^{\lambda}\left[\int_{-\infty}^{+\infty}f(t)\mathrm{e}^{\mathrm{i}yt}\,\mathrm{d}t\right]\mathrm{e}^{-\mathrm{i}xy}\,\mathrm{d}y\tag{103}$$

或

$$\mathscr{E}'_\lambda f(x)=\frac{1}{\sqrt{2\pi}}\int_{-\infty}^{\lambda}T^*(f)\mathrm{e}^{-\mathrm{i}xy}\,\mathrm{d}y\tag{104}$$

可以把 $\Phi(x)$ 写成形式

$$\Phi(x)=\int_{-\infty}^{x}\varphi(t)\,\mathrm{d}t=-\int_{x}^{+\infty}\varphi(t)\,\mathrm{d}t\tag{105}$$

但不能断定 $\varphi(t)$ 在无穷区间上的绝对可积性，而上述两积分应了解成当区间无限地扩张时有穷区间上积分的极限. 由公式 $B^{-1}\varphi=-\mathrm{i}\Phi$ 定义的自共轭算子 B^{-1} 并不定义于整个 L_2 上，而只对那些由公式(105) 定义的 $\Phi(x)$ 也属于 L_2 的 $\varphi(x)$ 定义. 这是由于 $\lambda'=0$ 属于 B 的连续谱.

如果考察算子(94)，那么算子 TAT^* 将是算子 B 的函数 $\omega(B)$，所以

$$\omega(B)f(x)=\frac{1}{2\pi}\int_{-\infty}^{+\infty}\omega(y)\left[\int_{-\infty}^{+\infty}f(t)\mathrm{e}^{\mathrm{i}yt}\mathrm{d}t\right]\mathrm{e}^{-\mathrm{i}xy}\mathrm{d}y \tag{106}$$

如果 $\omega(x)$ 是无界函数，那么在其上定义这个算子的线性簇可由 $D(A')$ 借算子 T 得出. 留意上述的无穷积分都应当了解成依均值收敛的. 算子 D 与 A 一样有简单连续谱. 出现于公式(106) 中的函数 $\omega(x)$ 当然必须满足[197] 中对 $f(\lambda)$ 所陈述的条件.

200. 积分算子

考察区间 $[a,b]$ 上的积分算子，其核 $K(x,y)$ 满足条件

$$K(y,x)=\overline{K(x,y)} \tag{107}$$

且

$$K^2(x)=\int_a^b|K(x,y)|^2\mathrm{d}y<+\infty\quad(K(x)\geqslant 0) \tag{108}$$

对于 $[a,b]$ 中的 x 殆遍成立. 相应的算子

$$\varphi(x)=Kf(x)=\int_a^b K(x,y)f(y)\mathrm{d}y \tag{109}$$

对 $[a,b]$ 上 L_2 中那些 $f(x)$ 所组成的线性簇 $D(K)$ 有定义，只要 $f(x)$ 使公式(109) 所定义的 $\varphi(x)$ 也属于 L_2. 像[173] 中一样，我们再来考察 L_2 中合乎下列条件的函数 $f(x)$ 所组成的线性簇 l

$$\int_a^b K(x)|f(x)|\mathrm{d}x<+\infty \tag{110}$$

我们已经知道，线线簇 l 是在 L_2 中处处稠密的[173]. 现在要证明，如果 $f(x)\in l$，那么它必属于 $D(K)$. 由此顺便可以推出：$D(K)$ 在 L_2 中是处处稠密的. 我们可以写出

$$|\varphi(x)|^2=\int_a^b K(x,y)f(y)\mathrm{d}y\cdot\int_a^b\overline{K(x,t)}\,\overline{f(t)}\mathrm{d}t$$

因而

$$\int_a^b|\varphi(x)|^2\mathrm{d}x\leqslant\int_a^b\int_a^b\int_a^b|K(x,y)||K(x,t)||f(y)||f(t)|\mathrm{d}y\mathrm{d}t\mathrm{d}x \tag{111}$$

所以只要证明右端的积分，无论依什么次序来积，都是有穷值的. 依布尼亚柯夫

斯基不等式

$$\int_a^b |K(x,y)||K(x,t)|\mathrm{d}x \leqslant$$

$$\left[\int_a^b |K(x,y)|^2\mathrm{d}x \cdot \int_a^b |K(x,t)|^2\mathrm{d}x\right]^{\frac{1}{2}} = K(y)K(t)$$

(111) 的右端不大于乘积

$$\int_a^b K(y)|f(y)|\mathrm{d}y \cdot \int_a^b K(t)|f(t)|\mathrm{d}t$$

而这个乘积是有有穷值的，因为 $f(x)\in l$. 用 $Af(x)$ 来记由公式(109) 在线性簇 l 上所定义的算子. 不难证明这是个对称算子，即

$$\int_a^b\left[\int_a^b K(x,y)f(y)\mathrm{d}y\right]\overline{\omega(x)}\mathrm{d}x = \int_a^b\left[\int_a^b K(x,y)\overline{\omega(x)}\mathrm{d}x\right]f(y)\mathrm{d}y \quad (112)$$

只要 $f(x)$ 及 $\omega(x)$ 属于 l；同时，依(107) 有

$$\int_a^b K(x,y)\overline{\omega(x)}\mathrm{d}x = \overline{\int_a^b K(y,x)\omega(x)\mathrm{d}x}$$

作为 y 的函数，显然是属于 L_2 的. 为证明(112)，只要证明积分

$$\int_a^b\int_a^b |K(x,y)||f(y)||\omega(x)|\mathrm{d}y\mathrm{d}x \quad (113)$$

不论依什么次序来积都是有穷的. 我们先依 x 来积，并应用布尼亚柯夫斯基不等式，可知上式不大于

$$\|\omega\| \cdot \int_a^b K(y)|f(y)|\mathrm{d}y$$

而这个量是有穷的，因为 $f(y)\in l$.

由公式(109) 定义于线性簇 l 上的对称算子 A 远非总是自共轭的，但是具有共轭算子 A^*. 现在证明 A^* 与同一公式(109) 在线性簇 $D(K)$ 上所定义的算子 K 重合，其中 $D(K)$ 是由 L_2 中使 $\varphi(x)\in L_2$ 的那些 $f(x)$ 所组成的. 设对 l 中的所有 $f(x)$ 公式

$$\int_a^b\left[\int_a^b K(x,y)f(y)\mathrm{d}y\right]\overline{\omega(x)}\mathrm{d}x = \int_a^b f(x)\overline{\omega^*(x)}\mathrm{d}x \quad (114)$$

成立，其中 $\omega(x)$ 及 $\omega^*(x)\in L_2$. 我们所要证明的是

$$\omega^*(x) = \int_a^b K(x,y)\omega(y)\mathrm{d}y \quad (115)$$

由此也可以得出 $\omega(x)\in D(K)$. 以上在证明积分(113) 为有穷时，我们只用到

函数 $f(x)$ 属于 l 这一事实. 故(114) 左端的积分可以改变积分次序，于是该式可改写为

$$\int_a^b f(x)\overline{\left[\omega^*(x)-\int_a^b K(x,y)\omega(y)\mathrm{d}y\right]}\mathrm{d}x=0 \tag{116}$$

由[173] 定理的证明过程，立即可知方括号内的差应等于零，于是便得到(115). 反之，若 $\omega(x)\in l(K)$，而 $\omega^*(x)$ 由公式(115) 表示，则由以上的计算立即可知公式(114) 也立. 上面这些论证使我们得到以下的定理：

定理 设 $K(y,x)=\overline{K(x,y)}$ 且满足条件(108). 设 l 是$[a,b]$上 L_2 中合乎条件(110) 的那些 $f(x)$ 所组成的线性簇，而 $D(K)$ 是 L_2 中由公式(109) 所确定的 $\varphi(x)$ 仍属于 L_2 的那些函数 $f(x)$ 所组成的线性簇. 这时线性簇 l 在 L_2 中处处稠密，而且包含在线性簇 $D(K)$ 中. 此外又设 A 是由(109) 定义在线性簇 l 上的算子，K 是由同一公式定义在 $D(K)$ 上的算子. 那么 A 是对称算子，且 $A^*=K$.

K 为自共轭算子的必要条件，是它须为对称算子，依(107) 即得等式

$$\int_a^b\left[\int_a^b K(y,x)f(x)\mathrm{d}x\right]\overline{\omega(y)}\mathrm{d}y=\int_a^b\left[\int_a^b K(y,x)\overline{\omega(y)}\mathrm{d}y\right]f(x)\mathrm{d}x \tag{117}$$

它应对 $D(K)$ 中的一切 $f(x)$ 及 $\omega(x)$ 成立. 现在来证明这也是使 K 为自共轭算子的充分条件. 事实上，设对 $D(K)$ 中的一切 $f(x)$ 有

$$\int_a^b\left[\int_a^b K(x,y)f(y)\mathrm{d}y\right]\overline{\omega(x)}\mathrm{d}x=\int_a^b f(x)\overline{\omega^*(x)}\mathrm{d}x$$

其中 $\omega(x)$ 及 $\omega^*(x)$ 都属于 L_2. 我们要证明的是：$\omega(x)\in D(K)$ 且公式(115) 成立，同时，根据 $D(K)$ 的定义，只要证明(115) 就够了. 自上式减去等式(117) 并注意(107)，可得(116)；而由于 $f(x)$ 是任意选自 $D(K)$ 且 $D(K)$ 又包含 l，故由此可得(115). 于是，K 为自共轭算子的必要且充分条件是：对于 $D(K)$ 中的任意 $f(x)$ 及 $\omega(x)$，等式(117) 成立.

我们举出核在无穷区间$(-\infty,+\infty)$上依赖于差时的自共轭算子的一些简单例子. 设 $g(t)$ 是 L_2 中的实值偶函数，定义于所说区间上，而 $f(x)$ 是 L_2 中的任一函数. 记 $G(t)=T^*(g)$ 及 $F(t)=T^*(f)$. $G(t)$ 是实函数，因 $g(t)$ 是实值偶函数. 我们可以写出[178]

$$\varphi(x)=\frac{1}{\sqrt{2\pi}}\int_{-\infty}^{+\infty}g(x-y)f(y)\mathrm{d}y=\frac{1}{\sqrt{2\pi}}\int_{-\infty}^{+\infty}G(t)F(t)\mathrm{e}^{-\mathrm{i}xt}\mathrm{d}t \tag{118}$$

并且由于 $G(t)\in L_2$ 及 $F(t)\in L_2$，乘积 $G(t)F(t)$ 在区间$(-\infty,+\infty)$上是可和的. 设 l' 是 L_2 中使 $G(t)F(t)$ 仍属于 L_2 的那些函数 $F(t)$ 所组成的线性簇. 在线性簇 l' 上，(118) 的右端就是 $T(GF)$，故 $\varphi(x)$ 应属于 L_2. 再看公式(118) 的

中间部分,便可知在线性簇 l'_1 上具核 $g(x-y)$ 的积分算子 K(这里 l'_1 是 l' 经映射 T 后得出的),与乘以 L_2 中的函数 $G(t)$ 这一运算么范相抵,因而它是一个自共轭算子. 再提醒一下,我们用 $D(K)$ 来记 L_2 中适合下列条件的函数 $f(x)$ 所成的线性簇:$f(x)$ 使公式(118) 所确定的 $\varphi(x)$ 也属于 L_2. 由上述论证,我们只能推出 l'_1 包含在 $D(K)$ 中. 但可以证明 l'_1 与 $D(K)$ 重合. 这一论断与下一论断是等效的:若公式(118) 中的 $\varphi(x)\in L_2$,则 $G(t)F(t)\in L_2$. l'_1 之所以与 $D(K)$ 相重合,是由于不可能扩张自共轭算子而又得出自共轭算子. [187] 证明这样的扩张是不可能的. 因此,若 $g(t)$ 是 L_2 中的实值偶函数,则以 $g(x-y)$ 为核的积分算子是线性簇 $D(K)$ 上的自共轭算子.

201. 闭对称算子的扩张

在下面研究 A 的扩张时,将设 A 是闭对称算子. 现在证明两个对于以后很重要的基本定理.

定理 1 依照公式

$$y=(A+\mathrm{i}E)x \tag{119}$$

$$z=(A-\mathrm{i}E)x \tag{120}$$

元 x 组成的线性簇 $D(A)$ 被一对一地各映到两个子空间 $L_{\mathrm{i}}(A)$ 及 $L_{-\mathrm{i}}(A)$ 上去,并且如果 y 与 z 是这两个子空间中与 $D(A)$ 的同一元 x 相应的元,那么映 y 成 z 的分配算子 U

$$z=U(y) \tag{121}$$

把 $L_{\mathrm{i}}(A)$ 一对一地映成 $L_{-\mathrm{i}}(A)$,并且这一映射保持范数及数积不变

$$\| Uy \| = \| y \|,(Uy_1,Uy_2)=(y_1,y_2) \tag{122}$$

因为

$$\|(A+\mathrm{i}E)x\|^2=((A+\mathrm{i}E)x,(A+\mathrm{i}E)x)=$$
$$(Ax,Ax)+\mathrm{i}(x,Ax)-\mathrm{i}(Ax,x)+(x,x)$$

依 A 的对称性,可知

$$\|(A+\mathrm{i}E)x\|^2=\|Ax\|^2+\|x\|^2\quad(x\in D(A)) \tag{123}$$

现在证明,不同的 x 在公式(119) 中定出不同的 y. 如果 $D(A)$ 中不同的 x_1 及 x_2 定出同一个 y,那么其差 $x=x_1-x_2$ 定出 $y=0$,而应当证明由$(A+\mathrm{i}E)x=0$ 推出 $x=0$. 但这由(123) 直接可以得出. 如此,公式(119) 把 $D(A)$ 一对一地映成一个线性簇 $L_{\mathrm{i}}(A)$. 现证它是闭的,就是说它是子空间. 留意(123) 可得 $\|(A+\mathrm{i}E)x\|\leqslant\|x\|$,由此知$(A+\mathrm{i}E)^{-1}$ 是有界的. 但在[184] 中已证,如果算子 B 是闭的,且在 $R(B)$ 上存在有界逆算子 B^{-1},那么 $R(B)$ 是子空间. $L_{\mathrm{i}}(A)$ 是子空间从而得证. 同样,由与公式(123) 相似的公式

$$\|(A-\mathrm{i}E)x\|^2=\|Ax\|^2+\|x\|^2 \tag{123'}$$

可知公式(120) 把 $D(A)$ 一对一地映成某一子空间 $L_{-\mathrm{i}}(A)$. 取 y 及 z 各依(119)

及(120) 与同一元 x 相应,那么(121) 是一个完全确定的分配映射,把 $L_{i}(A)$ 一对一地变换成 $L_{-i}(A)$,而公式(123) 及(123′) 可以写成

$$\| y \|^2 = \| Ax \|^2 + \| x \|^2 \text{ 与 } \| z \|^2 = \| Ax \|^2 + \| x \|^2$$

的形式,就是说 $\| z \| = \| y \|$,即 $\| Uy \| = \| y \|$. 公式(122) 的第二式与在么范算子情形[137] 的证明完全一样,于是定理证毕.

注意,如果 A 是自共轭算子,那么,既然 $\pm i$ 是 A 的正则点,$L_{i}(A)$ 及 $L_{-i}(A)$ 与 H 相合[189],而 U 是么范映射. 如果上述两个子空间,或至少其中一个不与 H 相合,那么 U 平常叫作等距算子,就是说,定义于某子空间 L' 并把它一对一地映到另一子空间上并保持元的范数不变的算子 U(从而也保持数积不变),叫作等距算子. 把 L'' 映成 L' 的逆算子 U^{-1} 显然也是等距算子. 如果 L' 及 L'' 与 H 相合,那么 U 是定义于整个 H 上的么范算子. 公式 $y = Ax + ix$ 及 $Uy = Ax - ix$ 把 $D(A)$ 一对一地各变换成 $L_{i}(A)$ 及 $L_{-i}(A)$,由此可得公式

$$x = \frac{1}{2i}(y - Uy), Ax = \frac{1}{2}(y + Uy)$$

其中第一式把 $L_{i}(A)$ 一对一地映成 $D(A)$. 如果把 y 换成 $2iy$,这仍不改变线性簇 $L_{i}(A)$,那么可得较简的公式

$$x = y - Uy \tag{124}$$

$$Ax = i(y + Uy) \tag{125}$$

其中第一式把 $L_{i}(A)$ 一对一地映成 $D(A)$,而第二式定出相应元 Ax. 留意由公式(124) 决定的线性簇在 H 中是到处稠密的. 等距算子 U 叫作闭对称算子 A 的凯雷映射. 现在证明依熟知意义与前者相逆的定理.

定理 2 如果 U 是等距算子,把子空间 L' 映成子空间 L'',而公式(124) 对属于 L' 的 y 决定一个 H 中到处稠密的线性簇 l,那么公式(125) 在 l 上定义一个闭对称算子 A,这时 U 是 A 的凯雷映射,而 L' 与 L'' 各等于 $L_{i}(A)$ 及 $L_{-i}(A)$.

首先应当证明,公式(124) 对于 L' 中不同的 y 定出不同的 x,就是说,与以前一样,应当证明由 $y_0 - Uy_0 = 0$ 可知 $y_0 = 0$. 作数积(y_0, x). 如果证明对于 l 中的任意 x 这个数积等于零,那么由于这个线性簇在 H 中到处稠密,可以断定 $y_0 = 0$. 于是

$$(y_0, x) = (y_0, y - Uy) = (y_0, y) - (y_0, Uy)$$

依 U 的等距性

$$(y_0, x) = (Uy_0, Uy) - (y_0, Uy) =$$
$$(Uy_0 - y_0, Uy) = (0, Uy) = 0$$

这正是所要证的. 有了 l 中的一个 x,依公式(124),可得一个确定的 $y \in L'$,而依公式(125) 可得一个确定的 Ax. 如此作出一个分配算子 A. 令 x' 及 x'' 是 l 中的两元,而 y' 及 y'' 各是与它们相应的 L' 中的元. 应用 U 的等距性可得

$$(Ax',x'')=(\mathrm{i}(y'+Uy'),y''-Uy'')=$$
$$\mathrm{i}(y',y'')+\mathrm{i}(Uy',y'')-\mathrm{i}(y',Uy'')-\mathrm{i}(Uy',Uy'')=$$
$$\mathrm{i}(Uy',y'')-\mathrm{i}(y',Uy'')$$

展开$(x',Ax'')=(y'-Uy',\mathrm{i}(y''+Uy''))$可得同样结果，就是说$(Ax',x'')=(x',Ax'')$，因此$A$是对称算子. 现在证明$A$是闭的. 令$x_n$是$l$中的元，使

$$x_n\Rightarrow x,Ax_n\Rightarrow w \tag{126}$$

应当证明$x\in l$与$w=Ax$. 用y_n表示L'中与x_n相应的元

$$x_n=y_n-Uy_n,Ax_n=\mathrm{i}(y_n+Uy_n) \tag{127}$$

由这两个等式可知$y_n=\frac{1}{2\mathrm{i}}(Ax_n+\mathrm{i}x_n)\Rightarrow\frac{1}{2\mathrm{i}}(w+\mathrm{i}x)$. 为书写简便起见，以$y$表示这个极限，可以断定$y\in L'$，因为$L'$是子空间，并且$Uy_n\Rightarrow Uy$. 因为$U$是等距算子，所以$\|U(y-y_n)\|=\|y-y_n\|$. 在公式(127)中取极限，可得$x=y-Uy$及$w=\mathrm{i}(y+Uy)$，其中$y\in L'$，就是说$x\in l,w=Ax$，这正是所要证的. 最后，由公式(124)及(125)把x换成$2\mathrm{i}x$，可得

$$y=(A+\mathrm{i}E)x,Uy=(A-\mathrm{i}E)x\quad(x\in l)$$

由此直接可得U是A的凯雷映射，而L'及L''各是$L_{\mathrm{i}}(A)$及$L_{-\mathrm{i}}(A)$；定理于是证毕.

证明了的定理使我们直接可以说明扩张闭对称算子A的可能性. 设B是这样的扩张(与A不相合). 这时公式

$$y=(B+\mathrm{i}E)x,z=(B-\mathrm{i}E)x$$

的右端定义于线性簇$D(B)$上，后者较$D(A)$宽广，而对于$D(A)$中的元x，这两个公式给出公式(119)及(120)右端所给出的同样结果. 如此，子空间$L_{\mathrm{i}}(B)$及$L_{-\mathrm{i}}(B)$真正较子空间$L_{\mathrm{i}}(A)$及$L_{-\mathrm{i}}(A)$宽广，而如果用V表示算子B的凯雷映射，那么可以断定，V把$L_{\mathrm{i}}(B)$转换成$L_{-\mathrm{i}}(B)$，而它在$L_{\mathrm{i}}(A)$上与U相合，就是说，等距算子V是等距算子U的扩张. 反之，应用定理2可以断定，凡等距算子U扩张而成的等距算子V依公式

$$x=y-Vy,Bx=\mathrm{i}(y+Vy)\quad(y\in D(V)) \tag{128}$$

定出闭对称算子B，而B是A的扩张. 依上述，也只有循此途径才可以得到A的扩张，使扩张得出的是闭对称算子.

如果A是自共轭算子，那么$L_{\mathrm{i}}(A)$及$L_{-\mathrm{i}}(A)$是整个H，也就不可能有扩张.

202. 亏指数

用$M_{\mathrm{i}}(A)$及$M_{-\mathrm{i}}(A)$表示$L_{\mathrm{i}}(A)$及$L_{-\mathrm{i}}(A)$的补空间，并且p及q各表示$M_{\mathrm{i}}(A)$及$M_{-\mathrm{i}}(A)$的维数. 如果，比方说，当$L_{\mathrm{i}}(A)$是整个H时，那么就没有$M_{\mathrm{i}}(A)$，而我们算作$p=0$.

如果 $M_{i}(A)$ 是有穷维的，那么 p 是其维数，而如果 $M_{i}(A)$ 是无穷维的，那么 $p=\infty$[①]. 数偶 (p,q) 决定所谓算子 A 的亏指数. 我们证明关于亏指数的一串简单定理.

定理 1 为了对称闭算子 A 是自共轭的，必须且只需其两个亏指数等于零.

如果 A 是自共轭算子，那么，我们在[201] 中已知，公式(119) 及(120) 把 $D(A)$ 映成 H，所以 $p=q=0$. 反之，设 $p=q=0$. 这时 $L_{i}(A)$ 及 $L_{-i}(A)$ 与 H 相合，而 U 是么范算子(与 U^{-1} 一样都定义在整个 H 上). 设 $(Ax,v)=(x,v^{*})$ 对于凡 $D(A)$ 中的 x 成立. 必须证明 $v\in D(A)$，而 $v^{*}=Av$. 依(124) 及(125)，上面的等式可以改写成

$$(\mathrm{i}(y+Uy),v)=(y-Uy,v^{*})$$

的形式，由此，依 U 的么范性

$$(y,v^{*}-U^{-1}v^{*}+\mathrm{i}v+\mathrm{i}U^{-1}v)=0$$

而既然 y 是任意的，可知 $v^{*}+\mathrm{i}v=U^{-1}(v^{*}-\mathrm{i}v)$. 令 $v^{*}+\mathrm{i}v=2\mathrm{i}y'$，那么 $v^{*}-\mathrm{i}v=2\mathrm{i}Uy'$，由此可知 $v=y'-Uy'$，$v^{*}=\mathrm{i}(y'+Uy')$，就是说 $v\in D(A)$，而 $v^{*}=Av$，定理证毕. 充分性也是[187] 定理 2 的推论.

在证明下面的定理之前，首先说明等距算子的结构. 与在么范算子的情形一样[137]，可以证明，由子空间 L' 到子空间 L'' 的等距映射可以约化成把 L' 的完备规格化正交组 $x_{1},x_{2},\cdots$ 变换成 L'' 的同类组 $y_{1},y_{2},\cdots$ 的映射，这时 $Ux_{k}=y_{k}$(设 H 是可分的)，而

$$U\sum_{k}a_{k}x_{k}=\sum_{k}a_{k}y_{k}$$

显然，这时或两子空间都须是无穷维的，或二者须有相同的有穷维数. 如果这个条件满足，那么由于坐标基可以随意选择，可以作无穷多个由 L' 到 L'' 的等距映射. 如有一个等距算子 U，把 $L_{i}(A)$ 映成 $L_{-i}(A)$，要把它扩张，只能借添加同样多的属于 $M_{i}(A)$ 及 $M_{-i}(A)$ 的坐标基，并建立其间的一一对应而得出. 由这些考虑直接得出下面的一般定理：

定理 2 为了可能扩张闭对称算子 A 而保持其对称性不变，必须且只需算子 A 的两个亏指数异于零. 如果这个条件满足，那么有无穷多个扩张. 为了可能扩张 A 成自共轭算子，必须且只需 A 的两亏指数相同(异于零)，而如果这个条件满足，那么所述的扩张有无穷多个.

我们叙述算子 A 的扩张的一般程序. 由 $M_{i}(A)$ 及 $M_{-i}(A)$ 中各分出子空间 N_{i} 及 N_{-i} 来，使二者具有相同维数，作一个由 N_{i} 到 N_{-i} 的等距算子 V. 对于扩张

① 在某些书中，此 p 为一个超穷基数. —— 译者注

算子 B,把空间 $L_i(B)$ 定义为正交和 $L_i(A)\oplus N_i=L_i(B)$,从而凡 $L_i(B)$ 中的元 y 可以唯一地表示成 $y=y'+y''$ 的形式,其中 $y'\in L_i(A)$,$y''\in N_i$. 扩张的等距算子 V 由公式 $Vy=Uy'+Vy''$ 定义,其中右端是属于 $L_{-i}(A)\oplus N_{-i}$ 的 Vy 的分解成正交子空间 $L_{-i}(A)$ 及 N_{-i}. 依(124),线性簇 $D(B)$ 由公式

$$x=y'+y''-Uy'-Vy''=(y'-Uy')+(y''-Vy'')$$

定义,其中 $y'-Uy'$ 是 $D(A)$ 中的任意元,y'' 是 N_i 的任意元. 把这个事实写成形式

$$x_B=x_A+x_{N_i}-Vx_{N_i} \tag{129}$$

完全一样,公式(125) 给出 $Bx=i(y'+Uy')+iy''+iVy''$,就是说

$$Bx_B=Ax_A+ix_{N_i}+iVx_{N_i} \tag{130}$$

如果 N_i 及 N_{-i} 与 $M_i(A)$ 及 $M_{-i}(A)$ 相合,则上面的公式决定了 A 的自共轭扩张. 不难证明,x_B 表成和(129) 的形式是唯一的. 换句话说,应当证明,如果和(129) 等于零元,那么其各项也必等于零元. 事实上,如果 $x_B=0$,那么 $Bx_B=0$,而由公式(129) 及(130) 可得

$$x_A+x_{N_i}-Vx_{N_i}=0,Ax_A+ix_{N_i}+iVx_{N_i}=0$$

把第一个方程乘上 i 并与第二个方程相加,可得

$$(A+iE)x_A+2ix_{N_i}=0$$

在所写的和中第一项属于 $L_i(A)$,而第二项与 $L_i(A)$ 正交,由此可知两项都等于零,就是说,$x_{N_i}=0$,因此 $Vx_{N_i}=0$,$x_A=0$,这正是所要证的.

如果两亏指数中有一个等于零,而另一个异于零,那么 A 没有闭对称扩张,而这样的算子叫作极大的. 联系着这一名词,自共轭算子 —— 两亏指数都等于零的算子又叫作超极大的. 设 A 的亏指数是(1,1),就是说,子空间 $M_i(A)$ 及 $M_{-i}(A)$ 都是一维的,设 v_0 及 w_0 各是这两空间中范数相同的两元,从而其中的元都可分别表示成形式 $v=av_0$ 及 $w=aw_0$,其中 a 是任意复数. 设 θ 是区间 $0\leqslant\theta<2\pi$ 中任意给定的实数,公式 $V(av_0)=e^{-i\theta}aw_0$ 定义出一个由 $M_i(A)$ 到 $M_{-i}(A)$ 的等距映射,把这个映射添加到映射 U 上去,而 U 是把 $L_i(A)$ 变换成 $L_{-i}(A)$ 的映射,可得么范算子 V;公式(128) 定义出一个自共轭算子 B,而这一 B 依从于上面数 θ 的选择. 如果 A 的亏指数是(2,2),那么选择 $M_i(A)$ 中相互正交规格化元 v_1,v_2 及 $M_{-i}(A)$ 中的相互正交规格化元 w_1,w_2,我们令

$$Vv_k=w_k\quad(k=1,2)$$

固定 v_k 并以所有可能的方式取 w_k,可得一切相异的 V. 补充等距映射 U 成么范映射 V,依公式(128) 仍得自共轭算子 A.

再证明一个定理,它给出子空间 $M_i(A)$ 与 $M_{-i}(A)$ 的新的特征.

定理 3 $M_i(A)$ 是算子 A^* 的与固有值 $\lambda=i$ 相应的固有元所成的子空间,也就是方程 $A^*x=ix$ 的解的子空间,而 $M_{-i}(A)$ 是方程 $A^*x=-ix$ 的解的子

空间.

注意既然 A^* 是闭算子,与它的某固有值相应的固有元所组成的线性簇是闭的,就是说它是子空间.子空间 $M_i(A)$ 的元 v 的特征是对于 $D(A)$ 中的任意 x,v 与 $(A+iE)x$ 正交,就是说,它的特征是 $((A+iE)x,v)=0$,这可以改写成 $(Ax,v)=(x,iv)$ 的形式,其中 x 是 $D(A)$ 中的任意元.依 A^* 的定义,上面的等式就意味着 $v\in D(A^*)$,而 $A^*v=iv$,于是定理中关于 $M_i(A)$ 的断语已经证毕.用同样的方法可证关于 $M_{-i}(A)$ 的断语.由所证的定理可知,之所以有异于零的亏指数,是因为运算子 A^* 在 $D(A^*)$ 上已不是对称的,并有固有值 i 或 $-$i,或兼有 i 与 $-$i.

可以取上半平面的任意复数 λ 及其共轭数 $\bar{\lambda}$ 以代替 $\pm$i.这时公式

$$y=(A+\lambda E)x,z=(A+\bar{\lambda}E)x\quad(x\in D(A))$$

是映 $D(A)$ 成子空间 $L_\lambda(A)$ 及 $L_{\bar{\lambda}}(A)$ 的一对一映射,并得到由第一子空间到第二个上的等距映射 $z=Uy$.

补子空间 $M_\lambda(A)$ 及 $M_{\bar{\lambda}}(A)$ 是方程 $A^*x=-\bar{\lambda}x$ 及 $A^*x=-\lambda x$ 的解的子空间.这两个子空间的维数用 (p_λ,q_λ) 表示.这是 A 的亏指数.以后将证明这两个维数与 λ 在上半平面中的选择无关.公式(129)与(130)将取以下形式

$$x_B=x_A+x_{N_\lambda}-Vx_{N_\lambda},Bx_B=Ax_A-\bar{\lambda}x_{N_\lambda}+\lambda Vx_{N_\lambda}$$

上面第二式给出 $D(B)$,而且 $D(B)$ 显然可写成下面的形式

$$D(B)=D(A)+(E-V)N_\lambda\tag{129'}$$

其中 N_λ 是 $M_\lambda(A)$ 中的一个子空间,V 是把 N_λ 映到位于 $M_{\bar{\lambda}}(A)$ 中的子空间 $N_{\bar{\lambda}}$ 的等距算子.

设 $L_k(k=1,2,\cdots,n)$ 均为线性簇.由表示成 $x=x_1+x_2+\cdots+x_n(x_k\in L_k)$ 的元所组成的集合 L 叫作 L_k 的直接和,如果所述表示式是一意的(L 是线性簇).公式(129′)是直接和的例.直接和常常写成 $L=L_1\dotplus L_2$ 的形状.

203. 共轭算子

在定理 3 中建立了所引入的子空间与共轭算子间的联系.现在彻底地说明线性簇 $D(A^*)$ 的构成及 A^* 与 A 之间的联系.用 x_A,x_i 及 x_{-i} 表示 $D(A)$,$M_i(A)$ 及 $M_{-i}(A)$ 的任意元,我们有下面的定理:

定理 公式

$$v=x_A+x_i+x_{-i}\tag{131}$$

定出了线性簇 $D(A^*)$,并且

$$A^*v=Ax_A+ix_i-ix_{-i}\tag{132}$$

凡 $D(A^*)$ 中的元由公式(131)唯一表示.

既然 A^* 是 A 的扩张,由[202]定理 3 直接可知由(131)定出的元 v 属于 $D(A^*)$,且公式(132)成立.现在证明 v 由公式(131)唯一表示,就是说,由

$$x_A + x_i + x_{-i} = 0 \tag{133}$$

便可知其中各项都是零元.

使用算子 A^* 于(133),可得 $Ax_A + ix_i - ix_{-i} = 0$,再以 i 乘(133) 并与上面的等式相加,可得$(A + iE)x_A + 2ix_i = 0$. 这个等式左端两项相互正交,因此它们都等于零,就是说 $x_i = 0$. 同样以 $-i$ 乘(133) 可得 $x_{-i} = 0$,而由于(133),$x_A = 0$.

剩下的是要证明凡 $D(A^*)$ 中的元可以表示成(131) 的形式. 这样的元的特征是对于 $D(A)$ 中的一切 x,等式$(Ax, v) = (x, v^*)$ 成立,而依(124) 及(125) 有

$$(i(y + Uy), v) = (y - Uy, v^*)$$

由此可得

$$(Uy, v^* - iv) = (y, v^* + iv) \quad (y \in L_i(A)) \tag{134}$$

投影到互相正交的子空间中,可以写成

$$v^* - iv = x_{L_{-i}} + x_{-i}, v^* + iv = x_{L_i} + x_i \tag{135}$$

其中 $x_{L_i} \in L_i(A)$,$x_{L_{-i}} \in L_{-i}(A)$. 以此代入(134) 并因为 $x_{-i} \perp Uy$,$x_i \perp y$,可得$(Uy, x_{L_{-i}}) = (y, x_{L_i})$,或者令 $x_{L_i} = y'$,$x_{L_{-i}} = Uy''$,其中 y' 及 y'' 属于$L_i(A)$,可以写出$(Uy, Uy'') = (y, y')$;又由于U 的等距性,可知对于 $L_i(A)$ 中的任意 y,$(y, y'' - y') = 0$,特别是 $y = y'' - y'$ 时,可得 $y'' = y'$,就是说 $x_{L_i} = y'$,$x_{L_{-i}} = Uy'$. 代入(135) 并逐项相减那两个等式,可得

$$v = \frac{1}{2i}(y' - Uy') + \frac{1}{2i}x_i - \frac{1}{2i}x_{-i}$$

由此可以把 v 表示成(131) 的形式,因为

$$\frac{1}{2i}x_i \in M_i(A), -\frac{1}{2i}x_{-i} \in M_{-i}(A)$$

再举出定理的一个系. 由这个系直接可知,公式

$$w = (A^* - iE)v \tag{136}$$

把元 v 的线性簇 $D(A^*)$ 变换成 H. 事实上,依(131) 及(132) 可得

$$w = (A - iE)x_A - 2ix_{-i}$$

其中第一项是 $L_{-i}(A)$ 中的任意元,而第二项是补子空间 $M_{-i}(A)$ 中的任意元. 如此,如果把(136) 看作关于 v 的方程,那么它对于 H 中的任意 w 都有解. 这时齐次方程$(A^* - iE)v = 0$ 的解组成子空间 $M_i(A)$. 如果它不是空的,就是说第一个亏指数 $p \neq 0$,那么对于任意 w 方程(136) 有无穷多解 $v = v_0 + x_i$,其中 v_0 是(136) 的一个特解,而 x_i 是 $M_i(A)$ 中的任意元. 特解 v_0 的形式如(131),而由于可能添加 $M_i(A)$ 中的任意元到解上去,可以假定 v_0 不含 x_i,就是说,方程(136) 的解可以写成下面的形式:$v = (x_A + x_{-i}) + x_i$,其中 x_A 及 x_{-i} 是确定的元,而 x_i 是任意元. 如果 $p = 0$,那么没有 x_i 项,于是得出一个确定的解. 完全同样,方程

$$(A^* + iE)v' = w'$$

对于 H 中的任意 w' 有一般解 $v'=(x'_A+x'_{\mathrm{i}})+x'_{-\mathrm{i}}$，其中 x'_A 及 x'_{i} 是确定的元，而 $x'_{-\mathrm{i}}$ 是任意的元. 如果第二个亏指数 $q=0$，那么没有 $x'_{-\mathrm{i}}$ 项.

我们指出，与公式(131)(132) 相似的公式 $v=x_A+x_\lambda+x_{\bar{\lambda}}$ 与 $A^*v=Ax_A-\bar{\lambda}x_\lambda-\lambda x_{\bar{\lambda}}(\mathrm{Im}\,\lambda>0)$ 成立.

204. 极大算子

现在叙述作极大算子的简单方法. 取 H 中的完备规格化正交组

$$x_1,x_2,\cdots \tag{137}$$

并定义等距映射 U 如下：$Ux_k=x_{k+1}(k=1,2,\cdots)$，就是说对于 H 中的任意元

$$y=\sum_{k=1}^{\infty}a_kx_k\quad\left(\sum_{k=1}^{\infty}|a_k|^2<+\infty\right)$$

我们有

$$Uy=\sum_{k=1}^{\infty}a_kx_{k+1}$$

依照[201]中的记号，可知 L' 是 H，L'' 是由(137) 中除 x_1 以外的一切坐标基所生成的，如 y 是 H 中的任意元，由(124) 及(125) 定出一个闭对称算子 A，其亏指数是(0,1). 剩下只是证明由诸元 $y-Uy$ 组成的线性簇 $D(A)$ 在 H 中到处稠密. 为了这点，只需证明存在 $D(A)$ 中的元 x，使对于预定的任意坐标基 x_k，范数 $\|x_k-x\|$ 任意小. 作元

$$y=\sum_{s=0}^{m-1}\frac{m-s}{m}x_{k+s}$$

其中 m 是某一正整数. 那么

$$x=y-Uy=\sum_{s=0}^{m-1}\frac{m-s}{m}x_{k+s}-\sum_{s=0}^{m-1}\frac{m-s}{m}x_{k+s+1}=$$

$$x_k-\frac{1}{m}\sum_{s=1}^{m}x_{k+s}$$

由此，依毕达哥拉斯定理及 x_{k+s} 的规格化性，可知

$$\|x_k-x\|^2=\frac{1}{m^2}\sum_{s=1}^{m}\|x_{k+s}\|^2=\frac{1}{m}$$

当无限地增大 m 时，$\|x_k-x\|$ 可以任意小，这正是所要证的. 上述这一类型的极大算子叫作初等对称算子. 如果令 $B=-A$，那么 $D(B)$ 与 $D(A)$ 相同，而公式(119) 及(120) 改变成 $y=(-B+\mathrm{i}E)x$ 及 $z=(-B-\mathrm{i}E)x$，由此换 x 成 $-x$，可以看出$(B+\mathrm{i}E)x$ 把线性簇 $D(B)$ 映成子空间 $L_{-\mathrm{i}}(A)$，而$(B-\mathrm{i}E)x$ 把 $D(B)$ 映成 $L_{\mathrm{i}}(A)$，就是说当 A 换成 $-A$ 时 L_{i} 及 $L_{-\mathrm{i}}$ 互换，所以如果 A 是上述具有亏指数(0,1) 的算子，那么 $-A$ 的亏指数是(1,0).

令 U_0 表示把坐标基(137) 变换成坐标基 x'_k 的么范算子. 应用上述方法于坐标基 x'_k 上，可得一个等距算子 $U'x'_k=x'_{k+1}$ 及一个初等对称算子 A'，而显

然 $U'=U_0UU_0^{-1}$，$A'=U_0AU_0^{-1}$，而 $D(A')$ 借算子 U_0 由 $D(A)$ 得出. 可以证明，如果 A 是任意闭对称算子，但其亏指数是 $(0,q)$，而 $q>0$ 是有穷的，那么 H 可以表示成子空间的正交和：$H=L_0\oplus L_1\oplus L_2\oplus\cdots\oplus L_q$，其中每个 L_i 简约 A，而当 $k\geqslant 1$ 的每个 L_k 是无穷维时，由 A 在 L_k 中诱导出来的算子 A_k 是初等对称算子；子空间 L_0 可能不存在，也可能是无穷维或有穷维的，而在其中诱导出的算子 A_0 是自共轭算子. 当 $q=\infty$ 时有类似的结果.

在亏指数为 $(p,0)$ 而 $p>0$ 的情形下，算子 A_k 与初等对称算子只差一个符号①.

205. 对称半有界算子的扩张

设 A 是具有下界 m_A 的对称半有界算子

$$(Ax,x)\geqslant m_A(x,x) \tag{138}$$

我们假定 $m_A>0$，就是说 A 是正定的. 我们设法这样来扩张 A，使它保持对称性，并且其值域成为整个 H. 这样的扩张，如所已知[187]，导出自共轭算子.

把算子 A 与取实数值的二次泛函

$$J_y(x)=(Ax,x)-(y,x)-(x,y)\quad (x\in D(A)) \tag{139}$$

对应，上式中的 y 是 H 中的任一固定元，我们来研究它的极小值问题.

定理 1 如果方程

$$Ax=y \tag{140}$$

有解 $x\in D(A)$，那么 $J_y(x)\leqslant J_y(z)$，其中 z 为 $D(A)$ 中的任意元，而等号仅当 $z=x$ 时成立. 反之，如果对于某一 $x\in D(A)$，不等式 $J_y(x)\leqslant J_y(z)$ 成立，其中 z 是 $D(A)$ 中的任意元，那么 x 满足方程(140).

设 $x\in D(A)$ 且满足方程(140). 对于任一 $z\in D(A)$，依 A 的对称性，我们有

$$\begin{aligned}J_y(z)=(Az,z)-(y,z)-(z,y)=\\(Az,z)-(Ax,z)-(z,Ax)=\\(A(x-z),x-z)-(Ax,x)=\\(A(x-z),x-z)+J_y(x)\end{aligned}$$

再由不等式

$$(A(x-z),x-z)\geqslant m_A\|x-z\|^2$$

与 $m_A>0$，可推出定理的第一个结论.

反之，若 $x\in D(A)$ 及对于凡 $z\in D(A)$，$J_y(x)\leqslant J_y(z)$，则具有实参数 t

① 参照 Béla v. Sz. Nagy, Spektraldarstellung linearer Transformationen des Hilbertschen Raumes, s. 40. —— 译者注

的二次函数 $J_y(x+tz)$，对于任一固定的 $z\in D(A)$，当 $t=0$ 时取极小值. 由此推出

$$(Az,x)+(Ax,z)-(y,z)-(z,y)=0$$

或

$$(Ax,z)+(z,Ax)-(y,z)-(z,y)=0$$

即 $\mathrm{Re}(Ax-y,z)=0$（Re 表示实数部分）. 用 $\mathrm{i}z$ 代 z，可得 $\mathrm{Im}(Ax-y,z)=0$，即 $(Ax-y,z)=0$，又因 $D(A)$ 在 H 中稠密，可得 $Ax-y=0$，这就证明了定理的第二部分.

由所证定理不能推出，对于任一 $y\in H$，泛函 $J_y(x)$ 对于某个 $x\in D(A)$ 取得极小值. 因此，下面我们把这个泛函的定义域予以扩张. 根据(139)，它在 $D(A)$ 上定义.

我们在 $D(A)$ 中取新的数积

$$[x,y]_A=(Ax,y)\text{ 或简写为}[x,y]=(Ax,y) \tag{141}$$

于是新的范数

$$\|x\|_A^2=[x,x]=(Ax,x) \tag{142}$$

依(138)我们有不等式

$$\|x\|\leqslant\frac{1}{\sqrt{m_A}}\|x\|_A \tag{143}$$

不难验证，$D(A)$ 中的元当加法运算与乘以数的运算仿前而数积由(141)定义时，满足可能除完备性公理以外的希尔伯特空间的所有公理. 如果这一公理不满足，那么可在 $D(A)$ 中添加新的理想元以得一个完备的希尔伯特空间，并记为 H_A. 我们来研究这个完备化[85]. 设有在数积定义(141)之下的 $D(A)$ 中的基本序列. 依(143)它也是 H 中的基本序列，依 H 的完备性，这个序列在 H 中有某序列，给出 H 中的同一个元 x'，即如果 x_n 与 $y_n\in D(A)(n=1,2,\cdots)$ 且 $\|y_n-x_n\|_A\to 0$（当 $n\to\infty$），则也有 $\|y_n-x_n\|\to 0$. 这由(143)可知. 现证在数积定义(141)之下，$D(A)$ 中不属于同一类的基本序列 x_n，y_n 与 H 中不同的元 x' 与 y' 对应.

对于凡 $z\in D(A)$，我们有

$$(Az,x_n-y_n)=[z,x_n-y_n]$$

取极限可得

$$(Az,x'-y')=[z,v]$$

其中右端的 v 是 H_A 中的非零元，因为序列 x_n 与 y_n 在 H_A 中属于不同的类. 如果是 $x'=y'$，那么就会有 $[z,v]=0$，而这是不可能的，因 $D(A)$ 在 H_A 中稠密，所以 $v\in H_A$ 是非零元.

把 $J_y(x)$ 的定义域扩张到整个 H_A 上，设

$$\widetilde{J}_y(x)=[x,x]-(y,x)-(x,y) \tag{144}$$

再研究上面提到的极小值问题.数值(x,y)对于任一固定的$y\in H$,是H_A中关于x的线性有界泛函,因为

$$|(x,y)|\leqslant\|y\|\cdot\|x\|\leqslant\frac{1}{\sqrt{m_A}}\|y\|\cdot\|x\|_A$$

而依[123]中熟知的定理,有唯一的元$x_0\in H_A$,使

$$(x,y)=[x,x_0]\quad(x\in H_A,y\in H) \tag{145}$$

从而$(y,x)=[x_0,x]$.表示式(144)可以写成

$$\widetilde{J}_y(x)=[x,x]-[x_0,x]-[x,x_0]=$$
$$[x-x_0,x-x_0]-[x_0,x_0]$$

的形式,由此可知,对于凡$x\in H_A$,$\widetilde{J}_y(x_0)\leqslant\widetilde{J}_y(x)$,且等号仅当$x=x_0$时成立.此外,依(145)及$H_A$在$H$中稠密,可知不同的$y\in H$与不同的$x_0$相对应.

由同一公式(145)直接可知,与H中所有可能的y相应的变分问题的一切解x_0所成的集合是一个线性簇l.以上所述使我们可以在l上给出由公式

$$\widetilde{A}x_0=y \tag{146}$$

定义的分配算子$\widetilde{A}$,并且这个算子具有在整个H上定义的逆算子.依定理1,$\widetilde{A}$是A的扩张.我们自然用$D(\widetilde{A})$代替l.注意$D(\widetilde{A})\subseteq H_A$.我们证明$\widetilde{A}$是$H$上的对称算子.事实上,由(145)可得

$$(\widetilde{A}x_0,x)=[x_0,x]\quad(x_0\in D(\widetilde{A}),x\in H_A) \tag{147}$$

并且令$x=x_0$时,就有

$$(\widetilde{A}x_0,x_0)\geqslant 0$$

即对于$x_0\in D(\widetilde{A})$,$(\widetilde{A}x_0,x_0)$是实数,由此推出算子$\widetilde{A}$的对称性[187].在整个H上定义的逆算子$\widetilde{A}^{-1}$也是对称的,从而是有界自共轭算子,所以$\widetilde{A}$也是H上的自共轭算子.于是我们证明了下面的定理:

定理2 满足条件(138)(对于$m_A>0$)的对称算子A,容有自共轭扩张$\widetilde{A}$,使$\widetilde{A}^{-1}$在整个H上定义并有界.

上面介绍的半有界对称算子的扩张的构造属于弗里德里克斯(Math. Ann. 109,4/5,1934).我们的证明取自С.Г.米赫林*Проблема минимума квадратичного функционала*(1952)一书.

现在假定对称自共轭算子A,在$m_A\leqslant 0$之下满足条件(138).这时$D(B)=D(A)$的对称算子$B=A+(\varepsilon-m_A)E(\varepsilon>0)$,对于$x\in D(B)$满足条件$(Bx,x)\geqslant\varepsilon(x,x)$,而上面所证定理导致下面的定理:

定理3 每个对称半有界算子A容有自共轭扩张$\widetilde{A}$,使对于任一$\varepsilon>0$,算

子$[\widetilde{A}+(\varepsilon-m_A)E]^{-1}$在整个$H$上定义并有界.

若算子A不是自共轭的,那么它容有无穷多个自共轭扩张.所得的扩张$\widetilde{A}$通常叫作依弗里德里克斯的扩张.

如果$x\in D(A)$,那么当$m_A>0$时我们有不等式(143).我们假设$x\in H_A$,但不属于$D(A)$.这时,按H_A的定义,有元序列$x_n\in D(A)(n=1,2,\cdots)$,使依$H_A$的范数$x_n\Rightarrow x$,因此$x_n$更依$H$的范数收敛于$x$.

对x_n写出不等式(143)并应用范数的连续性,我们可以断定,对于$m_A>0$不等式(143)对于整个H_A正确.

如果$x\in D(\widetilde{A})$,从而$x\in H_A$,那么由(145)可知$(\widetilde{A}x,x)=[x,x]=\|x\|_A^2$,且不等式(143)给出

$$(\widetilde{A}x,x)\geqslant m_A(x,x) \tag{148}$$

证明时我们假定了$m_A>0$.如果$m_A\leqslant 0$,那么作算子$B=A+(\varepsilon-m_A)E$,其中$\varepsilon>0$.依上所述可得$(\widetilde{B}x,x)\geqslant\varepsilon(x,x)$,其中$\widetilde{B}=\widetilde{A}+(\varepsilon-m_A)E$,由此推出(148).这样,我们有下面的结果.

定理4 对于$\widetilde{A}$不等式(148)成立.

我们现在考察$m_A>0$的情形,并证明下面的定理:

定理5 对于正定对称算子A,我们有$H_A=D(\widetilde{A}^{\frac{1}{2}})$与

$$[x,x]=\|\widetilde{A}^{\frac{1}{2}}x\|^2 \tag{149}$$

首先证明$H_A\subsetneqq D(\widetilde{A}^{\frac{1}{2}})$.设$x\in H_A$,存在序列$x_n\in D(\widetilde{A})(n=1,2,\cdots)$使$\|x-x_n\|_A\to 0$,而对于$x_n$,等式

$$[x_n,x_n]=(\widetilde{A}x_n,x_n)=\|\widetilde{A}^{\frac{1}{2}}x_n\|^2=\int_{m_A-0}^{+\infty}\lambda\,\mathrm{d}(\mathscr{E}_\lambda x_n,x_n) \tag{150}$$

成立,其中$\mathscr{E}_\lambda$是$\widetilde{A}$的谱函数.

留意

$$\|x-x_n\|\to 0,\ \|x_n-x_m\|_A^2=\|\widetilde{A}^{\frac{1}{2}}(x_n-x_m)\|^2\to 0$$

与$\widetilde{A}^{\frac{1}{2}}$的闭性,可以断定$x\in D(\widetilde{A}^{\frac{1}{2}})$,且

$$\widetilde{A}^{\frac{1}{2}}x_n\Rightarrow\widetilde{A}^{\frac{1}{2}}x\ \text{及}\ \|\widetilde{A}^{\frac{1}{2}}x\|=\|x\|_A$$

(范数的连续性),即对于x等式(149)正确.要完全证明定理,尚需证明$D(\widetilde{A}^{\frac{1}{2}})\subsetneqq H_A$.设$x\in D(\widetilde{A}^{\frac{1}{2}})$,我们证明$x\in H_A$.试考察元序列$x_n=\mathscr{E}_n x(n=1,2,\cdots)$.显然$x_n\in D(\widetilde{A})$,且当$n\to\infty$时$\|x-x_n\|\to 0$.

由于积分

$$\int_{m_A-0}^{+\infty}\lambda \mathrm{d}(\mathscr{E}_\lambda x, x)$$

收敛,元

$$\widetilde{A}^{\frac{1}{2}}x_n=\int_{m_A-0}^{n}\sqrt{\lambda}\,\mathrm{d}\mathscr{E}_\lambda x$$

当 $n\to\infty$ 时在 H 中收敛于 $\widetilde{A}^{\frac{1}{2}}x$,因此当 m 与 $n\to\infty$ 时

$$\|\widetilde{A}^{\frac{1}{2}}(x_n-x_m)\|^2=(\widetilde{A}(x_n-x_m),x_n-x_m)=\|x_n-x_m\|_A^2\to 0$$

这就是说 x_n 组成 H_A 中的基本序列. 设 $\widetilde{x}$ 是与它相应的 H_A 中的元. 于是在 H_A 中 $x_n\Rightarrow\widetilde{x}$. 但在上文已知,在 H 中 $x_n\Rightarrow x$,因此 $x=\widetilde{x}\in H_A$,这就是要证的.

当 $m_A>0$ 时,算子 $\widetilde{A}^{-1}$ 在整个 H 上定义且有界. 现在研究当它是全连续的情形. 我们引入算子 W,它把每个元 $x\in H_A$ 映成作为 H 的元 x.

定理 6 $\widetilde{A}^{-1}$ 是全连续算子的必要且充分条件是,把 H_A 嵌入 H 的算子 W 是全连续的.

我们来证必要性. 设 $\widetilde{A}^{-1}$ 是全连续算子. 它的谱是纯点的,且位于区间 $\left[0,\frac{1}{m_A}\right]$ 上,而固有值除可能是零以外,其秩均是有穷的,且仅有点 $\lambda=0$ 是谱的凝点[136]. 自共轭正算子 $\widetilde{A}^{-\frac{1}{2}}$ 的谱具有同样的特征:每个固有值 λ 换为$\sqrt{\lambda}$ 而固有元仍旧不变.

如此,$\widetilde{A}^{-\frac{1}{2}}$ 也是全连续正算子. 我们在 H_A 中取任一满足以下条件的有界集合 U:若 $x\in U$,则 $\|x\|_A\leqslant C$,C 是确定的常数. 我们可以对 x 使用算子 $\widetilde{A}^{\frac{1}{2}}$. 设 $y=\widetilde{A}^{\frac{1}{2}}x$,于是 $x=\widetilde{A}^{-\frac{1}{2}}y$. 我们有

$$\|y\|^2=(\widetilde{A}^{\frac{1}{2}}x,\widetilde{A}^{\frac{1}{2}}x)=\|x\|_A^2\leqslant C^2$$

即元 $\widetilde{A}^{\frac{1}{2}}x$ 组成的集合在 H 中有界,而全连续算子 $\widetilde{A}^{-\frac{1}{2}}$ 把这个集合映成 H 中的列紧集合,就是说,事实上,H_A 中依 H_A 的范数有界的集合在 H 中列紧,即 W 是全连续算子.

再证充分性. 设 W 是全连续算子,而 U 是 H 中的有界集合:若 $x\in U$,则 $\|x\|\leqslant C$. 需证元 $y=\widetilde{A}^{-1}x$ 组成的集合在 H 中列紧. y 显然属于 $D(\widetilde{A})$,并且

$$\|y\|_A^2=(\widetilde{A}y,y)=(x,y)\leqslant C\|y\|\leqslant\frac{C}{\sqrt{m_A}}\|y\|_A$$

从而 $\|y\|_A\leqslant\frac{C}{\sqrt{m_A}}$,即 y 组成的集合依 H_A 的范数有界,于是依 W 的全连续性,可知这个集合在 H 中列紧. 定理证毕.

206. 半有界算子的比较

设 A 与 B 是半有界自共轭算子. 我们说 A 不小于 B，写作 $A \geqslant B$，是指 $D(A) \subseteq D(B)$ 且对于 $x \in D(A)$ 有

$$(Ax, x) \geqslant (Bx, x) \tag{151}$$

若 A 与 B 具有纯点谱且它们的固有值可以排成不减的次序，如计及它们的重数，那么把极小－极大原理[136] 移用到无界算子的情形，可以证明 $\lambda_n(A) \geqslant \lambda_n(B)$，其中 $\lambda_n(A)$ 与 $\lambda_n(B)$ 是 A 与 B 的第 n 个固有值. 我们证明更一般些的定理.

定理 设 $A \geqslant B$，且 B 的分布在半直线 $\lambda < \beta$(对于某个 β) 上的谱由秩是有穷的固有值所组成，这些固有值没有小于 β 的凝点. 那么 A 的谱也有同样的性质，并且在所述的半直线上 $\lambda_n(A) \geqslant \lambda_n(B)$.

只需证明，对于任一 $\delta < \beta$(δ 不是 A 与 B 的固有值)，与投影算子 $\mathscr{E}_\lambda$ 相应的子空间的维数不大于与投影算子 F_δ 相应的子空间的维数(这里的 $\mathscr{E}_\lambda$ 与 F_δ 是 A 与 B 的谱函数)

$$\dim \mathscr{E}_\delta H \leqslant \dim F_\delta H \tag{152}$$

我们假定成立相反的不等式. 这时于 $\mathscr{E}_\delta H$ 中存在规格化的元 x_0，它与整个 $F_\delta H$ 正交. 我们注意 $x_0 \in D(A)$，从而 $x_0 \in D(B)$，因为 x_0 属于 $\mathscr{E}_\delta H = (\mathscr{E}_\delta - \mathscr{E}_{m_A - 0})H$. 我们有

$$(Ax_0, x_0) = \int_{m_A - 0}^{+\infty} \lambda \, \mathrm{d}(\mathscr{E}_\lambda x_0, x_0) = \int_{m_A - 0}^{\delta} \lambda \, \mathrm{d}(\mathscr{E}_\lambda x_0, x_0) \leqslant \delta \| x_0 \| = \delta \tag{153}$$

另一方面，由于 $x_0 \perp F_\delta H$，故

$$(Bx_0, x_0) = \int_{m_B - 0}^{+\infty} \lambda \, \mathrm{d}(F_\lambda x_0, x_0) = \int_{\delta}^{+\infty} \lambda \, \mathrm{d}(F_\lambda x_0, x_0)$$

但因在点 $\lambda = \delta$ 的某个邻域中 F_λ 不变，故有 $\varepsilon > 0$ 使

$$(Bx_0, x_0) = \int_{\delta+\varepsilon}^{+\infty} \lambda \, \mathrm{d}(F_\lambda x_0, x_0) \geqslant \delta + \varepsilon$$

这个不等式与(151) 及(153) 矛盾，因此证明了不等式(152).

注 我们回到对称半有界算子. 设 A 是这种算子(不必是正定的). 我们对它定义空间 H_A. 设 α 是任一满足不等式 $\alpha > -m_A$ 的数，因此算子 $A + \alpha E$ 是正定的. 我们假定 H_A 由 $H_{A+\alpha E}$ 的一切元所组成，并在 H_A 上引入双线性泛函 $[x, y]_A$，它是 (Ax, y) 在整个 H_A 上的扩张

$$[x, y]_A = [x, y]_{A+\alpha E} - \alpha(x, y) \tag{154}$$

泛函$[x,y]_A$在H_A上连续.不难证明

$$[x,y]_A=\int_{m_A-0}^{+\infty}\lambda\mathrm{d}(\mathscr{E}_\lambda x,y) \tag{155}$$

其中$\mathscr{E}_\lambda$是自共轭算子$\widetilde{A}$的谱函数.再注意,对于一切$\alpha>-m_A$,$H_{A+\alpha E}$由同样的元所组成.这由$D(A+\alpha E)$与α无关,以及对于一切$\alpha>-m_A$,$H_{A+\alpha E}$的范数都是等价的而推出.注意算子A也可以是自共轭的.

不难证明,条件(151)与条件

$$[x,x]_A\geqslant[x,x]_B$$

等效,以及自共轭算子$\widetilde{A}$在半直线$\lambda<\beta$(β的作用已述于定理)上的谱,可以作为当$x\in D(A)$与$\|x\|=1$时(Ax,x)的一序列下界而求出,于此x与已求得的固有元应正交[参照136].这个问题可换为对于$x\in H_A$与$\|x\|=1$,求$[x,x]_A$的一序列极小值问题.

207.扩张的例子

1.我们在前面证明过,在空间$H=L_2(0,+\infty)$上的算子$D=\mathrm{i}\dfrac{\mathrm{d}}{\mathrm{d}x}$没有自共轭扩张[188].我们在这里仍采用[188]中的记号,并且应用亏指数证明所述结果.我们记得,闭对称算子$\overline{A}$是满足下面条件的函数$\varphi(x)$的集合上定义的算子D:在任一有穷区间$[0,a]$上$\varphi(x)$绝对连续并具有属于$L_2(0,+\infty)$的导数,而又满足条件$\varphi(0)=0$.而算子$\overline{A}^*$是定义于除条件$\varphi(0)=0$以外满足上述一切条件的函数$\varphi(x)$的集合上的算子D.

我们作算子$\overline{A}^*$的与固有值$\pm\mathrm{i}$相应的固有元子空间$M_{\mathrm{i}}(\overline{A})$与$M_{-\mathrm{i}}(\overline{A})$,也就是方程$\overline{A}^*\psi(x)=\pm\mathrm{i}\psi(x)$或$\mathrm{i}\psi'(x)=\pm\mathrm{i}\psi(x)$的解的子空间.我们可得$\psi(x)=C\mathrm{e}^x$与$\psi(x)=C\mathrm{e}^{-x}$.但$\mathrm{e}^x$不属于$L_2(0,+\infty)$,并且我们可以看出$\overline{A}$的亏指数是(0,1).算子$\overline{A}$是极大算子,$L_{\mathrm{i}}(\overline{A})$是整个$L_2(0,+\infty)$,而$L_{-\mathrm{i}}(\overline{A})$是由属于$L_2(0,+\infty)$并在区间$(0,+\infty)$上与$\mathrm{e}^{-x}$正交的函数所组成.

如果取拉盖尔正交函数组:$\varphi_k(x)=\mathrm{e}^{-x}p_k(x)(k=0,1,2,\cdots)$,其中$p_k(x)$为$k$次多项式,那么不难证明,$U\varphi_k(x)=\varphi_{k+1}(x)$,这里$U$是把$L_{\mathrm{i}}(\overline{A})$映到$L_{-\mathrm{i}}(\overline{A})$中的等距算子,即$\overline{A}$是初等对称算子.

2.考察空间$H=L_2(-\infty,+\infty)$上的算子$L(y)=-y''$.以A表示这个界定在具有前二阶连续导数的紧支函数组成的线性簇$D(A)$上的算子.这是一个对称算子.不难证明,共轭算子A^*就是在具有下列性质的函数$y(x)$组成的线性簇上定义的算子$L(y)$:在任一有穷区间上$y(x)$与$y'(x)$绝对连续,而$y(x)$与$y''(x)\in L_2(-\infty,+\infty)$.可以证明,这时$y'(x)\in L_2(-\infty,+\infty)$.算子$A^{**}=\overline{A}$与$A^*$等同,即$\overline{A}$是自共轭算子[比较188].方程$-y''=\pm\mathrm{i}y$没有属

于 $L_2(-\infty,+\infty)$ 的解. 现在考察在区间 $[0,+\infty)$ 及 $+\infty$ 上定义的这个算子 $L(y)$. 设 l' 是由具有下面性质的函数 $y(x)$ 所组成的线性簇：$y(x)$ 与 $y'(x)$ 在任一有穷区间 $[0,a]$ 上绝对连续，而 $y(x)$ 与 $y''(x)\in L_2(0,+\infty)$. 再定义 l' 中的满足条件 $y(0)=y''(0)=0$ 及

$$\lim_{x\to+\infty}(-y'\bar{z}+y\bar{z}')=0 \quad (\text{对于凡 } z(x)\in l')$$

的元所组成的线性簇 l.

若 A 是 l 上的算子 $L(y)$，则 A^* 是 l' 上的算子 $L(y)$，并且 A 是闭对称算子. 方程 $-y''=\pm iy$ 有唯一的属于 $L_2(0,+\infty)$（如不计常数因子）的解

$$y=e^{-\frac{\sqrt{2}}{2}(1\mp i)x}$$

因此 A 的亏指数为 $(1,1)$. 为了得到自共轭扩张，必须给出在端点 $x=0$ 上的边值条件. 在条件 $y(0)=0$ 的情形，算子没有点谱，而连续谱填满区间 $\lambda\geqslant 0$. 这时有唯一的微分解

$$y(x)=\frac{1}{x}(\sqrt{\lambda}\cos\lambda x-\frac{1}{x}\sin\sqrt{\lambda}x)$$

作豫解式，即方程 $-y''+(\sigma+\tau i)y=f(x)$ 在条件 $y(0)=0$ 与 $\tau>0$ 之下的解，取极限可得谱函数

$$\mathscr{E}_\lambda f(x)=\frac{1}{\pi}\int_0^{+\infty}\frac{\sin\sqrt{2\lambda}(x-t)}{x-t}f(t)dt-\frac{1}{\pi}\int_0^{+\infty}\frac{\sin\sqrt{\lambda}(x+t)}{x+t}f(t)dt$$

所有这些结果，借简单的计算即得. 不难证明，如果 $y(x)\in D(A^*)$，那么 $y'(x)\in L_2(0,+\infty)$. 二阶线性微分算子将在第六卷中叙述.

3. 在[188]中我们研究过空间 $L_2(D)$ 上的拉普拉斯算子. 那里所述的算子 A 满足[187]中定理 3 的一切条件，我们来考察 A 的依弗里德里克斯的自共轭扩张. 空间 H_A 由 $D(A)$ 依下列度量完备化而得

$$\|u\|_A=\sqrt{(Au,u)}=\sqrt{\int_D -\Delta u\cdot\bar{u}dx}=\sqrt{\int_D\sum_i|u_{x_i}|^2dx}$$

但这个范数与 $W_2^{(1)}(D)$ 的范数等价[114]，因此 H_A 就是 $\mathring{W}_2^{(1)}(D)$. 我们记得，$\mathring{W}_2^{(1)}(D)$ 是由所有一次连续可微的紧支函数的集合依 $W_2^{(1)}(D)$ 的度量完备化得到的. 然而不难看出（平均函数的方法），可以取无穷次连续可微的紧支函数的集合作为初始集合. 泛函 $J_f(u)$ 对于 $u\in D(A)$ 取以下形式

$$J_f(u)=\int_D[-\Delta u\cdot\bar{u}-2\mathrm{Re}(u,\bar{f})]dx \tag{156}$$

其中 $f(x)\in L_2(D)$，或

$$J_f(u)=\int_D\Big[\sum_i|u_{x_i}|^2-2\mathrm{Re}(u,\bar{f})\Big]dx \tag{157}$$

对于任一函数 $u\in\mathring{W}_2^{(1)}(D)$，泛函的这个形式都有意义，而[205]的变分问

题,在于求出使泛函(157)取最小值的函数 $u \in \mathring{W}_2^{(1)}(D)$. 我们已经看到,这个问题对于任意 $f(x) \in L_2(D)$ 有唯一的解. 把对于不同的 $f(x) \in L_2(D)$ 所得的一切解加到 $D(A)$ 中去,我们就得出算子 A 的自共轭扩张 $\widetilde{A}$,并且

$$\widetilde{A}u = f \tag{158}$$

既然 $\widetilde{A}$ 是 A 的自共轭扩张,故 $D(\widetilde{A}) \subseteq D(A^*)$. 但 $D(A^*)$ 中的函数在 D 的内部具有前二阶的广义导数,它们在任一严格位于 D 内的域 D' 上平方可和,而算子 A^* 对这些函数的作用是拉普拉斯算子[188]. 因此 $\widetilde{A}$ 也是拉普拉斯算子,即方程(158)具有形式

$$-\sum_i u_{x_i x_i} = f(x) \tag{159}$$

如此,我们证明了上述的变分问题的解,不仅属于 $\mathring{W}_2^{(1)}(D)$,而且属于 $W_2^{(2)}(D')$,其中 D' 是严格位于 D 内的任意域,由此知它满足泊松方程.

另一方面,方程(159)具有无穷多个属于 $L_2(D)$ 的解. 只需在上述解中加上 $L_2(D)$ 中的调和函数. 解属于 $\mathring{W}_2^{(1)}(D)$ 的条件由这解的类中分出一个解来,它也是由变分问题所得到的. 这个解在域 D 的边界 S 上依确定的意义变为 0[113],由此,所作的 A 的扩张与下述泊松方程的迪利克雷问题的解的联系是显然的

$$-\Delta u = f(x), u|_S = 0 \tag{160}$$

上面对拉普拉斯算子所证的一切,对于一般二阶线性椭圆型自共轭算子也正确[Ⅳ;147]. 由弗里德里克斯扩张理论可知,对于这种算子的迪利克雷问题的可解性是广义的,即解属于 $\mathring{W}_2^{(1)}(D)$. 事实上,迪利克雷问题的这种与依弗里德里克斯的椭圆型算子的扩张相应的解属于 $W_2^{(2)}(D')$,或甚至属于 $W_2^{(2)}(D)$,如果 S 是充分光滑的曲面. 这一点是在 O. A. 拉德任斯卡娅的文章 *О замыкании эллиптического оператора*(Докл. АН СССР, т. 79, №5, 1951)中证明的. 她的另一篇文章 *Простое доказательство разрешимости краевых задач и задачи о собственных значениях для линейных эллиптических операторов*(*Вестник Ленинградского университета*, №11, 1955)也是论述这个问题的.

208. 对称算子的谱

上面我们曾引入自共轭算子的谱的概念,并且把它的点作了分类. 在这几节要对闭对称算子来叙述这些问题,并且研究作算子的对称扩张时谱的变化.

设 A 是闭对称算子. 数 λ 叫作算子 A 的正则型点,如果存在 $k > 0$,使对于凡 $x \in D(A)$ 有

$$\|(A - \lambda E)x\| \geqslant k\|x\| \quad (x \in D(A)) \tag{161}$$

由 A 的闭性与(161)可知,$R(A - \lambda E)$ 是子空间,而 $(A - \lambda E)^{-1}$ 是 $R(A -$

λE)上的线性有界算子.反之,如果$(A-\lambda E)^{-1}$是$R(A-\lambda E)$上的有界算子,那么由此可推出(161),即λ是正则型点.与[129]中一样,易证正则型点组成开集合.数λ叫作A的正则点,如果(161)成立并且$R(A-\lambda E)$是整个H.若$R(A-\lambda E)=H$,则λ不是A的固有值,因为$R(A-\lambda E)$需与固有元正交,而$(A-\lambda E)^{-1}$是H中的有界算子[186],也就是满足(161).

若λ是A的实正则点,则$(A-\lambda E)^{-1}$是有界自共轭算子,从而A是自共轭算子.我们证明,正则点组成开集合.只需证明,若λ_0是正则点,则方程

$$(A-\lambda E)x=y \tag{162}$$

对于凡$y\in H$有唯一的解,如果λ充分地接近λ_0.我们假定

$$|\lambda-\lambda_0|<\frac{1}{\|(A-\lambda_0 E)^{-1}\|}$$

方程(162)可改写成

$$(A-\lambda_0 E)x+(\lambda_0-\lambda)x=y$$

并且它与方程

$$x=(\lambda-\lambda_0)(A-\lambda_0 E)^{-1}x+(A-\lambda_0 E)^{-1}y$$

等价,而后一方程对于凡$y\in H$有唯一的解[88],因为

$$\|(\lambda-\lambda_0)(A-\lambda_0 E)^{-1}\|<1$$

如[129]中一样,可以证明,若$\lambda=\sigma+\tau\mathrm{i}$,$\tau\neq 0$,则

$$\|(A-\lambda E)x\|\geqslant|\tau|\;\|x\|\quad(x\in D(A)) \tag{163}$$

就是说,一切非实数λ是正则型点.

设点$\lambda_0=\sigma+\tau\mathrm{i}(\tau\neq 0)$是正则点.这时,依(163)以及上述关于方程(162)的可解性,满足条件$|\lambda-\lambda_0|<|\tau|$的一切$\lambda$也是正则点.从正则值$\lambda_0$出发,并应用足够次刚才所述的论证,可以确信所有非实数$\lambda=\sigma'+\tau'\mathrm{i}$是正则点,其中$\tau'$与$\tau$同号.这个结论可陈述如下:

辅助定理 如果算子A的亏指数p_λ与q_λ中的一个,当$\lambda=\lambda_0(\mathrm{Im}\,\lambda_0>0)$时等于零,那么对于半平面$\mathrm{Im}\,\lambda>0$中的一切$\lambda$,也等于零.

对于自共轭算子,一切非实数值λ都是正则点.我们举出闭对称算子A没有正则点的一个例子.设H是$L_2(0,1)$,而A是在满足下面条件的函数$\varphi(x)$的集合上考察的算子$\mathrm{i}\dfrac{\mathrm{d}}{\mathrm{d}x}$:$\varphi(x)$在区间[0,1]上绝对连续,$\varphi(0)=\varphi(1)=0$,而$\varphi'(x)\in L_2(0,1)$.这是一个闭对称算子[188].对于任意选择的数$\lambda$,函数$\mathrm{e}^{-\mathrm{i}\bar{\lambda}x}\in L_2(0,1)$,并且与凡能表示为

$$\psi(x)=\mathrm{i}\frac{\mathrm{d}\varphi(x)}{\mathrm{d}x}-\lambda\varphi(x)$$

的函数$\psi(x)$正交,其中$\varphi(x)\in D(A)$,这就是说$\mathrm{e}^{-\mathrm{i}\bar{\lambda}x}$与$R(A-\lambda E)$正交,由此可知$\lambda$不是正则点.

平面上与正则点集合相补的点λ的集合叫作算子A的谱.这个集合就是使$A-\lambda E$没有在整个H上定义的有界逆算子的点λ的集合.所谓算子A的谱的核,是指与正则型点的集合相补的集合.谱与谱的核都是闭集合,并且前一集合(谱)包含后一集合(谱的核).谱的核一定位于实数轴上.谱可能是整个平面,这由上面列举之例即知.

若A是自共轭算子,则谱的核与谱重合[189].

不难看出,A的谱的核属于A的任一闭对称扩张的谱的核.这由以下事实推出:λ属于A的谱的核与在$D(A)$中存在规格化元序列x_n,使当$n\to\infty$时$(A-\lambda E)x_n\Rightarrow 0$等效.这个性质对于上述$A$的扩张显然保留.

现在我们把算子A的谱的核中的点分类.首先考察当λ是A的固有值的情形(λ是实数).设P_λ是相应的固有元子空间(包含零元).我们可以把线性簇$D(A)$表示成正交和的形式

$$D(A)=P_\lambda \oplus D_\lambda(A) \tag{164}$$

其中$D_\lambda(A)$是那些同时属于$H\ominus P_\lambda$与$D(A)$的元组成的线性簇.用A_λ表示在$D_\lambda(A)$上定义而在这个线性簇上与A一致的算子.若λ不是固有值,则P_λ是空的,而$D_\lambda(A)$与$D(A)$重合.在这种情形我们约定A_λ就是A.可以断定,作为$H\ominus P_\lambda$上的算子$A_\lambda-\lambda E$,对于一切λ,具有在$R(A-\lambda E)$上定义的逆算子$(A_\lambda-\lambda E)^{-1}$.使$(A_\lambda-\lambda E)^{-1}$为无界算子的$\lambda$值属于谱的核.谱核的这一部分叫作谱核的连续部分.固有值也属于谱的核,而这一部分叫作谱核的点部分.谱核的任一点,至少属于上述两部分之一,但也可能同时属于二者.我们说固有值属于谱核的纯点部分,如果$(A_\lambda-\lambda E)^{-1}$是$R(A-\lambda E)$上的有界算子.谱核的任一点必属于谱核的连续部分或者纯点部分,但不能二者得兼。作A的闭对称扩张时,谱核的连续部分和点部分只可能扩大.不难看出,依A与A_λ的闭性,A的谱核的连续部分的特征是$R(A-\lambda E)$为非闭的线性簇.

209. 关于扩张及其谱的几个定理

首先证明下面的定理:

定理1 若λ是闭对称算子A的实正则型点,则存在A的自共轭扩张$\widetilde{A}$使λ是其正则点.

不失谱遍性,可以假定$\lambda=0$.依定理的条件可知$R(A)$是子空间,且在其上定义有界逆算子A^{-1}[208].我们需证明,存在A的自共轭扩张$\widetilde{A}$,使$R(\widetilde{A})=H$[189].在所述条件下我们有

$$H=R(A)\oplus U$$

其中U是方程$A^* u=0$的一切解的子空间[185].我们知道,在所考察的情形$R(A^*)=H$[187],因此对于任一$u\in U$,方程

$$A^* v=u \tag{165}$$

至少有一个解.

以 V 表示当 u 遍历整个 U 时，方程(165) 的一切解所组成的线性簇. 显然，$U \subseteq V \subseteq D(A^*)$. 用 $\widetilde{U}$ 记与 U 正交的 V 中的元所成的线性簇，并作能表示成形式

$$x = y + \tilde{u} \tag{166}$$

的元 x 所成的线性簇 l，这里 $y \in D(A)$，$\tilde{u} \in \widetilde{U}$. 我们证明 x 表示成(166) 的形式是唯一的. 如果不然，则存在同时属于 $D(A)$ 与 $\widetilde{U}$ 的非零元 z. 于是 $Az \in R(A)$，$Az = A^* z \in U$，因为 $z \in \widetilde{U}$；从而 $z \in V$. 但 $R(A) \perp U$，因此 $Az = 0$，就是说 $z \in U$，又因 $z \in \widetilde{U}$，故得 $z = 0$. 如此就证明了表示式(166) 是唯一的，即 l 是直接和：$D(A) \dotplus \widetilde{U}$. 现在于线性簇 l 上令 $\widetilde{A}x = Ay + A^* u$ 定义算子 $\widetilde{A}$，并用 $D(\widetilde{A})$ 表示线性簇 l. 显然 $A \subseteq \widetilde{A} \subseteq A^*$. 我们证明 $\widetilde{A}$ 满足定理的所有条件. 在线性簇 $D(A)$ 上 $\widetilde{A}$ 与 A 一致，而在 $\widetilde{U}$ 上 A^* 给出整个 U，这由 $\widetilde{U}$ 的定义与当 $u \in U$ 时 $A^* u = 0$ 而知. 这样一来，$R(\widetilde{A}) = H$. 尚需证明 $\widetilde{A}$ 在 $D(\widetilde{A})$ 上的对称性[187]. 首先注意

$$(A^* \tilde{u}_1, \tilde{u}_2) = (\tilde{u}_1, A^* \tilde{u}_2) = 0 \quad (\tilde{u}_1, \tilde{u}_2 \in \widetilde{U})$$

设 x_1 与 $x_2 \in D(\widetilde{A})$. 于是，依(166)，$x_1 = y_1 + \tilde{u}_1$ 及 $x_2 = y_2 + \tilde{u}_2$，并且

$$\begin{aligned}(\widetilde{A}x_1, x_2) = {} & (Ay_1 + A^* \tilde{u}_1, x_2) = \\ & (y_1, A^* x_2) + (A^* \tilde{u}_1, y_2) \\ & (y_1, A^* x_2) + (\tilde{u}_1, Ay_2) = \\ & (y_1, A^* x_2) + (\tilde{u}_1, Ay_2) + (\tilde{u}_1, A^* \tilde{u}_2) = \\ & (y_1, A^* x_2) + (\tilde{u}_1, \widetilde{A}x_2) = (x_1, \widetilde{A}x_2)\end{aligned}$$

定理得证.

可以证明，若 A^{-1} 全连续，则 $\widetilde{A}^{-1}$ 也全连续. M. И. 维什克的论文(*Труды Московского математического общества*，т. Ⅰ，1952 与 L. 黑尔曼德的论文(*Acta Mathematica*，94，3 ～ 4，1955)，对于抽象算子以及微分算子都详细地讨论过这种扩张.

系 1　若实数 λ 属于 A 的谱核的纯点部分，则 A 具有自共轭扩张 $\widetilde{A}$，使 λ 也属于它的纯点谱，并具有与 A 相同的固有元子空间 P_λ.

不难看出，在子空间 $H_1 = H \ominus P_\lambda$ 上考察的算子 A，是闭对称算子，并且满足定理 1 的条件. 因此在 H_1 中它容有自共轭扩张 $\widetilde{A}$ 使 λ 是 $\widetilde{A}$ 的正则点. 定义域为 $D(\widetilde{A}) = D(\widetilde{A}_1) \oplus P_\lambda$，而在 $D(\widetilde{A}_1)$ 上与 A_1 一致，在 P_λ 上与 A 一致的算子 $\widetilde{A}$，

显然就是系中所述的扩张.

系 2 若 A 是极大但非自共轭算子，则 A 的谱核的连续部分填满整个实数轴.

事实上，如果不然，那么 A 将有自共轭扩张.

系 3 若有实数 λ 不属于 A 的谱核的连续部分，则对任一 $\lambda(\mathrm{Im}\,\lambda>0)$，亏指数 p_λ 与 q_λ 相等.

这由 A 在所述条件下具有自共轭扩张推出.

定理 2 设实数 λ 是闭对称算子 A 的正则型点，而 $U=H\ominus R(A-\lambda E)$. 那么 A 有自共轭扩张 $\widetilde{A}$，对于 $\widetilde{A}$，λ 属于纯点谱，而 U 是与 λ 相应的固有元子空间.

不失普遍性，可设 $\lambda=0$. 我们指出，$R(A)$ 与 U 都是子空间，且 U 是方程 $A^*z=0$ 的解的集合. 用 $D(A)+U$ 记由形如 $x=y+z$ 的元 x 所组成的集合，这里 $y\in D(A)$，$z\in U$.

所述的表示式是唯一的. 事实上，在相反的情形将有非零元 $x_0\in D(A)$ 及 $x_0\in U$. 由此推出 $(x_0,Ax)=0(x\in D(A))$ 及 $(Ax_0,x)=0$. 但既然 $D(A)$ 在 H 中稠密，我们得 $Ax_0=0$，而这与 $\lambda=0$ 是正则型点矛盾.

这样一来，我们可以在直接和 $D(\widetilde{A})=D(A)\dotplus U$ 上定义算子 $\widetilde{A}$：令 $\widetilde{A}x=Ay$，如果 $x=y+z$，其中 $y\in D(A)$，$z\in U$.

$\widetilde{A}$ 的对称性，由 $(\widetilde{A}x,y)=0$ 与

$$(z,\widetilde{A}y)=(z,Ay)=(A^*z,y)=0$$

直接验证.

我们证明 $\widetilde{A}$ 的自共轭性. 设

$$(\widetilde{A}x,u)=(x,u^*)\quad(x\in D(\widetilde{A}))\tag{167}$$

既然 $\widetilde{A}^*\subseteq A^*$，故可断言 $u\in D(A^*)$，$u^*=A^*u$. 与上面一样，把 x 表示成 $x=y+z$ 的形式，我们得

$$(\widetilde{A}x,u)=(Ay,u)=(y,u^*)+(z,u^*)=(y,A^*u)+(z,u^*)$$

或

$$(Ay,u)=(Ay,u)+(z,u^*)$$

即

$$(z,u^*)=(z,A^*u)=0$$

这个等式对于凡 $z\in U$ 成立，因此 $u^*=A^*u\in R(A)$，从而存在元 $y_0\in D(A)$ 使 $Ay_0=u^*$，由此得 $A^*u-Ay_0=A^*(u-y_0)=0$，即 $u-y_0=z_0\in U$ 与 $u=y_0+z_0\in D(\widetilde{A})$. 依(167)，$\widetilde{A}$ 的自共轭性得证. 定理中关于算子 $\widetilde{A}$ 的性质

的其他论断，由 $\widetilde{A}$ 的构造直接推知.

系　若实数 λ 属于 A 的纯点谱，则可作自共轭扩张 $\widetilde{A}$，使 λ 也只属于 $\widetilde{A}$ 的谱核的点部分，而且与 λ 对应的 $\widetilde{A}$ 的固有元子空间和与 λ 相对应的 A^* 的固有元子空间重合.

这个系的证明与定理1的系1的证明相仿.

210. 亏指数与 λ 的不相关性

在上面我们曾指出，亏指数 p_λ 与 q_λ 和从上半平面上复数 λ 的选取无关. 在这一节我们要证明这个论断. 首先注意，若线性算子 B（不必是有界的）把子空间 V 一对一地映到子空间 W，那么 V 与 W 的维数相同：$\dim V=\dim W$. 这是由于算子 B 把子空间 V 中的线性无关元 $\{x_1,x_2,\cdots\}$ 映为子空间 W 中的线性无关元 $\{Bx_1,Bx_2,\cdots\}$，并且反之亦然. 我们再引入一个定义. 数 m 叫作线性簇 l 以线性簇 l' 为模的维数，是指在 l 中有 m 个而且不多于 m 个线性无关元，它们的任一线性组合除所有的系数均为零以外，都不属于 l'. 通常记 $m=\dim l(\bmod l')$. 数 m 可能是无穷大.

设 A 是闭对称算子，而 p_λ,q_λ 是它的亏指数，它们与取自上半平面的 λ 相应. 于是，如在[202]中所见，下面的公式成立

$$\begin{cases}H=L_\lambda(A)\oplus M_\lambda(A)\\ H=L_{\bar\lambda}(A)\oplus M_{\bar\lambda}(A)\end{cases}\tag{168}$$

其中 $M_\lambda(A)$ 是算子 $A^*-\bar\lambda E$ 的所有零点的集合，$L_\lambda(A)$ 是当 $x\in D(A)$ 时所有形如 $y=(A-\lambda E)x$ 的元的集合，对于 $M_{\bar\lambda}(A)$ 与 $L_{\bar\lambda}(A)$ 也似此.

再者[203]

$$D(A^*)=D(A)\dotplus M_\lambda(A)\dotplus M_{\bar\lambda}(A)\tag{169}$$

而 A 的任一对称扩张借等距算子作出，此等距算子建立空间 $M_\lambda(A)$ 的子空间 $N_\lambda(A)$ 与空间 $M_{\bar\lambda}(A)$ 的子空间 $N_{\bar\lambda}(A)$ 间的一一对应（$N_\lambda(A)$ 与 $N_{\bar\lambda}(A)$ 的维数相同）[202].

由公式(169)推出

$$p_\lambda+q_\lambda=\dim D(A^*)(\bmod D(A))\tag{170}$$

因此和 $p_\lambda+q_\lambda$ 与 λ 无关. 我们先假设这个和取有穷值. 作 A 的任一极大扩展 A_0，并考察取自上半平面的任一 $\lambda=\lambda'$. 不失一般性，可设 $p_{\lambda'}\leqslant q_{\lambda'}$. 由此可知，当 $\lambda=\lambda'$ 时 A_0 的亏指数是 $(0,r_{\lambda'})$，其中 $r_{\lambda'}=q_{\lambda'}-p_{\lambda'}$. 依[208]的辅助定理，对于凡上半平面中的 λ，A_0 的亏指数是 $(0,r_\lambda)$，其中 $r_\lambda=q_\lambda-p_\lambda$[202]. 再由(169)可知

$$D(A_0^*)=D(A_0)\dotplus M_{\bar\lambda}(A_0)$$

而因

$$r_\lambda = \dim M_{\bar\lambda}^{-}(A_0) = \dim D(A_0^*)(\bmod D(A_0))$$

由此易知 $r_\lambda = q_\lambda - p_\lambda$ 与 λ 无关. 从而 p_λ 与 q_λ 和 λ 无关. 现在假定 $p_\lambda + q_\lambda$ 是无穷的. 若对于任一 $\lambda = \lambda'$，我们有 $p_{\lambda'} = \infty$ 及 $q_{\lambda'} = \infty$，那么 A 有自共轭扩展，从而对于任意的 λ，$p_\lambda = \infty$ 及 $q_\lambda = \infty$.

尚需考察对于任一 $\lambda = \lambda'$，亏指数之一有穷，而另一为无穷的情形.

设 $p_{\lambda'}$ 有穷，而 $q_{\lambda'} = \infty$. 由上文直接可知，对于任意 λ，p_λ 也有穷，而 $q_\lambda = \infty$. 我们只需证明，p_λ 与 λ 无关. 这容易由下面的公式推出[202]

$$D(A_0) = D(A) \dotplus (E - V_0)M_\lambda(A) \tag{171}$$

这里 A_0 是固定的极大扩张，V_0 是依赖于 A_0 和 λ 的选择的等距算子. 由于 $(E - V_0)^{-1}$ 存在，由(171) 可知

$$p_\lambda = \dim D(A_0)(\bmod D(A)) \tag{172}$$

这就证明了 p_λ 与 λ 的无关性.

由[209]的定理 1 可知，如果存在闭对称算子 A 的实正则型点 $\lambda = \lambda_0$，那么 A 容有自共轭扩张，因此，在实正则型点存在的条件下，亏指数 (p, q) (与 λ 无关) 是相等的. 它们都等于 A^* 的与固有值 $\lambda = \lambda_0$ 相应的固有元子空间 U 的维数.

事实上，令 $\lambda_0 = 0$，并记 A 的以 $\lambda = 0$ 为其正则点的自共轭扩张为 $\widetilde{A}$[209]，在所考察的情形我们有：$H = R(A) \oplus U$，$D(\widetilde{A}) = D(A) \dotplus \widetilde{A}^{-1}U$，并且在这两个公式中左端的元表示成所指形式的和是唯一的，因此

$$p = \dim D(\widetilde{A})(\bmod D(A)) = \dim \widetilde{A}^{-1}U = \dim U$$

211. 作对称扩张时谱核的连续部分的不变性

在这一节我们假定闭对称算子 A 具有有穷的亏指数 (p, q)，并将考察 A 的闭对称扩张.

首先证明一个简单的辅助定理.

辅助定理　若 U 与 W 是两个子空间，而后者是有穷维的，那么

$$V = U + W \tag{173}$$

即是元 $x = y + z$ (其中 $y \in U, z \in W$) 的集合，也是子空间.

显然，我们可以假定 W 与 U 没有公有元(零元除外). 设 $(w_1, w_2, \cdots, w_n)$ 是 W 的基. 把其中的每个元 w_k 表示成 $w_k = w'_k + w''_k$ 的形式，其中 $w'_k \in U$，$w''_k \perp U$. 记 $w''_k (k = 1, 2, \cdots, n)$ 的线性鞘为 W''. 集合 V 可以表示成两个子空间的正交和的形式

$$V = U \oplus W''$$

因此辅助定理得证.

定理　算子 A 的任一闭对称扩张 $\widetilde{A}$ 的谱核的连续部分与 A 相同.

我们已知，作 A 的扩张时，谱核的连续部分不会变小[208]. 现在假设它扩大了，也就是有实数 λ_0 不属于 A 的谱核的连续部分，而含于 $\widetilde{A}$ 的谱核的连续部分中. 对于这个 λ_0，$R(A-\lambda_0 E)$ 是子空间，而 $R(\widetilde{A}-\lambda_0 E)$ 是非闭线性簇.

注意[203]中的关于 $D(\widetilde{A})$ 的公式，以及 A 的亏指数是有穷的，我们可写出

$$R(\widetilde{A}-\lambda_0 E)=R(A-\lambda_0 E)+W$$

其中 W 是有穷维子空间. 而这个公式和 $R(\widetilde{A}-\lambda_0 E)$ 的非闭性与上面证明的辅助定理矛盾.

212. 关于自共轭扩张的谱

我们在上面已经看到，若 λ 是 A 的实正则型点，则存在两种类型的自共轭扩张 $\widetilde{A}$：对于其一，λ 是其正则点，对于其二，它的固有值的重数等于 A 的亏指数(A 的两个亏指数相等).

我们来补充这些结果.

定理 1　若闭对称算子 A 的亏指数 (p,p) 是有穷的，则对于算子 A 的任一自共轭扩张 $\widetilde{A}$，任一固有值的重数不可能超过 p，而不是 A 的固有值的实数 λ，不可能是 $\widetilde{A}$ 的重数大于 p 的固有值.

设 λ 不是 A 的固有值，而是 $\widetilde{A}$ 的重数 $k>p$ 的固有值. 由公式(172)得

$$p=\dim D(\widetilde{A})(\bmod D(A))$$

与 $k>p$ 可知，$\widetilde{A}$ 有固有元属于 $D(A)$，即 λ 是 A 的固有值，这与假设矛盾. 如此证明了 $k\leqslant p$. 当 λ 是 A 的固有值的情形，应用算子 A_λ[208]，可作类似的讨论.

定理 2　若 A 是半有界闭对称算子，而它的亏指数 (p,p) 有穷，则对于 A 的任一自共轭扩张，其位于 A 的下界左边的谱只能由有穷个固有值所组成，且它们的重数之和不超过 p.

不失普遍性，可以假定 A 是正算子. 设 $\mathscr{E}_\lambda$ 是自共轭扩张 $\widetilde{A}$ 的谱函数. 我们证明，对于任意 $0>\beta>\alpha$，不等式

$$\dim \Delta\mathscr{E}_\lambda H=\dim(\mathscr{E}_\beta-\mathscr{E}_\alpha)H\leqslant p \tag{174}$$

成立.

假设相反的不等式

$$\dim \Delta\mathscr{E}_\lambda H>p \tag{175}$$

成立. 我们知道，$\Delta\mathscr{E}_\lambda x\in D(\widetilde{A})$(对于 $x\in H$)，$p=\dim D(\widetilde{A})(\bmod D(A))$. 由此可知，依(175)，在子空间 $\Delta\mathscr{E}_\lambda H$ 中可找到规格化元 $x\in D(A)$. 于是

$$(Ax,x)=(\widetilde{A}x,x)=\int_{-\infty}^{+\infty}\lambda\,\mathrm{d}(\mathscr{E}_\lambda x,x)=\int_{\alpha}^{\beta}\lambda\,\mathrm{d}(\mathscr{E}_\lambda x,x)\leqslant\beta<0$$

这与 A 的正性矛盾. 因此,不等式(174) 与定理一起得证了.

213. 例

1. 在[188] 中,我们在空间 $H=L_2(D)$ 上考察过定义在 D 上的所有光滑紧支函数上的算子 A,在这些函数上它是微分算子

$$D^k=(\mathrm{i})^k\frac{\partial^k\varphi(x)}{\partial x_{l_1}\cdots\partial x_{l_k}}\tag{176}$$

我们曾证明过 $\overline{A}$ 是在 $R(\overline{A})$ 上有有界逆算子的对称算子. 由此可知[209] $\overline{A}$ 容有自共轭扩张 $\widetilde{A}$,使方程

$$\widetilde{A}\varphi=\psi\quad(\varphi\in D(\widetilde{A}))\tag{177}$$

对于任意 $\psi(x)\in L_2(D)$ 有唯一的解. 在作这个扩张时,$\overline{A}$ 的定义域补充了 $L_2(D)$ 中满足 $A^*A^*v=0$ 的函数 $v(x)$. 这些函数具有广义导数 D^k,而 D^kD^k 由方程

$$D^kD^kv=\frac{\partial^{2k}v(x)}{\partial x_{l_1}^2\cdots\partial x_{l_k}^2}=0$$

界定.

我们对 $D(\widetilde{A})$ 从这些导数中取那些与方程 $D^ku=0$ 的解正交的导数. 算子 $\widetilde{A}$ 在 $D(\widetilde{A})$ 上具有形式 D^k,这里 D^k 是广义导数(176).

2. 考察空间 $H=L_2(0,+\infty)$ 上的界定在所有在 $x=0$ 与 $x=+\infty$ 附近为紧支的光滑函数上的算子

$$A=-\frac{\mathrm{d}^2}{\mathrm{d}x^2}$$

$D(A^*)$ 是一切具有下列性质的函数 $\varphi(x)$ 的集合:$\varphi(x)$ 与 $\varphi'(x)$ 在任一有穷区间$[0,a]$ 上绝对连续,$\varphi(x)$ 与 $\varphi''(x)\in L_2(0,+\infty)$. 如我们曾指出,在这种情形下 $\varphi'(x)$ 也属于 $L_2(0,+\infty)$. 对于 $\varphi(x)\in D(A^*)$ 我们有 $A^*\varphi(x)=-\varphi''(x)$[188]. $D(\overline{A})$ 由 $D(A^*)$ 中所有满足条件 $\varphi(0)=\varphi'(0)=0$ 的元所组成.

不难验证,下列论断成立:a) $\overline{A}$ 是正算子;b) $\overline{A}$ 的亏指数等于(1,1);c) 谱核的连续部分与半轴 $0\leqslant\lambda<+\infty$ 重合,而这对 $\overline{A}$ 的任一自共轭扩张也正确;d) $\overline{A}$ 的任一对称扩张是自共轭扩张. 它在 $D(A^*)$ 的那些满足下列条件之一的元上定义:$\varphi'(0)-h\varphi(0)=0$($h$ 是固定的实数),或 $\varphi(0)=0$. 后一条件相应于依弗里德里克斯的扩张,而这时算子仍是正的,并具有由半轴 $0\leqslant\lambda<+\infty$ 所组成的纯连续谱. 若 $h\leqslant0$,则与条件 $\varphi'(0)-h\varphi(0)=0$ 相应的自共轭算子具有纯连续谱. 当 $h>0$ 时它有一个简单的固有值 $\lambda=-h^2$.

214. 无穷矩阵

在[200] 中考察了一种积分算子,其核是满足条件(107) 及(108) 的. 完全类似的,可以考察 l_2 上的算子

$$y_i = \sum_{k=1}^{\infty} a_{ik} x_k \quad (i=1,2,\cdots) \tag{178}$$

实现这个算子的矩阵满足 $a_{ki} = \overline{a}_{ik}$ 及条件

$$d_k^2 = \sum_{i=1}^{\infty} | a_{ik} |^2 = \sum_{i=1}^{\infty} | a_{ki} |^2 < \infty \quad (k=1,2,\cdots;d_k \geqslant 0) \tag{179}$$

这时,级数(178) 对 l_2 中的任何元 x 绝对收敛,但由 $| y_i |^2$ 组成的级数不一定收敛,即是说,$(y_1, y_2, \cdots)$ 可能不是 l_2 中的元.用 $D(A_0)$ 来记 l_2 中适合

$$\sum_{k=1}^{\infty} d_k | x_k | < \infty$$

的这种 x,而用 $D(B)$ 来记那些使 $(y_1, y_2, \cdots) \in l_2$ 的 x.像在[200]中一样,可证 $D(A_0)$ 在 l_2 中处处稠密且 $D(A_0) \subseteq D(B)$.再用 A_0 来记由公式(178) 定义在 $D(A_0)$ 上的算子,用 B 来记由同一公式定义在 $D(B)$ 上的算子,则可断言 A_0 是对称算子且 $B = A_0^*$ (见[200]).我们指出,依(179),所有坐标基都属于 $D(B)$,甚至属于 $D(A_0)$.为使 B 是自共轭的必要且充分条件是:对 $D(B)$ 中的任何 x 及 y,等式(见[200])

$$\sum_{i=1}^{\infty} \left(\sum_{k=1}^{\infty} a_{ik} x_k \right) \overline{y}_i = \sum_{k=1}^{\infty} x_k \left(\sum_{i=1}^{\infty} a_{ik} \overline{y}_i \right) \tag{180}$$

成立,而由于 $a_{ik} = \overline{a}_{ki}$,故有

$$\sum_{i=1}^{\infty} a_{ik} \overline{y}_i = \overline{\sum_{i=1}^{\infty} a_{ki} y_i}$$

对称算子 A_0 可能不是闭的,于是我们还要引入新算子 A,并证明它是 A_0 的闭包.设 $D(A)$ 是 $D(B)$ 中适合

$$(Bx, y) = (x, By) \quad (y \in D(B)) \tag{181}$$

的这种 x 所组成的线性簇,而 A 是由公式(178) 定义在 $D(A)$ 上的算子.另一方面,A_0^{**} 定义在适合 $(By, x) = (y, x^*)(y \in D(B))$ 的这种元 x 组成的线性簇 $D(A_0^{**})$ 上,因为 $A_0^{**} \subsetneqq A_0^*$,$x^*$ 可依公式(178) 用 x 来表达,即 $x^* = Bx$.将这与 A 的定义相比较,可见 A_0^{**} 与 A 重合.但 A_0^{**} 是 A_0 的闭包,就是说 A 是 A_0 的闭包,于是 $A^* = A_0^* = B$.试说明线性簇 $D(A)$ 及算子 A 的一个性质.l_2 中的所有元 $(x_1, x_2, \cdots)$,凡是只有有穷个分量 x_k 是异于零的,叫作"有穷元".设 $D(A')$ 是"有穷元"组成的线性簇,A' 是定义在这个线性簇上的算子(178).由于 $a_{ki} = \overline{a}_{ik}$,这是个对称算子,而 $D(A')$ 的任何元显然都在 $D(A_0)$ 中,即 $A' \subsetneqq A_0$;于是,若用 $\overline{A}'$ 记 A' 的闭包,则 $\overline{A}' \subseteq A$,故 $A^* \subseteq (\overline{A}')^*$.设 e_k 是编号为 k 的坐标基.$(\overline{A}')^*$ 中的任何元 y 应满足等式 $(Be_k, y) = (e_k, y^*)$,而 $y^* = (\overline{A}')^* y$.用 y_i 及 y_i^* 来记 y 及 y^* 的各分量,可将所说的等式写为下面的形式

$$\sum_{i=1}^{\infty} a_{ik} \overline{y}_i = \overline{y}_k^*, \text{即 } y_k^* = \sum_{i=1}^{\infty} a_{ki} y_i$$

由此可见 $y \in D(A^*)$，而 $y^* = A^* y$. 将这个结果与 $A^* \subseteq (\overline{A'})^*$ 相比较，可知 $(\overline{A'})^* = A^*$，故 $A^{**} = \overline{A'}$. 但 $A^{**} = A$，故 $\overline{A'} = A$. 这个结果可按如下的方式来陈述：

定理 若 $x \in D(A)$，则存在这样的"有穷元"序列 ξ_n，使 $\xi_n \Rightarrow x$，$A\xi_n \Rightarrow Ax$ 且 $A = \overline{A'}$.

A 的自共轭性可归结为 $A^* = A$. 如若不然，则算子 A 的亏指数由方程 $Ax = \mathrm{i}x$ 及 $Ax = -\mathrm{i}x$ 的解的子空间维数所确定，故可应用以上所讲算子的扩张理论. 还要再证明：若矩阵 (a_{ik}) 是实的，且复元 $x' + x''\mathrm{i}$ 属于 $D(A)$，则 x' 及 x'' 也属于 $D(A)$，从而也有 $x' - x''\mathrm{i} \in D(A)$. 事实上，依所证定理，存在"有穷元"的这种序列 $\xi_n = \xi'_n + \xi''_n \mathrm{i}$，使

$$\| x - \xi_n \|^2 = \| x' - \xi'_n \|^2 + \| x'' - \xi''_n \|^2 \to 0$$

且

$$\| Ax - A\xi_n \|^2 = \| Ax' - A\xi'_n \|^2 + \| Ax'' - A\xi''_n \|^2 \to 0$$

由此知

$$\| x' - \xi'_n \| \to 0, \| Ax' - A\xi'_n \| \to 0, \| x'' - \xi''_n \| \to 0, \| Ax'' - A\xi''_n \| \to 0$$

留意 $A = \overline{A'}$，便得上述命题.

215. 雅可比矩阵

现在把上述结果应用到下面的雅可比矩阵上去

$$\begin{pmatrix} a_0 & b_0 & 0 & 0 & 0 & \cdots \\ b_0 & a_1 & b_1 & 0 & 0 & \cdots \\ 0 & b_1 & a_2 & b_2 & 0 & \cdots \\ 0 & 0 & b_2 & a_3 & b_3 & \cdots \\ \vdots & \vdots & \vdots & \vdots & \vdots & \end{pmatrix} \tag{182}$$

其中 a_i 是实数，$b_i > 0$. 条件(179) 显然是满足的. 坐标基的编号从 $k = 0$ 起.

依公式(见[167])

$$\lambda P_k(\lambda) = b_k P_{k+1}(\lambda) + a_k P_k(\lambda) + b_{k-1} P_{k-1}(\lambda) \tag{183}$$

$$P_{-1}(\lambda) = 0, P_0(\lambda) = 1$$

作实多项式 $P_k(\lambda)$，由此得

$$e_k = P_k(A) e_0 \tag{184}$$

这里用 e_k 记坐标基.

定理 1 若级数

$$\sum_{k=0}^{\infty} | P_k(\mathrm{i}) |^2 \quad (\mathrm{i} = \sqrt{-1}) \tag{185}$$

收敛,则算子 A 不是自共轭的.

因(185)收敛,可取 l_2 中有分量 $x_k=P_k(\mathrm{i})$ 的元 x,因此 $(x,e_k)=P_k(\mathrm{i})$. 留着 $Ae_k=b_{k-1}e_{k-1}+a_ke_k+b_ke_{k+1}$ 以及公式(183),可得

$$(Ae_k,x)=b_{k-1}\overline{P_{k-1}(\mathrm{i})}+a_k\overline{P_k(\mathrm{i})}+b_k\overline{P_{k+1}(\mathrm{i})}=i\overline{P_k(\mathrm{i})}$$

由此,依 $(e_k,x)=\overline{P_k(\mathrm{i})}$,可写出 $(Ae_k,x)=(e_k,\mathrm{i}x)$. 根据 A 以及数积的分配性,得 $(Ay,x)=(y,\mathrm{i}x)$ 对任何"有穷元"y 成立,而依[214]中的定理,这个等式对 $D(A)$ 中的任何 y 成立,故 $x\in D(A^*)$,而 $A^*x=\mathrm{i}x$,由此知 A 不是自共轭算子.

定理 2 若级数(185)发散,则算子 A 是自共轭的.

只要证明 A^* 没有固有值 $\pm\mathrm{i}$ 就行了. 假设不是这样,令 $A^*x=\mathrm{i}x$,其中元 $x(x_0,x_1,x_2,\cdots)$ 是异于零的. 根据 A^* 的定义以及 $e_k\in D(A)$ 这一事实,则有 $(Ae_k,x)=(e_k,\mathrm{i}x)$ 或 $(x,Ae_k)=\mathrm{i}(x,e_k)$,就是说

$$(x,b_{k-1}e_{k-1}+a_ke_k+b_ke_{k+1})=\mathrm{i}x_k$$

展开数积后,得

$$b_{k-1}x_{k-1}+a_kx_k+b_kx_{k+1}=\mathrm{i}x_k$$

利用(183)及数学归纳法,由此得 $x_k=P_k(\mathrm{i})x_0$ 及 $x_0\neq 0$. 但这与(185)为发散的事实相矛盾. 若把(185)中的 i 换为 $-\mathrm{i}$,则因 $P_k(-\mathrm{i})=\overline{P_k(\mathrm{i})}$,显然也会得到发散级数,于是如上一样可知 A^* 没有固有值 $-\mathrm{i}$,定理证毕. 所以,级数(185)发散是 A 为自共轭算子的必要且充分条件. 只要重复以上两定理的证明字句就可证明,若级数

$$\sum_{k=0}^{\infty}|P_k(\alpha)|^2 \tag{186}$$

对任何不是实数的 α 收敛,则 α 及 $\overline{\alpha}$ 是 A^* 的固有值,而若级数(186)对某一非实数的 α 发散,则 α 及 $\overline{\alpha}$ 不是 A^* 的固有值. 由此可知 A 是自共轭算子,就是说级数(185)发散. 反之,若(186)对某一非实数的 α 收敛,则 A^* 有非实数的固有值,于是 A 非自共轭算子;级数(185)也是收敛的. 这些论证使我们得到以下的定理:

定理 3 只可能有以下的两种情形:级数(186)对任何非实数的 α 发散,或对任何非实数的 α 收敛. 在第一种情形下,A 是自共轭算子,在第二种情形下,A 不是自共轭算子.

进一步,由定理 2 的证明立即可知,若(185)收敛,则 A^* 的与固有值 i 相应的固有元的分量满足等式 $x_k=P_k(\mathrm{i})x_0(k=1,2,\cdots)$,这里 x_0 是异于零的任意元,即子空间 $M_{\mathrm{i}}(A)$ 是一维的. 同样,$M_{-\mathrm{i}}(A)$ 也是一维的. 后者可由 $M_{\mathrm{i}}(A)$ 中的元 x_k 换为共轭元而得出. 因此,在第二种情形下 A 的亏指数是(1,1). 子空间 $M_{\mathrm{i}}(A)$ 及 $M_{-\mathrm{i}}(A)$ 中的元 x_{i} 及 $x_{-\mathrm{i}}$,除了有任意复数因子,可由公式

$$x_{\mathrm{i}}=\sum_{k=0}^{\infty}P_k(\mathrm{i})e_k,x_{-\mathrm{i}}=\sum_{k=0}^{\infty}P_k(-\mathrm{i})e_k$$

唯一确定，而 A 的自共轭扩张 A_θ 的子空间 $D(A_\theta)$ 的元可由公式 $v=x_A+\alpha x_\theta$ 唯一确定，其中 $x_A\in D(A)$，α 是任意复数，$x_\theta=\mathrm{i}(\mathrm{e}^{-\frac{\theta}{2}}x_{-\mathrm{i}}+\mathrm{e}^{\frac{\theta}{2}}x_{\mathrm{i}})$，而 $0\leqslant\theta\leqslant 2\pi$. 设 $\mathscr{E}_\lambda$ 在第一种情形下是 A 的谱函数，或在第二种情形下是任一 A_θ 的谱函数且 $\rho(\lambda)=(\mathscr{E}_\lambda e_0,e_0)$. 完全和[167]中一样，有

$$\int_{-\infty}^{+\infty}P_k(\lambda)P_l(\lambda)\mathrm{d}\rho(\lambda)=\begin{cases}0,\text{当 } k\neq l \text{ 时}\\1,\text{当 } k=l \text{ 时}\end{cases}$$

$$(Ae_k,e_l)=\int_{-\infty}^{+\infty}\lambda P_k(\lambda)P_l(\lambda)\mathrm{d}\rho(\lambda)$$

$$e_k=\int_{-\infty}^{+\infty}P_k(\lambda)\mathrm{d}\mathscr{E}_\lambda e_0$$

而在第二种情形下 A 应换为 A_θ. 矩阵(182)中的元显然可由公式

$$a_{ik}=\int_{-\infty}^{+\infty}\lambda P_k(\lambda)P_l(\lambda)\mathrm{d}\rho(\lambda)$$

表示.

定理 4 多项式 $P_k(\lambda)$ 构成关于 $\rho(\lambda)$ 的封闭组.

设 $\varphi_\mu(\lambda)$ 是这样的一个函数，它在 $-\infty<\lambda\leqslant\mu$ 时等于 1，在 $\lambda>\mu$ 时等于 0. 设 $\pi(\lambda)$ 是取有穷个数值 $a_1,a_2,\cdots,a_m$ 的函数，而每一值 a_k 都是它在有穷区间上取的，则任何这样的函数 $\pi(\lambda)$ 显然可表示为各种 μ 值的函数 $\varphi_\mu(\lambda)$ 的有穷线性组合. 若我们对任何 μ 证明了 $\varphi_\mu(\lambda)$ 的封闭性方程，则依广义封闭性方程，对函数 $\varphi_\mu(\lambda)$ 的任意线性组合，这个封闭性方程也将成立，从而可知它对上述 $\pi(\lambda)$ 这一类型的所有函数都成立. 但这种函数所组成的线性簇在 L_2 中关于 $\rho(\lambda)$ 到处稠密[60]，故 $P_k(\lambda)$ 成封闭组[60]. 于是，只要对 $\varphi_\mu(\lambda)$ 来证明封闭性方程就行了. 算出 $\varphi_\mu^2(\lambda)$ 的积分以及这个函数的傅里叶系数

$$\int_{-\infty}^{+\infty}\varphi_\mu^2(\lambda)\mathrm{d}\rho(\lambda)=\int_{(-\infty,\mu]}\mathrm{d}\rho(\lambda)=\rho(\mu)$$

$$a_k=\int_{-\infty}^{+\infty}\varphi_\mu(\lambda)P_k(\lambda)\mathrm{d}\rho(\lambda)=\int_{(-\infty,\mu]}P_k(\lambda)\mathrm{d}\rho(\lambda)$$

必须对任何 μ 验证等式

$$\rho(\mu)=\sum_{k=0}^{\infty}\int_{(-\infty,\mu]}P_k(\lambda)\mathrm{d}\rho(\lambda)\cdot\int_{(-\infty,\mu]}P_k(\lambda)\mathrm{d}\rho(\lambda)$$

依封闭性方程，我们有

$$\rho(\mu)=\|\mathscr{E}_\mu e_0\|^2=\sum_{k=0}^{\infty}(\mathscr{E}_\mu e_0,e_k)(e_k,\mathscr{E}_\mu e_0)$$

于是只要证明等式

$$(\mathscr{E}_\mu e_0,e_k)=(e_k,\mathscr{E}_\mu e_0)=\int_{(-\infty,\mu]}P_k(\lambda)\mathrm{d}\rho(\lambda)$$

上式右端是实数.但这个等式可由 e_k 的所指出的积分表示式(见[192])直接得出,于是定理证毕.

再指出判断(182)为自共轭矩阵的一个简单的充分条件.从(183)立即可得公式

$$b_k\frac{P_{k+1}(\alpha)\overline{P_k(\alpha)}-\overline{P_{k+1}(\alpha)}P_k(\alpha)}{\alpha-\bar{\alpha}}=$$

$$|P_k(\alpha)|^2+b_{k-1}\frac{P_k(\alpha)\overline{P_{k-1}(\alpha)}-\overline{P_k(\alpha)}P_{k-1}(\alpha)}{\alpha-\bar{\alpha}}$$

从 $k=0$ 到 $k=n-1$ 求和,得恒等式

$$\sum_{k=0}^{n-1}|P_k(\alpha)|^2=b_{n-1}\frac{P_n(\alpha)\overline{P_{n-1}(\alpha)}-\overline{P_n(\alpha)}P_{n-1}(\alpha)}{\alpha-\bar{\alpha}}$$

特别的,当 $\alpha=\mathrm{i}$ 时有

$$\sum_{k=0}^{n-1}|P_k(\mathrm{i})|^2=b_{n-1}\frac{P_n(\mathrm{i})\overline{P_{n-1}(\mathrm{i})}-\overline{P_n(\mathrm{i})}P_{n-1}(\mathrm{i})}{2\mathrm{i}}=$$

$$b_{n-1}\mathrm{Im}[P_n(\mathrm{i})\overline{P_{n-1}(\mathrm{i})}]$$

因 $P_0(\lambda)\equiv 1$,故上式左端大于或等于1,由此得

$$\frac{1}{b_{n-1}}\leqslant\mathrm{Im}[P_n(\mathrm{i})\overline{P_{n-1}(\mathrm{i})}]\leqslant|P_n(\mathrm{i})|\cdot|P_{n-1}(\mathrm{i})|\leqslant$$

$$\frac{1}{2}[|P_n(\mathrm{i})|^2+|P_{n-1}(\mathrm{i})|^2]$$

于是,从 $n=1$ 到 $n=m+1$ 求和,得

$$\sum_{n=0}^{m}\frac{1}{b_n}\leqslant\sum_{n=0}^{m+1}|P_n(\mathrm{i})|^2$$

因此,依定理2,立即可得:

定理5 若 $1:b_n$ 所组成的级数收敛,则 A 是自共轭算子.

再指出与上述有直接关系的两个事实,但不加证明.可以证明,若 A 有亏指数(1,1),则级数(186)对任何 α 值收敛.而若 A 是自共轭算子,则(186)对 α 为实数时也发散,但除掉对应于 A 的点谱的那些 α 值(要是有的话).此外,当亏指数为(1,1)时,A 的任何自共轭扩张有纯点谱(参考 Н. И. Ахиезер, *Бесконечные матрицы Якоби и проблема моментов*, *Успехи матем. наук*, т. Ⅸ, 1941).

我们来看埃尔密特多项式,作为雅可比矩阵的例子.我们曾用等式

$$\mathrm{H}_k(\lambda)=(-1)^k e^{\lambda^2}\frac{d^k}{d\lambda^k}(e^{-\lambda^2}) \tag{187}$$

来定义埃尔密特多项式,并已得出关系式

$$\lambda \mathrm{H}_k(\lambda)=\frac{1}{2}\mathrm{H}_{k+1}(\lambda)+k\mathrm{H}_{k-1}(\lambda) \tag{188}$$

及积分等式[Ⅲ,157]

$$\int_{-\infty}^{+\infty} e^{-\lambda^2}\mathrm{H}_k^2(\lambda)d\lambda=2^k k!\sqrt{\pi} \tag{189}$$

为使以后能得出规格化多项式,代替(187)而引入多项式

$$P_k(\lambda)=\frac{(-1)^k}{\sqrt{2^k k!}}e^{\lambda^2}\frac{d^k}{d\lambda^k}(e^{-\lambda^2}) \tag{190}$$

之后,关系式(138)就改写为以下形式

$$\lambda P_k(\lambda)=\sqrt{\frac{k+1}{2}}P_{k+1}(\lambda)+\sqrt{\frac{k}{2}}P_{k-1}(\lambda)$$

而 $P_0(\lambda)\equiv 1$. 于是,若取雅可比矩阵,设

$$a_k=0,b_k=\sqrt{\frac{k+1}{2}}\quad (k=0,1,2,\cdots)$$

则得多项式(190),且成立以下公式[见 Ⅲ;157]

$$\frac{1}{\sqrt{\pi}}\int_{-\infty}^{+\infty} e^{-\lambda^2}P_k(\lambda)P_l(\lambda)d\lambda=\begin{cases}0,\text{当 } k\neq l\\ 1,\text{当 } k=l\end{cases}$$

$$\frac{1}{\sqrt{\pi}}\int_{-\infty}^{+\infty} e^{-\lambda^2}\lambda P_k(\lambda)P_l(\lambda)d\lambda=\begin{cases}0,\text{当 } |k-l|\neq 1\\ \sqrt{\frac{k}{2}},\text{当 } l=k+1\end{cases}$$

从定理 5 可以推出,在所说情形下 A 是自共轭算子. 留意上面写的积分公式,可证对算子 A 有

$$\rho(\lambda)=\frac{1}{\sqrt{\pi}}\int_{-\infty}^{\lambda} e^{-\mu^2}d\mu$$

算子 A 有分布在全部区间$(-\infty,+\infty)$上的简单连续谱.

216. 矩阵及算子

我们来研究矩阵与希尔伯特空间上对称算子之间的关系. 先设在这个空间上给定有界自共轭算子 A,并设 $\varphi_1,\varphi_2,\cdots$ 是 H 中的元所组成的任一完备规格化正交组,用公式

$$a_{nk}=(A\varphi_k,\varphi_n)=(\varphi_k,A\varphi_n)\quad (a_{kn}=\overline{a}_{nk}) \tag{191}$$

确定一个矩阵 $\boldsymbol{\alpha}$ 的诸元,我们有

$$x'_n=\sum_{k=1}^{\infty}a_{nk}x_k \tag{192}$$

其中 x_k 是某个元 x 的各分量，即 $x_k=(x,\varphi_k)$，而 x'_k 是其映象的各分量，即 $x'_k=(Ax,\varphi_k)$，所以，选取了一定的坐标基之后，算子 A 可依公式(192) 用矩阵来表示. 若取另一组坐标基 $\psi_1,\psi_2,\cdots$，而 U 是使 $U\varphi_k=\psi_k(k=1,2,\cdots)$ 的么范映射，且 $u_{pq}=(U\varphi_q,\varphi_p)=(\psi_q,\varphi_p)$，则算子 A 将有一个矩阵与之对应，其各元为

$$b_{nk}=(A\psi_k,\psi_n)=\sum_{s=1}^{\infty}(A\psi_k,\varphi_s)\overline{(\psi_n,\varphi_s)}=$$
$$\sum_{s=1}^{\infty}(\psi_k,A\varphi_s)\overline{(\psi_n,\varphi_s)}=$$
$$\sum_{s=1}^{\infty}\overline{(\psi_n,\varphi_s)}\sum_{t=1}^{\infty}(\psi_k,\varphi_t)\overline{(A\varphi_s,\varphi_t)} \tag{193}$$

而这里应用了[121] 中的广义封闭性方程(18′). 留意以上所引进的记号，可写出

$$b_{nk}=\sum_{s=1}^{\infty}\overline{u}_{sn}\sum_{t=1}^{\infty}a_{st}u_{tk} \tag{194}$$

如果把这个公式应用到 $b_{kn}=\overline{b}_{nk}$ 上，取共轭量，而在右端把字母 s 换为 t，把 t 换为 s，则得

$$b_{nk}=\sum_{t=1}^{\infty}u_{tk}\sum_{s=1}^{\infty}\overline{u}_{sn}a_{st} \tag{195}$$

完全同样的，可得

$$a_{nk}=\sum_{s=1}^{\infty}u_{ns}\sum_{t=1}^{\infty}b_{st}\overline{u}_{kt}=\sum_{t=1}^{\infty}\overline{u}_{kt}\sum_{s=1}^{\infty}u_{ns}b_{st} \tag{196}$$

反之，若给定了满足[163] 中有界性条件的矩阵 $\boldsymbol{\alpha}(a_{nk})(a_{kn}=\overline{a}_{nk})$，且固定 H 中的一组坐标基 $\varphi_k(k=1,2,\cdots)$，则公式(192) 确定了 A 在 H 中的有界自共轭算子. 这时，矩阵(a_{nk}) 的第 k 列所给出的，是坐标基 φ_k 的映象的各分量，故可写

$$A\varphi_k=\sum_{n=1}^{\infty}a_{nk}\varphi_n$$

矩阵与无界算子间的关系比这要复杂些. 以后，凡满足对称条件$(a_{kn}=\overline{a}_{nk})$ 以及条件(179) 的矩阵，叫作 **C** 矩阵. 设有闭对称算子 F，其线性簇 $D(F)$ 在 H 中处处稠密. 取完备规格化正交组 φ_k，使所有 φ_k 都是属于 $D(F)$ 的，再用公式(191)，把其中的 A 换成 F，定出矩阵(a_{nk}) 的各元. 依算子 F 的对称性以及封闭性方程，可以断言(a_{nk}) 是 **C** 矩阵. 对数积 $(Fx,\varphi_n)=(x,F\varphi_n)$ 应用广义封闭性方程，并设 $x\in D(F)$，得

$$x'_n=(Fx,\varphi_n)=\sum_{k=1}^{\infty}(x,\varphi_k)\overline{(F\varphi_n,\varphi_k)}=\sum_{k=1}^{\infty}a_{nk}x_k \tag{197}$$

就是说，算子 F 可借公式(192) 用坐标基 φ_k 来表示. 线性簇 $D(F)$ 显然包含所有的“有穷元”，就是说，包含坐标基的一切有穷线性组合，并且，由于[214] 中依

矩阵(a_{nk})而定义的算子A,是用公式(192)定义在“有穷元”所成线性簇上的算子A'的闭包,故可断言$A \subseteq F$;于是$F^* \subseteq A^*$,就是说,F^*也是由公式(192)定义在相应线性簇$D(F^*)$上的.若F是A的扩张,则依[186]中的定理1,$D(F^*)$只是[214]中所定的$D(B)$的部分.这时,同一矩阵给出不同的算子.

若不取φ_k而取另一组坐标基ψ_k,也是属于$D(F)$的,则算子F可用矩阵(b_{nk})来表示,而且也跟以上一样,公式(192)及(197)成立,不过其中的a_{nk}换成了b_{nk}.现设所给的不是算子而是$\boldsymbol{C}$矩阵(a_{nk}).自H中任取一组坐标基φ_k,并用公式(192)或(197),在“有穷元”组成的线性簇$D(A')$上定义算子A'.取A'的闭包,得出一个闭对称算子A.我们将说算子A是由矩阵(a_{nk})及坐标基组φ_k所产生的,并把这个事记为$A \sim a_{nk}\{\varphi_k\}$.事实上,用这种方法可得出$H$中的任何闭对称算子.

定理 任何闭对称算子A,其$D(A)$在H中处处稠密,都可用一个$\boldsymbol{C}$矩阵及一组坐标基产生出来.

只要作出$D(A)$中的对应坐标基φ_k就行了.矩阵则可用公式(191)来确定.这些坐标基φ_k应具有以下性质:对$D(A)$中的任何x,存在“有穷元”所组成的这样的序列ω_n,使$\omega_n \Rightarrow x$及$A\omega_n \Rightarrow Ax$.为得出这种φ_k,只要自$D(A)$中作这样的序列ω'_n,使对$D(A)$中的任何x,存在这样的子序列$\omega'_{n_1},\omega'_{n_2},\cdots$,适合$\omega'_{n_k} \Rightarrow x$以及$A\omega'_{n_k} \Rightarrow Ax$.将$\omega'_{n_k}$正交化之后,显然便得出$\varphi_k$,而由$\omega'_{n_k} \Rightarrow x$以及$D(A)$在$H$中处处稠密这一事实,可知序列$\omega'_n$在$H$中处处稠密,故坐标基组$\varphi_k$是完备组.现在来作$\omega'_n$.取在$H$中处处稠密的任一元序列$\chi_1,\chi_2,\cdots$.设$p,q,r$是任何三个成一组的正整数.如果$D(A)$中至少有这样的一个元$x$存在,使

$$\| \chi_p - x \| \leqslant \frac{1}{r} \text{ 及 } \| \chi_q - Ax \| \leqslant \frac{1}{r}$$

我们就让这样的一个元x与上述p,q,r这一组数相对应,并把它记为$x_{p,q,r}$.这些元显然是可编号的[1],我们来证明它们具有ω'_n所需要的性质.设$x \in D(A)$,而ε是给定的正数.取r满足不等式$\frac{1}{r} \leqslant \frac{\varepsilon}{2}$,以及取这样的元$\chi_p$及$\chi_q$,使

$$\| \chi_p - x \| \leqslant \frac{1}{r}, \| \chi_q - Ax \| \leqslant \frac{1}{r}$$

这是可能的,因χ_n在H中处处稠密.这时,存在这样的元$x_{p,q,r}$,使

$$\| \chi_p - x_{p,q,r} \| \leqslant \frac{1}{r} \text{ 及 } \| \chi_q - Ax_{p,q,r} \| \leqslant \frac{1}{r}$$

由此,若留意

$$\| x - x_{p,q,r} \| \leqslant \| \chi_p - x \| + \| \chi_p - x_{p,q,r} \|$$

$$\| Ax - Ax_{p,q,r} \| \leqslant \| \chi_q - Ax \| + \| \chi_q - Ax_{p,q,r} \|$$

以及$\frac{1}{r} \leqslant \frac{\varepsilon}{2}$这一事实，便得

$$\| x - x_{p,q,r} \| \leqslant \varepsilon \text{ 及 } \| Ax - Ax_{p,q,r} \| \leqslant \varepsilon$$

而由于 ε 是任意的，由此知 $x_{p,q,r}$ 具有以上要求序列 ω'_n 所具有的性质，定理证毕.

同一个闭对称算子，可能是由不同的矩阵及坐标基所产生的. 若 $A \sim a_{nk}\{\varphi_k\}$ 及 $A \sim b_{nk}\{\psi_k\}$，则在引入上述么范算子 U 并设 $u_{pq} = (\psi_q, \varphi_p)$ 后，便得公式(194)(195)及(196). 还要指出的是，若 F 是给定了的对称闭算子，坐标基组 φ_k 是属于 $D(F)$ 的，(a_{nk}) 是公式(191)所确定的矩阵，但其中的 A 换成 F，而 $A \sim a_{nk}\{\varphi_k\}$，则 F 或与 A 重合，或是 A 的扩张，如以上所曾看到的.

217. C 矩阵的么范相抵

上节中，两组 $a_{nk}\{\varphi_k\}$ 及 $b_{nk}\{\psi_k\}$ 产生同一算子 A. 这时，若考察以 φ_k 为坐标基的么范映射 $U\varphi_k = \psi_k$，则数 u_{pq} 是相应于这个映射的矩阵的元. 公式(194)中的内和是数积$(A\psi_k, \varphi_s)$，于是，依封闭性方程，可以断言这个和的模的平方，在对 s 求和时成一个收敛级数. 式(195)中的内和可由式(194)中的内和得出，这只要取后者的共轭量，将 s 及 t 换次序，并将 k 换为 n，故(195)中的内和对 t 求和时，上述结论也成立，即

$$\sum_{s=1}^{\infty} \left| \sum_{t=1}^{\infty} a_{st} u_{tk} \right|^2 < \infty, \sum_{t=1}^{\infty} \left| \sum_{s=1}^{\infty} \overline{u}_{sn} a_{st} \right|^2 < \infty \tag{198}$$

这使我们自然作出如下的定义：

定义 1 若条件(198)成立且若累次和(194)及(195)有同一结果，则说么范矩阵(u_{pq})可应用于 $\boldsymbol{C}$ 矩阵(a_{nk}). 所得的矩阵(b_{nk})称为映象矩阵.

由(a_{nk})是 $\boldsymbol{C}$ 矩阵以及(u_{pq})是么范矩阵这一事实，依柯西不等式，可知(194)及(195)中的内级数都是绝对收敛的，而从条件(198)又知它们的外级数也是收敛的. 依以上所说关于内级数的结果，可知(198)中若有一个条件满足，则另一个条件也就随之满足. 从(194)及(195)立即可知 $b_{kn} = \overline{b}_{nk}$，于是由条件(198)以及$(u_{pq})$之为么范矩阵，可知将 $|b_{nk}|^2$ 各项对 k 求和的结果是有穷的，就是说，(b_{nk})是 $\boldsymbol{C}$ 矩阵. 现在来证以下的定理：

定理 1 若么范矩阵 $\boldsymbol{U}$ 可应用于(a_{nk})，则逆矩阵 $\boldsymbol{U}^{-1}$ 可应用于(b_{nk})，而映象矩阵是(a_{nk}).

我们证明公式

$$\sum_{n=1}^{\infty} u_{pn} b_{nk} = \sum_{t=1}^{\infty} a_{pt} u_{tk}, \sum_{k=1}^{\infty} b_{nk} \overline{u}_{qk} = \sum_{s=1}^{\infty} \overline{u}_{sn} a_{sq} \tag{199}$$

只要证明第一个公式就够了. 第二个公式的证明相仿. 我们有

$$\sum_{n=1}^{\infty} u_{pn} b_{nk} = \sum_{n=1}^{\infty} \Big[\sum_{s=1}^{\infty} \Big(\sum_{t=1}^{\infty} a_{st} u_{tk} \Big) \overline{u}_{sn} \Big] u_{pn}$$

依(198),圆括号里的和可看作 l_2 中某个元 ξ 的各分量 ξ_s. 把 l_2 中由矩阵 (u_{pq}) 实现的么范算子记为 γ,可把上一公式的右端写为

$$\sum_{n=1}^{\infty} (\gamma^{-1}\xi)_n u_{pn} = [\gamma(\gamma^{-1}\xi)]_p = \xi_p = \sum_{t=1}^{n} a_{pt} u_{tk} \tag{200}$$

由此立即可得(199) 中的第一个公式. 从(199) 立即可知

$$\sum_{k=1}^{\infty} \Big| \sum_{n=1}^{\infty} u_{pn} b_{nk} \Big|^2 < \infty, \sum_{n=1}^{\infty} \Big| \sum_{k=1}^{\infty} b_{nk} \overline{u}_{qk} \Big|^2 < \infty \tag{201}$$

事实上,若引用记号 $\eta_t = \overline{a}_{pt}$,便得 l_2 中有分量 η_t 的元 η,于是(199) 中的第一个公式的右端可写为 $\overline{(\gamma^{-1}\eta)_k}$,由此便得(201) 中的第一个条件. 第二个条件的证明相仿. 再引入 l_2 中以 $\eta'_n = b_{nk}$ 为分量的元 η',可把(199) 的第一式写为 $(\gamma\eta')_p = \overline{(\gamma^{-1}\eta)_k}$,由此得 $(\gamma^{-1}\eta)_k = \overline{(\gamma\eta')_p}$. 用 u_{qk} 乘并对 k 求和,得

$$\overline{a}_{pq} = \sum_{k=1}^{\infty} \Big(\sum_{n=1}^{\infty} \overline{u}_{pn} \overline{b}_{nk} \Big) u_{qk}$$

这便是(196) 中的一式. 第二式的证明相仿. 定理证毕.

若 $a_{nk}\{\varphi_k\}$ 及 $b_{nk}\{\psi_k\}$ 都含有完备坐标基组,我们来给出 $a_{nk}\{\varphi_k\}$ 及 $b_{nk}\{\psi_k\}$ 这两组是么范相抵的定义.

定义 2 两组 $a_{nk}\{\varphi_k\}$ 及 $b_{nk}\{\psi_k\}$ 叫作么范相抵的,如果以 $u_{pq} = (\psi_q, \varphi_p)$ 为元的么范矩阵 $\boldsymbol{U}$ 可应用于 (a_{nk}) 而得映象矩阵 (b_{nk}).

若定义中的条件满足,则自所证定理可知,与以 u_{pq} 为元的矩阵 $\boldsymbol{U}$ 相逆的这一么范矩阵,即是说,以 $u^*_{pq} = \overline{u}_{qp} = (\varphi_q, \psi_p)$ 为元的这一矩阵,可应用于 (b_{nk}) 而得出映象矩阵 (a_{nk}),即是说,两组的么范相抵是相互的. 还要指出的是 $U\varphi_k = \psi_k$ 以及 $U^{-1}\psi_k = \varphi_k$. 从组与组的相抵意义上说很重要的是下一定理:

定理 2 为使两组 $a_{nk}\{\varphi_k\}$ 及 $b_{nk}\{\psi_k\}$ 是么范相抵的必要且充分条件是:它们所产生的闭对称算子 A 及 A_1 有同一对称算子 F 作为它们的扩展.

先证必要性. 设两组是么范相抵的,则

$$(A\varphi_p, \psi_q) = \sum_{s=1}^{\infty} (A\varphi_p, \varphi_s)(\varphi_s, \psi_q) = \sum_{s=1}^{\infty} a_{sp} \overline{u}_{sq}$$

$$(\varphi_p, A_1\psi_q) = \sum_{s=1}^{\infty} (\psi_s, A_1\psi_q)(\varphi_p, \psi_s) = \sum_{s=1}^{\infty} b_{qs} \overline{u}_{ps}$$

而(199) 中的第二式告诉我们:$(A\varphi_p, \psi_q) = (\varphi_p, A_1\psi_q)$. 这个等式对 φ_p 及 ψ_q 的有限线性组合显然也是成立的. 留意 $D(A)$ 及 $D(A_1)$ 的定义,并在数积中取极限,则若 $x \in D(A)$, $y \in D(A_1)$,便得

$$(Ax, y) = (x, A_1 y) \tag{202}$$

若 x 同时属于 $D(A)$ 及 $D(A_1)$，则除(202)外，$(A_1x,y)=(x,A_1y)$，于是，依(202)，对 $D(A_1)$ 中的任何 y 有 $(Ax-A_1x,y)=0$，而由于 $D(A_1)$ 在 H 中处处稠密，故有 $Ax=A_1x$.

设 $D(F)$ 是由可表为 $x=x'+y'$ 的形式的那些元 x 所成的线性簇，其中 $x'\in D(A)$ 及 $y'\in D(A_1)$，且设 $Fx=Ax'+A_1y'$. 如果有两种表达式：$x=x'+y'=x''+y''$，其中 x' 及 $x''\in D(A)$，而 y' 及 $y''\in D(A_1)$，则由 $x'-x''=y''-y'$ 可知 $x'-x''$ 及 $y''-y'$ 是同时属于 $D(A)$ 及 $D(A_1)$ 的，于是，依上述，有 $Ax'-Ax''=A_1y''-A_1y'$，就是说，$Ax'+A_1y'=Ax''+A_1y''$，由此可知 Fx 是唯一确定的. 依(202)与 A 及 A_1 的对称性，可知 F 是对称算子. 这个 F 显然是 A 及 A_1 的扩张，于是必要性证毕.

今设对称算子 F 是 A 及 A_1 的扩张. 我们有

$$\begin{aligned}\sum_{t=1}^{\infty}a_{pt}u_{tk}=&\sum_{t=1}^{\infty}(A\varphi_t,\varphi_p)(\psi_k,\varphi_t)=\\&\sum_{t=1}^{\infty}(\psi_k,\varphi_t)\overline{(A\varphi_p,\varphi_t)}=(\psi_k,A\varphi_p)=\\&(\psi_k,F\varphi_p)=(F\psi_k,\varphi_p)=(A_1\psi_k,\varphi_p)=\\&\sum_{n=1}^{\infty}(A_1\psi_k,\psi_n)(\psi_n,\varphi_p)=\sum_{p=1}^{\infty}u_{pn}b_{nk}\end{aligned}$$

就是说，得出了(199)中的第一式. 完全相仿地可得第二式. 重复定理1的证明，便知 (u_{pq}) 可应用于 (a_{nk})，于是公式(194)(195)及(196)成立；两组的么范相抵证毕.

从定理可知，组与组间的么范相抵性完全可由它们所产生的闭对称算子而定，因此，自然可将么范相抵的概念从组本身推到它们所产生的闭对称算子上. 由此立即可知，有界算子只与它自身么范相抵，而极大算子只与它的部分相抵. 么范相抵性是双方面相互的性质，但不是可传递的，即是说，若算子 C_1 与 C_2 么范相抵，而 C_2 与 C_3 么范相抵，则由此还不能推出 C_1 与 C_3 么范相抵. 但若 C_2 是极大算子，那就显然有传递性，因这时 C_1 及 C_3 都以 C_2 为其公共扩张. **C** 矩阵的一般理论与有界自共轭算子所对应的矩阵的理论根本不同. **C** 矩阵的这一理论在 J. Neumann 的论文 *Zur Theorie der unbeschränkten Matrizen*(Crelle, Journal, Bd. 161, 1929) 以及 Wintner 的 *Spektraltheorie der unendlichen Matrizen*(Leipzig, 1929) 一书中都有阐述.

218. 谱函数的存在

现在来证明[192]中的基本定理：对任何自共轭算子 A，存在主单位元分解 $\mathscr{E}_\lambda$，借此可用[192]中的斯蒂尔切斯积分(58)来表示 A. 证明过程中，A 的那些性质，凡是不必用公式(58)来推出的，都可利用. 在[189]中，我们不用这个公式证明了下一事实：对任何不是实数的 λ，存在有界算子 $(A-\lambda E)^{-1}$ 定义在整个

H 上，使公式 $x=(A-\lambda E)u$ 将 $D(A)$ 双方单值地映为 H. 我们来看 $\lambda=\pm\mathrm{i}$ 的情形，设

$$x=(A-\mathrm{i}E)u,y=(A+\mathrm{i}E)v \quad (u,v\in D(A))$$

于是

$$u=(A-\mathrm{i}E)^{-1}x,v=(A+\mathrm{i}E)^{-1}y \quad (x,y\in H)$$

由于 A 是自共轭的，故有

$$[(A-\mathrm{i}E)^{-1}]^*=(A+\mathrm{i}E)^{-1}$$

引入有界自共轭算子

$$C=\frac{1}{2}[(A-\mathrm{i}E)^{-1}+(A+\mathrm{i}E)^{-1}]$$

$$B=\frac{1}{2\mathrm{i}}[(A-\mathrm{i}E)^{-1}-(A+\mathrm{i}E)^{-1}] \tag{203}$$

我们得到

$$(A-\mathrm{i}E)^{-1}=C+\mathrm{i}B,(A+\mathrm{i}E)^{-1}=C-\mathrm{i}B \tag{204}$$

且当 x 为 H 中任意取的元时，元 Cx 及 Bx 属于 $D(A)$. 由(204)得

$$(A-\mathrm{i}E)(C+\mathrm{i}B)=(AC+B)+\mathrm{i}(AB-C)=E$$

$$(A+\mathrm{i}E)(C-\mathrm{i}B)=(AC+B)-\mathrm{i}(AB-C)=E$$

由此得

$$AC=E-B \tag{205}$$

$$AB=C \tag{206}$$

若元 $x\in D(A)$，则还可以写出

$$(C+\mathrm{i}B)(A-\mathrm{i}E)x=x \text{ 及 } (C-\mathrm{i}B)(A+\mathrm{i}E)x=x$$

打开括号，并将其与以上写出的相比较，得

$$ACx=CAx,ABx=BAx \quad (x\in D(A)) \tag{207}$$

就是说，有界算子 B 及 C 在[191]中所定的意义下与 A 相交换.

由公式 $BC=BAB=ABB=CB$ 可知

$$CB=BC \tag{208}$$

就是说，B 及 C 互相交换. 利用(205)及(206)，可得

$$B=BE=B(B+AC)=B^2+BAC=B^2+ABC=B^2+C^2$$

就是说，B 是正算子. 其次，自公式

$$\|x\|^2=\|(A-\mathrm{i}E)u\|^2=((A-\mathrm{i}E)u,(A-\mathrm{i}E)u)=\|Au\|^2+\|u\|^2$$

$$\|y\|^2=\|Av\|^2+\|v\|^2$$

可知

$$\|u\|\leqslant\|x\|,\|v\|\leqslant\|y\|$$

就是说，算子 $(A-\mathrm{i}E)^{-1}$ 及 $(A+\mathrm{i}E)^{-1}$ 的范数不超过 1，故依(203)可知 B 及 C 的范数也不超过 1. 再证明自 $Bx=0$ 可得 $x=0$. 事实上，若 $Bx=0$，则

$$(Bx, x) = (B^2x, x) + (C^2x, x) = 0$$

即

$$(Bx, Bx) + (Cx, Cx) = 0, \text{或} \ \|Bx\|^2 + \|Cx\|^2 = 0$$

由此知 $Cx = 0$. 这样,公式(205)就给出 $x = Bx + ACx = 0$. 除算子 B 及 C 的这些性质以外,还需要一个辅助定理,其证明如下.

辅助定理 设 $M_n(n = 1, 2, \cdots)$ 是两两互相正交的子空间,其正交和给出整个 H. 又设在每个 M_n 上定义了有界自共轭算子 A_n. 这时 H 上存在唯一的自共轭算子 A,它在 M_n 上则与 A_n 一致. 组成线性簇 $D(A)$ 的,是使以 $\|A_nx_n\|^2$ 为项的级数收敛的那些元 x,其中 x_n 是 x 在 M_n 中的投影,而对这些 x,我们有

$$Ax = \sum_n A_nx_n \tag{209}$$

再来考察算子 B 及 C. B 的谱在线段[0,1]上,而由于 $Bx = 0$ 可得 $x = 0$,故点 $\lambda = 0$ 不属于点谱,因此,若用 $\mathscr{E}'_\lambda$ 记算子 B 的谱函数,则 $\mathscr{E}'_0 = 0$. 用 M_n 来记算子 $\mathscr{E}'_{\frac{1}{n}} - \mathscr{E}'_{\frac{1}{n+1}}$ 所投影的子空间,则可断言 M_n 是两两正交的,而且它们的正交和等于 H. 若有界自共轭算子 F 与 $\mathscr{E}'_\lambda$ 交换,则依[148]中的定理,M_n 简约 F. 这对 C 以及 B 的任何实连续函数将是成立的[193]. 设当 $\frac{1}{n+1} \leqslant \lambda \leqslant \frac{1}{n}$ 时 $\varphi_n(\lambda) = \frac{1}{\lambda}$,而在这个区间之外 $\varphi_n(\lambda)$ 等于常数,但保持端点处的连续性;我们引入有界自共轭算子 $\varphi_n(B)$. 若 $z \in M_n$,则 $\mathscr{E}'_\lambda z = z\left(\text{当} \lambda \geqslant \frac{1}{n}\right)$ 以及 $\mathscr{E}'_\lambda z = 0\left(\text{当} \lambda \leqslant \frac{1}{n+1}\right)$. 这可由公式

$$\mathscr{E}'_\lambda z = \mathscr{E}'_\lambda(\mathscr{E}'_{\frac{1}{n}} - \mathscr{E}'_{\frac{1}{n+1}})z$$

以及 $\mu \leqslant \lambda$ 时 $\mathscr{E}'_\mu\mathscr{E}'_\lambda = \mathscr{E}'_\lambda\mathscr{E}'_\mu = \mathscr{E}'_\mu$ 立即得出. 若借助于 $\mathscr{E}'_\lambda$ 用斯蒂尔切斯积分来表示 $\varphi_n(B)z$ 及 Bz,并应用 $\varphi_n(\lambda)$ 的定义以及刚才关于 $\mathscr{E}'_\lambda z$ 所说的结果,则得:在 M_n 上 $\varphi_n(B)B = B\varphi_n(B) = E$,就是说,在 M_n 上 B 与 $\varphi_n(B)$ 是互逆的. 若 $z \in M_n$,则可写 $z = B\varphi_n(B)z$,由此知道自 $z \in M_n$ 可得 $z \in D(A)$. 利用(206),可写 $Az = AB\varphi_n(B)z = C\varphi_n(B)z$,由此知 A 是 M_n 上的有界算子. 再留意 C 与 $\varphi_n(B)$ 是交换的,且 M_n 简约 C 及 $\varphi_n(B)$,便可断言 A 是 M_n 上的有界自共轭算子. 用 $\mathscr{E}_\lambda^{(n)}$ 来记 M_n 上与这个算子相应的主单位元分解. 依辅助定理,可作 H 上的自共轭算子 $\mathscr{E}_\lambda$ 使

$$\mathscr{E}_\lambda x = \sum_{n=1}^{\infty} \mathscr{E}_\lambda^{(n)} x \tag{210}$$

并且不难验证 $\mathscr{E}_\lambda$ 是 H 上的主单位元分解. 若作斯蒂尔切斯积分确定一个自共轭算子

$$\int_{-\infty}^{+\infty} \lambda \, d\mathscr{E}_\lambda x$$

则若留意 $x \in M_n$ 时 $\mathscr{E}_\lambda x = \mathscr{E}_\lambda^{(n)} x$，便可知这个算子在 $x \in M_n$ 时给出了 A，从而依辅助定理可知它定义了 A. 现在还待证明的是上述辅助命题.

设组成线性簇 $D(A)$ 的那些元满足

$$\sum \| A_n x_n \|^2 < \infty$$

而 $x \in D(A)$；用公式 $Ax = A_1x_1 + A_2x_2 + \cdots$ 定义算子 A. 证明 A 是自共轭算子. 元 x_n 的有穷和显然是属于线性簇 $D(A)$ 的，故线性簇 $D(A)$ 在 H 中处处稠密. A 的对称性可由 A_n 的自共轭性以及公式

$$(Ax, y) = \left(\sum_n A_n x_n, \sum_n y_n\right) = \sum_n (A_n x_n, y_n) = \sum_n (x_n, A_n y_n) = \left(\sum_n x_n, \sum_n A_n y_n\right) = (x, Ay)$$

推出，其中 x 及 $y \in D(A)$，并且应用了数积的连续性及分配性，以及子空间 M_n 的正交性. 这样一来，$A^* \supseteq A$，于是要证明 $x \in D(A^*)$ 时，则 $x \in D(A)$. 留意 $A^2 x_n \in M_n$ 以及 $x - x_n \perp M_n$，可写出

$$(A^*(x - x_n), Ax_n) = (x - x_n, A^2 x_n) = 0$$

由此，依毕达哥拉斯定理，当 $n = 1$ 时

$$\| A^* x \|^2 = \| A^*(x - x_1) \|^2 + \| Ax_1 \|^2$$

完全类似的，可写出

$$\| A^*(x - x_1) \|^2 = \| A^*(x - x_1 - x_2) \|^2 + \| Ax_2 \|^2$$

也就是

$$\| A^* x \|^2 = \| A^*(x - x_1 - x_2) \|^2 + \| Ax_1 \|^2 + \| Ax_2 \|^2$$

而一般则有

$$\| A^* x \|^2 = \| A^*(x - x_1 - x_2 - \cdots - x_n) \|^2 + \sum_{k=1}^{n} \| Ax_k \|^2$$

由此得

$$\sum_{k=1}^{\infty} \| A_n x_n \|^2 \leqslant \| A^* x \|^2$$

故 $x \in D(A)$；A 的自共轭性于是证毕. 还要证明的是：存在唯一的自共轭算子，在 M_n 上与 A_n 一致. 设除以上所作的 A 之外还有 A'. 由 A' 的自共轭性可知它是闭的. 对有穷和有

$$A' \sum_{k=1}^{m} x_k = A \sum_{k=1}^{m} x_k = \sum_{k=1}^{m} Ax_k$$

因 A 与 A' 在 M_n 上一致. 留意 A' 的闭性，便可断言 A' 定义在 $D(A)$ 上且在该线性簇上与 A 一致，即 $A' \supseteq A$. 另一方面，若在以上的证明中将 A^* 换为 A'，则可知：若 $x \in D(A')$，则 $x \in D(A)$，从而 A' 与 A 一致. 辅助定理证毕.

俄国大众数学传统——过去和现在

附录

本附录的作者为 A. B. Sossinsky，译者为吴雅萍. A. B. Sossinsky 现为莫斯科电子学与数学研究所高级研究员及莫斯科独立大学讲师.

对西方观察家来说，下述事实令他们深感奇怪：在赫鲁晓夫与勃列日涅夫的极权统治年代里，几乎处于完全孤立的情形下繁荣一时的俄国数学学派，在国家向民主和正规市场经济迈进的今天却面临消亡的威胁. 当然，至少对目前正发生的空前的数学人才外流现象，有其明显的经济原因. 然而如果人们想解释这一矛盾现象，还应了解这一问题的一些更深层的、不那么明显的方面，在西方这是鲜为人知的.

其中一个方面可称作"非正规的大众化数学的传统"——正是本附录的主题.

社会和文化范畴

苏联的大众数学传统的特定形式，只能在俄罗斯文化遗产的框架内以及苏联政体的政治范畴内才能理解. 前者包括俄国科学职业在长时期内的威望，它把东方人对"宗教领袖"的尊崇与德国人对"绅士教授"的尊敬融合起来；同时它还包括传统的对自谦的钦佩,以及优秀的公民、贵族或知识分子通过“走向人民”和与大众分享其文化遗产以增进社会的公正所做出的常常是天真的努力.

这一背景对所有的学科都是相同的,但由于起决定作用的政治性原因,其对数学的影响却是独特的:几十年来在苏联,数学是唯一的一门其自身发展不受意识形态权威人物的严密监督和左右的科学,这一事实是众所周知的.有才能的年轻人很快就认识到学习生物学就意味着要遵从李森科的荒谬原理,研究历史则意味着要遵循马克思主义的一家之言.而数学却保持其独立和纯洁:一条定理,一旦被证明了,则不管党魁们喜欢与否都是正确的.事实上,直到20世纪60年代末,党魁们不仅对定理而且对证明它们的人都并不是特别介意.

因此苏联数学家有极好的机遇来吸引最有才能的学生从事他们的职业,并且他们抓住了这一机遇,并为此建立了新的非官方的机构.

奥林匹克竞赛与数学兴趣小组

首届数学奥林匹克竞赛是在1936年由B. N. Delone在列宁格勒组织的,他在第二年还发起了莫斯科数学奥林匹克竞赛. B. N. Delone是一位多面手,他既是数论专家、几何学家,又是有成就的登山运动员、说书人及讲师.他自己设计这些数学竞赛的形式——现今在很多文明国家中已很流行,且使这些竞赛有了成功的开始.他得到了权威数学家们的支持,特别是A. N. Kolmogorov和I. G. Petrovsky.就其特色而言,近40年来,数学奥林匹克竞赛一直是非官方的,在没有重大经济资助下发挥了作用,并且是靠年轻数学家的无私热情来完成的.

在因第二次世界大战而中断一段时间后,奥林匹克竞赛扩展到全国,并形成了金字塔式结构:首届全俄数学奥林匹克竞赛在1961年举行,首届全苏决赛则于1967年在第比利斯举行.直到20世纪70年代中期,它基本上仍是一项非官方的活动,并从Petrovsky所在的莫斯科大学得到一些经济资助,还从当地一些数学家那里获得帮助.奥林匹克数学竞赛是一种多阶段性竞赛,它从学校一级开始,一个有才能的高中生要在城市、地区以及共和国等各种级别的竞赛中取胜,才可以参加权威性的全苏决赛甚至于有资格参加国际竞赛.

从20世纪40年代后期起,大城市的奥林匹克竞赛与所谓的“数学兴趣小组”密切相关,数学兴趣小组是非常规的解题数学班,通常在周末由年轻的专业研究数学家来指导并向所有有兴趣的高中生开放.俄国的这一非常规的学习小组的传统可追溯到19世纪,小组(在圣彼得堡的列宁的“马克思主义小组”)活动的内容从政治宣传到文学、科学或艺术,以及手工艺等.实际上,对这种非常规的活动没有历史的记载，但为了了解我们这一代的每一个主要的苏联数学家是怎样产生的，那么了解他们参加的是哪个小组和说明谁是他们的论文导师可能同样重要.

从统计数据看，当时 50 多岁的苏联最好的数学家中，几乎所有的人都参加了数学小组及奥林匹克竞赛. Novikov，Arnold，Kirillov 及 Fuchs 都是 20 世纪 50 年代的奥林匹克竞赛获奖者.

数学学校及数学班

20 世纪 60 年代可能是苏联数学发展中最值得称道的时期. 尽管“赫鲁晓夫的春天”没有达到预期的效果，俄国知识分子从斯大林时期的由恐惧造成的麻木中觉醒过来，而且艺术及科学活动通常能在政治允许的范围内得以重新恢复. 数学家们利用这个有利形势创立新的机构以吸引有才能的年轻人投身数学事业.

第一个也最具雄心的是“物理和数学寄宿学校”. 第一所学校是 1961 年在新西伯利亚附近，由有“科学城的沙皇”之称的 M. I. Lavrentiev 创建的；他是来自莫斯科的一流数学家，承担了在西伯利亚传播科学这一重要计划的实施. 第二年，A. N. Kolmogorov 及 I. K. Kikoin（氢弹物理学家）在莫斯科建立了类似的学校，随后有人在列宁格勒、基辅及埃里温也仿效了这一做法.

Lavrentiev 和 Kolmogorov 认为，未来的数学家未必来自社会及知识界的精英阶层，在全国各地，特别是在小城镇，有巨大的民间人才宝库. 大城市里有才能的年轻人已经得到了广为宣传的奥林匹克竞赛及数学小组的关怀，而小城镇里的年轻人既缺少称职的数学教师又完全没有与年轻的研究人员 —— 其任务是塑造成杰出的未来数学家 —— 接触的机会. 为挑选最有才能的高中生，来自莫斯科、列宁格勒、基辅及科学城的年轻数学家，游历全国的所有边远地区以帮助组织当地的奥林匹克竞赛，同时指导物理和数学寄宿学校的入学考试.

几乎同时，几个杰出的数学家（例如 A. Cronrod，E. Dynkin，I. M. Gelfand）决定为较大的城市居民组办数学学校（注意，确切地说是为那些上中学的最后二或三年的孩子举办的）. 于是，莫斯科的第 2，7，9，444 中学成为具有强化数学课程的一流学校.

同时出现的另一个不那么雄心勃勃的机构，称为“普通”学校里的数学班，在那里，有兴趣的高中生可学到更多的（且更高等的）数学知识.

归功于 I. M. Gelfand 的另一个重要的创造，是在 1964 年创立的全苏数学函授学校. 这一著名的机构（只有几个领（低）报酬的长期合作者），借助于莫斯科大学数学专业的人才始终如一的帮助(几年以后，大部分帮助来自函授学校的毕业生)，设法吸引成千上万的高中生学习课程以外的数学.当然，大部分学生来自那些不能提供上述常规及非常规的数学学习条件的地方.

随着函授学校的工作的推进，又演化出一种新形式的功能，称为"集体学生"，这与当地教师直接相关.即一组学生在本校一名教师的指导下做函授学校指定的作业，每月提交一份共同完成的作业论文.个人及集体这两类工作形式经证明都是卓有成效的.

在20世纪60年代中期，为愿意从事数学研究的有才能的年轻人提供了一个很广阔的供选择的天地.数学兴趣小组、奥林匹克竞赛，多种特殊的班以及学校，其中包括寄宿学校及函授学校，用以满足各种潜在的人才的需要.所有这些机构，在某种意义上，都是外围组织(不是由上面权力机关强加的，也不是由教育体系派生的).幸亏由于投入该事业的人(大多是青年数学家)的热情，使它有效地发挥了作用.这些机构还趋于自我再生：例如数学寄宿学校的校友常常在他们成为研究生后(有时在之前)回到数学寄宿学校当教师.

实际上所有在20世纪60年代上学的领头数学家都进过上面提到的人才学校之一.在他们的班里，他们受到很强的激励去取得成功.环绕在大城市数学奥林匹克竞赛优胜者周围的热烈气氛，可与美国高中篮球队队长周围的气氛相比.下面将简单列举一下 Kolmogorov 寄宿学校培养的一些校友的名字，他们是：Varchenko，Matiyasevich，Levin，Nikulin 及 Krichever.

大众数学书及 *Kvant* 杂志

苏联科学事业中最值得称颂的成就之一是大众科学出版业的成就.在20世纪50，60及70年代中，用买两杯柠檬水(或半个冰激凌)的钱，你便可买到诸如：Khinchin 的《数论的3个宝石》或 Kirillov 的《极限》那样的数学科普书籍.甚至在20世纪80年代，Boltyansky Efremovich 的绝妙的介绍拓扑的科普书或 Arnold 的《突变理论》一书，售价不及一个橘子或半个香蕉.

但对出版业在数学普及中所做的这些事，Kolmogorov 感到还不够.他与 Kikoin 在1969年协力创办了 *Kvant*(《量子》杂志)，一个由科学院资助的、面向高中学生的物理和数学方面的科普月刊.结果它成为出版业的一次不寻常的成功：(尽管仅能通过按年的订阅来销售)到1972年(这期间可描述为数学事业的繁荣时期)销售量达到令人难以置信的370 000份，其后有所下降，在20世纪80年代保持在200 000份左右.

该杂志的经常性撰稿人是 A. N. Kolmogorov，A. D. Alexandrov，

L. S. Pontryagin, V. A. Rokhlin, S. Gindikin, D. B. Fuchs, M. Bashmakov, V. I. Arnold, A. Kushnirenko, A. A. Kirillov, N. Vaguten(= N. Vassiliev + V. Gutenmakher), Yu. P. Soloviev, V. M. Tikhomirov 等. 西方读者通过阅读由“自然科学教师协会”在华盛顿出版的基于 *Kvant* 过刊的美国版本的《量子》(*Quantum*) 杂志,便可了解 *Kvant* 杂志的主要内容.

数学事业中的停滞

20 世纪 60 年代的数学繁荣未能持续很久,在不祥的 1968 年(苏联坦克滞留布拉格) 以后,勃列日涅夫及其密友严厉加强了对意识形态领域的控制,特别是对科学界,再一次强烈主张科学的党性原则. 这一时期是数学界发生最惹人注目的变化的时期,原因可能是在此之前数学是一片被偶然遗忘在沙漠中的绿洲.

在莫斯科,从 1968 年开始,伴随着“Esenin Volpin 案件”,即所谓的“99 人信件” 以及随后的发展,发生了一系列事件:莫斯科大学力学数学系行政管理方面的变化,反对犹太人进入莫斯科大学的政策的重新执行(本来自 1955 年已中止执行),对数学家的铁幕又一次拉上了(除了那些对共产党或克格勃有特殊贡献的人). 这些事实众所周知,然而,人们并不总是清楚地认识到,当时执政的政策不仅是种族歧视的一种特殊的丑恶形式,而且更一般的是试图对人的自尊心及公正的遏制,以及对科学事业中的卓越人才及成就的摧残,随后,迟钝与驯服成为在学术事业中成功的主要因素.

可以预料,当时会对前文中提到的所有从事大众数学的外围机构采取些行动,实际也确实如此.

在莫斯科,莫斯科大学的力学数学系党组织控制了 Kolmogorov 寄宿学校,清除了“不合需要” 的教师(包括本附录作者),解雇了思想自由化的导师,引入禁止犹太人入学的政策.

就全苏联而言,教育部控制了数学奥林匹克竞赛. 1976 年在第比利斯举行的第 13 届全苏数学奥林匹克决赛是评委会以重大的牺牲而换取的一次胜利,他们成功地保留了竞赛的传统(通过与那些想管理及毁掉竞赛的教育部官僚们进行的为外人所不知晓的斗争):第二年,忠实的官僚们几乎全部地用那些更容易驾驭的数学家来替换原全苏评委会.

很多数学学校被迫关闭或被重新组织. 著名的莫斯科 2 中和 7 中及很多(特别是那些最有创新精神的教师指导的) 数学班被迫中断.

并非对这些机构的所有打击都是成功的. Gelfand 的数学函授学校在意识

形态上好像是无懈可击的. 然而,力学数学系新的领导班子组织了一个相应的与之竞争的学校,叫作“Malyĭ 力学数学学校”,并诱惑性地向其学生许诺:他们更易进入该系且劝阻该系大学生不要帮助 Gelfand 学校. 但这些并未起很大作用,Gelfand 学校依然办得很成功.

由 Pontryagin 及 Vinogradov 负责执行的另一接管任务也失败了,他们要从太自由化的 Kolmogorov 和 Kikoin 手中争到 *Kvant* 杂志的控制权.

也许更典型的例子是过去在传统上由莫斯科大学的数学家们指导的莫斯科数学奥林匹克竞赛的命运. 曾在 1978 年被选为奥林匹克委员会领导人的 Kirillov,根据力学数学系主任签署的一项行政命令而被调离此职位,该系主任指派 Mishchenko 担任这一职务且完全改变了管理此竞赛的队伍. 这导致了竞赛氛围的根本变化:它变得非常刻板且开始模仿莫斯科大学的入学考试.

另一鲜为人知但具戏剧性的故事与 Bella Muchnik 的数学讲习班(被人挖苦地称作“人民大学”)有关. 它开办于 1979 年,旨在为那些未能通过莫斯科大学的具种族歧视性入学考试的学生提供学习最高水平数学知识的机会. 在它的 3 年开办期内,很多很好的数学家在那里执教而没有任何物质报酬. 当克格勃逮捕了两名学生后该校才停办. Bella Muchnik 在被克格勃审讯后,一天深夜不幸死于一次车祸,肇事者逃离,很多人相信这不是一次偶然的事故.

但这只是一个极端情形. 大多数半官方的大众数学机构未被破坏,相反它们变得更官方化了. 靠机构的再生,在很多情形下它们保持了高度专业化水平,但同时失去了很多原有的非常规的特点. 值得注意的例外是 *Kvant* 杂志和 Gelfand 函授学校,它们均设法保持其专业质量和办学精神.

新竞赛、新纪元

一般来说,20 世纪 70 年代及 80 年代初是令人沮丧的时期,当时大众对数学的兴趣逐渐下降,而且 20 世纪 50 年代及 60 年代创立的机构失去了很多吸引力. 但至少有一个人没有陷入这种沮丧中,他就是 Konstantinov. 尽管他从全苏奥林匹克评委会及莫斯科奥林匹克评委会被解职,而且他的数学学校被关闭,但他又重新行动起来:为中学生创立了一非正规的数学暑期讲习班,按惯例应在爱沙尼亚举办;把莫斯科 57 中学办成数学人才学校直至今日;又在莫斯科发起 Lomonosov 竞赛(一种受欢迎的中学多学科的群众性竞赛)且创立了非常成功的城市间竞赛(现为一种国际竞赛).

Konstantinov 是俄罗斯数学竞赛史上一位真正的传奇人物,然而在莫斯科、圣彼得堡、车里雅宾斯克等地还有很多不如他知名但同样致力于此事业的教师. 例如 B. Davidovich, A. Shen 及 A. Vaintrob, 他们帮助把莫斯科 57 中学办成一个杰出的学校且保持其最高水平, 尽管受到官方机构的行政方面的困扰.

这些以及其他的"手持火炬的人", 穿过勃列日涅夫时期的重重封锁把大众化数学的传统一直延续到"改革"的来临时. 在西方观察家看来, 符合逻辑的应是标榜自由化的政权会立即引发生机勃勃的对最好的民主传统的恢复, 特别是在科学和教育方面, 但这并未出现. 主要原因是(不是西方人通常想的那样) 政治机构最高层的急剧变化并未伴随着低层的行政人事的变化. 那些在极权体制下曾竭力反对任何革新及自由化的官僚们, 今天仍在这么做, 而且又补充了新的能量: 这么做, 不单单是为维护旧体制, 而且是为他们自己的生存而斗争. 同时很多本可以在恢复最好传统中起积极作用的数学家, 在条件允许时情愿移居国外, 他们有理由把为他们的家人提供舒适的生活及良好的研究条件, 看得比这里的不确定的前途及拯救濒临消亡的传统更重要. 这主要是指那些当时处在 30 至 40 岁的数学家, 这一代人最好的年华不幸正处在那令人沮丧的停滞时期(1968 ~ 1986 年).

莫斯科独立大学的数学学院

然而, 那些仍根植于莫斯科的领头数学家们又精力充沛地创立了一个雄心勃勃的新机构, 称为莫斯科独立大学(IUM) 的数学学院, 一个培养未来数学研究工作者的小型人才学校. 它的创建人感到, 莫斯科国立大学的力学数学系由于受 20 年的错误管理的破坏, 且从根本上讲, 现在仍受那些招致该系衰退的强硬路线人的领导; 它对造就新的数学人才已不再发挥作用. 从观念及教学方面看, 创建数学学院的带头人是 Arnold, 而在实际执行中, 其机构由 Konstantinov 管理. 在 1991 年 7 月进行了非常难的笔试(一种从 0 分到 120 分的评分制), 在 9 月开学, 首批注册的是 45 名学生. Konstantinov 成功地在莫斯科大学附近的一个学校借到了办公室及教室, 甚至从莫斯科的资助者那里得到一些钱, 以给学院的教师一些酬劳, 并为一些学生提供奖学金.

当时在俄罗斯还没有办私立(非公立) 教育机构的立法. 特别是, 这意味着莫斯科独立大学不能使其学生免于兵役, 使得大多数男生不得不同时也进入莫斯科国立大学. 于是莫斯科独立大学只能在晚上上课, 该校大部分学生有双份的学习负担.

尽管有这样或那样的困难, 莫斯科独立大学的数学学院正在成功地发挥作用, 它现有 25 个二年级学生及 35 个一年级新生. 美国数学会已向该校教师提供了一些资助, 教师中包括 D. V. Alekseevsky, B. L. Feigin, A. L. Gorodentsev,

S. M. Gusein-Zade, A. A. Kirillov, Elena Korkina, S. K. Lando, Yu. A. Neretin, V. P. Palamodov, V. S. Retakh, A. N. Rudakov, V. M. Tikhomirov, V. A. Vassiliev, E. B. Vinberg 及本附录的作者. 教师们感到他们有能力把莫斯科数学学派最好的传统传给他们的学生(到现在为止，他们已被证明是有才能的及可培养的)，并希望莫斯科独立大学的数学学院能克服目前的困难(需要一所永久性教学场所及好的图书馆)，成为(不仅面向苏联学生的)一个具有一流水平研究生院的人才大学.

现在怎么样

现在让我们估计一下当今的形势. 圣彼得堡的数学学派无论从象征性意义上还是字面上已不复存在. 就莫斯科及圣彼得堡国立大学的数学系来说，修修补补已无济于事. 实际上所有 40 岁以下的领头数学家已经或正打算移居国外. 在莫斯科，大学教授的月工资不够维持一周的生活.

另一方面，我们这一代的很多领头数学家，尽管经常居住在国外，但还没有永久地移居国外：Novikov, Arnold, Maslov, Anosov, Faddeev, Vershik, Kirillov, Vinberg, Sinai 及 Zakharov 仍扎根于这里. 下一代的一些数学家也是如此：Ilyashenko, Helemsky, Feigin, Vassiliev, Khovansky, Rudakov, Soloviev, Fomenko, Drinfeld 及 Krichever. 文化的数学传统至今仍充满活力，但不是靠国立大学及公办奥林匹克竞赛，而是以其新的、非正规的机构来传授下去. 仍有很多数学班及数学兴趣小组，莫斯科数学奥林匹克竞赛正努力以重新获得其传统的价值，*Kvant* 杂志正为生存而顽强地奋斗着，Konstantinov 负责的城市间竞赛及 Lomonosov 竞赛仍在很好地进行. 莫斯科数学会也仍在发挥其质朴的凝聚作用，且出现了一些试验性新机构：在圣彼得堡的以 Faddeev 为首的欧拉研究所，在莫斯科的独立大学及以 Khovansky 为首的数学研究所.

这些足够了吗? 从现在起 5 年或 10 年里，当我们这一代人太老了以致不能把从事数学研究的乐趣传给有才能的学生时，是否有人会接过这一火炬呢? 显然逻辑推理告诉我们这两个问题的答案是“不”. 但在此宁愿无视所有的逻辑，而祝愿美好的数学文化传统，其中一些是这里已描述过的，将不会消亡.